Jörg Albertz

Einführung in die Fernerkundung

Waldbrände in Griechenland

Im August 2007 erlebte Südosteuropa die schlimmsten Waldbrände seit Jahrzehnten, die besonders in Griechenland auf der Halbinsel Peleponnes katastrophale Ausmaße annahmen. Das *Zentrum für satellitengstütze Kriseninformation* (ZKI) beim DLR überwacht die Feuersituation in Europa kontinuierlich mit Hilfe verschiedener Satellitensensoren. Das Bild stammt vom 26.8.2007. (<http://www.zki.caf.dlr.de>)

Jörg Albertz

Einführung in die Fernerkundung

Grundlagen der Interpretation
von Luft- und Satellitenbildern

4., aktualisierte Auflage

Einbandgestaltung: schreiberVIS, Seeheim

Bibliografische Information der Deutschen Nationalbibliothek
Die Deutsche Nationalbibliothek verzeichnet diese Publikation in der Deutschen
Nationalbibliografie; detaillierte bibliografische Daten sind im Internet über
http://dnb.d-nb.de abrufbar.

Dieses Werk ist in allen seinen Teilen urheberrechtlich geschützt.
Jede Verwertung ist ohne Zustimmung des Verlages unzulässig.
Das gilt insbesondere für Vervielfältigungen, Übersetzungen,
Mikroverfilmungen und die Einspeicherung in und Verarbeitung durch
elektronische Systeme.

4., aktualisierte Auflage 2009
© 2009 by WBG (Wissenschaftliche Buchgesellschaft), Darmstadt
Die Herausgabe des Werkes wurde durch die Vereinsmitglieder der WBG ermöglicht.
Gedruckt auf säurefreiem und alterungsbeständigem Papier
Printed in Germany

Besuchen Sie uns im Internet: www.wbg-wissenverbindet.de

ISBN 978-3-534-23150-8

Inhalt

Vorwort IX

1.	**Einführung**	1
1.1	Was ist Fernerkundung?...	1
1.2	Historische Hinweise	3
2.	**Wie entstehen Luft- und Satellitenbilder?**	9
2.1	Physikalische Grundlagen...	10
2.1.1	Elektromagnetische Strahlung	10
2.1.2	Einflüsse der Atmosphäre..	13
2.1.3	Reflexionseigenschaften des Geländes	17
2.1.4	Thermalstrahlung	24
2.1.5	Mikrowellen	26
2.2	Aufnahme mit photographischen Systemen.............................	26
2.2.1	Photographischer Prozess...	27
2.2.2	Spektrale Empfindlichkeit photographischer Schichten	28
2.2.3	Farbphotographie	30
2.2.4	Filme zur Luftbildaufnahme	30
2.2.5	Filter und ihre Wirkung..	31
2.2.6	Aufnahmegeräte...	32
2.2.7	Aufnahmetechnik..	37
2.3	Aufnahme mit digitalen Systemen	42
2.3.1	Optisch-mechanische Scanner	42
2.3.2	Optoelektronische Zeilenkameras...	46
2.3.3	Optoelektronische Flächenkamers	50
2.3.4	Abbildende Spektrometer	51
2.3.5	Laserscanner	53
2.4	Aufnahme mit Mikrowellensystemen	55
2.4.1	Passive Mikrowellenaufnahme	55
2.4.2	Aufnahme mit Radarsystemen...	56
2.4.3	Radarinterferometrie (InSAR)	63
2.5	Beschaffung von Luft- und Satellitenbildern.............................	65
3.	**Eigenschaften von Luft- und Satellitenbildern**	69
3.1	Geometrische Eigenschaften..	69
3.1.1	Photographische Bilder..	70
3.1.2	Digital aufgenommene Bilder...	74
3.1.3	Radarbilder...	77

3.2	Radiometrische (physikalische) Eigenschaften	80
3.3	Erkennbarkeit von Objekten (Auflösungsvermögen)	82
3.3.1	Auflösung photographischer Bilder	82
3.3.2	Auflösung von digitalen Bildern	83
3.3.3	Einfluss der Objekteigenschaften	85
3.4	Bilder und Karten im Vergleich	87

4. Möglichkeiten der Bildverarbeitung ... 92

4.1	Analoge und digitale Bilddaten	92
4.2	Analoge Bildverarbeitung	96
4.3	Digitale Bildverarbeitung	97
4.3.1	Geometrische Transformationen (Entzerrung)	99
4.3.2	Radiometrische Verbesserungen	102
4.3.3	Bildverbesserungen	104
4.3.4	Erzeugung und Verarbeitung von farbigen Bildern	109
4.3.5	Kombination von Daten mehrerer Spektralkanäle	112
4.3.6	Kombination mehrerer Bilder	116

5. Auswertung von Luft- und Satellitenbildern ... 121

5.1	Visuelle Bildinterpretation	121
5.1.1	Visuelle Wahrnehmung	122
5.1.2	Interpretationsfaktoren	124
5.1.3	Stereoskopisches Sehen und Messen	132
5.1.4	Hilfsmittel zur Bildinterpretation	137
5.1.5	Methoden der Bildinterpretation	139
5.2	Photogrammetrische Auswertung	145
5.2.1	Ebene Entzerrung	146
5.2.2	Stereomessung und -kartierung	148
5.2.3	Differentialentzerrung	152
5.3	Digitale Bildauswertung	154
5.3.1	Prinzip der Multispektral-Klassifizierung	155
5.3.2	Klassifizierungsverfahren	158
5.3.3	Erweiterungen der Multispektral-Klassifizierung	164
5.4	Auswertung von Radardaten	165
5.5	Darstellung der Auswerteergebnisse	168
5.5.1	Karten und kartenähnliche Darstellungen	169
5.5.2	Graphische Darstellungen	169
5.5.3	Geoinformationssysteme	171

6. Anwendungen von Luft- und Satellitenbildern ... 173

6.1	Kartographie	173
6.2	Geographie, Katastrophenvorsorge	179
6.3	Geologie und Geomorphologie	183
6.4	Bodenkunde und Altlastenerkundung	188

6.5	Forst- und Landwirtschaft	192
6.6	Tierkunde	203
6.7	Regionale Planung	204
6.8	Siedlungen und technische Planung	207
6.9	Archäologie	210
6.10	Gewässerkunde und Ozeanographie	213
6.11	Meteorologie und Klimaforschung	218
6.12	Planetenforschung	224
6.13	Ausblick	227

Literaturverzeichnis	229
Fernerkundungssatelliten	241
Bezugsquellen	247
Sachregister	249

Vorwort

>»So wie ich es sehe, ist das Luftbild ein einzigartiges Vehikel für Staunen, Zorn, Freude, Ärger – kühl lässt es nie. Für den Augenmenschen ist es Nachhilfeunterricht, eine ungewohnte Schule des Sehens; dem besorgten Zeitgenossen hält es einen Spiegel vor, in dem er sich selber als umweltbezogenem Wesen begegnet.«
>
> GEORG GERSTER

»'Augenmenschen' sind wir alle: die Mehrzahl der Informationen aus der Umwelt erhalten wir durch unsere Augen. Von jüngster Kindheit an lernen wir, die optischen Reize, die wir über die Augennetzhaut empfangen, zu verarbeiten und zu interpretieren. Von der Erfahrung, die wir damit haben, machen wir – im Allgemeinen unbewusst – Gebrauch, wenn wir nicht die Welt als solche, sondern Bilder von ihr betrachten. Luft- und Satellitenbilder ermöglichen uns sonst ungewohnte Ausblicke auf unsere Welt und vermitteln uns Einsichten, die je nachdem zu Staunen, Zorn, Freude oder Ärger führen können.

Doch erst die systematische Auswertung von Luft- und Satellitenbildern vermag das verfügbare Informationspotential voll zu erschließen und praktisch nutzbar zu machen. Dies setzt freilich eine gewisse Kenntnis darüber voraus, wie solche Bilder entstehen, welche Eigenschaften sie aufweisen und mit welchen Hilfsmitteln und Methoden die enthaltenen Informationen für verschiedene Anwendungen ausgewertet werden können.«

Mit diesen Sätzen wurde vor nunmehr achtzehn Jahren das Vorwort zur ersten Auflage dieses Buches eingeleitet, das auf Wunsch des Verlags Wissenschaftliche Buchgesellschaft entstanden war. Es war von Anbeginn als Einführung in die Interpretation von Luft- und Satellitenbildern konzipiert und sollte nicht mit den umfangreichen Lehr- und Handbüchern konkurrieren, die – vor allem in englischer Sprache – in großer Zahl vorliegen. Ziel war es vielmehr, denjenigen eine Übersicht über die Grundlagen und Methoden zu bieten, die bisher noch nicht auf diesem Gebiet gearbeitet haben. Dabei war in dem gegebenen Rahmen nur eine sehr kompakte Darstellung möglich, die bewusst auf spezielle Vorkenntnisse (z.B. in Mathematik oder Physik) verzichtete, um den Zugang zur Thematik zu erleichtern. Die Vielfalt der Anwendungsmöglichkeiten konnte nur allgemein angedeutet und exemplarisch veranschaulicht werden. Dafür wurden viele Verweise auf weiterführende Literatur gegeben.

Das Buch ist auch in den folgenden Auflage positiv aufgenommen worden und hat vor allem unter Studierenden weite Verbreitung gefunden. Deshalb wurde jetzt schon eine vierte Auflage erforderlich, die hiermit vorgelegt wird.

Mit der dritten Auflage im Jahre 2007 war versucht worden, den Inhalt den wichtigsten aktuellen Entwicklungen anzupassen. Dabei sollte der Charakter einer »*Einführung in die Fernerkundung*« beibehalten werden. Berücksichtigt wurden vor allem der weitere Übergang zur digitalen Luftbildaufnahme, die zunehmende Bedeutung des Laserscanning und die raschen Fortschritte in der Radartechnik, gekennzeichnet insbesondere durch die Radarinterferometrie. Bei den Anwendungen konnten u.a. Hinweise auf die zunehmende Bedeutung der Fernerkundung im Bereich Katastrophenvorsorge und Katastrophenmanagement aufgenommen werden. Einige Kürzungen betrafen Teile der photographischen Technik sowie einfache photogrammetrische Auswerteverfahren, die für eine Einführung heute entbehrlich erschienen. Bei der Auswahl des Stoffes und der Gewichtung der einzelnen Bereiche wurde immer versucht, eine verständliche und übersichtliche Darstellung anzustreben und den Erwartungen von Studierenden – z.B. der Geographie – gerecht zu werden.

Im Anhang wurden – anders als in der früheren Auflage – Tabellen mit technischen Daten einiger ausgewählter Fernerkundungssatelliten zusammengestellt. In vieler Hinsicht bietet das Internet heute weitere Informationsmöglichkeiten und den Zugang zu aktuelleren Daten. Deshalb wurde auch die Auflistung von Bezugsquellen für Luftbilder und Satellitendaten weitgehend auf Internet-Adressen reduziert. Bei der Auswahl der Literatur wurden wiederum Lehrbücher und Zeitschriften in deutscher und englischer Sprache bevorzugt, von denen anzunehmen ist, dass sie relativ leicht zugänglich sind.

Bei der Vorbereitung der vierten Auflage bestand kein Anlass für größere Änderungen. Der Inhalt ist weitgehend gleich geblieben und lediglich an einigen Stellen aktualisiert worden. Erneut habe ich von verschiedenen Seiten Unterstützung erfahren, für die ich Dank sage. Die Mitarbeiter des Verlags Wissenschaftliche Buchgesellschaft haben das Vorhaben wiederum verständnisvoll begleitet.

Es bleibt noch, an die abschließenden Sätze aus dem Vorwort zur ersten Auflage zu erinnern: »Wir müssen mehr über die Welt und ihre Veränderungen wissen, wenn wir die Herausforderungen unserer Zeit bestehen und zu einem weiseren Umgang mit den uns anvertrauten Ressourcen finden wollen. Luft- und Satellitenbilder sind dazu reichhaltige Informationsquellen. Möge das Buch dazu beitragen, dass sie künftig intensiver genutzt werden.«

Berlin, im August 2009 JÖRG ALBERTZ

1. Einführung

1.1 Was ist Fernerkundung?

Die menschliche Umwelt verändert sich ständig. Das Fließen des Wassers, das Wettergeschehen oder der jahreszeitliche Wechsel der Vegetation sind Beispiele für naturgegebene Veränderungen. Diese werden bekanntlich überlagert von der Vielfalt menschlicher Aktivitäten, die die Landoberfläche, die Wasserflächen und die Atmosphäre beeinflussen. Mehr denn je ist es heute erforderlich, die natürlichen Prozesse besser zu verstehen, die menschlichen Aktivitäten sorgfältig zu planen, ihre Auswirkungen zu kontrollieren, also die sich im komplexen Gefüge von Mensch und Naturhaushalt vollziehenden Veränderungen zu beobachten. Dies alles erfordert Informationen über den Zustand der Umwelt und über die Veränderungen dieses Zustandes. Wodurch können wir diese Informationen erhalten?

Soweit es sich um Informationen handelt, die den physikalischen Zustand der Umwelt beschreiben, können diese im Prinzip auf drei verschiedene Arten gewonnen werden, nämlich

- durch *direkte Messung*: Das Messgerät befindet sich dabei am Ort der Messung (Beispiel: Messung der Temperatur mit dem Thermometer);
- durch *Fernmessung*: Dabei befindet sich das Messgerät zwar am Ort der Messung, das Ergebnis wird aber entfernt davon, z.B. über Funksignale, angezeigt und registriert (Beispiel: meteorologische Temperaturmessung in der Atmosphäre durch Radiosonden);
- durch *Fernerkundung*: Das Messgerät befindet sich in einiger Entfernung vom Ort der Messung; die zu messende Größe wird aus der vom Messobjekt reflektierten oder emittierten elektromagnetischen Strahlung abgeleitet (Beispiel: Messung der Temperatur von Wasseroberflächen vom Flugzeug aus mit einem Thermal-Scanner).

Die Fernerkundung ist also ein indirektes Beobachtungsverfahren. Sie vermag uns Informationen über Gegenstände zu vermitteln, ohne dass diese unmittelbar berührt werden müssen. Es ist freilich zweckmäßig und auch allgemein üblich, diese sehr umfassende Definition zu präzisieren und unter *Fernerkundung* nur jene Verfahren zu verstehen, welche

1. zur Gewinnung von Informationen die elektromagnetische Strahlung benutzen, die von einem beobachteten Objekt abgestrahlt wird,
2. die Empfangseinrichtungen für diese Strahlung in Luftfahrzeugen (in der Regel Flugzeugen) oder Raumfahrzeugen (meist Satelliten) mitführen und
3. zur Beobachtung der Erdoberfläche mit allen darauf befindlichen Objekten, der Meeresoberfläche oder der Atmosphäre dienen.

Demnach gehören beispielsweise Nachrichtensendungen des Fernsehens ebenso wenig zur Fernerkundung wie zahlreiche Beobachtungs- und Messverfahren der Geophysik oder der Astronomie.

Unter den Verfahren der Fernerkundung sind jene besonders wichtig und am weitesten verbreitet, die zu einer bildhaften Wiedergabe der Erdoberfläche führen. Diese *abbildenden Fernerkundungssysteme* sind Gegenstand der folgenden Darstellung. Andere Systeme, mit denen z.B. Bestandteile der Atmosphäre erfasst werden, kommen vor allem in der Meteorologie und Ozeanographie vor. Sie werden im Folgenden nicht weiter berücksichtigt.

Jedes abbildende Fernerkundungssystem besteht aus drei Teilen (Abb.1), nämlich
- der Datenaufnahme,
- der Datenspeicherung und
- der Datenauswertung.

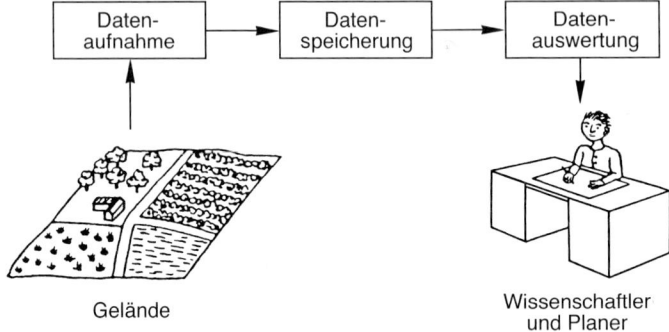

Abb. 1: Schema eines Fernerkundungssystems

Während der Datenaufnahme wird die von den Gegenständen der Erdoberfläche ausgehende elektromagnetische Strahlung durch einen *Sensor* empfangen und in Bilddaten umgesetzt. Zugleich werden diese Daten gespeichert, so dass direkt oder indirekt *Luftbilder* oder *Satellitenbilder* entstehen, die man zu einem späteren Zeitpunkt auswerten kann. Dies alles setzt voraus, dass die empfangene elektromagnetische Strahlung von den Objekten an der Erdoberfläche in charakteristischer Weise beeinflusst wird, da sonst keine Objektinformationen daraus abgeleitet werden könnten.

Als *Luftbilder* bezeichnet man in erster Linie photographische Bilder eines Teils der Erdoberfläche, die von Luftfahrzeugen – in aller Regel von Flugzeugen – aus aufgenommen werden. Die Ergebnisse anderer Aufnahmeverfahren werden aber vielfach auch Luftbild genannt. So spricht man oft von Thermalluftbildern, wenn eine bildhafte Wiedergabe der Erdoberfläche im thermalen Strahlungsbereich vom Flugzeug aus gewonnen wird. *Satellitenbilder* nennen wir Bilder der Erdoberfläche, die von bemannten oder unbemannten Satelliten aus gewonnen werden. Dabei wird kein Unterschied gemacht, ob es sich um photographische Aufnahmen handelt oder um die Ergebnisse von anderen Aufnahmetechniken der Fernerkundung, soweit diese zu einer bildhaften Darstellung der Erdoberfläche führen.

In derartigen Bildern ist eine Fülle an Informationen über das abgebildete Gelände gespeichert, die für viele Bereiche der Wissenschaft und Technik von großem Wert sind. Die Verfahren, die eingesetzt werden, um dieses Informationspotential nutzbar zu machen, werden allgemein unter dem Begriff *Auswertung* zusammengefasst. Man unterscheidet dabei die vorwiegend geometrisch orientierte *Photogrammetrie*, d.h. die Ausmessung der Bilder, die z.B. in großem Umfang zur Herstellung topographischer Karten eingesetzt wird, und die vorwiegend inhaltlich orientierte *Interpretation*, die sich mit den Eigenschaften der Erdoberfläche und den darauf befindlichen Objekten befasst und für die Geowissenschaften im weitesten Sinne, für Planung, Umweltüberwachung u.ä., von großer Bedeutung ist.

Eine strenge Trennung zwischen Messung und Interpretation ist jedoch nicht möglich. In der Photogrammetrie müssen meist abgebildete Objekte, die z.B. topographisch wichtig sind, erkannt – also interpretiert – werden. Andererseits werden in der Interpretation häufig Messungen benötigt, z.B. Baumkronendurchmesser, Böschungshöhen, Längen von Wasserläufen u.ä. Darüber hinaus versucht man jedoch bei der Interpretation von Bildern, aus erkennbaren Einzelheiten Rückschlüsse auf nicht direkt Erkennbares zu ziehen, z.B. aufgrund der Vegetation auf Bodeneigenschaften zu schließen.

Die erfolgreiche Interpretation von Luft- und Satellitenbildern setzt voraus, dass der Bearbeiter die notwendigen Sachkenntnisse hinsichtlich des Gegenstandes der Interpretation mitbringt. Dies kann die Anwendungsdisziplin betreffen (z.B. forstwissenschaftliche Kenntnisse für die forstliche Luftbildinterpretation) oder auch die Region (z.B. landeskundliche Kenntnisse zur Interpretation von Bildern aus einem Land der Dritten Welt). Darüber hinaus sind Kenntnisse über die Entstehung der Bilder und ihre Eigenschaften erforderlich, um die durch die Interpretation gegebenen Möglichkeiten der Informationsgewinnung voll ausschöpfen zu können und Fehlinterpretationen nach Möglichkeit zu vermeiden.

1.2 Historische Hinweise

Die Beobachtung der Erdoberfläche aus der Luft hat bereits vor der Erfindung der Photographie die Ballonfahrer fasziniert (BLACHUT 1988). Die ersten photographischen Bilder vom Ballon aus gelangen G. TOURNACHON, genannt NADAR, über Paris im Jahre 1858. Auch in den folgenden Jahren fehlte es nicht an Versuchen, Luftbilder aufzunehmen. Dazu dienten vielfach Ballons – 1886 erstmals auch in Deutschland –, manchmal aber auch Drachen, Brieftauben oder kleine Raketen. Auch erste Versuche, die heute als frühe Vorläufer der Fernerkundung gesehen werden müssen, wurden unternommen, beispielsweise die erste bekannte forstliche Luftbildaufnahme im Jahre 1887 in Pommern (HILDEBRANDT 1987). Aber weder die Phototechnik noch die Flugtechnik jener Zeit reichten für praktische Anwendungen aus.

Dies änderte sich erst Anfang des 20. Jahrhunderts mit der Entwicklung der Flugzeuge, von denen aus zunächst überwiegend Schrägbilder aufgenommen wurden. Während des Ersten Weltkrieges wurden die Aufnahmegeräte wesentlich verbessert,

Abb. 2: Die Stadt Berlin in vier verschiedenen Bildmaßstäben
Links oben: Detail aus dem Zoologischen Garten (Giraffenhaus) im Maßstab 1:1.000. Links unten: Gedächtniskirche und Zoologischer Garten im Maßstab 1:10.000. Luftbilder 1989 und 1997 (Photos: HANSA LUFTBILD GmbH, Münster, und BSF/Landesluftbildarchiv Berlin)

1.2 Historische Hinweise

Rechts oben: Die Berliner Innenstadt im Maßstab 1:100.000 (Mosaik aus vom DLR mit der HRSC-A im Jahre 2000 gewonnenen digitalen Bilddaten). Rechts unten: Berlin und sein Umland im Maßstab 1:1.000.000 (Satellitenbild, LANDSAT-Thematic-Mapper-Aufnahme, 1999).

und durch den Kinopionier OSKAR MESSTER wurde die systematische Reihenaufnahme eingeführt. Die dabei gewonnenen Erfahrungen führten ab 1920 zu einer raschen Verbreitung des Luftbildwesens, insbesondere für forstliche, archäologische und geographische Zwecke. Wenig später wurden großräumige Erkundungen mit Hilfe von Luftbildern durchgeführt (z.B. in Indonesien, in der Antarktis und in Grönland). Die Luftbildmessung wurde zum Standardverfahren für die Topographische Kartierung. Zugleich wurde die Anwendung des Luftbildes in der geographischen Forschung systematisch untersucht und 1939 in einer grundlegenden Arbeit von CARL TROLL dargestellt (TROLL 1939).

Die Jahre des Zweiten Weltkrieges waren durch intensiven militärischen Einsatz von Luftbildern und durch die Herstellung von großen Luftbildplanwerken gekennzeichnet. Zugleich führten sie zur ersten Verwendung von Farbfilmen bei der Luftbildaufnahme, und fast gleichzeitig wurden erste Infrarot- und Farbinfrarotfilme für militärische Zwecke getestet.

In dieser Zeit entwickelte sich die *Luftbildinterpretation* zu einer selbstständigen Disziplin mit dem Schwerpunkt in den USA. Grundlegende Versuche zur Verwendung von Farbinfrarotfilmen in der vegetationskundlichen Forschung wurden um 1956 von R. N. COLWELL eingeleitet. Wenig später erlangten neben der Photographie auch andere Aufnahme- und Auswertetechniken Bedeutung, insbesondere *Abtastsysteme (Scanner)* und *Radarsysteme*. Es entstand die *Fernerkundung* (engl. *Remote Sensing*), die als übergeordnete Disziplin die bisherige Luftbildinterpretation einschließt.

Eine neue Dimension zur Erfassung und Erforschung der Erdoberfläche wurde etwa ab 1965 mit den photographischen Aufnahmen aus den amerikanischen Gemini- und Apollo-Raumkapseln erschlossen. Die Geowissenschaften konnten mehr Gewinn aus diesen kleinmaßstäbigen Übersichtsbildern ziehen als zunächst erwartet worden war, und man sprach sogar von einer »*Dritten Entdeckung der Erde*« (BODECHTEL & GIERLOFF-EMDEN 1974). Diese Formulierung ist sicher nicht übertrieben, wenn man an die im Juli 1972 eingeleitete Entwicklung denkt. Mit dem Start des ersten amerikanischen LANDSAT-Satelliten (damals noch unter der Bezeichnung ERTS) wurden systematisch und regelmäßig aufgenommene Bilder der Erdoberfläche verfügbar, die besonders für alle großflächig arbeitenden Geowissenschaften (im weitesten Sinne) bald unentbehrlich wurden. Durch die laufenden technischen Verbesserungen und die Verfeinerung der verfügbaren Daten hat sich diese Entwicklung kontinuierlich fortgesetzt. Ab 1986 konnten mit dem französischen Satellitensystem SPOT auch stereophotogrammetrisch auswertbare Bilddaten aufgenommen werden, womit der Beginn einer neuen Ära für die topographische Kartierung eingeleitet wurde. Um die Jahrhundertwende ging die Satellitenaufnahmetechnik zu immer höherer Auflösung der Bilddaten mit der Möglichkeit zu stereoskopischer Aufzeichnung über. Andere Aufnahmesysteme dienen der erdumspannenden Bildaufnahme für meteorologische und ozeanographische Zwecke oder sie liefern durch Anwendung der Radartechnik Bildinformationen unabhängig von Tageslicht und Wolkenbedeckung.

Parallel mit dieser Entwicklung der Satellitenaufnahmetechnik sind auch zur Beobachtung der Erdoberfläche von Flugzeugen aus neue Aufnahmesysteme verfügbar geworden. Deshalb stehen heute Bilddaten in einem sehr breiten Maßstabsbereich (vom

1.2 Historische Hinweise

Im sichtbaren Licht gewonnenes Bild, entstanden durch Aufnahme des reflektierten Sonnenlichts im Wellenlängenbereich 0,6–0,7 µm. (LANDSAT-Thematic-Mapper-Aufnahme, 1992)

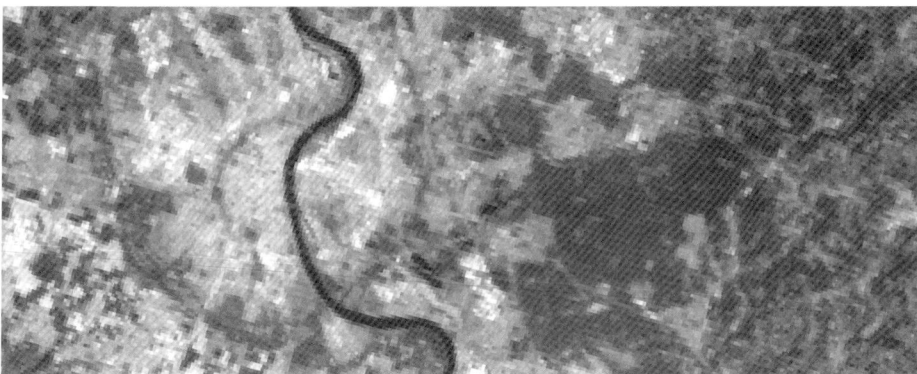

Thermalbild, gewonnen durch Abtastung der von der Erdoberfläche ausgehenden Wärmestrahlung im Wellenlängenbereich 10–12,5 µm. (LANDSAT-Thematic-Mapper-Aufnahme, 1992)

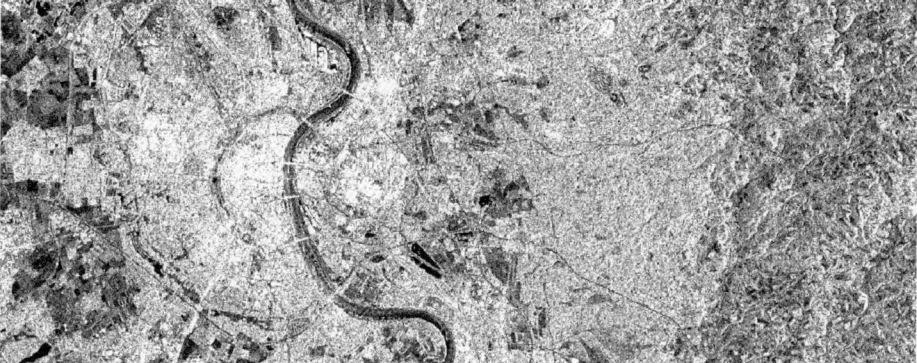

Radarbild, entstanden durch Aufnahme der von der Geländeoberfläche reflektierten künstlichen Mikrowellenstrahlung von etwa 6 cm Wellenlänge. (ERS, DFD Oberpfaffenhofen)

Abb. 3: Das Bild einer Landschaft in verschiedenen Spektralbereichen
Die Stadt Köln und ihre Umgebung im Maßstab 1:250.000.

sehr niedrig fliegenden Kleinflugzeug bis zum geostationären Satelliten in 36.000 km Höhe) und in einem sehr großen Wellenlängenbereich (vom sichtbaren Licht über die Thermalstrahlung bis zu den Mikrowellen) zur Verfügung.

Die große Spannweite der aufnahmetechnisch gegebenen Möglichkeiten können einige Bildbeispiele veranschaulichen. Abbildung 2 zeigt in einer Serie die Stadt Berlin in ganz unterschiedlichen Bildmaßstäben: Im sehr großen Maßstab 1:1.000 wird eine Fülle von Einzelheiten an Gebäuden, Bäumen, Fußwegen usw. sichtbar. Das andere Extrem ist der sehr kleine Bildmaßstab 1:1.000.000, der die landschaftliche Gliederung des Berliner Umlandes (im Nordosten bis zur Oder) überschaubar wiedergibt. Dabei hat jede Maßstabsebene ihre Berechtigung. Ähnlich wie Topographische Karten in sehr unterschiedlichen Maßstäben hergestellt und für vielfältige Zwecke genutzt werden, dienen auch Luft- und Satellitenbilder in verschiedenen Maßstäben verschiedenartigen Aufgaben.

Abbildung 3 soll dagegen die Verschiedenheit der Informationen verdeutlichen, die durch die Fernerkundung in den einzelnen Spektralbereichen vermittelt werden. Der uns vertrauten Wiedergabe einer von der Sonne beleuchteten Landschaft steht einerseits die bildhafte Wiedergabe von Oberflächentemperaturen gegenüber, andererseits die nach völlig anderen physikalischen Zusammenhängen entstehende Radarabbildung. Jeder Spektralbereich vermittelt andere Informationen.

Auch die Methoden zur Nutzung dieses ungeheuer vielfältigen Informationspotentials haben sich weiterentwickelt; sie machen heute in großem Umfang von den Techniken der *Digitalen Bildverarbeitung* Gebrauch. Insgesamt sind die technischen Lösungen aber bei weitem nicht so ausgereift, dass man von einer automatischen Auswertung sprechen könnte. Aus diesem Grunde spielt die ursprüngliche Methode der *visuellen Bildinterpretation* in der Fernerkundung nach wie vor eine zentrale Rolle. Außerdem darf nicht vergessen werden, dass auch die Ergebnisse rechnerischer Prozesse in aller Regel in bildhafter Form wiedergegeben und nach verschiedensten Gesichtspunkten weiter interpretiert werden.

In vielfältiger Hinsicht ist die Auswertung von Luft- und Satellitenbildern Teil der Arbeitsmethoden von Wissenschaftlern und Planern im weitesten Sinne geworden. In zunehmendem Maße bedient man sich für Raumplanung, Umweltschutz, Versorgungswirtschaft usw. auch der Möglichkeiten, welche die Entwicklung von *Geoinformationssystemen* bietet. Bei der Erarbeitung und der laufenden Aktualisierung des für solche Systeme benötigten Datenbestandes werden der Interpretation von Luft- und Satellitenbildern neue Aufgaben zuwachsen.

2. Wie entstehen Luft- und Satellitenbilder

Jedes Bild ist das Ergebnis eines Abbildungsprozesses, dem sowohl geometrische als auch radiometrische (physikalische) Aspekte zugrunde liegen. Deshalb sind in Bildern stets geometrische und physikalische Informationen gespeichert. Der geometrische Aspekt besagt, dass eine Information aus einer bestimmten räumlichen Richtung kommt, der physikalische Aspekt sagt etwas über die Intensität und die spektrale Zusammensetzung der Strahlung aus, die zur Bildentstehung beiträgt. Beide Arten der Information werden bei der Ausmessung und Interpretation der Bilder genutzt.

Jedes System zur *Aufnahme* von Luft- und Satellitenbildern muss deshalb so ausgelegt sein, dass es sowohl die Richtung, aus der die Strahlung kommt, als auch deren Intensität ermittelt. Beim Vorgang der Aufnahme wird dann die von der Erdoberfläche ausgehende und am Flugzeug oder Satelliten ankommende elektromagnetische Strahlung durch einen Empfänger in Messsignale umgesetzt und gespeichert. Hierzu geeignete Systeme bezeichnet man allgemein als *Fernerkundungssensoren*. Sie liefern als Ergebnis des Aufnahmevorgangs entweder unmittelbar ein Bild – wie die photographische Aufnahme – oder es muss aus den registrierten Messwerten durch bestimmte Verarbeitungsprozesse erst ein Bild erzeugt werden. Die Fernerkundungssensoren können nach verschiedenen Gesichtspunkten eingeteilt werden.

Nach der Quelle der empfangenen Strahlung unterscheidet man passive und aktive Systeme (Abb. 4). *Passive Systeme* benutzen ausschließlich die in der Natur vorhandene elektromagnetische Strahlung. Dabei kann es sich um Sonnenstrahlung handeln, die an der Erdoberfläche reflektiert wird. Es kann jedoch auch die Eigenstrahlung aufgenommen werden, die von jedem Körper aufgrund seiner Oberflächentemperatur abgegeben wird (*Thermalstrahlung*). *Aktive Systeme* enthalten dagegen eine Energiequelle, die die Erdoberfläche künstlich bestrahlt. Aufgenommen wird dann vom Flugzeug oder Satelliten aus der vom Gelände reflektierte Anteil dieser künstlich erzeugten Strahlung.

Daneben unterscheidet man die einzelnen Systeme zur Datenaufnahme nach den Wellenlängenbereichen der empfangenen elektromagnetischen Strahlung. Die betreffenden Spektralbereiche werden als *Kanäle* (oder auch *Bänder*) bezeichnet. Wenn gleichzeitig mehrere Messwerte in verschiedenen Wellenlängenbereichen erfasst und aufgezeichnet werden, spricht man von einem *Multispektralsystem*.

Eine weitere Gliederung der Systeme zur Aufnahme von Bilddaten ergibt sich aus der Art der verwendeten Strahlungsempfänger und der damit verbundenen technischen Systeme. Dabei werden vor allem *Photographische Systeme*, *Digitale Systeme* und *Mikrowellensysteme* unterschieden. Die Darstellung der Abschnitte 2.2 bis 2.4 folgt dieser Gliederung. Außerdem gibt es noch eine Reihe weiterer Systeme zur Aufnahme von Fernerkundungsdaten, z.B. Fernsehsysteme, passive Mikrowellensysteme und spezielle Sensoren für meteorologische und ozeanographische Zwecke. Ihre Bedeutung für geowissenschaftliche, raumplanerische u.ä. Zwecke ist jedoch geringer. Sie stehen deshalb nicht im Mittelpunkt der folgenden Darstellung (man findet Näheres dazu z.B. in COLWELL, 1983). Eine gewisse Sonderstellung nehmen Laserscanner ein (Abschnitt 2.3.5).

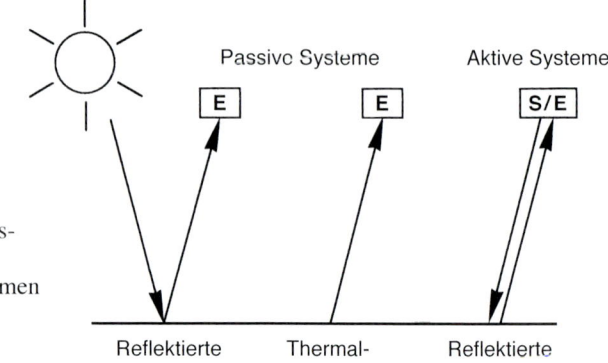

Abb. 4: Schema des Strahlungsflusses bei der Datenaufnahme mit passiven und aktiven Systemen
E = Empfänger oder Sensor
S = Sender

2.1 Physikalische Grundlagen

Die Wiedergabe der Erdoberfläche in Luft- und Satellitenbildern wird – außer von den Eigenschaften des Sensors – von der elektromagnetischen Strahlung bestimmt, die bei der Aufnahme auf den Sensor einwirkt. Von Bedeutung ist dabei sowohl die Intensität der Strahlung als auch deren spektrale Zusammensetzung. Diese hängen bei der Photographie und der Aufnahme mit Digitalen Systemen in erster Linie von der Beleuchtung des Geländes und den Reflexionseigenschaften der Geländeobjekte ab. Bei Thermalaufnahmen sind die Oberflächentemperaturen und die Emissionskoeffizienten der Materialien für die entstehende Bildwiedergabe ausschlaggebend. Bei Radaraufnahmen kommt es vor allem auf das Zusammenwirken der verwendeten Strahlung mit den Materialien an der Erdoberfläche an.

Die folgenden Abschnitte geben eine Übersicht über die wichtigsten physikalischen Zusammenhänge in der Fernerkundung.

2.1.1 Elektromagnetische Strahlung

Die elektromagnetische Strahlung ist eine Form der Energieausbreitung. Sie kann als Wellenstrahlung aufgefasst werden, d.h. als ein sich periodisch änderndes elektromagnetisches Feld, das sich mit Lichtgeschwindigkeit ausbreitet. Gekennzeichnet wird sie durch die Frequenz v, die in Hertz (Hz) gemessen wird, oder die Wellenlänge λ. Dabei gilt die Beziehung $\lambda = c/v$, wenn c die Ausbreitungsgeschwindigkeit (= Lichtgeschwindigkeit) ist. In der Fernerkundung ist es weitgehend üblich, die Wellenlänge λ

2.1 Physikalische Grundlagen

zur Charakterisierung der elektromagnetischen Strahlung zu verwenden. Dazu werden folgende Einheiten benutzt:

>1 nm (Nanometer) $= 1\cdot 10^{-9}$ m,
>1 µm (Mikrometer) $= 1\cdot 10^{-6}$ m,
>1 mm (Millimeter) $= 1\cdot 10^{-3}$ m.

Die Gesamtheit der bei der elektromagnetischen Strahlung vorkommenden Wellenlängen wird im *elektromagnetischen Spektrum* dargestellt (Abb. 5). Nach der Art ihrer Entstehung und nach der Wirkung der Strahlung teilt man das gesamte Spektrum in verschiedene Bereiche ein, die ohne scharfe Grenzen ineinander übergehen und sich teilweise überlappen. Am besten vertraut ist jedermann mit dem *sichtbaren Licht*, einem sehr kleinen Ausschnitt zwischen etwa 400 und 700 nm (0,4 bis 0,7 µm) Wellenlänge. Nach den kürzeren Wellenlängen schließt sich das nahe, dann das allgemeine *Ultraviolett* an, weiter die *Röntgenstrahlen*, die *Gammastrahlen* und schließlich die extrem kurzwellige *kosmische Strahlung*. Auf der längerwelligen Seite folgt auf das sichtbare Licht die *Infrarotstrahlung*, die ihrerseits unterteilt wird in das nahe Infrarot (bis etwa 1 µm), das mittlere Infrarot (etwa 1 bis 7 µm) und das ferne Infrarot (ab etwa 7 µm), das man auch als *Thermalstrahlung* bezeichnet. Danach folgen die *Mikrowellen* (etwa 1 mm bis 1 m) und die *Radiowellen*.

Die Fernerkundung nutzt nicht alle Wellenlängenbereiche, sondern nur den Teil des Spektrums zwischen dem nahen Ultraviolett und dem mittleren Infrarot und außerdem den Mikrowellenbereich. Die Arbeitsbereiche der wichtigsten Systeme zur Daten-Aufnahme sind in Abbildung 5 dargestellt.

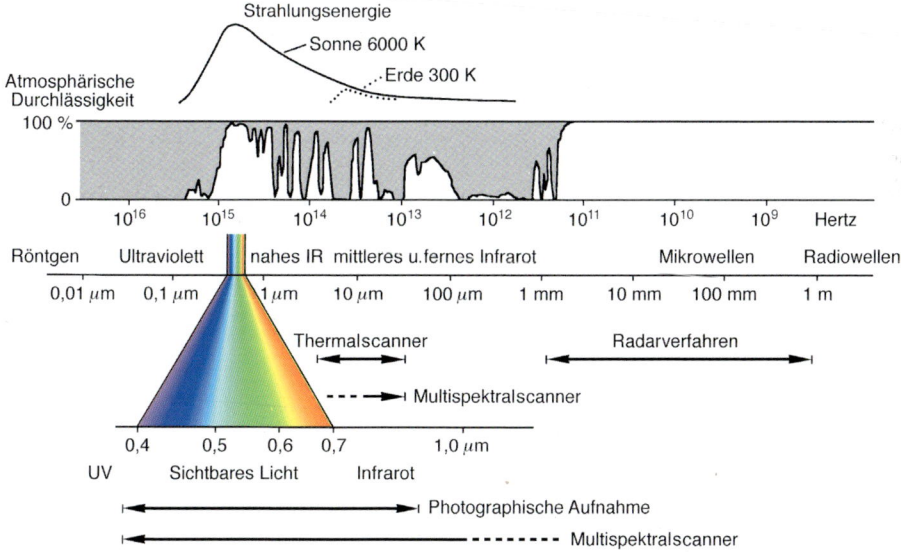

Abb. 5: Das elektromagnetische Spektrum und die Bereiche verschiedener Sensoren
Den Wellenlängenbereichen des elektromagnetischen Spektrums ist die Strahlungsenergie der Sonne und die Durchlässigkeit der Atmosphäre gegenübergestellt. Zur Fernerkundung können nur einzelne Bereiche in »atmosphärischen Fenstern« benutzt werden.

Jeder Körper befindet sich durch die elektromagnetische Strahlung in ständiger Wechselwirkung mit seiner Umgebung. Von dort wirkt Strahlung auf ihn ein und er gibt Strahlung an seine Umgebung ab. Auf den objekt- bzw. materialspezifischen Eigenschaften dieser Wechselwirkung beruht die ganze Fernerkundung.

Die elektromagnetische Strahlung, die auf einen Körper trifft, wird zu einem Teil an seiner Oberfläche reflektiert, ein weiterer Teil wird von ihm absorbiert und der Rest durchdringt den Körper. Die einzelnen Anteile bei diesen Vorgängen variieren sehr stark und hängen sowohl von der Beschaffenheit des Körpers als auch von der Wellenlänge der betreffenden Strahlung ab. Zu einer quantitativen Beschreibung benutzt man drei dimensionslose Verhältniszahlen, die *Reflexionsgrad*, *Absorptionsgrad* und *Transmissionsgrad* genannt werden. Angenommen, auf einen Körper treffe der Strahlungsfluss Φ auf und der reflektierte Anteil sei der Strahlungsfluss Φ_r, der absorbierte Φ_a und der durchgelassene Φ_d; dann erhält man:

Reflexionsgrad $\quad \varrho = \Phi_r/\Phi$
Absorptionsgrad $\quad \alpha = \Phi_a/\Phi$
Transmissionsgrad $\quad \tau = \Phi_d/\Phi$

Da die Summe der drei Anteile gleich dem ankommenden Strahlungsfluss sein muss, gilt $\varrho + \alpha + \tau = 1$. Für die strahlungsundurchlässigen Körper an der Erdoberfläche, mit denen es die Fernerkundung in der Regel zu tun hat, gilt demnach $\varrho + \alpha = 1$.

Die Strahlung, die ein Körper aufgrund seiner Oberflächentemperatur an seine Umgebung abgibt, lässt sich dagegen nicht auf so einfache Weise kennzeichnen. Man muss sich dazu auf einen idealen Temperaturstrahler beziehen, der *Schwarzer Körper* genannt wird. Der Schwarze Körper absorbiert die auf ihn treffende elektromagnetische Strahlung vollständig.

Nennt man Φ_e den von einem realen Körper mit einer bestimmten Oberflächentemperatur ausgehenden Strahlungsfluss und Φ_s den Strahlungsfluss, den der Schwarze Körper bei derselben Temperatur aussendet, so erhält man den *Emissionsgrad* des Körpers:

Emissionsgrad $\quad \varepsilon = \Phi_e/\Phi_s$

Das *Kirchhoffsche Gesetz* besagt nun, dass der Emissionsgrad eines Körpers stets gleich dem Absorptionsgrad ist, dass also gilt $\varepsilon = \alpha$. Demnach ist ein Körper, der stark absorbiert, stets auch ein guter Strahler und umgekehrt.

ε und α sind bei allen Körpern stark wellenlängenabhängig. Schnee beispielsweise reflektiert das sichtbare Licht sehr stark, verhält sich aber im Thermalbereich nahezu wie ein Schwarzer Körper. Die für die Fernerkundung sehr wichtige Wellenlängenabhängigkeit bringt man deshalb in den spektralen Größen zum Ausdruck und spricht dann vom Spektralen Emissionsgrad $\varepsilon(\lambda)$, vom Spektralen Absorptionsgrad $\alpha(\lambda)$ usw. Dabei gilt das Kirchhoffsche Gesetz für jede Wellenlänge, es gilt demnach stets $\varepsilon(\lambda) = \alpha(\lambda)$. Es ist üblich, die spektralen Reflexionsgrade von Oberflächen in den zur Fernerkundung genutzten Spektralbereichen in graphischer Form darzustellen. Beispiele für diese so genannten »Reflexionskurven« findet man im Abschnitt 2.1.3.

Vollständig beschrieben wird die Temperaturstrahlung eines Schwarzen Körpers durch das *Plancksche Strahlungsgesetz*. Es gibt seine spektrale Strahldichte L_s in

Abhängigkeit von der Wellenlänge und der absoluten Temperatur T der Oberfläche an. Abb. 6 macht deutlich, dass die von einem Schwarzen Körper abgestrahlte Energie mit dessen Temperatur sehr stark ansteigt und dass sich dabei das Maximum der Strahldichte zu immer kürzeren Wellenlängen hin verschiebt.

Für die Fernerkundung ist daraus ein wichtiger Zusammenhang ablesbar. Die *Sonne* strahlt – ähnlich wie ein Schwarzer Körper mit 6000 K Oberflächentemperatur – mit einem Strahlungsmaximum im sichtbaren Licht (um 0,5 µm Wellenlänge). In der Fernerkundung nutzbar ist jedoch nur der an der Erdoberfläche reflektierte Strahlungsanteil. Berechnungen ergeben, dass diese von der Erdoberfläche abgehende spektrale Strahldichte viel geringer ist und – bei Annahme eines mittleren Reflexionsgrades – etwa der gestrichelten Kurve in Abbildung 6 entspricht. Außerdem steht für die Fernerkundung diejenige Strahlung zur Verfügung, die die Erdoberfläche aufgrund ihrer Temperatur direkt abgibt. Hierfür können Oberflächentemperaturen um 0° C (273 K) angenommen werden. Wie Abbildung 6 zeigt, liegt dann das Maximum der Thermalstrahlung bei etwa 10 µm Wellenlänge.

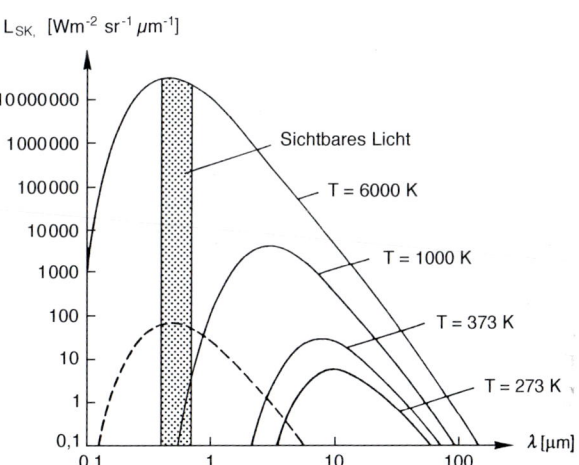

Abb. 6: Spektrale Strahldichten eines Schwarzen Körpers bei verschiedenen Oberflächentemperaturen T nach dem Planckschen Strahlungsgesetz
Die Sonne strahlt etwa wie ein Schwarzer Körper von 6000 K. Die gestrichelte Kurve gibt die ungefähre Strahldichte der an der Erdoberfläche reflektierten Sonnenstrahlung wieder.

Daraus folgt, dass zur Beobachtung der Erdoberfläche im sichtbaren Licht und im nahen Infrarot (bis etwa 2,5 µm) ausschließlich reflektierte *Sonnenstrahlung* zur Verfügung steht, im thermalen Infrarot (etwa 8 bis 15 µm) ausschließlich die Eigenstrahlung der Erdoberfläche. In einem Übergangsbereich (etwa von 2,5 bis 8 µm) tritt am Tage eine (für die Fernerkundung wenig geeignete) gemischte Strahlung auf, während der Nacht kann ebenfalls die Eigenstrahlung der Erde beobachtet werden.

2.1.2 Einflüsse der Atmosphäre

Die elektromagnetische Strahlung, die in der Fernerkundung als Informationsträger dient, hat stets vom Objekt aus den Weg durch die *Atmosphäre* bis zum Empfänger im

Flugzeug oder Satelliten zu durchlaufen. Bei allen Verfahren, die reflektierte Strahlung benutzen, führt zuvor schon der Weg von der Strahlungsquelle zum Objekt durch die Atmosphäre. Deshalb kommen zur Aufnahme von Fernerkundungsdaten nur Wellenlängenbereiche in Betracht, in denen die Atmosphäre für die elektromagnetische Strahlung weitgehend durchlässig ist.

Die von der Sonne kommende *extraterrestrische Sonnenstrahlung* erreicht zunächst die oberen Schichten der Atmosphäre, wo ein Teil in den Weltraum reflektiert wird. Der verbleibende Anteil unterliegt auf dem weiteren Weg bis zur Erdoberfläche der Refraktion, der Absorption und der Streuung.

Die *Refraktion* oder atmosphärische Strahlenbrechung ist eine Folge der Dichteänderungen der Luft. Sie führt zu Strahlenkrümmungen, die bei genauen photogrammetrischen Auswertungen berücksichtigt werden müssen, im Übrigen aber für die Fernerkundung vernachlässigt werden können.

Demgegenüber spielen *Absorption* und *Streuung* eine große Rolle. Bei der Absorption handelt es sich um eine Energieumwandlung, bei der ein Teil der elektromagnetischen Strahlung in Wärme oder andere Energieformen umgesetzt wird. Infolge der Streuung werden Teile der Strahlung durch kleine Materieteilchen (*Aerosol*) nach allen Richtungen hin abgelenkt. Intensität und Streuungscharakteristik hängen in starkem Maße von der Art und Größe der Teilchen (Dunst, Staub, Wassertröpfchen u.ä.) und von der Wellenlänge der Strahlung ab. Absorption und Streuung beruhen also auf verschiedenen physikalischen Ursachen, führen aber beide zu einer Schwächung der die Atmosphäre durchlaufenden Strahlung und werden deshalb häufig unter der Bezeichnung *Extinktion* zusammengefasst. Ausführliche Darstellungen zu diesem Thema findet man u.a. bei DIETZE (1957), FOITZIK & HINZPETER (1958), MÖLLER (1957).

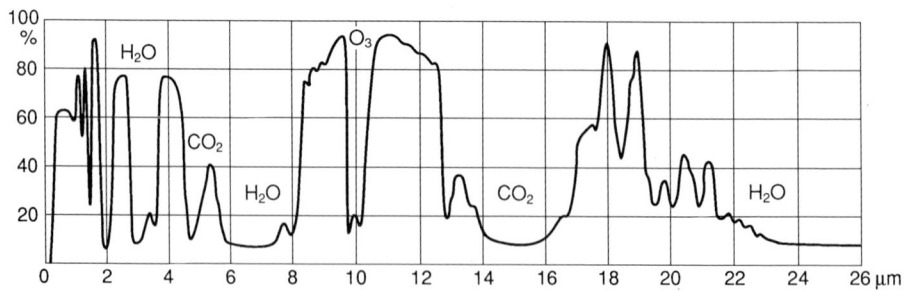

Abb. 7: Spektraler Transmissionsgrad τ_α der Atmosphäre
CO_2, H_2O und O_3 kennzeichnen die wichtigsten Absorptionsbereiche.

Die Durchlässigkeit wird gekennzeichnet durch den Transmissionsgrad τ. Wie Abb. 7 zeigt, ist der *Spektrale Transmissionsgrad* der Atmosphäre in starkem Maße wellenlängenabhängig. Dies ist die Folge der Absorptionseigenschaften der in ihr vorkommenden Gase, insbesondere Wasserdampf, Kohlendioxid und Ozon. Außerdem absorbieren Stickstoff und Sauerstoff, die den größten Anteil in der Zusammensetzung der Atmosphäre ausmachen, die ultraviolette Strahlung unter 0,3 μm Wellenlänge fast vollständig. Die übrigen, weitgehend durchlässigen und deshalb für die Fernerkundung

2.1 Physikalische Grundlagen

nutzbaren Wellenlängenbereiche werden anschaulich als *Atmosphärische Fenster* bezeichnet. Die wichtigsten dieser Fenster liegen im sichtbaren Licht und im nahen Infrarot ($\approx 0{,}3$–$2{,}5$ μm), im mittleren Infrarot (≈ 3–5 μm) und im thermalen Infrarot (≈ 8–13 μm). Außerdem ist die Atmosphäre für Mikrowellen vollständig durchlässig.

Die *Streuung* in der Atmosphäre ist von großer Bedeutung für die Beleuchtungsverhältnisse auf der Erdoberfläche und damit auch für die Fernerkundung. Ohne sie wäre der Himmel schwarz, und die Sonne würde sich von ihm extrem hell und scharf abheben. Durch die Streuung wird jedoch der ganze atmosphärische Raum mit einer diffusen Strahlung erfüllt, so dass er zur sekundären Energiequelle wird und nach jeder Richtung hin Strahlung abgibt. Für die Erdoberfläche entsteht auf diese Weise die diffuse *Himmelsstrahlung* (oder *Himmelslicht*). In der Himmelsstrahlung überwiegt bei klarem und wolkenlosem Himmel der kurzwellige Anteil im ultravioletten und blauen Spektralbereich sehr stark (es entsteht der blaue Himmel). Mit zunehmender Trübung der Atmosphäre nimmt die Intensität der Himmelsstrahlung zu, der Relativanteil der kurzwelligen Strahlung jedoch ab (das Himmelslicht geht dadurch in weißliche Farbe über).

Auf eine Geländefläche fallen demnach stets zwei Arten von Strahlung, nämlich die trotz Absorption und Streuung verbleibende direkte (gerichtete) Sonnenstrahlung und die indirekte (diffuse) Himmelsstrahlung (Abb. 8). Ihre Summe, also die gesamte auf eine Geländefläche fallende Strahlungsenergie, wird *Globalstrahlung* genannt (Abb. 9). Sie unterliegt hinsichtlich Intensität und spektraler Zusammensetzung einer großen Schwankungsbreite und hängt in erster Linie von der Sonnenhöhe, vom Trübungszustand der Atmosphäre, von der Exposition (Neigung und Neigungsrichtung) sowie von der Höhe über NN der betrachteten Geländefläche ab.

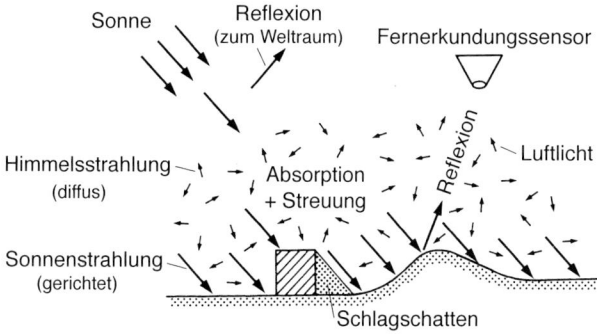

Abb. 8: Strahlungsverhältnisse bei der Aufnahme (schematisch)
Absorption und Streuung in der Atmosphäre beeinflussen sowohl die Geländebeleuchtung (Himmelslicht) als auch die Aufnahme von Bilddaten durch den Sensor (Luftlicht).

Die Atmosphäre wirkt sich aber nicht nur auf die Beleuchtung des Geländes aus. Da die an den Geländeobjekten reflektierte Strahlung auf dem Weg zu dem im Flugzeug oder Satelliten eingebauten Sensor erneut einen Teil der Atmosphäre durchlaufen muss, unterliegt dieser Strahlungsanteil erneut denselben physikalischen Gesetzmäßigkeiten,

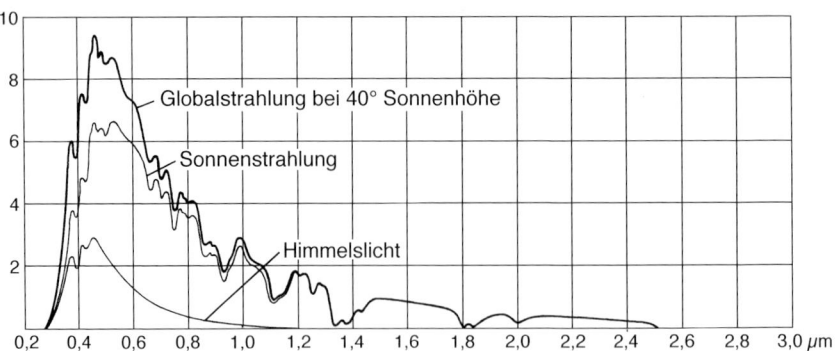

Abb. 9: Relative spektrale Energieverteilung auf einer horizontalen Fläche
(in Meereshöhe bei 40° Sonnenhöhe)

wie sie für die ankommende Sonnenstrahlung gelten. Dabei überlagert sich der an der Oberfläche reflektierten Strahlung ein ebenfalls in Richtung auf den Sensor wirksamer Anteil der diffusen Himmelsstrahlung, den man in diesem Fall als *Luftlicht* bezeichnet (Abb. 8). Das Luftlicht verringert die durch die Objektreflexion gegebenen Kontraste je nach Atmosphärenzustand, Flughöhe, Beobachtungswinkel, Beobachtungsrichtung und beobachtetem Spektralbereich. Aus physikalischen Gründen überwiegt im Luftlicht wiederum der kurzwellige (blaue) Anteil. Deshalb kann beispielsweise bei der photographischen Aufnahme der unerwünschten Kontrastminderung durch den Gebrauch von Gelb- oder Orangefiltern entgegengewirkt werden. Außerdem kann man durch Verwendung von photographischen Schichten mit steiler Gradation (vgl. 2.2.1) die kontrastmindernde Wirkung des Luftlichts zum Teil kompensieren. Dies macht das Beispiel in Abbildung 10 deutlich.

Wenn auch das Luftlicht in der Fernerkundung stets als Störfaktor auftritt, so ist seine praktische Bedeutung doch unterschiedlich zu bewerten. Bei der visuellen Interpretation von Bildern stört es am wenigsten, da sich das menschliche Auge Kontrastunterschieden in weiten Grenzen gut anzupassen vermag. In anderen Fällen, beispielsweise bei der automatischen Klassifizierung von Multispektraldaten (vgl. 5.3.1), kann es die Ergebnisse stark verfälschen. Da sich dabei die Richtungsabhängigkeit des Luftlichtes besonders störend auswirkt, muss sein Einfluss durch Korrekturen, die aus Modellvorstellungen abgeleitet werden, oder geeignete methodische Ansätze möglichst weitgehend eliminiert werden.

Die Atmosphäre hat noch in ganz anderer Weise Einfluss auf die Fernerkundung, denn die Aufnahme von Luft- und Satellitenbildern wird durch die *Bewölkung* in gravierender Weise beeinträchtigt. Alle Aufnahmen im sichtbaren Licht, im nahen Infrarot und im Thermal-Infrarot setzen voraus, dass sich zwischen der Erdoberfläche und dem Sensor keine Wolken befinden. In der Regel ist diese Forderung gleichbedeutend mit wolkenfreiem Himmel. Nur in Ausnahmefällen können Luftbilder auch unter einer hochliegenden Wolkendecke aufgenommen werden (die für diesen Zweck möglichst gleichmäßig sein sollte). Lediglich Mikrowellen, die zur Aufnahme von Radarbildern eingesetzt werden, durchdringen Wolken und erlauben einen wetterunabhängigen Einsatz von Fernerkundungsmethoden.

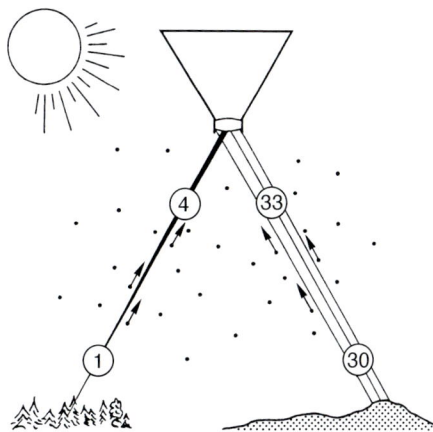

Abb. 10: Schematische Darstellung zur kontrastmindernden Wirkung des Luftlichtes
Ein dunkles Objekt (z.B. Nadelwald) reflektiert im sichtbaren Bereich etwa 1% der auftreffenden Strahlung, ein helles Objekt (wie z.B. trockener Sand) etwa 30%. Der »Objektumfang« beträgt also im Gelände 1:30. In Flughöhen um 3000 m werden unter normalen atmosphärischen Bedingungen etwa 3% der Sonnenstrahlung als Luftlicht überlagert. Dabei verringert sich der Objektumfang auf 4:33 oder etwa 1:8. Um im Bild wieder einen Schwärzungsumfang von etwa 1:30 zu erhalten, muss Photomaterial mit einem Gammawert von etwa 1,6 verwendet werden.

Vielfach wird das Bewölkungsproblem in seiner praktischen Auswirkung unterschätzt. In Mitteleuropa mit seinem sehr unregelmäßigen Wettergeschehen kann es die Aufnahme von Luftbildern oft wochenlang verzögern. Während man in diesem Fall wenigstens noch flexibel reagieren und vielleicht nur wenige Stunden bestehende günstige Wetterlagen ausnutzen kann, ist die Aufnahme von Satellitenbildern noch stärker eingeschränkt. Aufgrund der Bahnparameter wird nämlich eine bestimmte Region nur in größeren Zeitabständen (z.B. mindestens einige Tage) überflogen. Die Wahrscheinlichkeit, zu diesen Zeitpunkten Wolkenfreiheit vorzufinden, hängt naturgemäß von den regionalen und saisonalen Wetterbedingungen ab. Sie ist aber meist geringer, als gemeinhin angenommen wird. Selbst in ariden und semiariden Gebieten, in denen Niederschläge sehr selten sind, kann es schwierig sein, wolkenfreie Satellitenbilder zu gewinnen. Mit moderneren Aufnahmesystemen (z.B. 2.3.2) kann man zwar auf die aktuelle Wolkensituation flexibler reagieren, doch lässt sich das Problem damit nur verringern, nicht lösen.

2.1.3 Reflexionseigenschaften des Geländes

Für die Aufnahme von Fernerkundungsdaten ist es entscheidend, dass sich die Geländeoberfläche und die auf ihr befindlichen Objekte gegenüber der auftreffenden Strahlung sehr unterschiedlich verhalten. Die Reflexionseigenschaften der Geländeobjekte hängen vor allem von dem jeweiligen Material, seinem physikalischen Zustand (z.B. Feuchtigkeit), der Oberflächenrauigkeit und den geometrischen Verhältnissen (Einfallswinkel der Sonnenstrahlung, Beobachtungsrichtung) ab. Nur dank der Vielfalt dieser Faktoren ist es uns überhaupt möglich, Gegenstände unmittelbar oder in Bildwiedergaben zu sehen.

Von den Objekten wird immer nur ein Teil der auftreffenden Strahlung reflektiert. Über die Art der Reflexion entscheidet die Rauigkeit der Grenzfläche. An Oberflächen, deren Rauigkeit im Vergleich zur Wellenlänge klein ist, findet *spiegelnde Reflexion* statt. Sie wird durch das Reflexionsgesetz beschrieben, nach dem der Einfallswinkel ε gleich dem Reflexionswinkel ε' ist und außerdem einfallender Strahl, Einfallslot und reflektierter Strahl in einer Ebene liegen (Abb. 11). In der Fernerkundung tritt die spiegelnde Reflexion häufig an Wasserflächen auf; sie gilt als störend und wird deshalb durch die Wahl der Aufnahmeparameter möglichst vermieden. An Oberflächen, deren Rauigkeit in der Größenordnung der Wellenlängen der auftreffenden Strahlung liegt, findet *diffuse Reflexion* statt, d.h. die Strahlung wird nach allen Richtungen zurückgeworfen. Der Idealfall der diffus reflektierenden Oberfläche ist die *Lambertsche Fläche*, die richtungsunabhängig reflektiert und darum stets aus allen Richtungen gleich hell erscheint. Bei den meisten in der Natur vorkommenden Oberflächen liegt jedoch weder spiegelnde noch diffuse Reflexion vor, sondern eine Mischung von beiden; bei der *gemischten Reflexion* wird die auftreffende Strahlung zwar nach allen Richtungen zurückgeworfen, jedoch ungleich stark. Diese Art der Reflexion lässt sich deshalb nicht in einfachen Funktionen beschreiben (vgl. z.B. KRIEBEL u.a. 1975, KRAUS & SCHNEIDER 1988).

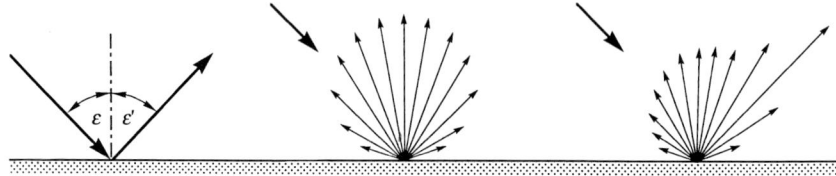

Abb. 11: Verschiedene Arten der Reflexion an einer Oberfläche
Schematische Darstellung der Reflexion bei schräg einfallender Strahlung. Links: Spiegelnde Reflexion. Mitte: Diffuse Reflexion (Lambertsche Fläche). Rechts: Gemischte Reflexion.

Von zentraler Bedeutung für die Fernerkundung ist der *Reflexionsgrad* ϱ und seine Abhängigkeit von der Wellenlänge der Strahlung. Es ist üblich, den *spektralen Reflexionsgrad* von Oberflächen graphisch darzustellen. In der Literatur sind zahlreiche Reflexionskurven veröffentlicht. Da sie jedoch unter verschiedenen Bedingungen aufgenommen sind und auch die Eigenschaften der Objektoberflächen große Variationen aufweisen, sind diese Kurven nur bedingt zu vergleichen. Dennoch lässt sich für viele Oberflächenarten ein charakteristischer Verlauf der Reflexionskurven angeben, dessen Kenntnis von großem praktischem Nutzen ist.

Abbildung 12 zeigt am Beispiel einiger Oberflächenarten typische Kurven für die spektrale Zusammensetzung der reflektierten Strahlung in dem Wellenlängenbereich zwischen 400 und 2600 nm.

Besonders wichtig ist der charakteristische Unterschied zwischen dem sichtbaren und dem infraroten Spektralbereich. Vor allem ist der steile Anstieg des Reflexionsgrades von grünen Pflanzen bei 0,7 μm (700 nm), also am Übergang des sichtbaren Lichts zur infraroten Strahlung, zu beachten. Diese Erscheinung rührt von den spezi-

2.1 Physikalische Grundlagen

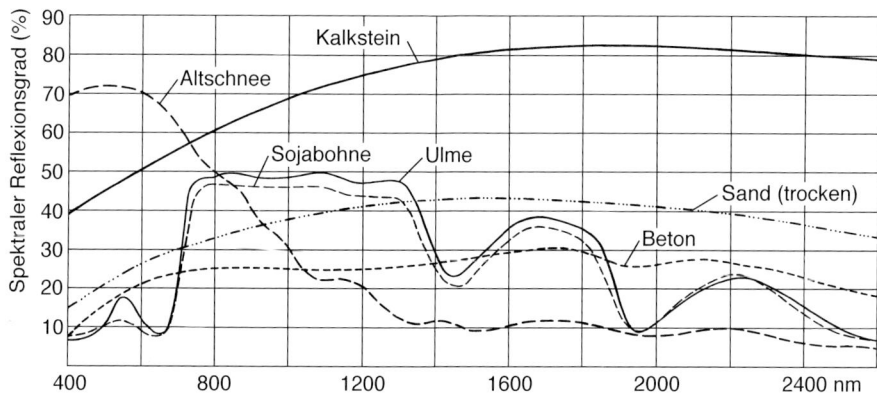

Abb. 12: Spektrale Reflexionsgrade verschiedener Oberflächen
Man beachte den starken Anstieg des Reflexionsgrades grüner Blätter (Sojabohne, Ulme) bei 700 nm und die durch Wassergehalt verursachte starke Absorption bei 1400 und 1900 nm.

fischen Reflexionsverhältnissen in den Blättern grüner Pflanzen her (Abb. 13). Sie hängt eng mit der Wasserversorgung der Pflanze und anderen Vitalitätsfaktoren zusammen. Deshalb unterliegt sie vielfältigen Variationen, welche für die Interpretation der Bilder sehr nützlich sind, insbesondere zum Erkennen von Schädigungen und Stresssituationen (vgl. 6.5). Die Änderung der Reflexion einiger Oberflächenarten unter verschiedenen Bedingungen ist exemplarisch in den Abbildungen 14 bis 17 gezeigt.

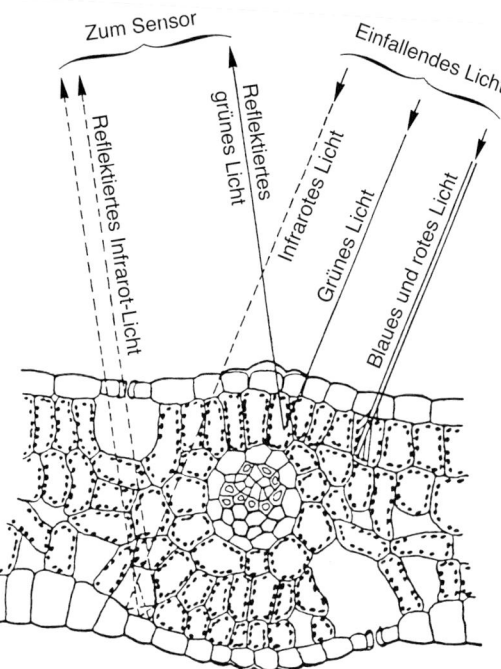

Abb. 13: Absorption und Reflexion an grünen Blättern (schematisch)
Von den Chloroplasten (chlorophyllhaltigen Blattpigmenten) wird blaues und rotes Licht weitgehend absorbiert, grünes jedoch reflektiert, so dass die Blätter grün erscheinen. Dagegen wird der überwiegende Teil der infraroten Strahlung an den Grenzflächen (Zellwände, luftgefüllte Hohlräume) mehrfach gespiegelt und dadurch zu einem hohen Anteil reflektiert.
(Nach COLWELL u.a. 1963)

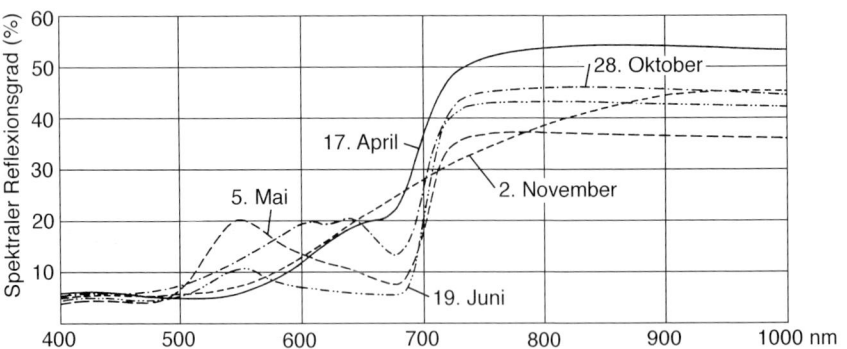

Abb. 14: Änderung des spektralen Reflexionsgrades von Eichenblättern im Verlaufe einer Vegetationsperiode (Nach GATES 1970)

Das Laub von Bäumen ändert sein Reflexionsverhalten im Verlauf der Vegetationsperiode durch Veränderung der Blattpigmentierung und die Wachstumsprozesse sehr stark (Abb. 14).

Auch die Oberflächencharakteristik wirkt sich – vor allem bei Objekten mit einer ausgeprägten räumlichen Oberflächenstruktur – auf die Reflexionsverhältnisse aus. In Abbildung 15 ist dies am Beispiel von runden Baumkronen bei schräg einfallender Sonnenbeleuchtung schematisch dargestellt. Dabei tritt ein *Mitlichtbereich* und ein *Gegenlichtbereich* auf. Im Mitlichtbereich werden überwiegend die von der Sonne bestrahlten Objektteile aufgenommen, im Extremfall – wenn die Sonne direkt hinter dem Sensor steht – entsteht ein schattenloser heller Fleck, der oft auch *Hot Spot* genannt wird. Im Gegenlichtbereich überwiegen die Schattenteile, das Bild erscheint insgesamt dunkler. Dazwischen gibt es einen kontinuierlichen Übergang. Diese Erscheinung bewirkt beispielsweise, dass Waldflächen und andere Vegetationsbestände, aber auch raue Gesteinsoberflächen u.ä., aus verschiedenen Beobachtungsrichtungen sehr ungleich wiedergegeben werden (vgl. Abb. 16).

Als weiterer Faktor, der die Reflexionseigenschaften beeinflusst, ist die *Feuchtigkeit* der betreffenden Materialien zu nennen. In der Regel nimmt die Reflexion von Böden und anderen Materialien mit zunehmender Feuchtigkeit über den ganzen Spektralbereich ab. Deshalb wird feuchter Boden in Luft- und Satellitenbildern stets dunkler wiedergegeben als trockener.

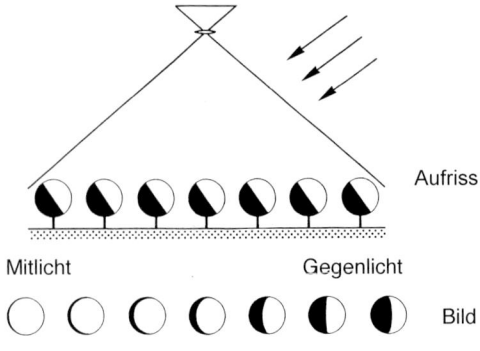

Abb. 15: Schematische Darstellung von Mitlichtbereich und Gegenlichtbereich bei der Aufnahme unter schräg einfallender Sonnenbeleuchtung

2.1 Physikalische Grundlagen

Abb. 16: Beispiel für das Zusammenwirken von schräg einfallender Beleuchtung und Beobachtungsrichtung
Die Ausschnitte aus drei aufeinander folgenden Luftbildern zeigen erhebliche Helligkeits-, Farb- und Kontrastunterschiede zwischen dem Mitlichtbereich (oben links), der Bildmitte (oben rechts) und dem Gegenlichtbereich (unten rechts). Die Farbinfrarot-Luftbilder wurden mit einer Weitwinkelkamera im Bildmaßstab etwa 1:4.000 aufgenommen. (Photo: Hansa Luftbild GmbH, Münster)

Besonders kompliziert sind die Reflexionsverhältnisse bei *Wasserflächen*. Die am Sensor ankommende Strahlung hängt u.a. vom Zustand des Wasserkörpers, von der Tiefe, vom Gewässerboden und von der Beleuchtungs- und Beobachtungsrichtung ab (Abb. 17). Da diese Parameter stark variieren, werden Gewässer in Fernerkundungsdaten sehr unterschiedlich wiedergegeben.

Für manche Anwendungen reicht die allgemeine Kenntnis der Reflexionscharakteristik von Oberflächen nicht aus. Das ist zum Beispiel dann der Fall, wenn die vom Flugzeug oder Satelliten aus aufgenommenen Messdaten kalibriert werden sollen oder die genaue Kenntnis der spektralen Reflexionseigenschaften von Oberflächen benötigt wird. Dann sind spezielle *Strahlungsmessungen* im Gelände erforderlich (z.B. WEICHELT 1990, SCHAEPMAN 1998). Sie werden teils direkt am Boden ausgeführt (Abb. 18) oder von speziell ausgestatteten Fahrzeugen aus, die beispielsweise mit einem ausfahrbaren Mast Messungen aus 10 bis 15 m Höhe möglich machen.

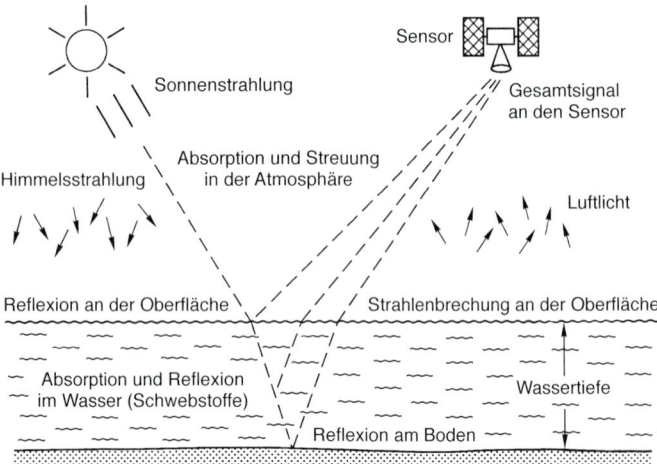

Abb. 17:
Schematische Darstellung der Strahlungsverhältnisse an Wasserflächen

Sowohl die schematische Darstellung der Abbildung 15 als auch die Bildbeispiele der Abbildung 16 machen deutlich, dass eine genauere Beschreibung der Reflexionsverhältnisse auch die räumliche Richtung der einfallenden Sonnenstrahlung und die räumliche Beobachtungsrichtung einschließen muss. Der *gerichtete Reflexionsgrad* lässt sich dann in Abhängigkeit vom Zenitwinkel der Sonne und dem Zenitwinkel der Beobachtung sowie der Azimutdifferenz zwischen diesen Richtungen funktional beschreiben (Abb. 19). Um die hierzu erforderlichen Größen messen zu können, sind spezielle Vorrichtungen (*Goniometer*) entwickelt worden (Abb. 20), die die Reflexion an repräsentativen Oberflächen in beliebigen Richtungskombinationen zu messen gestatten (SANDMEIER u.a. 1996).

Abb. 18: Strahlungsmessungen im Gelände
Zur Kalibrierung von Fernerkundungsdaten gewinnen Referenzmessungen am Boden zunehmend an Bedeutung. Das Beispiel zeigt die Messung mit einem Bodenspektrometer (vorne) und einem Sonnenphotometer (rechts) sowie eine mobile Wetterstation im Hintergrund.
(Photo: Universität Zürich, © 1998 Remote Sensing Laboratories)

2.1 Physikalische Grundlagen

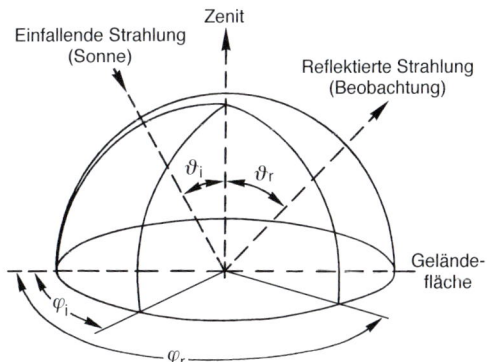

Abb. 19: Geometrischer Zusammenhang zwischen der Einfallsrichtung der Sonnenstrahlung und der Beobachtungsrichtung
Die einfallende Strahlung trifft auf eine (als horizontal angenommene) Geländefläche. Die Reflexion in die Richtung der Beobachtung hängt stark von den Zenitdistanzen ϑ und der Differenz der Azimute φ ab.

Benutzt werden zur Messung der Reflexionseigenschaften *Radiometer* bzw. *Spektralradiometer* verschiedener Bauart. Um die verschiedenen Strahlungsanteile erfassen zu können, werden häufig mehrere Messeinheiten miteinander kombiniert. Damit wird sowohl die ankommende Globalstrahlung als auch die von der Geländeoberfläche reflektierte Strahlung gemessen, um daraus das Reflexionsverhalten ableiten zu können. Solche Messungen erfordern aber, dass die betreffende Oberfläche auch in anderer Hinsicht detailliert beschrieben wird. So müssen beispielsweise zur Charakterisierung einer Bodenart Angaben über Bodenprofil, Bodenfeuchtigkeit, Humusgehalt, Krümelung usw. registriert werden. Außerdem sind die momentanen meteorologischen Gegebenheiten messtechnisch zu erfassen. Ohne diese Zusatzinformationen ließe sich von den Reflexionsmessungen bei der Auswertung von Fernerkundungsdaten nicht in zweckmäßiger Weise Gebrauch machen.

Insgesamt gesehen ist der technische und meist auch der logistische Aufwand für die detaillierte Messung der Strahlungsverhältnisse beträchtlich. Dies gilt insbesondere dann, wenn auch die Richtungsabhängigkeit der Reflexion erfasst werden soll. Messungen dieser Art werden deshalb vorwiegend im Rahmen größerer Forschungsprogramme durchgeführt.

Abb. 20: Feld-Goniometer
Die transportable Vorrichtung erlaubt es, die Reflexionscharakteristik einer Oberfläche räumlich zu erfassen. Das benutzte Radiometer kann im Abstand von 2 m aus beliebigen Richtungen auf die Messfläche gerichtet werden. (Photo: © Stefan Sandmeier, Universität Zürich, Remote Sensing Laboratories)

2.1.4 Thermalstrahlung

Die Thermalstrahlung, die alle Geländeobjekte aufgrund ihrer Oberflächentemperatur abgeben, wird in der Fernerkundung vorwiegend im atmosphärischen Fenster zwischen 8 und 14 μm Wellenlänge genutzt. In diesem Bereich liegt für die an der Geländeoberfläche vorkommenden Temperaturen auch das Maximum der Strahlung (vgl. Abb. 6) und die Datenaufnahme ist von reflektiertem Sonnenlicht praktisch unbeeinflusst.

Dennoch besteht kein einfacher Zusammenhang zwischen der Oberflächentemperatur und der ausgesandten Strahlung. Das Plancksche Strahlungsgesetz gilt nur für den (idealen) Schwarzen Körper. Alle realen Körper strahlen weniger. Dies wird gekennzeichnet durch den *Emissionsgrad* ε, der das Verhältnis der Strahldichte eines realen Körpers zur Strahldichte des Schwarzen Körpers gleicher Temperatur angibt. Der Emissionsgrad ist wellenlängenabhängig, so dass streng genommen der spektrale Emissionsgrad $\varepsilon(\lambda)$ benutzt werden müsste.

Mit genügender Genauigkeit kann man jedoch bei den meisten Oberflächen einen wellenlängenunabhängigen Emissionsgrad ε für den Wellenlängenbereich zwischen 8 und 14 μm annehmen. In Tab. 1 sind Beispiele für die Emissionsgrade verschiedener Oberflächen in diesem Bereich aus verschiedenen Quellen zusammengestellt.

Auch für Wasseroberflächen ist der Emissionsgrad zwischen 8 und 14 μm veränderlich. Er hat bei 11 μm ein Maximum und nimmt mit größer werdender Wellenlänge stark ab. Deshalb eignet sich zur Messung der Temperatur von Wasseroberflächen am besten ein Bereich von 9,5 bis 11,5 μm Wellenlänge (WEISS 1971).

Tabelle 1: Emissionsgrade einiger Oberflächen (8 bis 14 μm Wellenlänge)
(Nach LORENZ 1973 u.a.)

Oberfläche	ε	Oberfläche	ε
Granit, rau	0,898	Beton	0,942 – 0,966
Basalt, rau	0,934	Asphalt	0,950 – 0,956
Basalt-Splitt, fein	0,952	Versch. Pflanzenblätter	0,920 – 0,970
Dolomit, rau	0,958	Rasen, dicht, kurz	0,973
Sandsteine	0,935 – 0,985	Luzerne, dichter Bestand	0,976
Sande (verschiedener Wassergehalt)	0,880 – 0,985	Wasser, verschiedene Verschmutzung	0,973 – 0,979
Vulkanaschen	0,965 – 0,980	Wasser mit Ölschichten	0,960 – 0,979
Böden	0,936 – 0,980	Schnee und Eis	0,980 – 0,990

Wie Tabelle 1 zeigt, streuen die Werte von ε für die im Gelände vorkommenden Oberflächen verhältnismäßig wenig. Vernachlässigt man diese Unterschiede und setzt $\varepsilon \approx 1$, so kann man nach dem Planckschen Strahlungsgesetz eine der gemessenen Strahldichte entsprechende fiktive Temperatur ableiten. Man nennt sie die *Strahlungstemperatur* T_S. Sie ist stets niedriger als die wahre Temperatur der betreffenden Oberfläche. Um die wahre Temperatur T zu bestimmen, müsste man an den Messwerten im Einzelnen

Korrekturen anbringen. In der Fernerkundung ist man jedoch vielfach vor allem an Temperaturdifferenzen interessiert. Deshalb nimmt man Vernachlässigungen in Kauf und ermittelt aus gemessenen Strahldichten genäherte Oberflächentemperaturen, wobei z.B. ein durchschnittlicher Emissionsgrad von $\varepsilon \approx 0{,}95$ vorausgesetzt wird. Meist wird diese Temperaturbestimmung durch Messungen im Gelände (*in situ*) gestützt, um mit guter Näherung wirkliche Oberflächentemperaturen bestimmen zu können.

Die Eigenschaften, die die *Atmosphäre* im Bereich der Thermalstrahlung aufweist, unterscheiden sich wesentlich von denen im optischen Bereich. Streuungsvorgänge spielen keine nennenswerte Rolle. Dagegen treten starke Absorptionserscheinungen auf, die zur Folge haben, dass die Atmosphäre selbst Strahlung abgibt. Derjenige Anteil, der zur Erdoberfläche gelangt, wird in der Meteorologie als *Gegenstrahlung* bezeichnet. Der zum Sensor gerichtete Anteil der atmosphärischen Thermalstrahlung wirkt sich in der Fernerkundung als Störfaktor aus, da er sich der von der Erdoberfläche abgehenden Thermalstrahlung überlagert.

Um die Störeinflüsse möglichst klein zu halten, ist es zweckmäßig, in den Wellenlängenbereichen der geringsten Absorption zu messen. Hierzu kommt insbesondere das »große Fenster« zwischen 8 und 13 μm Wellenlänge in Frage (Abb. 5). In diesem Bereich tritt lediglich ein ausgeprägtes Absorptionsband des Ozons (bei 9,6 μm) auf. Für die Beobachtung von Flugzeugen aus ist dies jedoch praktisch ohne Belang, da Ozon vor allem in den höheren Schichten der Atmosphäre auftritt.

Es darf nicht übersehen werden, dass bei der Datenaufnahme vom Flugzeug aus vielfach große Beobachtungswinkel auftreten und sich die wirksame Luftschicht deshalb mit der Beobachtungsrichtung stark ändert. Die Bestimmung von Korrekturen für die im Thermalbereich aufgenommenen Daten ist schwierig (LORENZ 1973). Für viele praktische Aufgaben kann jedoch der Einfluss der Atmosphäre vernachlässigt oder durch die angewandte Methodik, beispielsweise die Verwendung von Referenzmessungen im Gelände, kompensiert werden.

Die Analyse von Oberflächentemperaturen ist jedoch alles andere als eine triviale Aufgabe (z.B. LORENZ 1971). Sie muss insbesondere berücksichtigen, dass die beobachtete momentane Temperatur das Ergebnis vorausgegangener Prozesse der Energieumwandlung und des Energieaustausches ist. Dazu geht man zweckmäßig von der *Strahlungsbilanzgleichung* (auch *Wärmehaushaltsgleichung*) aus, die die Energieströme zusammenfasst, welche der Geländeoberfläche zugeführt werden oder von ihr abgehen. Diese Gleichung lautet:

$$S + B + L + V = 0.$$

Dabei beschreibt:
S die *Strahlungsbilanz*, d.h. die Summe aller in Form von Strahlung ausgetauschten Energie,
B den *Bodenwärmestrom*, d.h. die Energie, welche die Geländeoberfläche an den darunter liegenden Boden abgibt oder von dort erhält,
L den *Wärmeaustausch* mit der Luft und
V den *Strom latenter Wärme*, der der Erdoberfläche durch Verdunstung entzogen bzw. durch Kondensation zugeführt wird.

Eingehende Darstellungen dieser für die Auswertung von Thermalaufnahmen wichtigen Zusammenhänge findet man z.B. bei GEIGER (1961), WEISCHET (2002) und MÖLLER (1973).

2.1.5 Mikrowellen

Mikrowellen unterscheiden sich in ihrem Verhalten grundlegend von der elektromagnetischen Strahlung im optischen und im thermalen Spektralbereich. Sie werden von der Atmosphäre kaum beeinflusst und vermögen auch Wolken, Dunst, Rauch, Schneefall und leichten Regen fast ungestört zu durchdringen. Deshalb ist ihre Anwendung in der Fernerkundung praktisch unabhängig vom Wetter.

Die Wellenlängen der betreffenden Strahlung liegen zwischen etwa 1 mm und 1 m; das entspricht Frequenzen zwischen 300 GHz und 300 MHz. Strahlung dieser Art wird von den Materialien an der Erdoberfläche aufgrund ihrer Temperatur abgegeben. Diese Signale, die mit *Mikrowellenradiometern* empfangen werden können (z.B. SCHANDA 1986), vermögen Informationen über Schneebedeckung, Bodenfeuchte, Ölverschmutzung u.ä. zu vermitteln. Die Mikrowellenstrahlung ist stets von geringer Intensität. Ihre Messung ist nicht mit hoher geometrischer Auflösung möglich. Deshalb können durch *passive* Mikrowellen-Fernerkundung kaum zur Interpretation geeignete Bilder größerer Maßstäbe erzeugt werden.

Detaillierte Bildwiedergaben lassen sich dagegen durch aktive Systeme gewinnen, welche Mikrowellen-Strahlung einer ganz bestimmten Wellenlänge selbst erzeugen, vom Flugzeug oder Satelliten aus schräg auf die Erdoberfläche abstrahlen und die reflektierten Signale in Bilddaten umsetzen. Die Funktionsweise solcher *Radarsysteme* sowie die Wechselwirkung der künstlich erzeugten Strahlung mit den Materialien an der Erdoberfläche wird im Abschnitt 2.4.2 behandelt.

2.2 Aufnahme mit photographischen Systemen

Die photographische Aufnahme von Luft- und Satellitenbildern beruht auf dem allgemein bekannten Prinzip der Photographie: Durch ein Objektiv wird ein Bild des aufzunehmenden Objekts für meist nur kurze Zeit auf eine lichtempfindliche photographische Schicht projiziert. Diese wird dadurch so verändert, dass durch den *photographischen Prozess* ein dauerhaftes Bild entsteht (ausführliche Darstellung z.B. MARCHESI 1993/98, als Nachschlagewerk auch FREIER 1997).

Die Photographie ist ein passives Verfahren, das die Strahlung im sichtbaren Licht und im nahen Infrarot (von etwa 0,4 bis 1,0 μm) aufnimmt. Unter den Aufnahmeverfahren der Fernerkundung nimmt sie wegen ihrer großen *Vorteile* eine Sonderstellung ein. Sie ist das einzige Verfahren, bei dem das strahlungsempfindliche Material – die photographische Schicht – zugleich als Speichermedium dient. Sie erlaubt die *gleichzeitige* flächenhafte Aufnahme sowie die Speicherung riesiger Datenmengen auf kleinem Raum bei geringen Kosten. Für die Auswertung bieten photographische Bilder sehr vielseitige Möglichkeiten. Diesen Vorteilen stehen freilich auch gewichtige *Nachteile* gegenüber, denn die radiometrische Kalibrierung photographischer Systeme – also die genaue Bestimmung des Zusammenhangs zwischen der einwirkenden Strahlung und der entstehenden Schwärzung bzw. Farbe – ist schwierig und unsicher. Außerdem ist der photographisch erfassbare Spektralbereich ziemlich eng und der photographische Prozess stellt einen unzweckmäßigen Zwischenschritt dar, wenn die aufgenommenen Daten rechnerisch verarbeitet werden sollen.

Im Zuge der allgemeinen technischen Entwicklung werden photographische Systeme zunehmend durch digitale Aufnahmetechniken ersetzt (Abschnitt 2.3). Gleichwohl behalten die im Folgenden dargestellten Grundlagen ihre Bedeutung.

2.2.1 Photographischer Prozess

Die meisten photographischen Schichten (*Emulsionen*) beruhen auf der Lichtempfindlichkeit von Silbersalzen, die in einer 10 bis 15 μm dicken Gelatineschicht eingebettet und auf einem *Schichtträger* (Film, Papier o.ä.) aufgebracht sind. Die Eigenschaften der Schichten können durch bestimmte Herstellungstechniken vielfältig beeinflusst werden.

Durch das Einwirken relativ kleiner Lichtmengen (*Belichtung*) wird die photographische Schicht zwar nicht äußerlich, aber in ihrem Kristallgefüge verändert. Bringt man eine belichtete Schicht in eine wässerige Lösung geeigneter chemischer Substanzen (*Entwickler*), so werden die betroffenen Silbersalzkristalle zu metallischen, schwarz erscheinenden winzigen Silberkörnern reduziert. Dieser Vorgang (*Entwicklung*) führt – je nach der Lichtmenge, die zuvor eingewirkt hat – zu einer mehr oder weniger starken Schwärzung der Schicht. Nicht belichtete und deshalb auch nicht reduzierte Kristalle der Silbersalze verbleiben zunächst in der Schicht und müssen in einer weiteren chemischen Lösung (*Fixierbad*) entfernt werden. Erst durch das Fixieren wird das entstandene Bild lichtbeständig (während das photographische Material zuvor vor Licht geschützt und deshalb in der *Dunkelkammer* verarbeitet werden muss). Nach dem Wässern zum Auswaschen der verbliebenen Chemikalien wird die Schicht abschließend getrocknet.

Das Bild, das auf die skizzierte Weise entsteht, ist ein photographisches *Negativ*. Um positive Kopien oder Vergrößerungen herzustellen, muss derselbe Prozess nochmals angewandt werden.

Den Zusammenhang zwischen der *Belichtung*, das ist die auf eine photographische Schicht einwirkende Lichtmenge, und der entstehenden Schwärzung beschreibt die *Schwärzungskurve*. Ein Maß für die Schwärzung gewinnt man aus dem Vergleich eines auf die Schicht auffallenden Lichtstromes Φ_0 mit dem hindurchgelassenen Lichtstrom Φ. Die *Schwärzung* oder *Dichte* D ist definiert als D = log (Φ_0/Φ). D ist eine dimensionslose Zahl. Die Dichte 1 liegt vor, wenn 10% des auffallenden Lichtstromes durchgelassen werden, die Dichte 2 bei einem Durchlassgrad von 1%.

Den typischen Verlauf der Schwärzungskurve zeigt Abb. 21. Auf der Abszisse ist der Logarithmus der Belichtung E·t aufgetragen, auf der Ordinate die Schwärzung D.

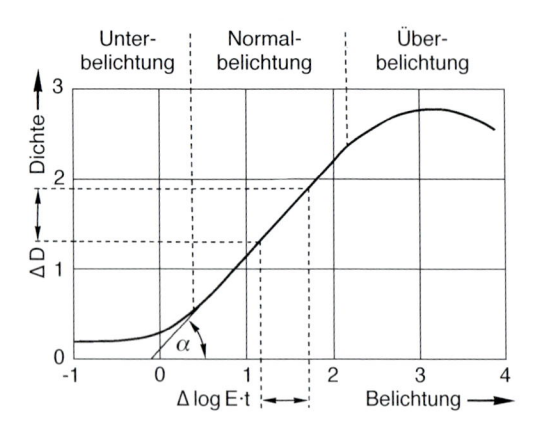

Abb. 21: Schwärzungskurve
Typischer Verlauf der Schwärzungskurve photographischer Schichten.

Auch ohne Belichtung tritt eine geringe Schwärzung auf (*Schleier*). Bei zu geringer Belichtung (*Unterbelichtung*) oder zu starker Belichtung (*Überbelichtung*) sind die entstehenden Schwärzungen unproportional zur Belichtung; diese Bereiche sind zum Photographieren nicht geeignet. Nur im etwa geradlinig verlaufenden Teil (*Normalbelichtung*) werden Helligkeitsunterschiede der abgebildeten Objekte in angemessene Schwärzungsunterschiede umgesetzt; durch einen Belichtungsunterschied $\Delta \log E \cdot t$ entsteht der Dichteunterschied ΔD. Der gerade Teil ist deshalb entscheidend für die Eigenschaften einer photographischen Schicht: seine Steigung kennzeichnet die *Gradation*, seine Lage die *Empfindlichkeit*.

Als *Gradation* bezeichnet man die Eigenschaft, Objektkontraste in mehr oder weniger großen Schwärzungsunterschieden wiederzugeben. Als Maß hierfür dient der Gamma-Wert, der die Steigung des geradlinigen Teils der Schwärzungskurve darstellt ($\gamma = \tan \alpha$). Man unterscheidet weiche Schichten ($\gamma < 1$), die kontrastarme Bilder ergeben, normale Schichten ($\gamma \approx 1$) und harte Schichten ($\gamma > 1$), die zu kontrastreichen Bildern führen.

Die *Empfindlichkeit* gibt an, welche Lichtmenge erforderlich ist, um bei der Entwicklung eine bestimmte Schwärzung zu erhalten. Gemessen wird die Empfindlichkeit nach verschieden definierten Systemen, meist nach der amerikanischen Norm ASA oder der deutschen Norm DIN. Als internationale Norm ISO ist festgelegt worden, die beiden Systeme zu kombinieren. Deshalb findet man auf Filmpackungen in der Regel die Empfindlichkeitsangabe in der Form »ISO 100/21°«.

Gradation und Empfindlichkeit gelten nur für genormte Bedingungen. Vor allem die Wahl des Entwicklers, die Entwicklertemperatur und die Entwicklungszeit beeinflussen den Verlauf der Schwärzungskurve.

2.2.2 Spektrale Empfindlichkeit photographischer Schichten

Photographische Schichten sind zunächst nur für kurzwellige Strahlung bis etwa 0,5 µm empfindlich (violett bis blaugrün). Da die Empfindlichkeit des menschlichen Auges davon stark abweicht, erhält man beim Photographieren eine Hell-Dunkel-

2.2 Aufnahme mit photographischen Systemen

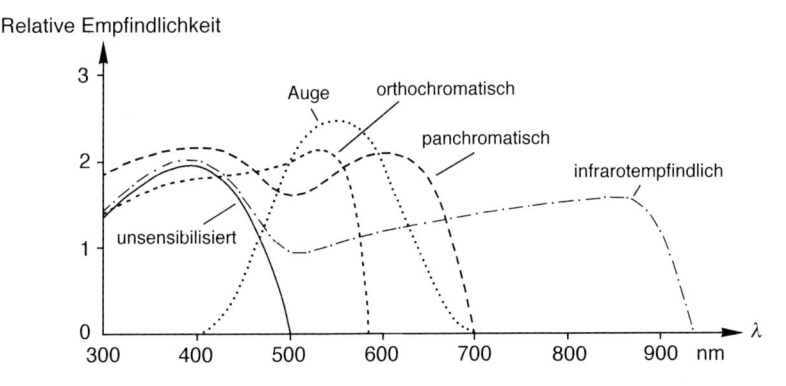

Abb. 22: Spektrale Empfindlichkeit photographischer Schichten
Die spektrale Empfindlichkeit verschieden sensibilisierter Schichten ist der spektralen Hellempfindlichkeit des menschlichen Auges gegenübergestellt. Auch ohne Filter werden die kurzen Wellenlängen (etwa bis 0,4 µm) durch den Glaskörper der Objektive absorbiert.

Verteilung im Bild, die der subjektiven Helligkeitswahrnehmung stark widerspricht. Diesem Mangel wird durch *Sensibilisierung* der Schichten begegnet. Dabei wird die Emulsion so beeinflusst, dass sie auch durch die Einwirkung von längerwelligem Licht entwicklungsfähig gemacht wird. Man unterscheidet dann mehrere Typen von photographischen Schichten (Abb. 22).

Unsensibilisierte und *orthochromatische* Schichten, die bis etwa 0,5 µm bzw. 0,58 µm empfindlich sind, kommen als Positivmaterial vor und können in der Dunkelkammer bei langwelligem Licht verarbeitet werden. Zur normalen photographischen Aufnahme sind sie nicht geeignet.

Panchromatische Schichten sind bis etwa 0,7 µm empfindlich, also für den gesamten Bereich des sichtbaren Lichts. Da sie alle Farben in angemessenen Grautönen wiedergeben, sind sie am weitesten verbreitet und dienen allgemein als Aufnahmematerial.

Infrarotempfindliche Schichten sind über 0,7 µm hinaus empfindlich. Bei ihnen trägt auch die nicht sichtbare infrarote Strahlung zur Bildentstehung bei, was in der Luftbildinterpretation vielfach erwünscht ist. Das hat zur Folge, dass die entstehenden Grautöne von dem Helligkeitsempfinden des Menschen abweichen, wenn die Objekte im Infraroten wesentlich anders reflektieren als im sichtbaren Licht. Der Effekt wird noch verstärkt, wenn die kurzwellige Strahlung durch geeignete Filter abgehalten und deshalb das Bild weitgehend durch infrarote Strahlung erzeugt wird (Abb. 23).

Tabelle 2: Wiedergabe von Objekten in verschiedenen Bildern

Objekt	Panchromatisches Bild	Infrarotbild
Wasserflächen (klar)	verschiedene Grautöne	tiefschwarz
Grüne Blattpflanzen	mittel- bis dunkelgrau	hellgrau
Schatten	dunkelgrau	tiefschwarz

Aufgrund der Unterschiede in den Reflexionseigenschaften der Geländeobjekte und der Luftlichteinflüsse unterscheiden sich panchromatische und infrarote Bilder vor allem durch die in Tabelle 2 aufgeführten Besonderheiten.

Infrarotbilder wirken wegen der kräftigen Schatten besonders kontrastreich. Sie eignen sich vor allem zur Unterscheidung von Laub- und Nadelbäumen, zur Ermittlung offener Wasserflächen bzw. Uferlinien u.ä.

2.2.3 Farbphotographie

Farbfilme müssen – da jede Farbe auf drei Grundfarben zurückgeführt werden kann – stets aus drei Schichten aufgebaut sein. Die oberste Schicht ist für blaues Licht empfindlich. Durch eine danach folgende Gelbfilterschicht wird verhindert, dass die anderen Schichten von blauem Licht getroffen werden. Auf die zweite Schicht wirkt nur grünes, auf die dritte Schicht nur rotes Licht. Bei der üblichen farbphotographischen Umkehrentwicklung entstehen in den Schichten Farbstoffe, die durch subtraktive Farbmischung so zusammenwirken, dass ein positives Abbild des Geländes entsteht. Außerdem gibt es auch Farbnegativfilme, von denen ein positives Bild erst durch einen Kopierprozess erzeugt werden kann.

Farbinfrarotfilme erhält man dadurch, dass eine der Schichten für den (unsichtbaren) infraroten Spektralbereich sensibilisiert wird. Für den Entwicklungsprozess muss dieser Schicht willkürlich eine bestimmte Farbe zugeordnet werden. Meist werden die Farben so gewählt, dass durch die subtraktive Farbmischung der drei Schichten grüne Objekte blau, rote Objekte grün und stark infrarotreflektierende Objekte rot wiedergegeben werden. Es entsteht also ein Bild mit völlig unnatürlicher Farbwirkung (Abb. 23). Deshalb war früher auch die Bezeichnung *Falschfarbenfilm* verbreitet. Diese speziell für die Luftbildinterpretation entwickelte Filmart kommt in der allgemeinen Photographie kaum vor. Für die Luftbildinterpretation spielt sie aber eine große Rolle, insbesondere für Vegetationsuntersuchungen. Man macht sich dabei die Tatsache zunutze, dass die spezifischen Reflexionseigenschaften der Vegetation im nahen Infrarot in direktem Zusammenhang mit dem Vitalitätszustand der Pflanzen stehen (z.B. KENNEWEG 1979).

2.2.4 Filme zur Luftbildaufnahme

An die Filme zur Aufnahme von Luftbildern werden außerordentlich hohe Anforderungen gestellt. Sie müssen eine hohe Empfindlichkeit aufweisen, da wegen der Bewegung des Flugzeugs nur kurze Belichtungszeiten (in der Regel zwischen 1/100 und 1/1000 s) zulässig sind. Anderseits wird ein hohes Auflösungsvermögen verlangt, damit möglichst viele Objektdetails im Bild wiedergegeben werden können. Diese beiden Forderungen widersprechen einander, so dass bei der Filmherstellung ein Kompromiss eingegangen werden muss. Darüber hinaus ist eine steile Gradation erforderlich, um trotz der vom Flugzeug aus geringen Helligkeitskontraste des Gelän-

2.2 Aufnahme mit photographischen Systemen

Abb. 23: Wiedergabe einer Landschaft (Langenburg/Württemberg) auf verschiedenen Arten von Luftbildfilmen (Maßstab etwa 1:15.000)
Links oben: Panchromatisches Bild (mit Gelbfilter aufgenommen). Rechts oben: Infrarotbild (mit Orangefilter aufgenommen). Links unten: Farbbild (auf Farbnegativfilm aufgenommen). Rechts unten: Farbinfrarotbild. (Photo: CARL ZEISS, Oberkochen)

des eine gute Bildwiedergabe zu erzielen. Meist werden Gammawerte zwischen 1,1 und 1,4 gebraucht. In einzelnen Fällen kommen bei der Luftbildaufnahme aber auch Gammawerte über 2 vor. Die spektrale Empfindlichkeit der photographischen Schicht soll bei der Luftbildaufnahme aus physikalischen Gründen vor allem im roten Bereich hoch sein, gegebenenfalls auch im Infrarot. Schließlich wird für die Photogrammetrie auch eine hohe Maßhaltigkeit der Schichtträger verlangt.

2.2.5 Filter und ihre Wirkung

Filter dienen stets dazu, unerwünschte Strahlungsanteile abzuhalten, so dass diese nicht auf den Strahlungsempfänger wirken können. Bei der photographischen Aufnahme werden im Allgemeinen Glasfilter vor dem Objektiv verwendet. Bei anderen Aufnahmesystemen dienen Filter teilweise zur Trennung der Strahlung in verschiedene Spektralbereiche (Kanäle).

Eine gewisse Filterwirkung kommt schon durch den Glaskörper eines Objektivs oder andere optische Bauelemente zustande, wobei die Strahlung unter etwa 0,4 μm fast vollständig absorbiert wird. Zusätzlich werden bei der Aufnahme auf panchromatischen Schwarzweißfilmen meist Gelbfilter, Orangefilter oder sogar Rotfilter verwendet, um die kurzwelligen (insbesondere blauen) Strahlungsanteile des kontrastmindernden Luftlichtes abzuhalten.

Wenn reine Infrarotbilder (vgl. Abb. 23) hergestellt werden sollen, so sind starke Rotfilter oder Infrarotfilter zu verwenden, die fast alle sichtbare Strahlung absorbieren. Bei Farbaufnahmen muss man sich auf die Verwendung von praktisch farblosen Filtern beschränken, die sehr kurzwellige Strahlung abhalten, da farbige Filter das Bild völlig verfälschen würden. In der Farbinfrarot-Photographie können dagegen auch Gelb- oder Orangefilter eingesetzt werden. Bei der Verwendung von Filtern muss die Belichtungszeit stets verlängert, d.h. mit einem sog. Filterfaktor multipliziert werden.

Das photographische Bild entsteht durch das Zusammenwirken aller beteiligten Einzelfaktoren. Der Anteil, den die Strahlung einer bestimmten Wellenlänge λ an der (in einem Schwarzweißbild) entstehenden Schwärzung D_λ hat, ergibt sich aus dem multiplikativen Gesetz

$$D_\lambda = E_\lambda \cdot \varrho_\lambda \cdot \tau_\lambda \cdot S_\lambda,$$

wenn E die Objektbeleuchtung, ϱ der Reflexionsgrad der Objektoberfläche, τ die Durchlässigkeit von Filter und Objektiv und S die Empfindlichkeit der photographischen Schicht ist.

2.2.6 Aufnahmegeräte

Zur photographischen Aufnahme der Erdoberfläche vom Flugzeug (oder auch vom Satelliten) aus eignet sich im Prinzip jede gewöhnliche *Kamera*. Die meisten Luftbilder werden jedoch mit Kameras aufgenommen, die speziell zu diesem Zweck gebaut sind (in der Literatur findet man für Geräte dieser Art noch häufig die früher im deutschen Sprachraum übliche Bezeichnung *Kammer*). Man unterscheidet Handkameras, Reihenmesskameras, Multispektralkameras und Aufklärungskameras. Außerdem wurden einige Kameras speziell für die photographische Aufnahme von Satelliten aus entwickelt.

Gewöhnliche Kameras werden überwiegend für Gelegenheitsaufnahmen von Verkehrs- und Sportflugzeugen aus verwendet. Daneben kommen sie auch im Rahmen von Fernerkundungsprojekten vor, z.B. zur Dokumentation von lokalen Vegetationserscheinungen, von archäologischen Sachverhalten oder von Tierherden.

2.2 Aufnahme mit photographischen Systemen

Handkameras zur Luftbildaufnahme zeichnen sich durch feste Handgriffe, große Sucher und verhältnismäßig große Bildformate aus. Kameras dieser Art dienen überwiegend der Aufnahme von Schrägbildern, z.b. für Reportagen, Dokumentationen, Postkarten usw.

Zur Aufnahme von Senkrechtbildern von Flugzeugen aus, insbesondere zur systematischen Aufnahme größerer Flächen, werden *Reihenmesskameras* benutzt. Der Begriff deutet an, dass mit diesen Kameras die systematische Aufnahme von Bildreihen möglich ist und die aufgenommenen Bilder für photogrammetrische (Mess-)Zwecke geeignet sind. Alle Reihenmesskameras bestehen aus dem eigentlichen Kamerakörper, der Filmkassette, der Kameraaufhängung und Zusatzgeräten (Abb. 24).

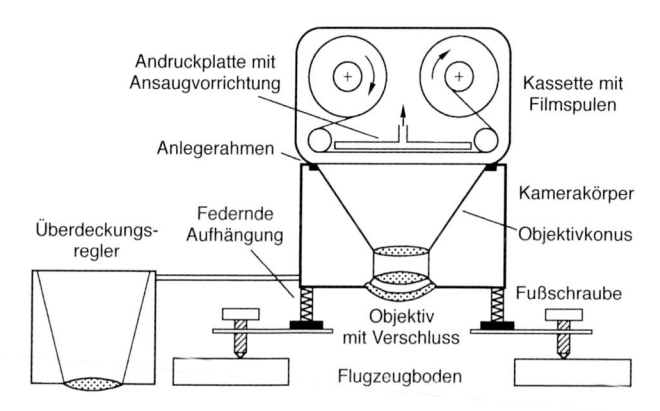

Abb. 24: Stark schematisierter Querschnitt durch eine Reihenmesskamera

Der *Kamerakörper* enthält das *Objektiv* mit dem Verschluss, den Objektivkonus und den Anlegerahmen sowie Bauteile, die den Funktionsablauf der Kamera bewirken. Der Objektivkonus verbindet das Objektiv starr mit dem Anlegerahmen, der die Ebene der photographischen Schicht im Augenblick der Belichtung definiert; eine Fokussierung ist nicht erforderlich (und für photogrammetrische Zwecke auch nicht erwünscht). An das Objektiv werden hohe Anforderungen gestellt. Diese betreffen insbesondere die Bildqualität, die Lichtstärke und die Verzeichnung.

Die *Bildqualität* des Objektivs bestimmt zusammen mit dem Film das Auflösungsvermögen des ganzen Systems und damit die Möglichkeit zur Wiedergabe kleiner Objektdetails (vgl. 3.3.1).

Die Luftbildaufnahme verlangt sehr kurze Belichtungszeiten, da sonst die während des Belichtens auftretenden Bewegungen (die sog. *Bildwanderung*) zu Unschärfen führen würden. Dies setzt eine hohe *Lichtstärke* und damit ein großes Öffnungsverhältnis des Objektivs voraus. Aus physikalischen Gründen tritt mit größer werdendem Bildfeld ein zum Bildrand hin wachsender *Helligkeitsabfall* auf, d.h. die Bestrahlungsstärke auf der photographischen Schicht verringert sich von der Bildmitte zum Bildrand und vor allem zu den Bildecken hin. Dieser Erscheinung kann mit technischen Mitteln nur zum Teil entgegengewirkt werden. Deshalb verbleibt auch bei modernen Objektiven ein beträchtlicher Helligkeitsabfall. Die damit aufgenommenen Bilder werden deshalb (im Positiv) von der Mitte zu den Ecken hin dunkler, was bei der Interpretation unter Umständen beachtet werden muss.

Bei der photogrammetrischen Auswertung geht man von der Annahme aus, dass das Bild eine zentralperspektive Abbildung des Geländes darstellt. Die Abweichung von diesem Ideal nennt man *Verzeichnung*. Sie ist bei modernen Luftbildobjektiven so klein, dass sie für Interpretationszwecke meist keiner Berücksichtigung bedarf.

Die Reihenmesskameras weisen heute mit nur wenigen Ausnahmen das einheitliche Bildformat 23 x 23 cm² auf. Sie werden jedoch mit verschiedenen Objektiven ausgestattet, um unterschiedlichen Aufnahmeanforderungen gerecht werden zu können. Dabei unterscheidet man mehrere Typen, die durch ihre Brennweite und den maximalen *Bildwinkel* (das ist der über die Diagonale des Bildes gemessene Winkel) gekennzeichnet sind (Tab. 3). Für die Breite eines aufgenommenen Geländestreifens ist ferner das *Bildfeld* wichtig (das ist der über die Seitenmitten des Bildes gemessene Winkel).

Tabelle 3: Objektivtypen für Reihenmesskameras

Objektivtyp	Brennweite	Maximaler Bildwinkel	Bildfeld
Schmalwinkel-Objektiv	≈ 61 cm	≈ 33 gon (30°)	≈ 24 gon (21°)
Normalwinkel-Objektiv	≈ 30 cm	≈ 62 gon (56°)	≈ 46 gon (41°)
Zwischenwinkel-Objektiv	≈ 21 cm	≈ 83 gon (75°)	≈ 64 gon (57°)
Weitwinkel-Objektiv	≈ 15 cm	≈ 104 gon (94°)	≈ 82 gon (74°)
Überweitwinkel-Objektiv	≈ 9 cm	≈ 134 gon (122°)	≈ 119 gon (107°)

Über den *Kamerakörper* ist das Objektiv fest mit dem Anlegerahmen verbunden. Dadurch wird eine konstante *Innere Orientierung* gewährleistet. Diese definiert die räumliche Lage des Projektionszentrums relativ zur Bildebene. Die Kenntnis dieses Zusammenhangs ist Voraussetzung für die photogrammetrische Auswertung der aufgenommenen Bilder, da sonst das zentralperspektive Aufnahmestrahlenbündel nicht rekonstruiert werden könnte. Um für jedes Bild die Lage des Projektionszentrums O bestimmen zu können, benutzt man ein Bildkoordinatensystem x', y' (Abb. 25).

Die Lage des Projektionszentrums O wird festgelegt durch zwei Bildkoordinaten, x' und y', und den senkrechten Abstand von der Bildebene, die *Kamerakonstante c*.

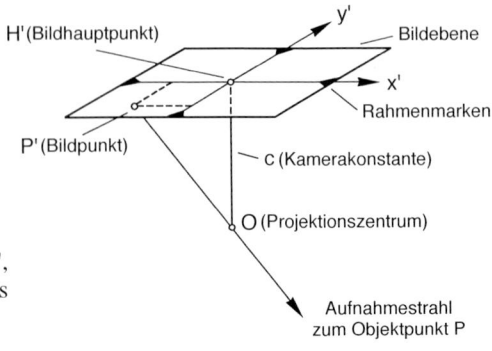

Abb. 25: Das Bildkoordinatensystem x', y', die Kamerakonstante c und die Lage des Projektionszentrums O

2.2 Aufnahme mit photographischen Systemen

Durch Justierung wird erreicht, dass der Fußpunkt des Lotes von O auf die Bildebene mit dem Ursprung des Bildkoordinatensystems im *Bildhauptpunkt* H' zusammenfällt. Für einen beliebigen Bildpunkt P' mit den Bildkoordinaten x', y' lässt sich damit der Aufnahmestrahl zum Geländepunkt P rekonstruieren. Das alles setzt voraus, dass das Bildkoordinatensystem für jedes Bild bekannt ist. Man erreicht dies durch die Abbildung von *Rahmenmarken*, die in der Ebene des Anlegerahmens angebracht sind und zugleich mit dem Bild auf den Film belichtet werden. Am Anlegerahmen befinden sich außerdem einige Nebenabbildungen, die mit jeder Belichtung auf den Bildrand kopiert werden: Kameranummer, Kamerakonstante, Bildnummer, Uhrzeit, meist eine Notiztafel und weitere Angaben. Bei modernen Modellen werden solche Daten durch elektrooptische Elemente auf den Film belichtet.

Über dem Anlegerahmen wird auf den Kamerakörper die *Filmkassette* aufgesetzt (Abb. 24). Sie kann Filme von mindestens 120 m Länge aufnehmen und lässt sich während des Bildflugs auswechseln. Durch die Kassette wird das Photomaterial vor unerwünschter Bestrahlung geschützt. Für die kurze Zeit der Belichtung muss sich der Film genau in der Ebene des Anlegerahmens befinden. Dies erfordert eine pneumatische Einrichtung, da mit anderen Mitteln eine genügende Ebenheit des Films nicht zu erreichen ist. Die Filmrückseite wird durch Unterdruck an die ebene Andruckplatte angesaugt und diese zusammen mit dem verebneten Film gegen den Anlegerahmen gepresst. Nach der Belichtung muss die Platte abgehoben und der Unterdruck gelöst werden, bevor der Film weitertransportiert werden kann. Diese Vorgänge können nicht beliebig schnell ablaufen. Bei den meisten Reihenmesskameras dauert ein Belichtungszyklus deshalb wenigstens 1,6 bis 2 Sekunden.

Bei längeren Belichtungszeiten tritt die schon erwähnte *Bildwanderung* auf, welche die Bildqualität beeinträchtigt. Deswegen werden meist spezielle Kassetten eingesetzt, mit denen dieser Effekt durch eine Bewegung der Andruckplatte mit dem angesaugten Film während der Belichtung kompensiert wird. Diese Technik ist unter FMC (*Forward Motion Compensation*) bekannt und führt nicht nur allgemein zu höherer Bildqualität,

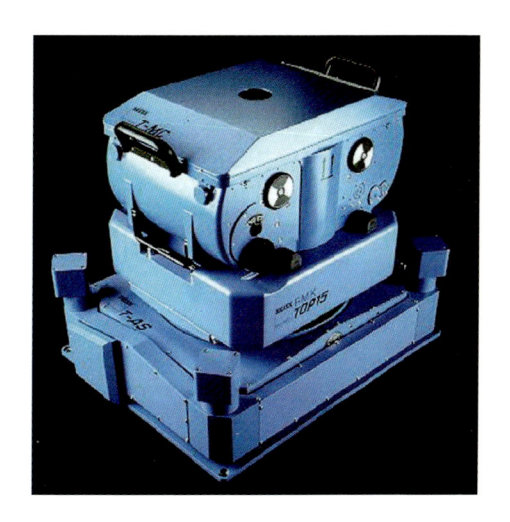

Abb. 26: Reihenmesskamera RMK TOP 15/23 der Firma Z/I IMAGING in der kreiselstabilisierten Aufhängung T-AS gelagert (Photo: Z/I Imaging, Aalen)

Tabelle 4: Technische Daten einiger Reihenmesskameras

Hersteller	Z/I IMAGING		Leica Geosystems	
Kameratyp	RMK TOP		RC 30	
Bildformat	23 x 23 cm²		23 x 23 cm²	
Objektiv*	Pleogon A3	Topar A3	UAG-S	NAT-S
Brennweite	15 cm	30 cm	15 cm	30 cm
Bildfeld	82 gon	46 gon	82 gon	46 gon
Blenden	1:4 bis 1:22	1:5,6 bis 1:22	1:4 bis 1:22	1:4 bis 1:22
Belichtungszeit	1/50 –1/1000 s	1/50 –1/1000 s	1/100 –1/1000 s	1/100 –1/1000 s
Kassettenvolumen	150 m	150 m	120 m	120 m
Kürzeste Bildfolge	1,5 s	1,5 s	2 s	2 s
Gewicht**	etwa 134 kg	etwa 128 kg	etwa 130 kg	etwa 130 kg

* Objektivkonus austauschbar   ** mit Aufhängung, Kassette und Steuergerät

sondern ermöglicht es auch, Luftbilder unter relativ ungünstigen Beleuchtungsverhältnissen aufzunehmen, die sonst zu lange Belichtungszeiten erfordern würden.

Die Kamera mit der aufgesetzten Filmkassette ist in der *Kameraaufhängung* gelagert, die über einer Lukenöffnung auf dem Boden des Flugzeugrumpfs aufsitzt. Um die Aufnahmerichtung genähert senkrecht zu stellen, benutzt man eine verstellbare, stoßgedämpfte Drei- oder Vierpunktlagerung. Außerdem muss die Kamera um eine senkrechte Achse drehbar sein, damit der Einfluss der Abtrift (Wirkung des Seitenwindes beim Flug) ausgeglichen werden kann. Zu diesem Zweck ist sie in einem Drehring gelagert, der meist mit einer Kreiselstabilisierung verbunden ist, welche die Kamera in guter Näherung senkrecht stellt (Abb. 26). Tabelle 4 gibt eine Übersicht über technische Daten einiger Reihenmesskameras.

Die Nutzung der Reihenmesskameras erfordert einige Zusatzgeräte. Zunächst ist der *Überdeckungsregler* zu nennen. Er ist entweder in ein an der Reihenmesskamera angebrachtes Sucherfernrohr eingebaut oder als getrenntes Zusatzgerät ausgebildet. Der die Kamera bedienende Operateur kann im Fernrohr oder auf einer Mattscheibe das Bild des überflogenen Geländes verfolgen und eine bewegliche Anzeige einregulieren, so dass sie mit derselben Geschwindigkeit läuft wie das Geländebild. Dann steuert der Überdeckungsregler die Kamerafunktionen so, dass sich aufeinander folgende Bilder zu einem vorher eingestellten Prozentsatz überdecken (Längsüberdeckung). Außerdem kann die Bewegungsrichtung kontrolliert und eine durch Seitenwind verursachte Abtrift bestimmt werden. Die Kamera ist dann um den Abtriftwinkel zu drehen, damit eine ungestörte Bildreihe entsteht. Als Hilfsgeräte dienen auch *Navigationsfernrohre*, die die Einhaltung einer gewählten Flugtrasse und der geforderten Querüberdeckung erleichtern. Auch zur Regelung der Belichtung werden vielfach Zusatzgeräte eingesetzt. Aufgrund der technischen Fortschritte in den letzten Jahren konnten weitere Hilfsmittel entwickelt werden, die den Betrieb von Reihenmesskameras sehr erleichtern und auch die Bestimmung der *Äußeren Orientierung* der Bilder ermöglichen (vgl. 2.2.7).

Die Farbphotographie ist im Sinne der Fernerkundung ein dreikanaliges Aufnahmesystem, da für jedes Element der Geländefläche drei Messwerte in den einzelnen

Schichten der Farbfilme registriert werden. Will man vier oder mehr geometrisch identische Bilder in verschiedenen Spektralbereichen gleichzeitig aufnehmen, so muss man zu einer mit mehreren Objektiven ausgestatteten *Multispektralkamera* greifen. Diese Multispektralphotographie hatte allerdings nur vorübergehend Bedeutung, weil sich inzwischen durch digitale Aufnahme Multispektraldaten gewinnen lassen, die in radiometrisch genauer sind und direkt digital weiterverarbeitet werden können.

Für die militärische Aufklärung werden in der Regel andere Anforderungen an die Kameras gestellt als im zivilen Luftbildwesen. Zugunsten anderer Parameter verzichtet man deshalb bei *Aufklärungskameras* meist auf eine feste innere Orientierung. Tabellarische Aufstellungen derartiger Kameras findet man z.B. in REEVES (1975).

Zur photographischen Aufnahme von Satelliten aus dienten verschiedenartige Kameras. Besondere Beachtung haben die *Metric Camera* und die *Large Format Camera* gefunden, die 1983 und 1984 im Rahmen von *Space-Shuttle*-Flügen eingesetzt wurden. Sie lieferten Messbilder von hoher Qualität im Luftbildformat bzw. im Großformat 23x46 cm². Dabei war es das erklärte Ziel, die stereophotogrammetrische Kartierung der Erdoberfläche in mittleren Kartenmaßstäben (1:50.000 bis 1:100.000) zu testen. Da es sich in beiden Fällen aber nur um experimentelle Einsätze handelte, ging davon keine nachhaltige Wirkung aus.

Anders ist das mit den Kameras, die im Rahmen der russischen Weltraumprogramme systematisch weiterentwickelt wurden. Neben den Systemen KATE-140 (mit 140 mm Brennweite) und KATE-200 (mit 200 mm Brennweite) werden die *Messkameras* KFA-1000 (mit 1000 mm Brennweite) und 3000 (mit 3000 mm Brennweite) weiterhin in einzelnen Missionen eingesetzt. Diese Kameras sind die am weitesten entwickelten photographischen Systeme der Satellitenfernerkundung und können auch von unbemannten Satelliten der Kosmosserie aus automatisch betrieben werden. Verwendung findet dabei vorwiegend panchromatischer Film oder ein zweischichtiger Farbfilm (Spektrozonalfilm).

2.2.7 Aufnahmetechnik

Die Aufnahme von Senkrecht-Luftbildern erfolgt in der Regel in sich überlappenden Parallelstreifen (Abb. 27). Dabei wird in Flugrichtung eine bestimmte *Längsüberdeckung* $s-b$ eingehalten (s = Bildseite im Gelände, b = *Basis*). Die Fläche F_m ist deshalb in zwei aufeinander folgenden Bildern wiedergegeben und kann daher stereoskopisch betrachtet werden (vgl. 5.1.3). Um sicherzustellen, dass jeder Punkt des Geländes in mindestens einem Stereobildpaar enthalten ist, muss mit einer Längsüberdeckung von 60% (also $s-b = 0,6\,s$) aufgenommen werden. Der Abstand zwischen den Flugstreifen wird meist so gewählt, dass die *Querüberdeckung* etwa 20% beträgt.

Für manche Aufgaben ist die Aufnahme in Parallelstreifen nicht zweckmäßig, da nur ein schmaler Gelände-Korridor gebraucht wird, z.B. entlang von Trassen, Gewässern, Küstenlinien u.ä. Aus flugtechnischen Gründen können Senkrechtbilder aber nur im Geradeaus-Flug aufgenommen werden. Deshalb sind längere Korridore entlang solcher Linien häufig durch eine Folge von Einzelstreifen zu erfassen (Abb. 28).

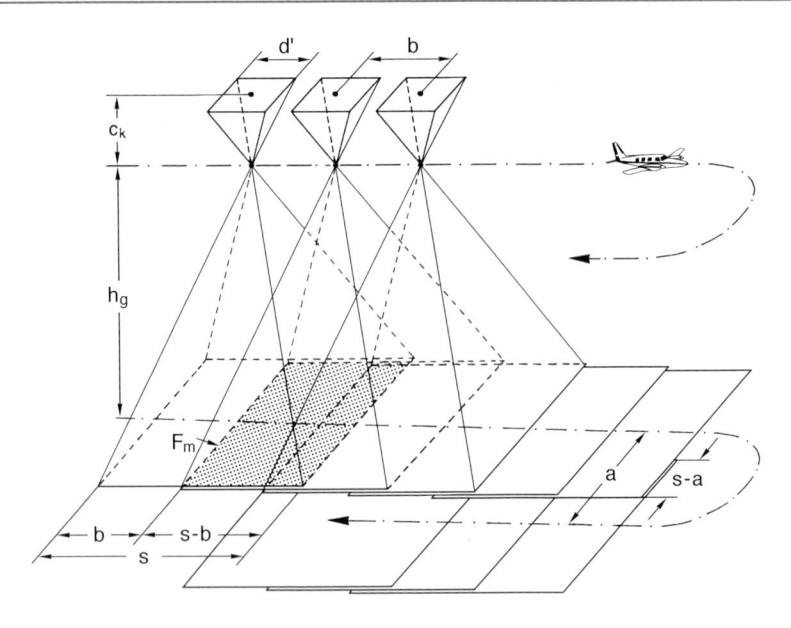

Abb. 27: Flächenhafte Luftbildaufnahme
Die aufzunehmende Fläche wird durch parallele, sich teilweise überlappende Streifen abgedeckt. Der Abstand der einzelnen Aufnahmen in einem Streifen (Basis b) wird so gewählt, dass in aufeinanderfolgenden Bildern die Modellfläche F_m für die stereoskopische Betrachtung und Ausmessung doppelt aufgenommen wird.

Bei der *Wahl der Reihenmesskamera* sind die Auswirkungen verschiedener Bildwinkel zu bedenken. Der Helligkeitsabfall in der Bildebene, die Mitlicht-Gegenlicht-Unterschiede und die Lageversetzungen durch Gelände- und Objekthöhen wachsen mit zunehmendem Bildwinkel an. Ihr Einfluss ist deshalb bei Normalwinkelkameras ($c \approx$ 30 cm) geringer als bei *Weitwinkelkameras* ($c \approx$ 15 cm). Im Zweifelsfalle sind deshab Normalwinkelkameras vorzuziehen. Dem stehen jedoch oft andere Gründe entgegen, z.B. Beschränkungen der Flughöhe oder die Absicht, eine Fläche aus einer bestimmten Flughöhe mit einer geringen Zahl von Bildern zu erfassen. In solchen Fällen bieten

Abb. 28: Schema der Luftbildaufnahme entlang einer gekrümmten Linie
Aufgenommen wird in einzelnen durch Schleifen miteinander verknüpften geraden Streifen.

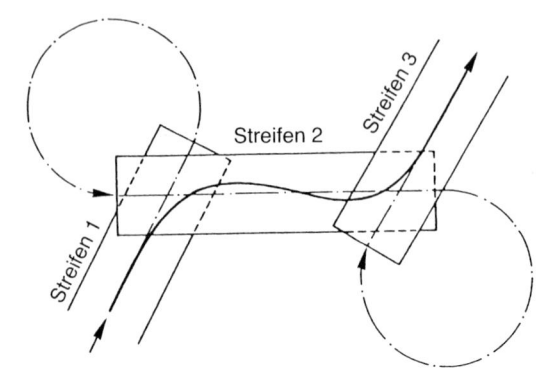

2.2 Aufnahme mit photographischen Systemen   39

Abb. 29: Wechsel des Landschaftsbildes mit der Jahreszeit
Im Frühjahr vor dem Laubausbruch (oberes Bild, 14.4.1942) sind die Laubbäume »durchsichtig«; Waldwege, Bäche, Gräben u.ä. sind gut sichtbar. Die dunklen Nadelbäume sind gut zu erkennen. Im Sommer (mittleres Bild, 26.7.1941) ähneln sich die Laub- und Nadelwälder (nur in Infrarotbildern können sie leicht unterschieden werden). Wege, Gräben usw. sind weitgehend durch das Kronendach verdeckt. Im Herbst (unteres Bild, 14.11.1941) verfärben sich die Kronen der Laubbäume allmählich, je nach Baumart und Standort zu verschiedenen Zeitpunkten. Einen ebenfalls sehr ausgeprägten Wandel machen die Ackerflächen (links und oben rechts an den Wald anschließend) im Jahreslauf durch. Wiesen- und Weideflächen (links oben, unten und rechts an den Wald anschließend) verändern sich verhältnismäßig wenig mit der Jahreszeit. Bildmaßstab etwa 1:8.000. (Nach SCHNEIDER 1974)

Weitwinkelkameras Vorteile. Sie führen auch zu einem größeren Basisverhältnis (vgl. 5.1.3) und damit zu Verbesserungen beim stereoskopischen Sehen und Messen.

Eine wichtige Entscheidung ist die *Wahl des Bildmaßstabes* (das ist das Verhältnis einer Bildstrecke zur Geländestrecke, vgl. 3.1.1). Kein Bildmaßstab ist für alle Zwecke gleich gut geeignet. Zur topographischen Kartierung gilt als Faustregel

$$m_b \approx 250 \sqrt{m_k},$$

wobei m_b die Bildmaßstabszahl und m_k die Kartenmaßstabszahl ist. Demnach ist beispielsweise zur Kartierung im Maßstab 1:25.000 ein Bildmaßstab von etwa 1:40.000 zweckmäßig. Für geologische oder andere geowissenschaftliche Aufgaben werden häufig Bildmaßstäbe zwischen 1:20.000 und 1:30.000, für regionale Aufgaben auch 1:50.000 bevorzugt. Beim Straßenbau dienen Bilder in den Maßstäben 1:12.000 bis 1:13.000 meist der Vorplanung, während der späteren Planungsphasen werden Maßstäbe um 1:4.000 zur Interpretation und für Vermessungszwecke bevorzugt. Die forstliche Luftbildinterpretation benutzt für viele Aufgaben Luftbilder in Maßstäben um 1:12.000, für Großrauminventuren aber wesentlich kleinere, für die Interpretation von Baumschädigungen dagegen größere Maßstäbe. Allgemein gilt, dass in größeren Bildmaßstäben die Interpretation von Einzelobjekten leichter ist, es aber schwieriger wird, Zusammenhänge zu überschauen. Außerdem ist zu bedenken, dass die Anzahl der aufzunehmenden und zu handhabenden Bilder mit dem Maßstab anwächst.

Die Wahl der *Jahreszeit* für die Luftbildaufnahme muss sorgfältig überlegt werden. Das Bild der Landschaften wechselt im Jahreslauf stark, vor allem durch Veränderungen der Vegetation. In Abbildung 29 ist das am Beispiel panchromatischer Bilder eines

Abb. 30: Operateur während eines Bildfluges mit der Reihenmesskamera WILD RC 10
Die Kamera ist mit nach unten gerichtetem Objektiv über einer Bodenluke im Flugzeugrumpf eingebaut. Sie ist in einem Ring drehbar gelagert, um die Abdrift ausgleichen zu können und auch bei Seitenwind einen gleichmäßigen Bildstreifen zu erhalten. (Photo: WILD Heerbrugg)

mitteleuropäischen Mischwaldes verdeutlicht. Die verschiedenen Nutzungsarten und Bearbeitungszustände von Ackerflächen führen zu großer Vielfalt im Erscheinungsbild mit starken Veränderungen im Jahreslauf (vgl. STEINER 1961, MEIENBERG 1966).

Die Entscheidung für einen bestimmten Aufnahmezeitpunkt hängt vor allem von der Zielsetzung und von regionalen Gegebenheiten ab. Für photogrammetrische Zwecke wird in Mitteleuropa das Frühjahr vor dem Laubausbruch bevorzugt. Dann herrscht die für topographische Vermessungen beste Bodensicht. Für die Landnutzungskartierung ist dagegen der Frühsommer besser geeignet. Zur Beobachtung von Vegetationsschäden sind Farbinfrarotbilder vom Spätsommer besonders günstig.

Für die Wahl der Aufnahmezeit können aber auch viele andere Gesichtspunkte (z.B. meteorologische Bedingungen, Beleuchtungsverhältnisse, Forderungen an die Aktualität der Bilder u.ä.) entscheidend sein. Angesichts verschiedenartiger Anforderungen stellt eine Entscheidung über den Aufnahmezeitpunkt oft einen Kompromiss dar.

Durchgeführt werden die so genannten *Bildflüge* in Deutschland von darauf spezialisierten Firmen, in anderen Ländern vielfach auch von staatlichen Einrichtungen, mittels geeigneter, meist ein- oder zweimotoriger Flugzeuge. Dabei hat die Flugzeugbesatzung (Abb. 30) die Aufgabe, die vorher geplanten und meist in Karten eingetragenen Flugtrassen in der entsprechenden Höhe abzufliegen und Luftbilder mit den gewünschten Überdeckungen aufzunehmen. Dies erfordert eine sorgfältige Navigation, die früher mit vergleichsweise einfachen Hilfsmitteln als Sichtnavigation oder – vor allem in kartographisch weniger erschlossenen Gebieten – als Instrumentennavigation durchgeführt wurde. In der neueren Zeit haben sich die technischen Möglichkeiten auf diesem Gebiet enorm verbessert. Mit Hilfe des satellitengestützten *Global Positioning System* (GPS) können Bildflüge sehr genau vorgeplant und auch entsprechend präzise durchgeführt werden.

Angestrebt wird in der Regel die genau lotrechte Lage der Aufnahmerichtung. Tatsächlich lässt sich dieses Ideal aber nicht erreichen. Wegen der Dynamik der Flugbewegungen kann ein Bildflugzeug nur genähert horizontal gehalten werden, so dass stets mit Neigungen von wenigen Grad gerechnet werden muss. Da dies in der Photogrammetrie als akzeptabel galt, werden so aufgenommene Luftbilder dennoch als »Senkrechtbilder« bezeichnet. Es ist dann aber erforderlich, für jedes Bild die Daten der äußeren Orientierung der Kamera, d.h. ihre Lage im Raum, nachträglich im Rahmen der photogrammetrischen Auswertung aufgrund von so genannten *Passpunkten* zu ermitteln (vgl. 5.2). Eine Verbesserung der Aufnahmetechnik brachte die Einführung von kreiselstabilisierten Plattformen (vgl. Abb. 26), mit denen die Aufnahmerichtung einer Kamera in guter Näherung vertikal gehalten werden kann.

In jüngster Zeit ist es möglich geworden, die Lage einer Kamera im Raum (d.h. die räumlichen Koordinaten und die Neigungswinkel) während des Fluges mit hoher Genauigkeit zu messen. Dies setzt die gleichzeitige Benutzung eines GPS-Systems mit einer *Inertial Measurement Unit* (IMU) oder einem *Inertial Navigation System* (INS) voraus. Dabei werden Kreiselmessungen und Beschleunigungsmessungen miteinander kombiniert (z.B. HUTTON & LITHOPOULOUS 1998, SUJEW u.a. 2002). Für die photogrammetrische Auswertung wird dadurch die direkte Bestimmung der *Äußeren Orientierung* einer Kamera möglich (z.B. CRAMER 2003).

Nähere Erläuterungen zur Bildflugtechnik enthalten die Lehrbücher der Photogrammetrie (z.B. KONECNY & LEHMANN 1984, RÜGER u.a. 1987), in denen die modernen Navigationsmöglichkeiten allerdings noch kaum angesprochen werden, sowie KRAUS (2004). Obwohl die digitale Aufnahmetechnik (vgl. 2.3) rasch an Bedeutung gewinnt, wird das photographische Verfahren weltweit immer noch in großem Umfang angewandt.

2.3 Aufnahme mit digitalen Systemen

Im Gegensatz zur Photographie, mit der in einem Moment ein Gesamtbild einer größeren Geländefläche gewonnen wird, beobachtet man mit einem *Digitalen System* stets nur die von kleinen Flächenelementen des Geländes ausgehende Strahlung. Um ein größeres Gebiet bildhaft aufzunehmen, müssen viele derartige Einzelbeobachtungen zusammengefügt werden. Dabei wird einerseits zwischen *optisch-mechanischen Scannern* und *optoelektronischen Zeilen- oder Flächenkameras* unterschieden, andererseits zwischen den nur in einem Spektralbereich aufnehmenden *einkanaligen* und den mehrkanaligen oder *Multispektral-Systemen*. Sonderstellungen nehmen *Abbildende Spektrometer* (vgl. 2.3.4) und neuerdings auch *Laserscanner* (vgl. 2.3.5) ein.

2.3.1 Optisch-mechanische Scanner

Die Arbeitsweise eines optisch-mechanischen Flugzeugscanners ist in Abbildung 31 stark schematisiert dargestellt. Die von einem Geländeflächenelement F in Richtung auf einen schräg angeordneten Spiegel S ausgesandte elektromagnetische Strahlung wird durch ein spiegeloptisches System auf einen *Detektor* D fokussiert und durch diesen in ein messbares elektrisches Signal (Photostrom) umgewandelt. Wenn nun der Spiegel um eine zur Flugrichtung parallele Achse rotiert, wandert das Flächenelement F quer zur Flugrichtung über das Gelände. Da sich außerdem das Flugzeug selbst vorwärtsbewegt, wird – wenn die Bewegungen richtig aufeinander abgestimmt sind – ein breiter Geländestreifen Zeile für Zeile abgetastet. Die empfangenen Werte des

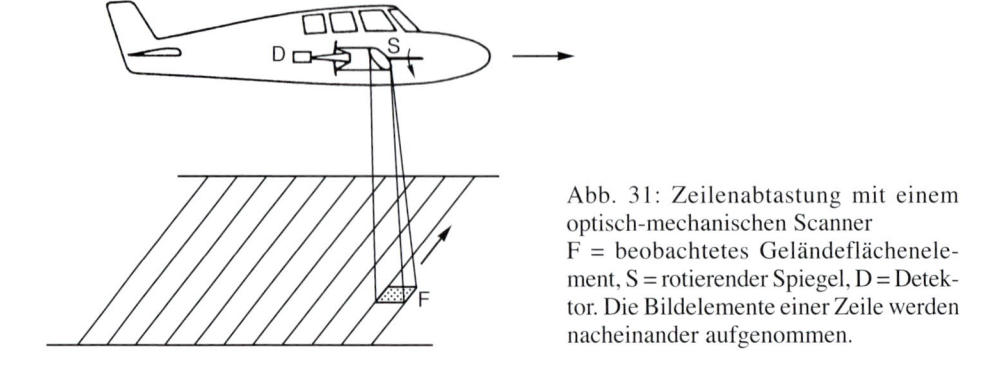

Abb. 31: Zeilenabtastung mit einem optisch-mechanischen Scanner
F = beobachtetes Geländeflächenelement, S = rotierender Spiegel, D = Detektor. Die Bildelemente einer Zeile werden nacheinander aufgenommen.

2.3 Aufnahme mit digitalen Systemen

Photostromes werden verstärkt und nacheinander in geeigneter Weise gespeichert. Dazu werden sie digitalisiert und auf Datenträger aufgezeichnet. Sie können dann mit den Mitteln der Digitalen Bildverarbeitung (vgl. 4.3) bearbeitet und zu einem Bildstreifen zusammengefügt werden.

Ein derartiges System arbeitet passiv. Es kann zur Beobachtung von reflektierter Sonnenstrahlung und zur Aufnahme der Thermalstrahlung des Geländes benutzt werden. Der jeweilige Wellenlängenbereich hängt in erster Linie von der Art des verwendeten Detektors ab, kann jedoch auch durch optische Bauelemente (z.B. Filter) variiert werden. *Einkanalige Systeme*, die mit nur einem Detektor arbeiten, kommen in der Regel nur zur Aufnahme der Thermalstrahlung vor.

Mit geeigneten optischen Bauelementen lässt sich die von einem Abtastsystem empfangene Strahlung in verschiedene Wellenlängenbereiche aufteilen. Dadurch entstehen mehrkanalige Systeme, die man *Multispektralscanner* nennt. Sie dienen meist dazu, die Strahlung im sichtbaren Licht und im nahen Infrarot in mehreren Spektralbereichen (Kanälen) aufzunehmen.

Im Flugzeug werden die Scanner in ähnlicher Weise eingebaut und betrieben wie Reihenmesskameras. Allerdings führen die Flugbewegungen zu komplizierten geometrischen Verzerrungen (vgl. 3.1.2), die die Auswertung erschweren. Deshalb werden optisch-mechanische *Flugzeugscanner* nur dann benutzt, wenn Daten benötigt werden, die mit photographischen Systemen nicht gewonnen werden können. Dies ist z.B. bei der Aufnahme der Thermalstrahlung oder bei der Gewinnung von Multispektraldaten der Fall. Als Detektoren dienen Kristalle, die auf auftreffende elektromagnetische Strahlung mit messbaren Änderungen ihrer elektrischen Eigenschaften reagieren.

Die *Thermalstrahlung* wird meist im Wellenlängenbereich zwischen 8 und 13 μm aufgenommen. Dabei müssen die Detektoren stark gekühlt werden, da sie sonst durch ihre eigene Strahlung gestört würden. Es hat sich bewährt, zur Kühlung flüssige Gase (meist Stickstoff) zu verwenden. Da die Temperaturen an der Erdoberfläche durch eine Vielzahl von Faktoren beeinflusst werden und sich laufend ändern, muss der Zeitpunkt der Aufnahme je nach dem angestrebten Zweck sorgsam gewählt werden (vgl. 6.11). Die entstehenden Bildwiedergaben werden als *Thermalbilder* bezeichnet.

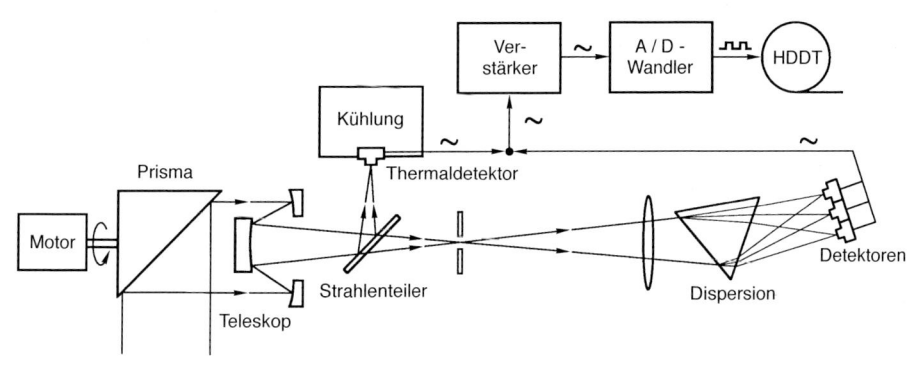

Abb. 32: Zerlegung der von einem optisch-mechanischen Scanner empfangenen Strahlung in einzelne Spektralbereiche (Nach KRAUS & SCHNEIDER 1988)

Zur *Multispektralaufnahme* dienen optisch-mechanische Scanner, die die empfangene Strahlung mit Bauelementen der technischen Optik (Filter, Prismen oder Gitter) in einzelne Spektralbereiche zerlegen. Für jeden Bereich wird ein Messwert ermittelt, so dass mehrere Bilddatensätze entstehen, die geometrisch identisch sind, sich aber in den Messwerten entsprechend der spektralen Zusammensetzung der von der Geländeoberfläche kommenden Strahlung unterscheiden. Vielfach liegt einer der Spektralkanäle im Thermalbereich. Abbildung 32 zeigt den Vorgang schematisch.

Ein optisch-mechanischer Scanner, wie beispielsweise der AADS 1268 der Firma DAEDALUS, benutzt 11 Spektralkanäle, von denen 10 die reflektierte Sonnenstrahlung zwischen 0,4 und 2,4 μm erfassen und einer die Thermalstrahlung zwischen 8,5 und 13 μm. Das System ist so ausgelegt, dass mit einem momentanen Gesichtsfeld (IFOV = *Instantaneous Field of View*) von 2,5 oder 1,25 mrad aufgenommen werden kann (d.h. aus 1000 m Flughöhe werden Geländeflächenelemente von 2,5 bzw. 1,25 m Ausdehnung erfasst; vgl. auch 3.1.2). Häufig werden derartige Scanner parallel mit einer Reihenmesskamera betrieben.

Als Flugzeugsysteme setzt man optisch-mechanische Scanner nur für besondere Aufgaben ein. Dies gilt für Aufnahmen in vielen Spektralkanälen und vor allem für Aufnahmen im Thermalbereich, die mit anderen Sensorsystemen nicht durchführbar wären. Dagegen haben sie bei den *LANDSAT-Satelliten* – und später auch bei zahlreichen anderen Satellitensystemen – weltweit eine enorme Bedeutung erlangt. Diese bedürfen deshalb einer eingehenderen Betrachtung.

Um praktisch die ganze Erdoberfläche beobachten zu können, wurden für die systematische Aufnahme vom Satelliten aus kreisförmige, polnahe *Umlaufbahnen* gewählt (Abb. 33). Die Bahnen liegen »sonnensynchron«, d.h. die Satelliten überqueren den Äquator stets zur selben Ortszeit (9.30 Uhr), so dass im Rahmen des Möglichen gleichbleibende Aufnahmebedingungen gegeben sind.

Die Satellitenbahn behält ihre Lage im Raum bei, aber durch die Rotation der Erdkugel wandert die Erdoberfläche unter dieser Bahn hindurch. Die Bodenspuren der aufeinander folgenden Umläufe sind deshalb etwas gegeneinander versetzt (Abb. 34). Die Bahnparameter sind so gewählt, dass nach und nach die ganze Erdoberfläche aufgenommen werden kann und sich der Vorgang nach 16 Tagen – bei LANDSAT-1 bis LANDSAT-3 waren es 18 Tage – wiederholt. Ausgenommen sind lediglich die Polkappen, die nicht erreicht werden, weil die Satellitenbahn gegen die Äquatorebene nicht genau um 90 Grad geneigt ist. Diese Konfiguration der *Umlaufbahnen* hat sich bewährt und wird deshalb – mit gewissen Modifikationen – auch bei zahlreichen anderen Satellitensystemen für die Erdbeobachtung benutzt.

Ausgestattet wurden die LANDSAT-Satelliten mit optisch-mechanischen Abtastsystemen, nämlich LANDSAT-1 bis -5 (ab 1972) mit dem *Multispectral Scanner* (MSS), LANDSAT-4 und -5 (ab 1982) zusätzlich mit dem *Thematic Mapper* (TM), und LANDSAT 7 (ab 1999) mit dem *Enhanced Thematic Mapper Plus* (ETM+). Die wichtigsten technischen Daten enthält die Tabelle im Anhang.

Der *Multispectral Scanner* (MSS) tastete die Erdoberfläche mit Hilfe eines hin- und herwippenden Spiegels in Zeilen quer zur Flugrichtung ab (Abb. 35). Dabei wurden mit einer Spiegelbewegung gleichzeitig sechs Zeilen in je vier Spektralkanälen beobachtet.

2.3 Aufnahme mit digitalen Systemen

Abb. 33: Umlaufbahn der LANDSAT-Satelliten
Die Bahn ist polar, kreisförmig und sonnensynchron, so dass der Äquator stets zur selben Ortszeit überflogen wird. Diese Bahnkonfiguration wurde für viele andere Fernerkundungssatelliten beispielhaft.

Abb. 34: Bodenspuren der 14 Umläufe, die die Satelliten LANDSAT-1 bis -3 täglich ausführten. Dargestellt sind die auf der Tagseite verlaufenden Hälften der Bahnen; angedeutet ist ferner die Spur des ersten Umlaufes vom folgenden Tag (Bahn 15). Nach 18 Tagen wurden wieder die gleichen Bahnen durchlaufen.

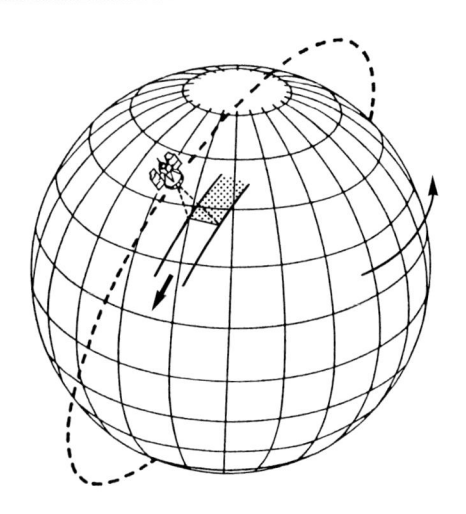

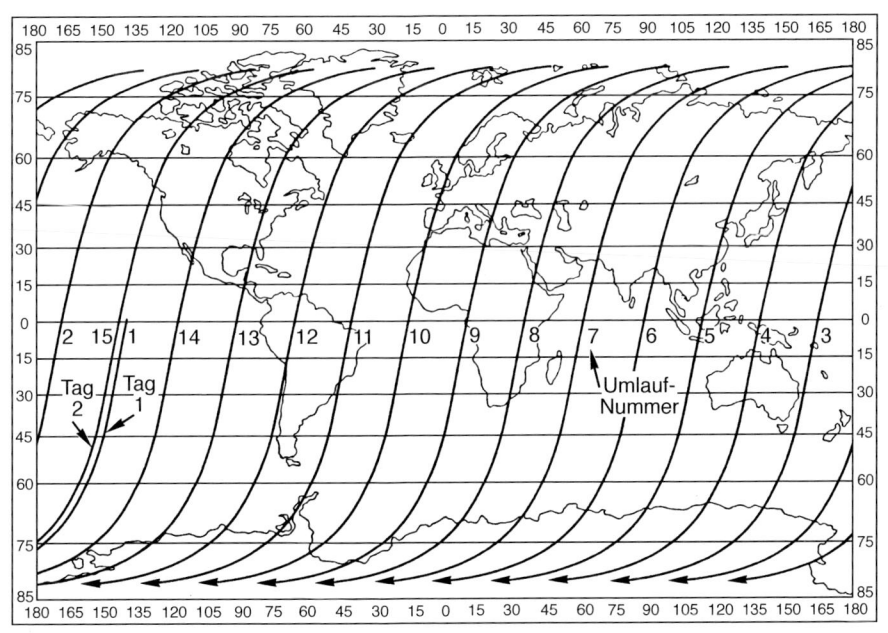

Zu diesem Zweck wurde die aufgefangene Strahlung entsprechend auf 24 Detektoren fokussiert. Zwei Kanäle lagen im sichtbaren und zwei im infraroten Spektralbereich. Der aufgenommene Geländestreifen war 185 km breit, das einzelne Bildelement etwa 80×80 m^2 groß. Die Daten wurden entweder direkt oder nach einer Zwischenspeicherung auf Magnetband zu weltweit verteilten Empfangsstationen übertragen.

Der *Thematic Mapper* (TM) der Satelliten LANDSAT-4 und -5 benutzt einen ähnlichen optisch-mechanischen Scanner, der eine technische Weiterentwicklung des MSS darstellt. Die wichtigsten Verbesserungen sind die Erweiterung auf Spektralkanäle im sichtbaren und infraroten Spektralbereich, die Erhöhung der geometrischen Auflösung auf 30 m Pixelgröße und die Einbeziehung eines Thermalkanals (Kanal 6), der jedoch mit nur 120 m Auflösung arbeitet. Bei der Aufnahme werden nunmehr 16 Zeilen in einem Abtastvorgang erfasst. Dank der Verbesserungen in der Aufnahme-, Übertragungs- und Vorverarbeitungstechnik sind die TM-Daten den MSS-Daten in jeder Hinsicht überlegen. Die MSS-Daten sind jedoch noch immer von Interesse für großräumige Untersuchungen sowie – da die Daten seit 1972 aufgezeichnet wurden – für die Erfassung von landschaftlichen Veränderungen.

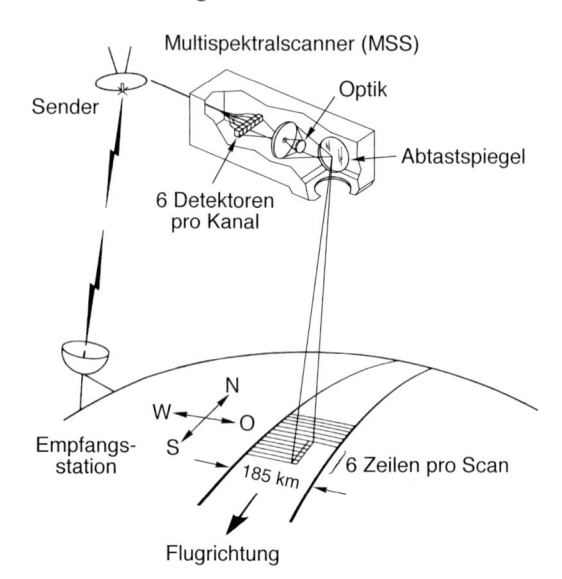

Abb. 35: Schematische Darstellung der Aufnahme mit dem MSS-System der LANDSAT-Satelliten

Der *Enhanced Thematic Mapper Plus* (ETM+) an Bord von LANDSAT-7 enthält einen zusätzlichen Kanal mit einer Pixelauflösung von 15 m, mit 60 m eine verbesserte geometrische Auflösung im Thermalkanal sowie technische Verbesserungen. Im Übrigen sind die Daten mit den älteren Systemen kompatibel, was wiederum der Erfassung von landschaftlichen Veränderungen zugute kommt.

Es gibt intensive Bemühungen, das LANDSAT-Programm als *Landsat Data Continuity Mission* (LDCM) fortzuführen. Ausführliche Beschreibungen der Aufnahmesysteme MSS und TM, der Kalibrierung usw. findet man in COLWELL (1983).

2.3.2 Optoelektronische Zeilenkameras

Bei den optoelektronischen Zeilenkameras (Scannern) erzielt man die Bildaufnahme mit Hilfe zeilenweise angeordneter Halbleiter-Bildsensoren. Dies sind hochintegrierte Schaltungen auf Siliziumchips. Sie enthalten für jeden Bildpunkt einen Photosensor sowie das zum Auslesen der Messwerte erforderliche Leitungsnetzwerk. Am wichtigsten sind die *Charge Coupled Devices* (CCD), die aus Ketten von Kondensatoren bestehen, in welchen durch Belichtung Ladungen erzeugt werden. Diese Ladungen werden zum Ausgang des Chips verschoben und ergeben dadurch eine Bildzeile in Form eines Videosignals.

Zur Bildaufnahme von Flugzeugen und Satelliten aus werden Zeilen von CCD-Sensoren in der Bildebene eines Objektivs angeordnet (Abb. 36). Damit ist es möglich, alle Pixel einer quer zur Flugrichtung orientierten Bildzeile gleichzeitig zu erfassen. Durch die Eigenbewegung des Sensorträgers wird bei entsprechender Aufnahmefrequenz ein Geländestreifen zeilenweise abgebildet.

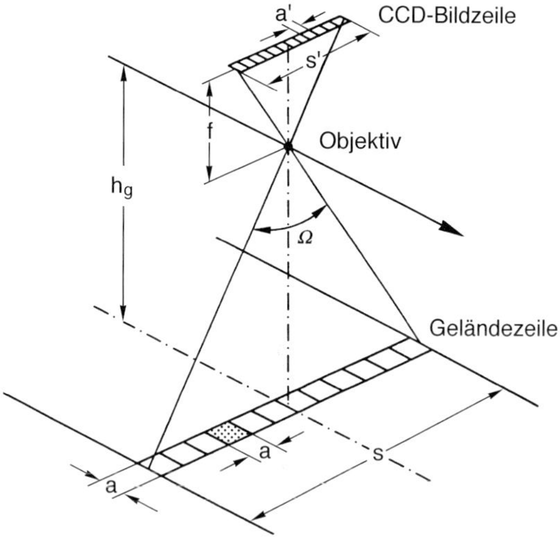

Abb. 36: Optoelektronische Bildaufnahme mit einem CCD-Sensor
Alle Bildelemente einer Zeile werden zugleich aufgenommen. Durch die Wahl der Abbildungsoptik (Brennweite f) und der Flughöhe h_g können der Öffnungswinkel Ω und die Pixelgröße a an der Erdoberfläche variiert werden.

Ein besonderer Vorteil dieser Technik ist, dass der Aufnahmevorgang keine mechanisch beweglichen Teile erfordert. Außerdem führt die Tatsache, dass eine ganze Zeile simultan aufgenommen wird, zu – im Vergleich mit optisch-mechanischen Scannern – günstigeren geometrischen Eigenschaften der Bilddaten. Ferner lässt sich die geometrische Auflösung durch Wahl eines entsprechenden Objektivs in einem weiten Bereich variieren. Schließlich ist es durch die Anordnung mehrerer CCD-Zeilen in der Bildebene eines Objektivs möglich, sowohl Stereobilddaten als auch multispektrale Daten zu gewinnen. Wegen dieser Vorteile steht die Anwendung und Weiterentwicklung der CCD-Aufnahmetechnik gegenwärtig im Mittelpunkt des Interesses. Dies gilt insbesondere für den Bau von *Digitalen Luftbildkameras*, die – neben den traditionellen photographischen Systemen – allgemein der Gewinnung von Luftbildern dienen werden.

Die Entwicklung von *Digitalen Luftbildkameras* auf CCD-Technik war schon um 1982 von O. HOFMANN (1982) vorgeschlagen worden. Besonderes Interesse fand seine Idee, drei Zeilen so anzuordnen, dass in einem Flug drei Bildstreifen gleichzeitig aufgezeichnet werden können. Der erste beobachtet das Gelände in einer schräg nach vorne geneigten Ebene, der zweite etwa senkrecht nach unten und der dritte schräg nach hinten blickend (Abb. 37). Das Ergebnis sind Bilddaten, die auch stereoskopisch betrachtet und photogrammetrisch ausgewertet werden können.

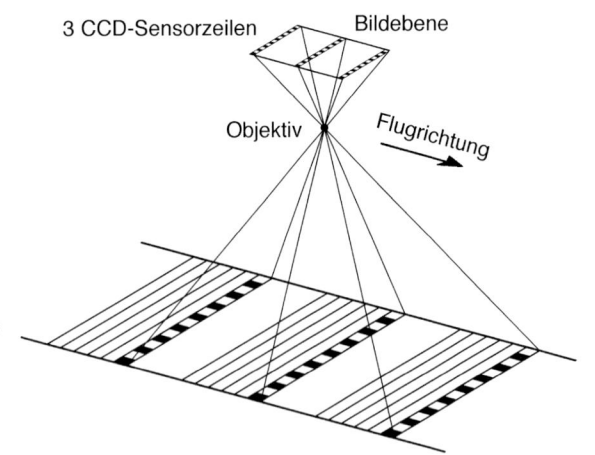

Abb. 37: Dreizeilenaufnahme
In der Bildebene eines Objektivs sind drei CCD-Zeilen quer zur Flugrichtung angeordnet. Dadurch wird ein Geländestreifen in einem Überflug unter drei verschiedenen Beobachtungsrichtungen aufgenommen.

Diese Konzeption erfuhr einen besonderen Auftrieb durch die Entwicklung optoelektronischer Kameras für die Erkundung des Planeten Mars in der Raumfahrtmission *Mars Express* (vgl. 6.12). Inzwischen konnte die *High Resolution Stereo Camera* (HRSC) in den für die Verwendung im Flugzeug modifizierten Formen (HRSC-A/AX) sehr erfolgreich zur digitalen Luftbildaufnahme eingesetzt werden (WEWEL u.a. 1998, SCHOLTEN u.a. 2002). Sie kann deshalb als Prototyp einer neuen Kamerageneration gelten.

Die HRSC ist mit insgesamt neun CCD-Zeilen in der Bildebene eines Objektivs mit 175 mm Brennweite ausgestattet. Davon dienen fünf Zeilen der Aufnahme von panchromatischen Stereobilddaten unter verschiedenen Neigungen und vier Zeilen der Gewinnung von Multispektraldaten (Abb. 38). Beim Flugzeugeinsatz wird die Kamera (Abb. 39) wie eine herkömmliche Reihenmesskamera in einer kreiselstabilisierten Plattform im Flugzeugrumpf montiert. Für die Praxis ist es entscheidend, dass die Kamera zusammen mit einem modernen Navigationssystem betrieben wird, das ihre Position und räumliche Lage fortlaufend mit sehr hoher Genauigkeit zu messen gestattet (vgl. dazu 3.1.2).

In den letzten Jahren sind von mehreren Firmen optoelektronische Zeilenkameras, die nach dem *Drei- und Mehrzeilenkonzept* arbeiten, entwickelt und auf den Markt gebracht worden. Diese Kameras können praktisch beliebig lange kontinuierliche Bildstreifen erzeugen. Die Stereofähigkeit wird durch die konvergente Anordnung der (panchromatischen) Bildzeilen gewährleistet, die Farbfähigkeit durch mehrere (meist vier) zusätzliche in Spektralbändern aufzeichnende Bildzeilen. Da sich die äußere Orientierung der Kamera während eines Fluges ständig ändert, müssen die Orientierungsdaten fortlaufend mit hoher Präzision bestimmt werden. Für diesen Zweck werden GPS/INS-Systeme eingesetzt (z.B. SUJEW u.a. 2002). Kameras, die diesem Konzept folgen, werden u.a. von den Firmen LEICA GEOSYSTEMS (*Airborne Digital Sensor* ADS 40) und JENA-OPTRONIK (*Jena Airborne Scanner* JAS 150) angeboten. Eine ausführliche Darstellung der Grundlagen und Methoden findet man bei SANDAU (2005).

2.3 Aufnahme mit digitalen Systemen

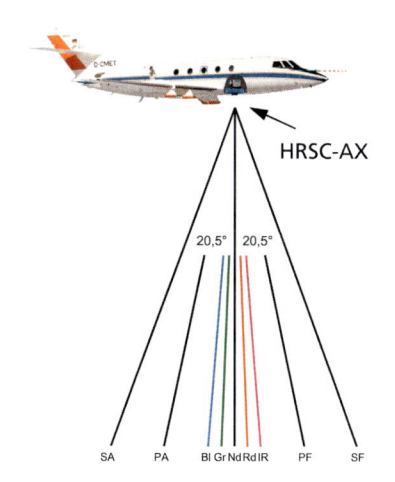

Abb. 38: Schema der digitalen Luftbildaufnahme mit der HRSC-AX (High Resolution Stereo Camera – Airborne Extended)
Die Zeilen SF, PF, Nd, PA und SA zeichnen panchromatische Bilddaten unter 5 verschiedenen Winkeln auf. Die Zeilen Rd, Bl, Gr und IR liefern Multispektraldaten in 4 Kanälen.

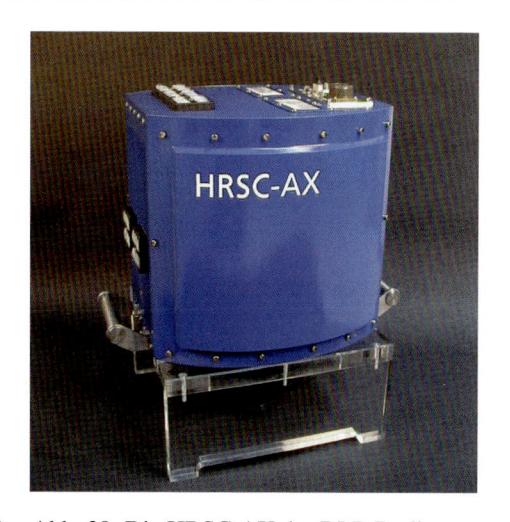

Abb. 39: Die HRSC-AX des DLR Berlin
Die Kamera wird in einer für Reihenmesskameras üblichen kreiselstabilisierten Plattform montiert. Zur genauen Bestimmung der Orientierungsdaten dient ein Positionierungs- und Orientierungssystem, das GPS-Messungen mit einem Inertialnavigationssystem kombiniert.

Für die Aufnahme von Satellitenbilddaten spielen optoelektronische Zeilenkameras seit vielen Jahren eine große Rolle. Mit CCDs arbeitet das Aufnahmesystem der französischen Satelliten SPOT (*Satellite Pour l'Observation de la Terre*). SPOT 1 wurde 1986 gestartet, SPOT 4 im März 1998 in Betrieb genommen. An Bord der in 832 km Höhe fliegenden Satelliten befinden sich jeweils zwei identische Sensorsysteme, die die Bezeichnung *Instrument Haute Résolution Visible* (HRV) tragen. Diese Systeme können Daten wahlweise im XS-Mode in drei Spektralkanälen (0,50 – 0,59 μm, 0,61 – 0,69 μm, 0,79 – 0,89 μm) oder im P-Mode (panchromatisch) aufnehmen (in der Praxis ist es üblich geworden, einfach von multispektralen bzw. panchromatischen SPOT-Daten zu sprechen). Bei SPOT 4 wurden technische Verbesserungen angebracht und ein weiterer Spektralkanal im kurzwelligen Infrarot (1,58 – 1,75 μm) eingeführt. Inzwischen arbeitet SPOT 5 mit weiteren Verbesserungen und höherer Auflösung (bis 2,5 m panchromatisch). Einige technische Daten sind im Anhang zu finden.

Die SPOT-Konzeption brachte – im Vergleich zu LANDSAT – außer der höheren geometrischen Auflösung eine signifikante Verbesserung. Die Aufnahmerichtung der Sensoren kann mit Hilfe eines Umlenkspiegels vor der Optik durch Fernsteuerung von der Bodenstation aus so gekippt werden, dass gezielt Gebiete neben der Bodenspur des Satelliten aufgezeichnet werden. In der Grundstellung mit senkrechter Aufnahmerichtung nehmen die beiden Sensoren zwei je 60 km breite Streifen auf, die sich zu etwa 3 km überlappen. Die maximale Neigung der Aufnahmerichtung beträgt 27° nach beiden Seiten hin. Durch die schräge Sicht wächst die Breite eines aufgenommenen Streifens auf bis zu 80 km an. Diese Systemkonfiguration macht es möglich, bei der

Datenaufnahme die aktuelle Wolkenbedeckung zu berücksichtigen oder Gebiete besonderen Interesses (z.B. aufgrund einer Katastrophensituation) häufiger aufzunehmen als die »normale« Wiederholrate von 26 Tagen (bei senkrechter Aufnahme). Durch die Neigung der Aufnahmerichtung kann ein Gebiet am Äquator in dieser Zeit bis zu 7 mal, ein Gebiet in 45° Breite sogar bis zu 11 mal erfasst werden. Schließlich ist damit auch der Vorteil verbunden, dass man ein Gebiet aus zwei Richtungen in Stereobildern aufnehmen kann. Dadurch wurde nicht nur die stereoskopische Betrachtung zur Interpretation der Bilddaten möglich, sondern auch die photogrammetrische Auswertung zur topographischen Kartierung. Die mit dieser Konfiguration ermöglichte Aufnahmeflexibilität hat für die weitere Entwicklung der Fernerkundungssatelliten Maßstäbe gesetzt.

Nachhaltige Bedeutung erlangten ab 1995 die im Rahmen des indischen Raumfahrtprogramms IRS (*Indian Remote Sensing System*) ebenfalls auf CCD-Basis entwickelten optoelektronischen Sensorsysteme. Mit den Satelliten IRS-1C und IRS-1D wurde eine Entwicklung eingeleitet, die zu einer ständig wachsenden Anzahl und einer immer größeren Vielfalt von Fernerkundungssatelliten für die Erdbeobachtung geführt hat. Gekennzeichnet ist diese anhaltende Entwicklung durch immer höhere Auflösung und größere Flexibilität in den Aufnahmekonfigurationen, die Möglichkeit zur Gewinnung von Stereodaten eingeschlossen. Bei der Wahl von Spektralkanälen und anderen Parametern sind vielfach besondere Zielsetzungen berücksichtigt worden (Monitoring von Vegetation, Waldbränden, Gewässern usw.). Sensortechnisch spielt bei diesen Entwicklungen die mit CCD-Zeilen arbeitende Technologie eine zentrale Rolle.

Gemeinsam ist vielen Systemen das Zusammenwirken von Sensoren sehr hoher Auflösung (1 m und weniger) im panchromatischen Bereich mit Sensoren geringerer Auflösung in drei oder mehr Multispektralkanälen. Für die Ableitung von Farbbildern ist deshalb die Methode des *Pansharpening* (vgl. 4.3.6) zu einer Routine geworden.

Die jüngste Entwicklung ist das Satellitensystem *RapidEye* mit dem Geschäftssitz in Brandenburg an der Havel. Das System besteht aus fünf Satelliten, die die Erde auf einer gemeinsamen sonnensynchronen Umlaufbahn in etwa gleichen Abständen voneinander umkreisen. Die Satelliten fliegen in etwa 630 km Höhe und überqueren den Äquator jeweils um 11:00 Uhr Ortszeit von Nord nach Süd. Sie sind mit Zeilenscannern mit je 12 000 Pixeln ausgestattet, die in fünf Spektralkanälen zwischen 440 nm und 850 nm liegen. Die geometrische Bodenauflösung beträgt 6,5 m. Das System, das Anfang 2009 in Betrieb genommen wurde, ist so ausgelegt, dass jeder Punkt der Erdoberfläche jeden Tag aufgenommen werden kann.

Technische Daten einiger Fernerkundungssatelliten geben Tabellen im Anhang.

2.3.3 Optoelektronische Flächenkameras

Neben der Drei- und Mehrzeilenlösung für digitale Kameras spielen auch *opto-elektronische Flächenkameras* (auch *Matrix-* oder *Arraykameras* genannt) eine zunehmend wichtige Rolle in der Luftbildaufnahme (z.B. GRUBER u.a. 2003). Das *Matrixkonzept* folgt hinsichtlich der Aufnahmekonfiguration mehr der klassischen Filmkamera.

2.3 Aufnahme mit digitalen Systemen

Mittels digitaler Flächensensoren werden rechteckige (meist quadratische) Senkrechtluftbilder in Zentralprojektion aufgenommen. Die Stereoeffekt wird – wie in der analogen Luftbildaufnahme – durch etwa 60% Längsüberdeckung erzielt. Um die aus der photographischen Luftbildtechnik bekannten Bildflächen zu erfassen, ist bislang noch die Kombination von mehreren Sensorarrays mit mehreren Objektiven erforderlich. Die Aufzeichnung von Bilddaten in Farbe wird meist durch Verwendung von weiteren Objektiven gelöst, über die multispektrale Bilder geringerer Auflösung gewonnen werden. Farbige Bilder werden dann durch die Kombination der Daten durch so genanntes *Pansharpening* (vgl. 4.3.6) erzeugt.

Abb. 40: Die matrixbasierte *Digital Mapping Camera* nutzt vier Matrizen hinter vier Objektiven, deren optische Achsen leicht geneigt sind. Aus den vier Einzelbildern wird ein großformatiges Gesamtbild in Zentralperspektive berechnet. Zur Farbaufnahme dienen vier weitere Kameras mit geringerer Auflösung. (Photo: Z/I Imaging, Aalen)

Abb. 41: Digitale großformatige Luftbildkamera *UltraCam D* der Firma VEXCEL Imaging GmbH. Zur Erzeugung des panchromatischen Bildes dienen neun Matrixdetektoren hinter vier Objektiven. Farbinformationen werden mit geringerer Auflösung durch 4 Matrixdetektoren hinter vier weiteren Objektiven aufgezeichnet. (Photo: VEXCEL GmbH)

Die wichtigsten Anbieter von Matrixkameras sind die Firmen INTERGRAPH, Bereich Z/I Imaging, mit der *Digital Mapping Camera DMC* (Abb. 40) und VEXCEL Imaging mit der *UltraCam D* (Abb. 41).

2.3.4 Abbildende Spektrometer

Die Multispektraltechnik, welche Messdaten in mehreren, vergleichsweise breiten Spektralkanälen liefert, vermag Feinheiten der spektralen Reflexion von Materialien bzw. Objekten nicht zu erfassen. Deshalb versucht man, die spektrale Auflösung so stark zu erhöhen, dass über weite Bereiche des Spektrums die Reflexionscharakteristik quasi kontinuierlich erfasst werden kann. Systeme, die dies zu leisten vermögen, verbinden also die Bildaufzeichnung mit detaillierten spektroradiometrischen Messungen und werden deshalb als *Abbildende Spektrometer* bezeichnet.

Es gibt verschiedene gerätetechnische Konzepte zum Bau von Abbildenden Spektrometern. Häufig dienen Gitter oder Prismen zur spektralen Zerlegung der Strahlung und CCD-Zeilen oder auch flächenhafte CCD-Arrays zur Messung. Ein Streifen der Erdoberfläche wird durch die Vorwärtsbewegung des Sensors in ähnlicher Weise aufgezeichnet wie mit optisch-mechanischen oder optoelektronischen Scannern. Für jedes aufgenommene Pixel erhält man eine große Zahl an Messwerten (üblicherweise zwischen 50 und 300), die zusammen eine spezifische Reflexionskurve beschreiben (Abb. 42). Vielfach werden Systeme dieser Art bzw. die damit gewonnenen Daten in der Literatur auch als »hyperspektral« bezeichnet. Die geometrische Auflösung muss bei solchen Systemen aus verschiedenen Gründen (u.a. wegen der enormen Datenmengen, die bei dieser Aufnahmetechnik anfallen) vergleichsweise niedrig gehalten werden.

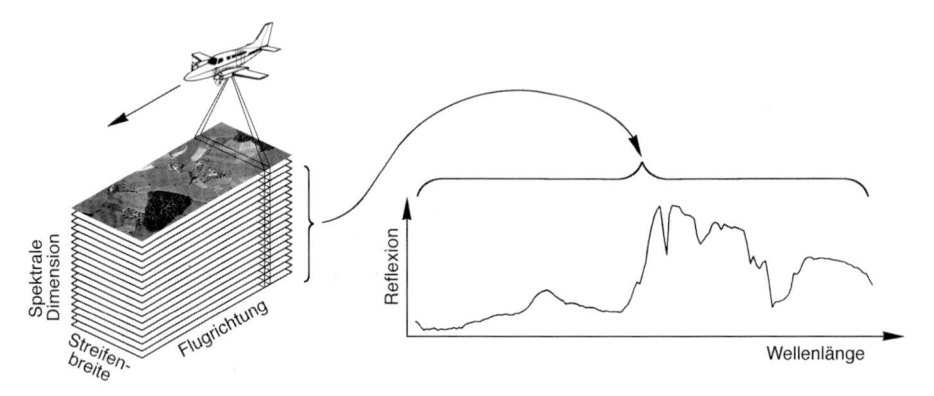

Abb. 42: Schematische Darstellung zur Datengewinnung durch Abbildende Spektrometer
Eine Geländefläche wird mit einem Scanner gleichzeitig in vielen Spektralkanälen aufgenommen. Für jedes einzelne Pixel liegen so viele Messwerte vor, dass man daraus ein (quasi) kontinuierliches Spektrum ableiten kann, das zur Identifizierung der Oberflächenmaterialien dient.

Das Vorgehen der Abbildenden Spektrometrie wird häufig durch einen *Datenwürfel* (*Image Cube*) erläutert, der aus den Lagekoordinaten des Bildes (x und y) und den Wellenlängen der Messdaten als Höhe (λ) gebildet wird (Abb. 43).

Anfangs wurden Abbildende Spektrometer vor allem von Flugzeugen aus eingesetzt. Beispiele dafür sind der *Compact Airborne Spectrographic Imager* (CASI), der *Hyperspectral Mapper* (HyMap) und das *Digital Airborne Imaging Spectrometer* (DAIS). Der *Modulare Optoelektronische Scanner* MOS des Deutschen Zentrums für Luft- und Raumfahrt (DLR) wurde von 1996 bis 2004 auf einem indischen Satelliten betrieben (Schwarzer 1997). Inzwischen ist auf dem Satelliten Envisat das *Medium Resolution Imaging Spectrometer* (MERIS) in Betrieb. Es misst die von der Erde reflektierte Sonnenstrahlung in 15 Spektralbändern aus dem sichtbaren Spektralbereich und dem nahen Infrarot mit einer Bodenauflösung von etwa 300 m. Hauptaufgabe ist die Meeresbeobachtung.

2.3 Aufnahme mit digitalen Systemen

Abb. 43: Ein »Datenwürfel«
Perspektivische Darstellung der am 26. August 1998 mit dem HyMap-Spektrometer gewonnenen Daten vom Zürichsee in der Schweiz. Im Vordergrund ist der Damm zwischen Rapperswil und Pfäffikon zu sehen. (Photo: Universität Zürich, © 1998 Remote Sensing Laboratories und Dornier Satellitensysteme)

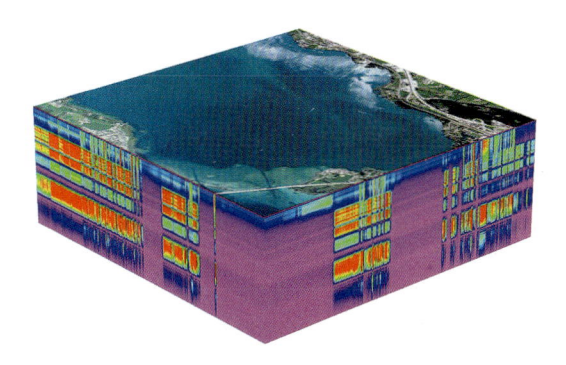

Die Abbildende Spektrometrie ist derzeit Gegenstand intensiver Forschung und Entwicklung. Den neueren Stand der Entwicklung erfährt man aus SCHAEPMAN u.a. (1998).

2.3.5 Laserscanner

Die Aufnahme mit einem *Laserscanner* – oft auch als *Lidar (Light Detection and Ranging)* bezeichnet – ist ein aktives Verfahren zur punktweisen Erfassung der Geländeoberfläche von einem Flugzeug aus. Die primäre Zielsetzung ist also nicht die Erzeugung von Bildern, sondern die Messung von zahlreichen Punkten, die in ihrer Gesamtheit die Geländefläche geometrisch beschreiben. Gleichwohl kann das Verfahren als Teil der Fernerkundung gesehen werden, einerseits weil die Geometrie der Geländeoberfläche für die Auswertung von Fernerkundungsdaten anderer Sensoren genutzt wird, andererseits weil die durch Laserscanning gewonnenen Punktwolken auch bildhafte Wiedergaben ermöglichen.

Abb. 44: Schematische Darstellung der Geländeaufnahme mit einem Laserscanner
Zur Ablenkung des Laserstrahls quer zur Flugrichtung gibt es verschiedene technische Lösungen. Dadurch können unterschiedliche Abtastmuster auf dem Gelände entstehen. Während der Aufnahme wird die Sensororientierung mit einem kombinierten GPS/INS-System fortlaufend mit hoher Genauigkeit gemessen. (Nach KRAUS 2004)

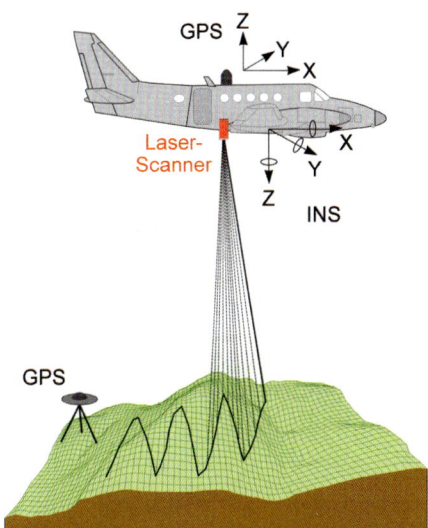

Beim Laserscanning dient ein Laserstrahl zur Messung der Entfernung zwischen dem Sensor an Bord eines Flugzeugs und der Geländeoberfläche. Der Strahl wird durch das System quer zur Flugrichtung systematisch so abgelenkt, dass bei der Vorwärtsbewegung des Flugzeugs ein Geländestreifen in zahlreichen Messpunkten erfasst wird (Abb. 44). Um die räumliche Lage der gemessenen Geländepunkte bestimmen zu können, muss gleichzeitig die Orientierung des Sensors mit hoher Genauigkeit ermittelt werden. Dazu werden moderne GPS/INS-Systeme eingesetzt (vgl. 3.1.2). Die gewonnenen Daten ermöglichen dann die Berechnung der räumlichen Koordinaten der den Laserstrahl reflektierenden Geländepunkte.

Als Ergebnis der Berechnungen erhält man eine so genannte *Punktwolke*, d.h. eine große Zahl an Punkten mit ihren Raumkoordinaten x, y, z. Da die Messungen Gebäude, Bäume und andere Objekte einschließen, kann es sich nicht um ein Geländemodell handeln. Man spricht deshalb von einem *Digitalen Oberflächenmodell* (DOM). Je nach dem Verwendungszweck müssen diese Rohmessungen nach verschiedenen Gesichtspunkten gefiltert und meist in ein regelmäßiges Gitterraster umgerechnet werden.

In vielen Fällen wird dabei ein *Digitales Geländemodell* (DGM) angestrebt, das die Geländeoberfläche im Sinne der Topographie beschreibt. Dann müssen störende Messpunkte von Dächern, Baumkronen, Autos, Büschen, Masten usw. mit geeigneten Rechenmethoden eliminiert werden. Obwohl dies keine triviale Aufgabe ist, sind Verfahren entwickelt worden, die es ermöglichen, aus den zunächst vorliegenden Daten automatisch DGMs abzuleiten. Abbildung 45 zeigt ein Beispiel dieser Art.

In anderen Fällen wird angestrebt, aus den vorliegenden Daten bestimmte Objekte zu extrahieren, insbesondere Gebäudemodelle zu erstellen. Diese Aufgabenstellung ist derzeit Gegenstand intensiver Forschungstätigkeit.

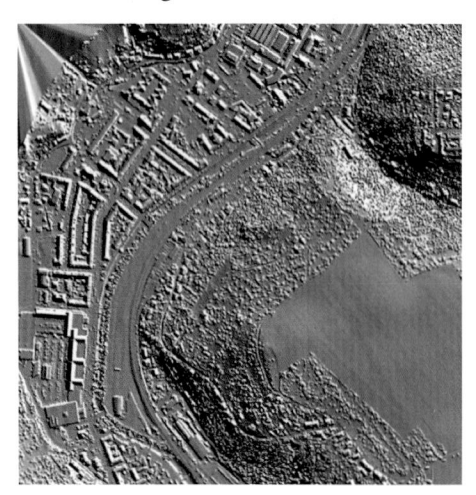

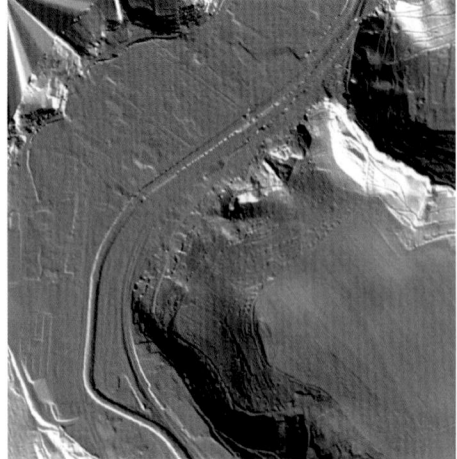

Abb. 45: Zur Verarbeitung von Laserscannerdaten
Die zunächst gewonnene Punktwolke stellt ein Digitales Oberflächenmodell (DOM) dar, das alle Objekte einschließt (links). Rechnerisch können die Daten auf die topographische Geländefläche reduziert werden, so dass ein Digitales Geländemodell (DGM) verbleibt (rechts). In diesem Bild sind die Daten als Schattierung (Schummerung) wiedergegeben. (Nach MAAS 2005)

2.4 Aufnahme mit Mikrowellensystemen

Eine weitere Besonderheit der mit Laserscannern gewonnenen Daten ist, dass ein ausgesandter Laserimpuls zu mehreren Reflexionssignalen führen kann. Dies ist zum Beispiel in Baumbeständen der Fall, wo häufig eine teilweise Reflexion am Kronendach und eine zweite Reflexion am Boden auftritt. Da die reflektierten Signale am Sensor nacheinander eintreffen, können die ersten und letzten Reflexionsanteile durch Filterung voneinander getrennt werden. Dadurch wird es möglich, sowohl das Kronendach als auch die Bodenoberfläche zu modellieren.

Manche Laserscanner-Systeme vermögen auch die Intensität der zurückkommenden Signale zu registrieren. Damit kann gleichzeitig mit der Distanzmessung, die zum Höhenmodell führt, auch ein Grauwertbild abgeleitet werden. Man spricht in diesem Zusammenhang auch von einem *Abbildenden Laserscanner*. Die gewonnenen Bilddaten vermitteln vielfach ergänzende Informationen über das aufgenommene Gebiet. Abbildung 46 zeigt als Beispiel das Intensitätsbild einer Stadt, das auf diese Weise gewonnen wurde.

Abb. 46: Aufnahme einer Stadt mit einem Abbildenden Laserscanner. Das bei einer Wellenlänge von 1,5 μm aufgezeichnete Intensitätsbild ist in Grauwerten codiert und in einer Rasterweite von 0,5 m wiedergegeben (links). Das Bild zeigt einen Teil der Stadt Memmingen. Rechts zum Vergleich ein gleichzeitig aufgenommenes Farbluftbild. (Photos: TopoSys GmbH, Biberach)

Weitere Informationen findet man u.a. bei KRAUS (2004), WEVER & LINDENBERGER (1999), KATZENBEISSER & KURZ (2004), MAAS (2005), SHAN & TOTH (2009).

2.4 Aufnahme mit Mikrowellensystemen

2.4.1 Passive Mikrowellenaufnahme

Als Mikrowellen bezeichnet man die elektromagnetische Strahlung mit Wellenlängen zwischen etwa 1 mm und 1 m, das entspricht Frequenzen zwischen 0,3 GHz und 300

GHz. Strahlung dieser Art wird von den Materialien an der Erdoberfläche aufgrund ihrer Temperatur abgegeben.

Mikrowellen unterscheiden sich in ihrem Verhalten grundlegend von der elektromagnetischen Strahlung im optischen und thermalen Spektralbereich. Sie werden von der Atmosphäre kaum beeinflusst und vermögen auch Wolken, Dunst, Rauch, Schneefall und leichten Regen fast ungestört zu durchdringen. Deshalb ist ihre Anwendung in der Fernerkundung praktisch unabhängig vom Wetter. Die Signale sind von geringer Intensität und lassen sich nur in grober geometrischer Auflösung erfassen. Als Folge davon eignen sich durch passive Mikrowellenaufnahme gewonnene Daten nur sehr eingeschränkt zur bildhaften Interpretation.

Die Signale, die mit *Mikrowellenradiometern* empfangen werden können, setzen sich aus Strahlungskomponenten verschiedenen Ursprungs zusammen. Von Einfluss ist vor allem die Temperatur und die Materialbeschaffenheit der Objekte, aber auch der Wasserdampfgehalt der Atmosphäre und weitere Parameter. Die Auswertung solcher Daten ist eine komplexe Aufgabenstellung. Anwendung finden Daten dieser Art vorwiegend in der Ozeanographie sowie in der Meteorologie und Klimatologie.

Ausführliche Darstellungen findet man u.a. bei ULABY (1986) und WOODHOUSE (2006).

2.4.2 Aufnahme mit Radarsystemen

Die Aufnahme von Bilddaten durch Radarsysteme unterscheidet sich grundlegend von den bisher genannten Verfahren. Dies gilt sowohl für die verwendete elektromagnetische Strahlung und die Aufnahmetechnik als auch für die physikalischen Parameter, die bei der Bildentstehung maßgebend sind.

Radar ist ein *aktives Fernerkundungsverfahren*, d.h. die verwendete elektromagnetische Strahlung wird vom Aufnahmesystem selbst erzeugt. Dabei handelt es sich um Mikrowellenstrahlung einer bestimmten Frequenz im Bereich zwischen etwa 1 und 100 cm Wellenlänge. Die Datenaufnahme ist deshalb unabhängig von den naturgegebenen Strahlungsverhältnissen, also Tag und Nacht möglich. Außerdem ist sie – da die Mikrowellen Wolken, Dunst und Rauch durchdringen – auch unabhängig von der jeweiligen Wetterlage. Diese Eigenschaften verleihen der Radartechnik eine Sonderstellung unter den Fernerkundungsverfahren.

In Abbildung 47 ist die Funktionsweise eines einfachen Radar-Systems skizziert. Im Flugzeug wird ein kombinierter Sender/Empfänger mitgeführt, dessen Antenne schräg nach unten gerichtet ist. Sie ist so konstruiert, dass sich die in einem Bruchteil einer Sekunde ausgestrahlten Mikrowellen in einen sehr schmalen, aber langen Raumwinkel hinaus senkrecht zur Flugrichtung ausbreiten. Zu einem bestimmten Zeitpunkt erreicht die Front der ausgesandten Wellen ein bestimmtes Flächenelement F des Geländes. Von diesem wird die auftreffende Mikrowellenstrahlung teilweise reflektiert; ein mehr oder weniger großer Anteil der reflektierten Strahlung kehrt zurück zur Antenne und wird dort als Signal empfangen und registriert. Da die von den Mikrowellen bestrahlte Fläche über das Gelände hinwegwandert, können die Reflexionssignale von einem

2.4 Aufnahme mit Mikrowellensystemen

schmalen Geländestreifen nacheinander erfasst und als Bildzeile aufgezeichnet werden. Durch die Vorwärtsbewegung des Flugzeugs entsteht dann – wenn die Folge von Senden und Empfangen systematisch wiederholt wird – eine vollständige zeilenweise Bildaufzeichnung eines *neben* dem Flugzeug verlaufenden Geländestreifens. Ein nach diesem Prinzip arbeitendes System wird *Seitensichtradar* (engl. *Sidelooking Airborne Radar* oder SLAR) genannt.

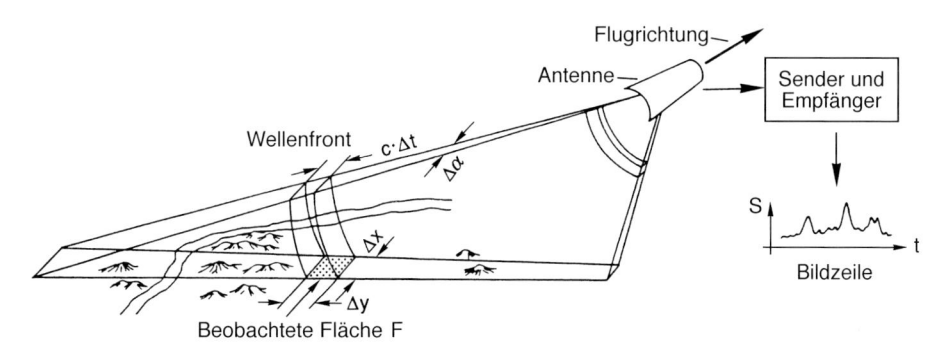

Abb. 47: Schematische Darstellung der Radaraufnahme
Die durch Aussendung einer einzelnen Wellenfront und den Empfang der reflektierten Signalfolge S entstehende Bildzeile ist als Grauwertprofil dargestellt.

Offensichtlich wird die mit einem solchen System erreichbare geometrische Auflösung von der Größe des Flächenelementes F bestimmt, welches beim Bildaufbau ein Bildelement ergibt. Seine Ausdehnung Δy in der Zeile (also quer zur Flugrichtung) hängt vor allem von der Dauer des ausgestrahlten Mikrowellenimpulses Δt ab. Die Ausdehnung Δx in Flugrichtung wird im Wesentlichen durch den Winkel $\Delta \alpha$ bestimmt, unter dem die Antenne abstrahlt, und wächst mit der Entfernung an. Die (strenggenommen keulenförmige) Abstrahlcharakteristik der Antenne ist eine Funktion ihrer Baulänge. Da diese aus praktischen Gründen nicht sehr lang gemacht werden kann, kann die Winkelauflösung $\Delta \alpha$ nicht beliebig gesteigert werden. Deshalb eignen sich Systeme dieser Art – sie werden auch als Systeme mit *Realer Apertur* bezeichnet – nur für geringe Flughöhen, bei denen die Entfernung zwischen Antenne und Gelände nicht zu groß ist.

Um in Flugrichtung eine höhere Auflösung zu erreichen und insbesondere die Aufnahme von Radarbildern auch von Satelliten aus möglich zu machen, müssen Radarsysteme mit *Synthetischer Apertur* (engl. *Synthetic Aperture Radar* oder SAR) eingesetzt werden. Dabei wird nur eine kurze Antenne verwendet, welche die Mikrowellenimpulse in einer breiten Keule mit dem Öffnungswinkel γ abstrahlt. Während des Fluges werden die einzelnen Geländepunkte dadurch sehr oft bestrahlt (Abb. 48). Dementsprechend tragen sie vielfach zu den empfangenen Reflexionssignalen bei, welche dadurch in komplexer Weise miteinander korreliert werden. Bei der Verarbeitung können die Daten jedoch so behandelt werden, als würden sie von einzelnen Elementen eines sehr langen Antennensystems stammen. Dadurch lassen sich Bilddaten mit hoher geometrischer Auflösung ableiten. Je weiter die Geländepunkte von

Abb. 48: Zur Wirkungsweise von Radarsystemen mit synthetischer Apertur
Nahe gelegene Geländepunkte (z.B. A) werden über eine kurze Strecke fortlaufend beobachtet, die wirksame Antennenlänge ist dann kurz (SAR-Antenne A). Weiter entfernte Punkte (z.B. B) werden über eine längere Strecke beobachtet, die wirksame Antennenlänge ist dann entsprechend länger (SAR-Antenne B).

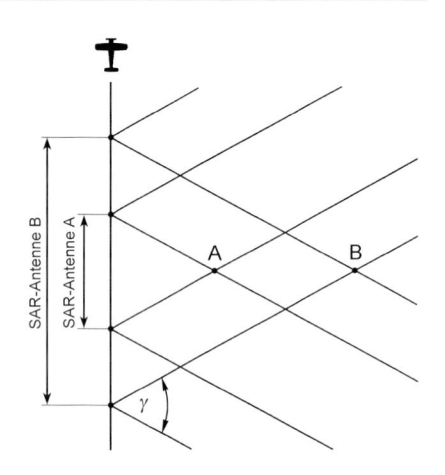

der Antenne entfernt sind, desto häufiger werden sie abgebildet und desto länger ist die scheinbare (synthetische) Antenne. Dies führt dazu, dass die Auflösung Δx in der Flugrichtung entfernungsunabhängig wird.

Der technische Aufwand für ein Radarsystem mit Synthetischer Apertur ist sehr hoch. Deshalb sind in der Frühzeit der Entwicklung nur wenige Flugzeuge damit ausgerüstet worden. Am bekanntesten wurde das SAR-System der Firma GOODYEAR, das beispielsweise im brasilianischen RADAM-Projekt eingesetzt wurde (vgl. 6.1). Bei diesem und ähnlichen Systemen wurden die Messdaten auf einen hologrammartigen Datenfilm aufgezeichnet und bei der Auswertung durch einen Laser-Korrelator in Bildform umgesetzt.

Inzwischen wird die Aufzeichnung und Auswertung der Daten digital durchgeführt, die Systeme sind – unter Einbeziehung moderner Navigationstechnik – zu einem hohen technischen Leistungsstand entwickelt worden (SCHWÄBISCH & MOREIRA 2000). Zur Anwendung der Radarmethode von Satelliten aus kam wegen der großen Distanz von Anbeginn nur die Technik mit Synthetischer Apertur in Frage. Zunächst wurden SAR-Daten kurzfristig in experimentellen Missionen gewonnen, nämlich 1978 vom Satelliten SEASAT-1 aus und ab 1981 in mehreren Space-Shuttle-Flügen durch das *Shuttle Imaging Radar* (SIR). Kontinuierliche Beobachtung setzte mit den europäischen Fernerkundungssatelliten ERS (*European Remote Sensing Satellite*) und dem kanadischen RADARSAT ein. Die Satelliten ERS-1 (gestartet 1991, aktiv bis 2000) und ERS-2 (gestartet 1995) sind u.a. mit den SAR-Systemen AMI (*Active Microwave Instrument*) ausgestattet. RADARSAT trägt ein SAR-System, das in verschiedener Weise betrieben werden kann (*Multi-Mode Instrument*). Der europäische Satellit ENVISAT verfügt über ein gegenüber dem AMI verbessertes System ASAR (*Advanced Synthetic Aperture Radar*). Ferner ist von Japan ALOS (*Advanced Land Observing Satellite*) zu nennen. Der deutsche Satellit *TerraSAR-X* wurde im Juni 2007 gestartet. Er trägt einen Radarsensor, der in verschiedenen Modi betrieben wird, um Aufnahmen mit unterschiedlichen Streifenbreiten, Auflösungen und Polarisationen zu ermöglichen.

Die Art und Weise, wie die Erdoberfläche in Radarbildern wiedergegeben wird, hängt vom Zusammenwirken vieler Einzelfaktoren ab. Dabei handelt es sich um

2.4 Aufnahme mit Mikrowellensystemen

- *Parameter des Aufnahmesystems* wie die Wellenlänge der Strahlung, ihre Polarisation und den Depressionswinkel sowie um
- *Parameter der Geländeoberfläche*, insbesondere die Oberflächenrauigkeit, die Oberflächenform und die elektrischen Eigenschaften der Materialien.

Die *Wellenlänge* bzw. *Frequenz* der verwendeten Mikrowellenstrahlung wird durch die technischen Einzelheiten des Systems definiert. Weit verbreitet ist es in diesem Zusammenhang, zur Kennzeichnung einzelner Wellenlängenbereiche Buchstaben zu verwenden. Am häufigsten werden in der Fernerkundung die folgenden Frequenzbereiche benutzt:

Band	Wellenlänge	Frequenz
Ka-Band	$\lambda \approx 0{,}7 - 1$ cm	$f \approx 30 - 40$ GHz
X-Band	$\lambda \approx 2{,}4 - 4{,}5$ cm	$f \approx 7 - 12$ GHz
C-Band	$\lambda \approx 4{,}5 - 7{,}5$ cm	$f \approx 4 - 7$ GHz
L-Band	$\lambda \approx 15 - 30$ cm	$f \approx 1 - 2$ GHz
P-Band	$\lambda \approx 60 - 300$ cm	$f \approx 0{,}2 - 0{,}5$ GHz

Die Unterschiede sind deshalb wichtig, weil die Wechselwirkung zwischen der Strahlung und den Materialien an der Erdoberfläche in den einzelnen Wellenlängenbereichen sehr unterschiedlich ist.

Wenn die elektromagnetischen Wellen eine ausgezeichnete Schwingungsrichtung besitzen, spricht man von *Polarisation*. Die von der Antenne abgestrahlten Mikrowellen können beispielsweise horizontal (H) oder vertikal (V) polarisiert sein. Beim Empfang kann das System wiederum auf horizontale oder vertikale Polarisation eingestellt sein. Dadurch sind vier Kombinationen der Polarisation ausgesandter und empfangener Mikrowellen möglich, nämlich HH, VV, HV und VH.

Als *Depressionswinkel* bezeichnet man in der Radartechnik den Winkel zwischen der Horizontebene des Aufnahmesystems und dem Strahl zum beobachteten Objekt (P in Abb. 49). Seine Ergänzung zu 90° heißt auch Einfallswinkel (*Incidence Angle*). Er wirkt sich unmittelbar auf die Auflösung des Systems quer zur Flugrichtung aus und bestimmt die Bestrahlungsstärke der Geländeoberfläche. Außerdem steht er in engem Zusammenhang mit der Geometrie der Abbildung und der Möglichkeit, *Stereobildstreifen* aufzunehmen (vgl. 3.1.3).

Die *Oberflächenrauigkeit* hat großen Einfluß auf die Reflexionscharakteristik einer Fläche. Ist sie im Vergleich zur Wellenlänge der Strahlung gering, dann werden die Mikrowellen gespiegelt; zum System kehrt dann praktisch kein Signal zurück, so dass solche Flächen im Radarbild dunkel erscheinen (Abb. 50 und 51). Liegt die Rauigkeit

Abb. 49: Aufnahmeparameter in der Radartechnik
Von zwei parallelen Flugbahnen aus kann ein Geländestreifen in stereoskopischer Überdeckung aufgenommen werden. Ein Punkt des Geländes erscheint dann in den Bildern unter verschiedenen Depressionswinkeln.

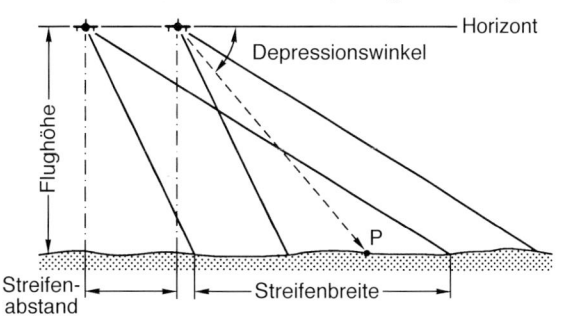

dagegen in der Größenordnung der Wellenlänge, so wirkt die Fläche als diffuser Reflektor. Vielfach kommen Mischformen der Reflexion vor.

Die jeweilige *Oberflächenform* führt dazu, dass manche Flächen der schräg einfallenden Mikrowellenstrahlung zugewandt sind und deshalb stärker bestrahlt werden, während die abgewandten Flächen nur geringe Bestrahlung erfahren. Im Bild erscheint deshalb die Geländefläche je nach ihrer Exposition in bezug auf das Radarsystem heller oder dunkler. Wenn eine systemabgewandte Fläche steiler geneigt ist als der Depressionswinkel, dann erhält sie überhaupt keine Bestrahlung (vgl. 3.1.3). Das Radarbild zeigt dann völlig informationslose tiefe Schlagschatten, die man als *Radarschatten* bezeichnet (Abb. 51).

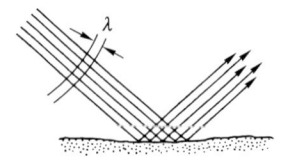

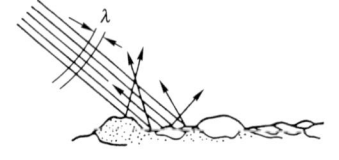

Abb. 50: Reflexion von Mikrowellen an Oberflächen verschiedener Rauigkeit
Links: Spiegelnde Reflexion an einer im Verhältnis zur Wellenlänge glatten Fläche (z.B. Sand).
Rechts: Diffuse Reflexion an einer rauen Fläche (z.B. Felsbrocken).

Eine Besonderheit der Radaraufnahme stellen die *Rückstrahleffekte* dar. Sie treten auf, wenn benachbarte horizontale und vertikale Flächen zum Sensor hin orientiert sind und spiegelnd reflektieren (Abb. 52). Zuweilen macht man sich solche Mehrfach-

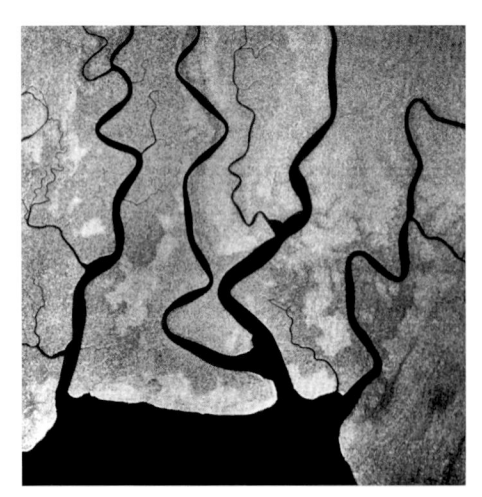

Abb. 51: Zur Wirkung von Oberflächenrauigkeit und Oberflächenform auf Radarbilder
Links: Ruhende Wasserflächen reflektieren spiegelnd (also nicht in Richtung auf die Antenne) und werden deshalb schwarz wiedergegeben; die Wiedergabe anderer Flächen hängt vor allem von deren Rauigkeit ab. Rechts: Wegen des schrägen Strahlungseinfalls werden direkt bestrahlte Hänge hell, andere dunkler wiedergegeben; gar nicht bestrahlte Hänge ergeben informationslose Radarschatten. (Photos: Nach KRONBERG 1985; Aero-Sensing Radar-Systeme GmbH)

2.4 Aufnahme mit Mikrowellensystemen

Abb. 52: Rückstrahleffekt bei der Aufnahme von Radarbildern
Durch zweimalige Spiegelung wird die Mikrowellenstrahlung genau in Richtung auf den Sensor reflektiert. Im Bild entsteht ein heller, überstrahlter Fleck.

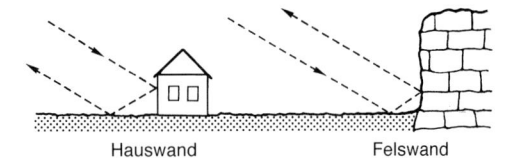

Hauswand Felswand

reflexionen zunutze, um einzelne Punkte als Passpunkte im Gelände zu markieren. Zu diesem Zweck werden Winkelreflektoren aus Metall aufgestellt (*Corner Reflectors*).

Von großem Einfluss auf die Ausbreitung der Mikrowellen und damit auf das Reflexionsvermögen sind die *elektrischen Eigenschaften* der Materialien an der Erdoberfläche. Besonders starke Reflexion tritt an metallischen Strukturen (z.B. Zäune, Masten von Hochspannungsleitungen u.ä.) auf. Andere Materialien mit hoher *Dielektrizitätskonstante* (z.B. feuchte Böden) reflektieren stark, und die Strahlung dringt nur wenig in das Material ein. Mit abnehmender Dielektrizitätskonstante (also z.B. mit abnehmender Feuchtigkeit der Bodenoberfläche) wird auch das Reflexionsvermögen geringer, die *Eindringtiefe* nimmt jedoch zu. Das zu beobachtende Reflexionssignal hängt demnach von einer mehr oder weniger dicken Oberflächenschicht ab und vermag deshalb auch Informationen zu vermitteln, die beispielsweise mit optischen Sensoren nicht erfassbar sind. Man spricht deshalb – im Gegensatz zum optischen Spektralbereich – auch von der *Volumenstreuung* bei der Radaraufnahme. Die betroffene Oberflächenschicht ist

Vegetation

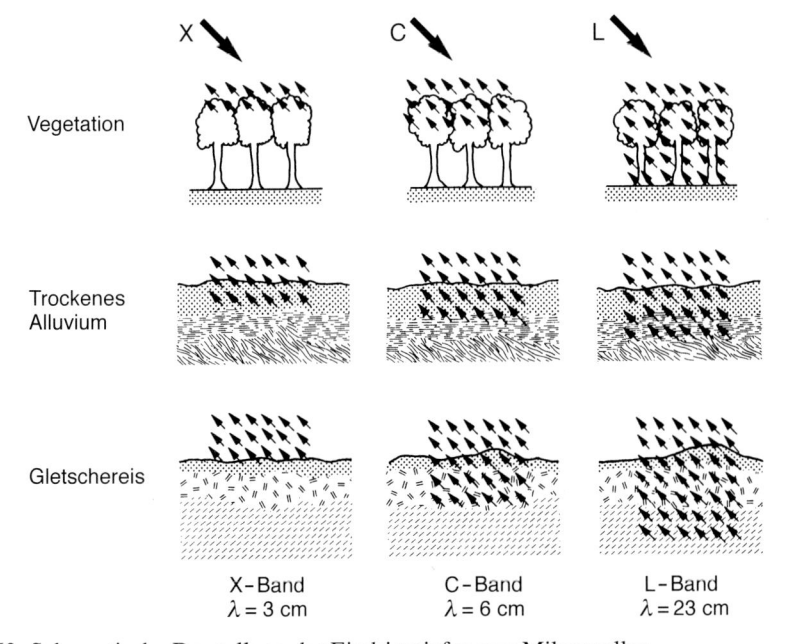

Trockenes Alluvium

Gletschereis

X-Band
$\lambda = 3$ cm

C-Band
$\lambda = 6$ cm

L-Band
$\lambda = 23$ cm

Abb. 53: Schematische Darstellung der Eindringtiefen von Mikrowellen
Je größer die Wellenlänge der Strahlung ist, desto tiefer dringt sie ein und desto stärker hängt das Reflexionssignal auch von der »Volumenstreuung« der oberflächennahen Materialschicht ab. (Nach einer Veröffentlichung der NASA)

vielfach sehr inhomogen aufgebaut, z.B. in Vegetationsbeständen. Außerdem hängt die Wechselwirkung zwischen Strahlung und Materie stark von der Wellenlänge ab. Die Abbildung 53 soll diese Einflüsse für einige Oberflächenarten anschaulichen.

Die praktische Auswirkung der in Abbildung 53 schematisch dargestellten Zusammenhänge vermag Abbildung 54 aufzuzeigen. Dieselbe Geländefläche ist vom Flugzeug aus mit einem SAR-System einerseits im X-Band (etwa 9,5 GHz oder 3 cm Wellenlänge) aufgenommen worden, andererseits im P-Band (etwa 0,4 GHz oder 70 cm Wellenlänge). Die Ackerflächen, die im X-Band aufgrund ihrer Oberflächenrauigkeit in verschiedenen Grautönen wiedergegeben werden, wirken im P-Band wie »glatte« Flächen und erscheinen im Bild ganz dunkel. Anderseits durchdringt die langwellige Strahlung die Baumbestände der Waldflächen sehr viel besser als die kurzwellige. Deshalb ist deren Bildwiedergabe im P-Band wesentlich durch Rückstrahleffekte an Baumstämmen und Boden bestimmt.

Von großem Interesse ist in diesem Zusammenhang die Tatsache, dass die Materialien an der Erdoberfläche die Mikrowellenstrahlung mehr oder weniger stark depolarisieren. So können beispielsweise Pflanzenbestände, Leitungen u.ä. in Radarbildern mit verschiedener *Polarisation* unterschiedlich wiedergegeben werden, wodurch zusätzliche Objektinformationen vermittelt werden. Die Abbildung 55 zeigt ein Beispiel.

Schließlich ist noch auf eine Besonderheit von Radarbildern hinzuweisen, die allgemein als *Speckle* bezeichnet wird. Dies ist eine körnige Bildstruktur, die auch bei der Abbildung von homogen aussehenden Objektoberflächen auftritt. Sie hat ihre physikalische Ursache in Interferenzerscheinungen, ähnlich denjenigen, die bei der Beleuchtung einer Szene mit dem kohärenten Licht eines Lasers entstehen. Die Erscheinung wirkt besonders bei der Bildinterpretation sowie bei rechnerischer Auswertung

Abb. 54: SAR-Bilder verschiedener Wellenlängen
Die SAR-Bilder eines Gebietes im Raum Solothurn in der Schweiz zeigen sehr große Unterschiede im Rückstreuverhalten der Objekte. Links: Aufnahme im kurzwelligen Bereich (X-Band, 9,55 GHz). Rechts: Aufnahme im langwelligen Bereich (P-Band, 0,415 GHz). Bildmaßstab etwa 1:35.000. (Photo: Aerosensing Radar-Systeme GmbH, Oberpfaffenhofen)

2.4 Aufnahme mit Mikrowellensystemen

von Radardaten störend. Deshalb versucht man, den Einfluss durch die Anwendung von speziell entwickelten Filtern zu reduzieren (vgl. 4.3.3). Dabei wird angestrebt, den Speckleeffekt in gleichförmigen Flächen zu verringern und Bildstrukturen und -kanten zu erhalten. Zwischen diesen sich widersprechenden Anforderungen muss in der Praxis ein Kompromiss gefunden werden.

Insgesamt ist die Wechselwirkung zwischen der Mikrowellenstrahlung und den Materialien an der Erdoberfläche kompliziert und deshalb Gegenstand intensiver Forschung. Entsprechend schwierig ist auch die Interpretation der mit Radarsystemen gewonnenen Bildwiedergaben. Dies ist mit ein Grund dafür, dass Radarbilder in der Praxis lange Zeit verhältnismäßig wenig genutzt wurden. In der jüngeren Zeit ist diesbezüglich eine deutliche Veränderung eingetreten. Dies ist einerseits auf die immer höhere Auflösung der Radarsysteme zurückzuführen, andererseits auf die Verfügbarkeit von regelmäßig aufgenommenen Satellitenradardaten.

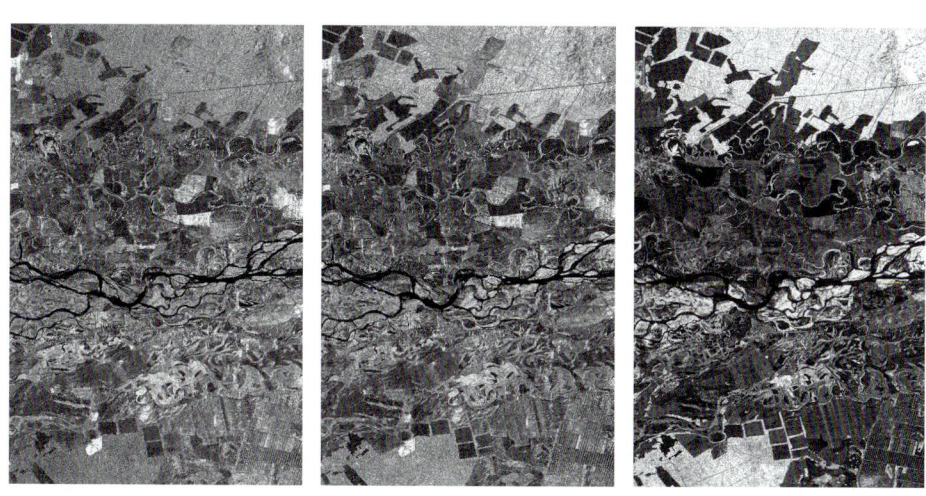

Abb. 55: SAR-Bilder in drei verschiedenen Polarisationsarten
Ein Gebiet beim Baikal-See wurde vom *Shuttle Imaging Radar* (SIR-C) im L-Band gleichzeitig in verschiedenen Polarisationsarten aufgenommen. Links: VV-Polarisation. Mitte: HH-Polarisation; die Rückstreuung vor allem der Waldflächen ist höher. Rechts: HV-Polarisation; ein höherer Kontrast tritt zwischen der Vegetation und unbewachsenen Feldern auf. (Photos: JPL/DLR, Oberpfaffenhofen)

Ausführliche Darstellungen zu Grundlagen und Methoden der Radartechnik findet man beispielsweise bei HENDERSON & LEWIS (1998). OLIVER & QUEGAN (2004).

2.4.3 Radarinterferometrie (InSAR)

Eine wichtige Weiterentwicklung der Radartechnik ist die *Radarinterferometrie* oder auch InSAR (*Interferometric Synthetic Aperture Radar*). Hierbei wird ein Gelände von zwei unterschiedlichen Sensorpositionen aus abgebildet. Da die bei Radarsystemen verwendete Strahlung kohärent ist, enthalten die gewonnenen Daten nicht nur Informationen über die Intensität der Reflexion, sondern auch Phaseninformationen, die von der Weglänge zwischen Objekt und Sensor abhängen. Die Radarinterferometrie geht nun davon aus, dass die vom Gelände reflektierte Strahlung von zwei nebeneinander angeordneten Antennen empfangen wird. Die registrierten Phaseninformationen werden dann aufgrund der Weglängenunterschiede differieren. Diese Phasenunterschiede enthalten folglich Informationen über die Topographie des Geländes (sie sind in gewisser Weise vergleichbar mit den Parallaxenunterschieden in der Stereophotogrammetrie). Daraus lassen sich mit geeigneten Verfahren geometrische Größen, insbesondere Geländehöhen, ableiten. Die geometrischen Zusammenhänge sind in Abbildung 56 skizziert. Eine ausführliche Darstellung bietet HANSSEN (2001).

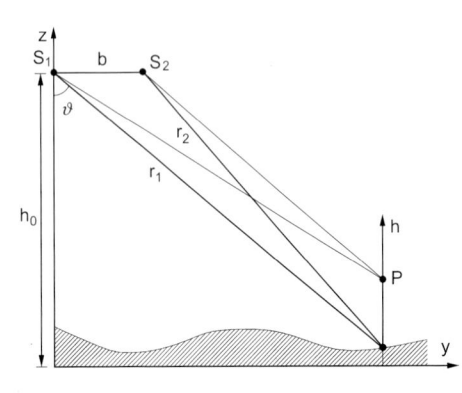

Abb. 56: Schema der geometrischen Zusammenhänge bei der Radarinterferometrie
Ein Gelände wird von den Sensorpositionen S_1 und S_2 aus mit der Basislinie b aufgenommen. Die Entfernungen r_1 und r_2 zu einem Geländepunkt P hängen dann von der Flughöhe h_0, vom Einfallswinkel ϑ und von der Entfernung y ab. Für einen Punkt P ändern sich die Entfernungen r_1 und r_2 und damit die Phaseninformationen. Deshalb kann umgekehrt aus den Phasendifferenzen die Höhe von P berechnet werden.
(Nach REIGBER 2002)

Zur Gewinnung der beiden für die Radarinterferometrie erforderlichen Aufnahmen kommen zwei Verfahrensweisen in Betracht. Die Aufzeichnungen können mit Hilfe einer Sende- und Empfangsantenne und einer zweiten, räumlich versetzten Antenne zeitgleich gewonnen werden. Da das Gebiet lediglich einmal überflogen werden muss, nennt man dieses Verfahren auch *Single-Pass-Interferometrie*. Dieses Verfahren ist für Aufnahmen vom Flugzeug aus geeignet, wobei die Basis – der Abstand zwischen den beiden Antennen – bei einigen Dezimetern liegt. Abb. 57 zeigt ein Flugzeug mit zwei am Rumpf seitlich angebrachten Antennen eines modernen SAR-Systems. Über die Grundlagen und die erfolgreichen Anwendungen eines solchen Systems wurde von SCHWÄBISCH & MOREIRA (2000) berichtet (vgl. ferner MEIER & NÜESCH 2001). Ein Anwendungsbeispiel vermittelt Abbildung 147.

Der Einsatz dieser Technik in Satellitenhöhe verlangt jedoch größere Abstände zwischen den Antennen. Diese können dadurch erzielt werden, dass ein bestimmtes Gebiet nacheinander und aus einer geringfügig anderen Bahn erfasst wird. Diese Konfiguration (wegen der zwei Flüge auch *Repeat-Pass-Interferometrie* genannt) ist in Abbildung 58 (links) skizziert. Sie ist mit den Satelliten ERS-1 und ERS-2 in Tandemmissionen erfolgreich realisiert worden. Dabei waren die Aufnahmen zeitlich um etwa 24 Stunden versetzt, räumlich betrug der Abstand der Bahnen, also die Basislinie, zwischen etwa 80 und 300 m. Diese Vorgehensweise hat jedoch den Nachteil, dass zwischen den beiden Aufnahmen Veränderungen der Atmosphäre, der Windverhält-

2.5 Beschaffung von Luft- und Satellitenbildern

Abb. 57: Flugzeug Turbine Commander mit zwei SAR-Antennen
Die beiden am Rumpf seitlich angebrachten Antennen dienen der Aufnahme von Bilddaten, aus deren Phasenunterschieden nach dem Prinzip der Interferometrie die Geometrie der erfassten Oberflächen abgeleitet werden kann. (Photo: Aero-Sensing Radar-Systeme GmbH, Oberpfaffenhofen)

nisse, Niederschläge oder Änderungen am Boden die Radarechos beeinflussen und die Ergebnisse verfälschen.

Deshalb wurde bei der *Shuttle Radar Topography Mission* (SRTM) im Februar 2000 eine andere Konfiguration realisiert (BAMLER 1999). Zusätzlich zu den Hauptantennen in der Ladebucht des Spaceshuttles waren an der Spitze eines 60 m langen, ausgefahrenen Gittermastes weitere Empfangsantennen angebracht. Damit konnten aus etwa 230 km Höhe interferometrische SAR-Daten im C-Band und im X-Band von einem großen Teil der Erdoberfläche (zwischen 60° N und 56° S) gewonnen werden.

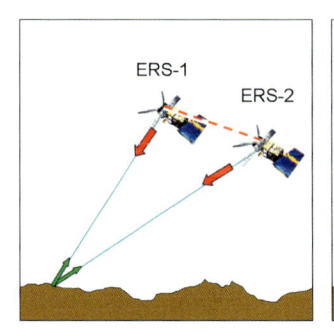

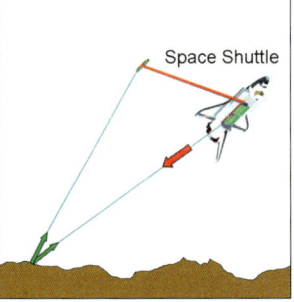

Abb. 58: Schematische Darstellung der Möglichkeiten zur Radarinterferometrie von Satelliten aus. Links: Die *Tandemmission* mit den Satelliten ERS-1 und ERS-2. Mitte: Die *Single-Pass-Interferometrie* mit einer festen Basis auf dem Spaceshuttle. Rechts: Der Auslegerarm am Spaceshuttle während der SRTM-Mission. (Nach DLR)

Aus den aufgezeichneten Daten sind nach aufwendigen Kalibrierungs- und Auswerteberechnungen Digitale Höhenmodelle für weite Teile der Landoberfläche der Erde grenzübergreifend in einem einheitlichen Referenzsystem gewonnen worden (ROTH & HOFFMANN 2004).

2.5 Beschaffung von Luft- und Satellitenbildern

Das in Luft- und Satellitenbildern enthaltene Informationspotential kann für einen bestimmten Zweck nur dann genutzt werden, wenn zur rechten Zeit geeignete Bilder bzw. Daten zur Verfügung stehen. Erfahrungsgemäß bereitet die Beschaffung des

Materials aber vielfältige Schwierigkeiten. Die folgenden Hinweise sollen den Zugang erleichtern. Dabei bestehen grundsätzliche Unterschiede zwischen Luftbildern und Satellitenbildern.

Wenn für eine bestimmte Interpretationsaufgabe *Luftbilder* benötigt werden, muss man zunächst klären, ob geeignetes Bildmaterial bereits in einem Luftbildarchiv vorliegt oder ob die für den vorgesehenen Zweck erforderlichen Bilder erst durch einen speziellen Bildflug hergestellt werden müssen.

Die für die verschiedensten Zwecke aufgenommenen Luftbilder werden in zahlreichen *Luftbildarchiven* aufbewahrt. In Deutschland ist es weitgehend üblich, dass die Originalbilder an diejenige Stelle ausgehändigt werden, die den Auftrag für den Bildflug erteilt hat. Deshalb sind Luftbilder vor allem bei Landesvermessungsämtern, Behörden und Verbänden für Landes- und Stadtplanung, Forstbehörden, Behörden und Institutionen für Straßenplanung, Flurbereinigung usw. archiviert. Um in dieser Vielfalt eine Übersicht zu ermöglichen, gab das *Institut für Angewandte Geodäsie* (IfAG) in Frankfurt/Main von 1954 bis 1993 in jedem Jahr eine Karte »*Bildflüge in der Bundesrepublik Deutschland*« heraus, die jeweils die im vorausgegangenen Jahr durchgeführten Bildflüge enthielt. Das dazugehörige Begleitheft dokumentierte die technischen Daten der Bildflüge (Auftraggeber, Bildmaßstab, Film, Datum usw.). Durch diese veröffentlichten Nachweise sind die seit 1950 in der Bundesrepublik Deutschland und Berlin (West) durchgeführten Bildflüge erfasst (SCHMIDT-FALKENBERG 1978).

Für die einzelnen Bundesländer wird bei den Landesvermessungsämtern bzw. den entsprechenden Dienststellen ein *Landesluftbildarchiv* geführt. Diese Sammlungen enthalten vorrangig alle für die topographische Landesaufnahme und andere Vermessungsaufgaben aufgenommenen Bilder, vielfach auch historische Bilder. Informationen über das vorliegende Material werden von den meisten Archiven regelmäßig als »*Bildflugübersicht*« herausgegeben. Die Luftbilder stehen Dienststellen, Firmen oder Privatpersonen uneingeschränkt zur Verfügung. Sie werden in verschiedenen Formen (z.B. als Kopien auf Papier oder Film, Vergrößerungen, Entzerrungen) oder in digitalen Datensätzen vertrieben. Die Preise sind sehr unterschiedlich und müssen von Fall zu Fall erfragt werden. Die Anschriften der Landesluftbildarchive findet man im Anhang. Schließlich ist zu erwähnen, dass historische Luftbilder vielfach bei den Landesbildstellen der Bundesländer sowie beim Bundesarchiv in Koblenz und Berlin vorliegen. Außerdem gibt es auch private Sammlungen bzw. Vertriebsstellen (z.B. CARLS u.a. 2000).

In vielen Fällen wird es jedoch nicht möglich sein, eine anstehende Aufgabe mit den in Luftbildarchiven vorliegenden Bildern zu lösen. Dann müssen geeignete Luftbilder erst in einem besonderen *Bildflug* aufgenommen werden. Bildflüge werden in Deutschland durch Privatfirmen durchgeführt, in anderen Ländern teilweise auch durch staatliche Institutionen. Mit der Erteilung eines Auftrages für einen Bildflug kann der Auftraggeber auch die aufnahmetechnischen Parameter (Bildmaßstab, Filmtyp, Jahreszeit usw.) vorgeben und damit sicherstellen, dass das aufzunehmende Bildmaterial die für seinen Anwendungszweck wichtigen Anforderungen erfüllt.

In Deutschland unterlag die Aufnahme und Nutzung von Luftbildern jahrzehntelang der staatlichen Aufsicht. Bis zum 30. Juni 1990 bedurften Luftbilder der *Freigabe*

2.5 Beschaffung von Luft- und Satellitenbildern

durch eine staatliche Stelle. Zuständig waren meist Landesbehörden, in deren Bereich die ausführende Bildflugfirma ihren Sitz hatte. Da die Firma in der Regel auch die Freigabe veranlasste, hatte der Benutzer der Bilder mit dem Vorgang in der Regel nicht direkt zu tun. Mit dem 1. Juli 1990 wurden die einschlägigen Bestimmungen ersatzlos abgeschafft. Einschränkungen sind nur durch die allgemeinen Bestimmungen des Strafgesetzbuches gegeben, nach denen »sicherheitsgefährdendes Abbilden« unter Strafe steht, wenn »dadurch wissentlich die Sicherheit der Bundesrepublik Deutschland oder die Schlagkraft der Truppe gefährdet« wird (§ 109 g StGB). Für die zuvor aufgenommenen Bilder gelten jedoch noch die früheren Bestimmungen.

In anderen Staaten sind die Möglichkeiten zum Erwerb von Luftbildern sehr unterschiedlich geregelt. In manchen Ländern, z.B. in den USA, ist der Zugang zu Luftbildern ganz problemlos möglich. Dagegen gelten Luftbilder in anderen Staaten, darunter sind auch viele Entwicklungsländer, als Geheimsachen, die der Öffentlichkeit normalerweise nicht zugänglich sind und auch nicht außer Landes gebracht werden dürfen. Einzelfragen können nur vor Ort geklärt werden, in erster Linie bei den für die topographische Kartierung zuständigen Behörden. Aufgrund der historischen Beziehungen zu den ehemaligen Kolonien stehen ältere Bilder aus vielen Ländern auch in Archiven in Großbritannien sowie im *Institut Geographique National* (IGN) in Frankreich zur Verfügung.

Im Anhang »*Bezugsquellen für Luft- und Satellitenbilder*« sind die wichtigsten der für Auskünfte und zur Beschaffung von Luftbildern in Frage kommenden Anschriften zusammengestellt.

Im Gegensatz zu Luftbildern, deren Archivierung und Vertrieb in jedem Staat anders geregelt ist, gelten für *Satellitenbilddaten* einheitlichere Bedingungen. Von den USA waren die LANDSAT-Daten von Anfang an allgemein zugänglich gemacht worden. Die Bemühungen der Ostblockländer, die Verfügbarkeit für hochauflösende Daten einzuschränken, haben sich nie durchgesetzt. Seit 1992 verkauft auch Russland seine photographischen Bilder mit hoher Auflösung weltweit. Die mit den Sensoren der LANDSAT-Satelliten, der SPOT-Satelliten und der indischen Satelliten gewonnenen Daten sowie die Daten von vielen anderen Missionen können deshalb von jedermann käuflich erworben werden.

Der Empfang, die Aufbereitung sowie der Vertrieb der Bilddaten ist primär die Sache der Satellitenbetreiber, die meist auch Eigentümer der Satelliten sind. Durch Verträge werden Lizenzen an Bodenstationen vergeben, die in der Regel für eine bestimmte Region Daten empfangen, aufbereiten und vertreiben. Darüber hinaus bestehen zahlreiche Vertriebsorganisationen, so dass es in fast jedem Staat eine Vertriebsstelle für Satelliten-Bilddaten gibt.

Bei der Archivierung und beim Vertrieb der LANDSAT-Daten wurde erstmals auf ein globales Referenzsystem WRS (*Worldwide Reference System*) Bezug genommen, das aufgrund der Systematik der Umlaufbahnen definiert werden konnte. Damit lässt sich eine Szene durch die Nummer der Umlaufbahn (*Path*) und die Nummer der Zeile (*Row*) identifizieren. Später wurden für die Daten anderer Satelliten vergleichbare Referenzsysteme definiert. Die einzelnen Vertriebsstellen können dann anhand der Szenen-Nummern Auskunft über die verfügbaren Aufnahmedaten, die vorliegende

Wolkenbedeckung, Vorverarbeitung der Daten usw. geben. Im Übrigen dienen geographische Koordinaten oder auch geographische Namen als Eingangsparameter in Dateien und Archive.

Angeboten werden die Satellitenbilddaten in digitaler Form auf geeigneten Datenträgern oder auch als photographische Produkte in verschiedenen Maßstäben. Dabei gibt es eine Reihe von unterschiedlichen Verarbeitungsstufen, meist von den wenig bearbeiteten, so genannten *Low-Level*-Produkten für die eigene Weiterverarbeitung durch den Kunden bis zu den geometrisch hochpräzise korrigierten und nach verschiedenen Gesichtspunkten radiometrisch aufbereiteten Daten. Die Preise variieren sehr stark, da sie von einer Vielzahl an Faktoren und natürlich auch von der Marktsituation abhängen. Im Allgemeinen werden vor allem ältere Daten recht preiswert angeboten.

Erhebliche Unsicherheiten zeigen sich immer wieder im Hinblick auf das *Copyright* und die Nutzungsrechte an den Daten. Eine internationale Vereinbarung darüber – vergleichbar der Berner Konvention von 1886 über das Urheberrecht an Werken der Literatur und der Kunst – gibt es nicht. Deshalb versuchen die den Empfang und die Aufbereitung der Daten betreibenden Stellen, sich in ihren Vertriebsbedingungen gegen die unerlaubte Nutzung der Daten zu schützen. Der Käufer kann also damit nicht beliebig verfahren (wie er beispielsweise auch ein Buch nicht beliebig vervielfältigen und weitervertreiben darf). Generell verbleibt das Copyright beim Urheber, der Käufer erwirbt nur die Lizenz für eine bestimmte Art der Nutzung. Bei mehrfacher Nutzung der erworbenen Daten ist deshalb häufig über den Kaufpreis hinaus eine zusätzliche Gebühr zu entrichten, deren Höhe sich nach der Art der Nutzung richtet. Einige Bereiche sind generell von einer zusätzlichen Gebühr befreit; dazu gehört zum Beispiel die Veröffentlichung in wissenschaftlichen Arbeiten. In der Praxis ist es freilich oft nicht einfach zu entscheiden, wann der Kunde durch die von ihm durchgeführte Verarbeitung der Daten ein eigenes Copyright an dem neuen Produkt erwirbt.

Im Anhang sind die wichtigsten Stellen genannt, die Satellitenbilddaten anbieten und Auskünfte über verfügbare Daten, Preise, Nutzungsrechte u.ä. geben. Durch die heutigen Möglichkeiten der Kommunikationstechnik wird die Suche nach Satelliten-Bilddaten enorm erleichtert. Die Informationsmöglichkeiten im *Internet* sind sehr vielfältig, allerdings auch nicht leicht überschaubar. Dabei können in vielen Fällen verkleinerte Bilddatensätze mit geringer Auflösung (häufig als *Quick Look* bezeichnet) zur Auswahl von Bildern und zur Entscheidungsfindung über einen Kauf der Daten herangezogen werden. In der Liste im Anhang sind auch einige Internet-Adressen angegeben.

Sehr populär geworden ist der Zugang zu Luft- und Satellitenbilddaten im Internet über *Google Earth*.

3. Eigenschaften von Luft- und Satellitenbildern

Die möglichst zweckmäßige und effektive Nutzung von Luft- und Satellitenbildern setzt die Kenntnis ihrer wichtigsten Eigenschaften voraus. Zwar sind in jedem Bild sowohl geometrische als auch physikalische Informationen und außerdem räumliche (topologische) Beziehungen gespeichert. Dennoch unterscheiden sich die mit verschiedenen Aufnahmesystemen und in verschiedenen Spektralbereichen gewonnenen Bilddaten in vieler Hinsicht. Deshalb bedürfen die Eigenschaften der Bilder einer näheren Betrachtung. Dies schließt auch die Frage nach der Auflösung, d.h. nach der Erkennbarkeit kleiner Details, mit ein und legt nicht zuletzt den Vergleich von Bildern und Karten nahe.

3.1 Geometrische Eigenschaften

Zwischen den mit einem Fernerkundungssensor gewonnenen Bilddaten und der aufgenommenen Geländefläche bestehen geometrische Beziehungen. Die *Photogrammetrie* macht von diesen Zusammenhängen Gebrauch, um das abgebildete Gelände bzw. Geländeobjekte messtechnisch zu erfassen. Aber auch für die *Interpretation* der Bilder haben die geometrischen Eigenschaften große praktische Bedeutung, zumal die Auswerteergebnisse in aller Regel mit angemessener Genauigkeit in Karten eingetragen oder in anderer Weise geometrisch richtig dargestellt werden müssen. Darüber hinaus verlangen alle Verfahrensweisen, bei denen Daten von verschiedenen Sensoren oder aus verschiedenen Aufnahmezeiten miteinander kombiniert werden sollen, eine sehr genaue geometrische Transformation der Bilddaten in ein gemeinsames Koordinatensystem. Schließlich wird der Vorgang der Interpretation vielfach durch die Messung einzelner geometrischer Größen unterstützt. Die folgenden Abschnitte sollen eine Übersicht über die wichtigsten geometrischen Aspekte geben.

Dabei ist davon auszugehen, dass den drei wichtigen Gruppen von Aufnahmesystemen verschiedenartige Abbildungsgesetze zugrunde liegen. Diese führen u.a. dazu, dass sich Höhenunterschiede im Gelände sehr unterschiedlich auf die Bildgeometrie auswirken:

- *Photographische Systeme* bilden die Erdoberfläche durch *Zentralprojektion* in die Bildebene ab; dabei werden höher gelegene Geländepunkte, d.h. Punkte oberhalb einer zu wählenden Bezugshöhe, in den üblichen Senkrechtbildern von der Bildmitte radial nach außen, tiefer gelegene dagegen nach innen versetzt wiedergegeben.
- Bei *digitalen Systemen* ist zu unterscheiden, ob sie zeilenweise oder flächig arbeiten. Optoelektronische Flächenkameras führen zu den gleichen geometrischen

Verhältnissen wie photographische Kameras. Mit zeilenweise arbeitenden Systemen erhält man jedoch – ideale, gleichförmige Flugbewegungen vorausgesetzt – eine gemischte Projektion. In der Flugrichtung ist es eine *Parallelprojektion*, in den Ebenen senkrecht dazu eine *Zentralprojektion*. Demnach werden höher gelegene Punkte – im Gegensatz zur Photographie – quer zur Flugrichtung nach außen versetzt, niedriger gelegene nach innen.
- Bei *Radarsystemen* liegt ebenfalls eine gemischte Projektion vor. In der Flugrichtung ist sie – unter idealen Bedingungen – wiederum eine *Parallelprojektion*, senkrecht dazu wird die Bildgeometrie durch die Laufzeit der Wellenfronten und damit von der *Schrägentfernung* eines Punktes vom Sensor bestimmt. Dies führt dazu, dass höher gelegene Geländeteile, die von einer ausgesandten Wellenfront zuerst getroffen werden, zum Flugweg hin versetzt erscheinen.

In Abbildung 59 sind diese grundlegenden Systemeigenschaften und ihre Auswirkungen schematisch dargestellt.

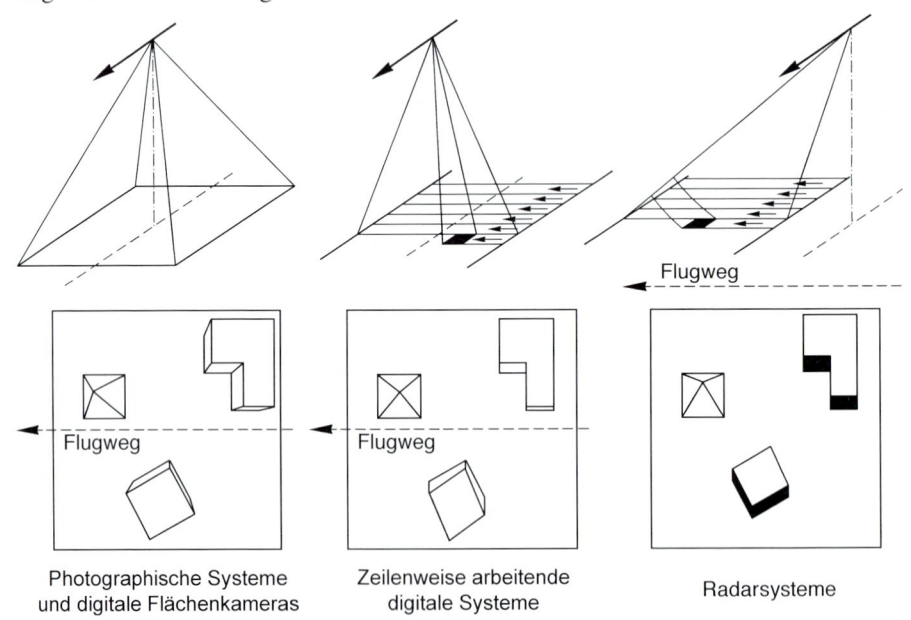

Abb. 59: Die Abbildungsgeometrie der wichtigsten Fernerkundungssysteme (schematisch)
Der untere Teil der Abbildung zeigt die Wirkung der verschiedenen Geometrien bei der Aufnahme einer ebenen Geländefläche mit zwei Hochhäusern und einer Pyramide (in Radarbildern entstehen informationslose »Radarschatten«).

3.1.1 Photographische Bilder

Die geometrischen Eigenschaften photographischer Bilder stehen im Mittelpunkt der *Photogrammetrie*. Deshalb findet man in den photogrammetrischen Lehrbüchern de-

3.1 Geometrische Eigenschaften

taillierte Ausführungen dazu (z.B. KONECNY & LEHMANN 1984, KRAUS 2004, RÜGER u.a. 1987). Außerdem findet man in ausführlicheren Lehrbüchern der Fernerkundung entsprechende Abschnitte (z.B. HILDEBRANDT 1996). Die folgenden Erläuterungen geben einen kurzen Überblick über die wichtigsten Sachverhalte.

Nach der Art der Aufnahme unterscheidet man bei Luftbildern – und sinngemäß auch bei photographisch gewonnenen Satellitenbildern – zwei Typen:

Schrägbilder erhält man, wenn man aus dem Flugzeug schräg nach unten photographiert. Bilder dieser Art zeigen die Erdoberfläche ähnlich, wie man sie von einem hohen Aussichtspunkt aus sieht. Die aufgenommene Geländefläche ist meist etwa trapezförmig begrenzt, der Maßstab der Abbildung nimmt vom Vordergrund zum Hintergrund stark ab. Diese Bilder sind sehr anschaulich und eignen sich vor allem zur Illustration landschaftlicher, baulicher oder sonstiger Einzelheiten.

Senkrechtbilder werden vom Flugzeug aus durch eine Luke im Rumpfboden etwa senkrecht nach unten aufgenommen. Die auf einem Bild wiedergegebene Fläche ist etwa quadratisch begrenzt, der Bildmaßstab über die ganze Bildfläche etwa gleich. Da das Flugzeug während des Aufnahmevorgangs den Turbulenzen der Atmosphäre ausgesetzt ist und sich seine räumliche Lage laufend verändert, ist eine genau lotrechte Aufnahme praktisch nicht möglich. Sie kann jedoch mit modernen Navigationsmethoden gut angenähert werden. Die Neigung der Aufnahmerichtung von Senkrechtbildern gegenüber dem Lot beträgt selten mehr als 3 gon, meist ist sie erheblich kleiner und kann in erster Näherung vielfach vernachlässigt werden. Die folgenden Betrachtungen beziehen sich auf Senkrechtbilder.

Als *Bildmaßstab* M_b bezeichnet man das Verhältnis einer Bildstrecke zur entsprechenden Geländestrecke. Die Aufnahmeneigungen und die Geländehöhenunterschiede führen dazu, dass der Maßstab innerhalb eines Bildes uneinheitlich ist. Er wird deshalb stets nur in abgerundeten Zahlenwerten angegeben. Sofern der Bildmaßstab nicht bekannt sein sollte, kann er leicht aus dem Verhältnis einer Bildstrecke s' zur Kartenstrecke s oder von Kamerakonstante c_k zu Flughöhe h_g errechnet werden:

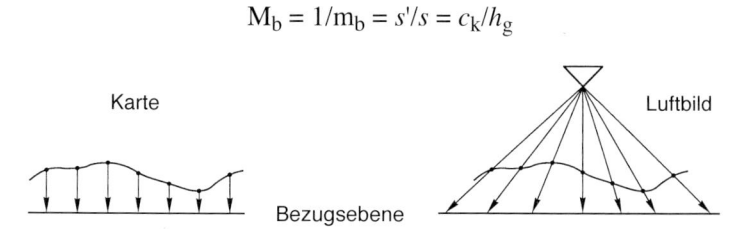

$$M_b = 1/m_b = s'/s = c_k/h_g$$

Abb. 60: Abbildung des Geländes in Karte und Luftbild
Links: Senkrechte Parallelprojektion des Geländes in die Karte. Rechts: Zentralprojektion des Geländes in die Bezugsebene eines Luftbildes.

In einer Karte ist das Gelände senkrecht auf eine horizontale Bezugsfläche projiziert wiedergegeben. Das Luftbild ist – im Gegensatz dazu – eine *zentralperspektive Abbildung*. Das hat zur Folge, dass Gelände- und Objektpunkte, die über der Bezugsfläche liegen, vom Bildmittelpunkt (genauer vom Bildnadir) radial nach außen versetzt abgebildet werden (Abb. 60 und 61), darunter liegende nach innen. Vertikale Objektlinien (z.B. Hauskanten, Baumstämme) werden deshalb als zur Bildmitte hin konvergierende Linien wiedergegeben. Der Effekt ist um so stärker, je mehr der abbildende Strahl geneigt ist. Demnach ist die *radiale Versetzung* in den Ecken von Weitwinkelbildern am größten, in der Bildmitte selbst verschwindet sie (Abb. 61 und 62).

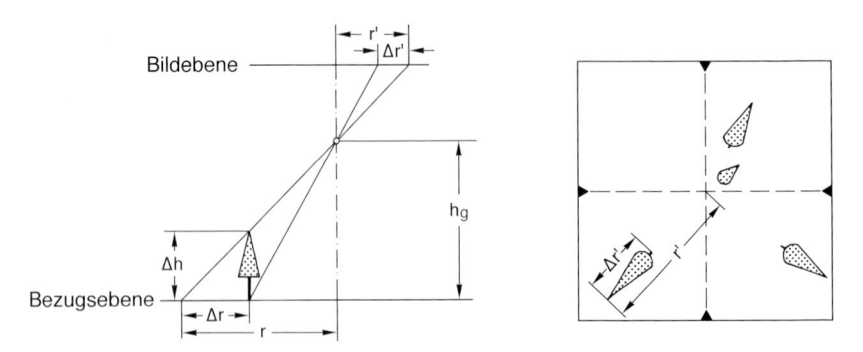

Abb. 61: Radiale Punktversetzung durch Höhenunterschiede

Abb. 62: Wirkung der Zentralprojektion in Senkrechtluftbildern
Die Wiedergabe von Gebäuden nahe der Bildmitte mit dem Blick direkt von oben (links) und nahe dem Bildrand mit etwas schräger Sicht (rechts).

Die Kenntnis dieser Zusammenhänge kann manchmal dazu dienen, auf einfache Weise die Höhe von einzelnen Objekten zu bestimmen. Wenn nämlich bei Häusern, Bäumen, Masten u.ä. ein Hochpunkt und der lotrecht darunter liegende Fußpunkt erkennbar sind, lässt sich aus der radialen Versetzung $\Delta r'$ (Abb. 61) die *Objekthöhe* Δh ableiten:

$$\Delta h = (\Delta r'/r') \cdot h_g$$

3.1 Geometrische Eigenschaften

Bei genaueren Kartierungen kann die Tatsache nicht mehr vernachlässigt werden, dass die Aufnahmerichtung von Senkrecht-Luftbildern mehr oder weniger stark von der Lotrichtung abweicht. Es ist leicht einzusehen, dass dies zu einer Verzerrung des Bildes führt. Eine horizontale, ebene Geländefläche wird in einem genau lotrecht aufgenommenen Luftbild (*Nadirbild*) zwar verkleinert, aber unverzerrt in einheitlichem Maßstab wiedergegeben (Abb. 63 links). In einem geneigt aufgenommenen Bild erscheint sie dagegen verzerrt und der Maßstab ist nicht mehr einheitlich. Diese Tatsache drückt sich auch darin aus, dass die Geländefläche, die in einem Luftbild mit quadratischem Bildformat wiedergegeben wird, ein allgemeines Viereck bildet (Abb. 63 rechts).

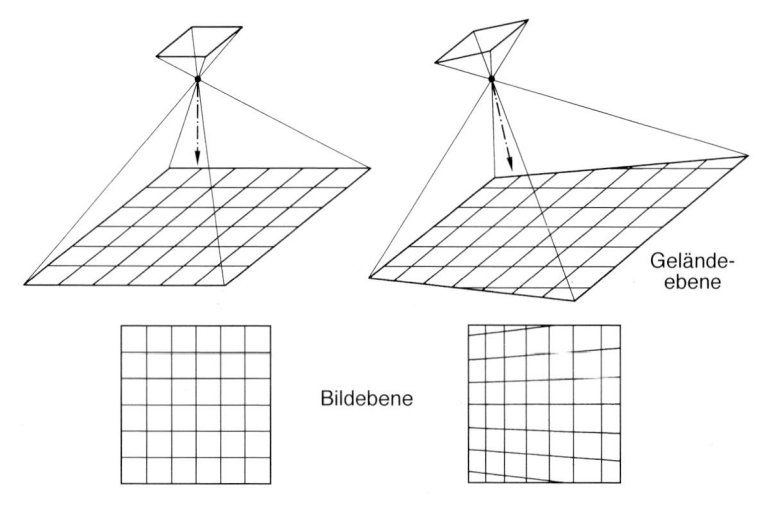

Abb. 63: Verzerrung eines Luftbildes bei geneigter Aufnahmerichtung (schematisch)
Ein in einer ebenen Geländefläche gedachtes Gitter wird bei senkrechter Aufnahmerichtung unverzerrt (links) und bei geneigter Aufnahmerichtung (rechts) verzerrt wiedergegeben.

Um diese Art von Verzerrungen zu korrigieren, muss eine *Entzerrung* durchgeführt werden. Durch diesen Vorgang kann man ein Luftbild so umformen, dass es einem genau lotrecht aufgenommenen Bild entspricht (vgl. 5.2.1). Streng gültig ist dies jedoch nur für ebenes Gelände (Gebäude usw. bleiben in der perspektiven Abbildung mit den oben erläuterten radialen Versetzungen). Da die Geländeoberfläche vom Ideal der Ebene fast immer abweicht, verbleiben stets gewisse Restfehler. Wenn diese eine zweckmäßig gewählte Toleranzgrenze überschreiten, ist die technisch aufwendigere *Differentialentzerrung* erforderlich, welche die Auswirkungen der Geländehöhen berücksichtigt (vgl. 5.2.3).

Auch photographische *Satellitenbilder* sind zentralperspektive Abbildungen. Im Vergleich zu Luftbildern geben sie aber einen großen Ausschnitt der Erdoberfläche wieder. Deshalb muss – wie allgemein in der Kartographie – bei entsprechenden Genauigkeitsanforderungen auch die Auswirkung der *Erdkrümmung* berücksichtigt werden.

3.1.2 Digital aufgenommene Bilder

Bei der photographischen Aufnahme entsteht ein vollständiges Bild im Bruchteil einer Sekunde. Im Gegensatz dazu geben die Daten von digitalen Systemen kleine Flächenelemente wieder, die in ihrer Gesamtheit Bilder ergeben. Dabei unterscheiden sich die mit optoelektronischen Flächenkameras (2.3.3) gewonnenen Bilder in ihrer Geometrie nicht grundsätzlich von photographischen Bildern.

Ganz anders sind die Verhältnisse bei zeilenweise arbeitenden Systemen (2.3.1 und 2.3.2). Bei ihnen werden die Daten fortlaufend zeilenweise aufgezeichnet, solange das Flugzeug bzw. der Satellit die Erdoberfläche überfliegt. Es wird also jede entstehende Bildzeile von einem anderen Ort aus und mit einer anderen räumlichen Lage des Fernerkundungssensors aufgenommen. Die Folge davon ist, dass die geometrischen Eigenschaften der mit zeilenweise arbeitenden Sensoren aufgezeichneten Bildern komplizierter sind als diejenigen photographischer Bilder. Dabei wirken sich auf die Abbildungsgeometrie von Zeilenbildern vor allem drei Faktoren aus, nämlich die Technik des Aufnahmevorgangs selbst, die Bewegung des Sensorträgers im Raum und die Oberflächenform des Geländes.

Der Aufnahmevorgang durch *optisch-mechanische Scanner* führt zu einer speziellen Art von Verzerrung der Bilder. Diese entsteht dadurch, dass der Abstand vom Scanner zum Gelände in der Mitte des Aufnahmestreifens am kürzesten ist und zum Rand hin zunimmt. Damit wachsen auch die beobachteten Flächenelemente (IFOV) und die Abstände zwischen ihnen an (Abb. 64). Andererseits dreht sich der Abtastspiegel des Scanners mit konstanter Winkelgeschwindigkeit und die Messwerte werden in gleichen Zeitabständen erfasst. Die Datenaufnahme erfolgt demnach in gleichen Winkelinkrementen ω. Wenn die so aufgenommenen Daten einfach in gleichen Streckeninkrementen wiedergegeben werden, erscheint das Bild zu den Streifenrändern hin zunehmend gestaucht, so dass z.B. schräg verlaufende gerade Straßen zu S-Kurven werden (Abb. 65). Diese *Panoramaverzerrung* genannte Erscheinung muss im Allgemeinen vor der weiteren Verwendung der Bilddaten korrigiert werden. Dies ist – da die Verzerrung einer einfachen Gesetzmäßigkeit folgt – mit den Mitteln der Digitalen Bildverarbeitung leicht möglich. Bei *optoelektronischen Zeilenkameras* tritt keine Panoramaverzerrung auf, da alle Bildelemente einer Zeile in gleichen Streckeninkrementen und gleichzeitig registriert werden.

Alle zeilenweise arbeitenden Aufnahmeverfahren der Fernerkundung machen sich die *Bewegung des Sensorträgers* zunutze. Die jeweilige Abbildungsgeometrie hängt deshalb nicht nur von der Aufnahmetechnik, sondern auch von der räumlichen Bewegung des Sensorträgers ab. Da Flugzeuge stets den unregelmäßigen Einflüssen der atmosphärischen Turbulenzen ausgesetzt sind, können sich komplizierte geometrische Formen ergeben (Abb. 66).

Man versucht seit langem, solchen geometrischen Verzerrungen entgegenzuwirken. Vergleichsweise einfach ist dies für den Einfluss der Querneigungsänderungen bei optisch-mechanischen Scannern. Die durch das »Rollen« des Flugzeugs verursachten Verschiebungen der einzelnen Bildzeilen können bei der Aufnahme aufgrund eines Kreiselsignals unmittelbar mit guter Näherung korrigiert werden (sog. *Rollkompen-*

3.1 Geometrische Eigenschaften

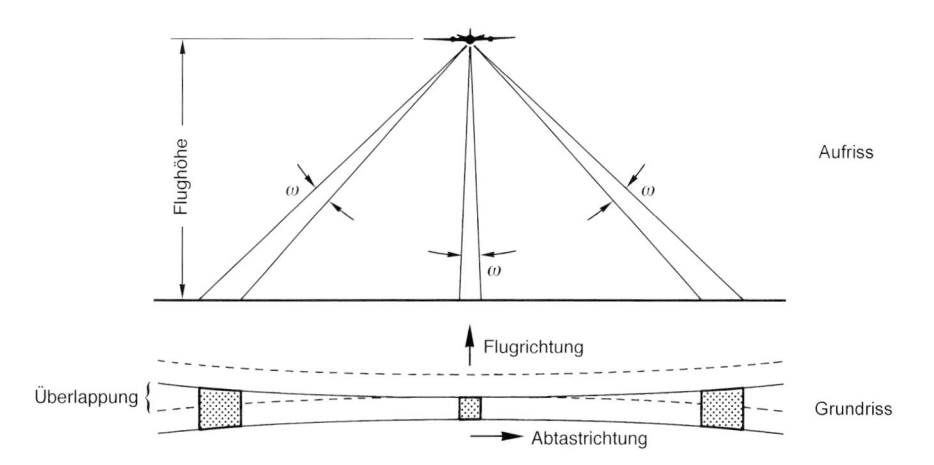

Abb. 64: Zur Geometrie der optisch-mechanischen Abtastung
Die Aufnahme erfolgt in gleichen Winkelinkrementen ω. Die beobachteten Flächenelemente (IFOV) und ihre Abstände wachsen von der Streifenmitte zu den Rändern hin an.

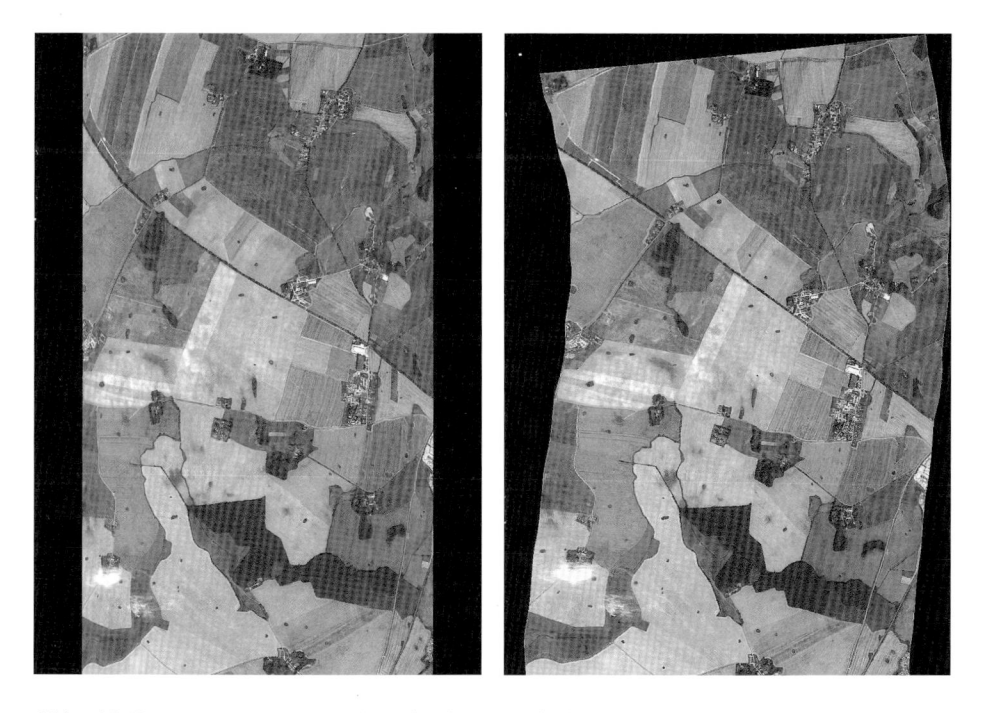

Abb. 65: Panoramaverzerrung der mit einem optisch-mechanischen Scanner gewonnenen Bilddaten und deren Korrektur
Links: Durch den Panoramaeffekt und unregelmäßige Flugbewegungen verzerrtes Geländebild. Rechts: Dieselben Daten nach geometrischer Korrektur (die Beseitigung der S-förmigen Verzerrung einer geradlinigen Bahnstrecke verdeutlicht die Korrekturwirkung).

sation). Darüber hinaus ist es aber erst in jüngster Zeit möglich geworden, die äußere Orientierung eines Sensors während eines Fluges mit GPS/INS-Navigationssystemen fortlaufend mit sehr hoher Genauigkeit zu bestimmen (HUTTON & LITHOPOULOUS 1998). Dadurch können Orientierungsparameter für jede einzelne Bildzeile gewonnen und die Bildverzerrungen praktisch voll kompensiert werden (WEWEL u.a. 1998, SUJEW u.a. 2002). Von der Leistungsfähigkeit dieser Methodik gibt Abbildung 66 ein eindrucksvolles Beispiel.

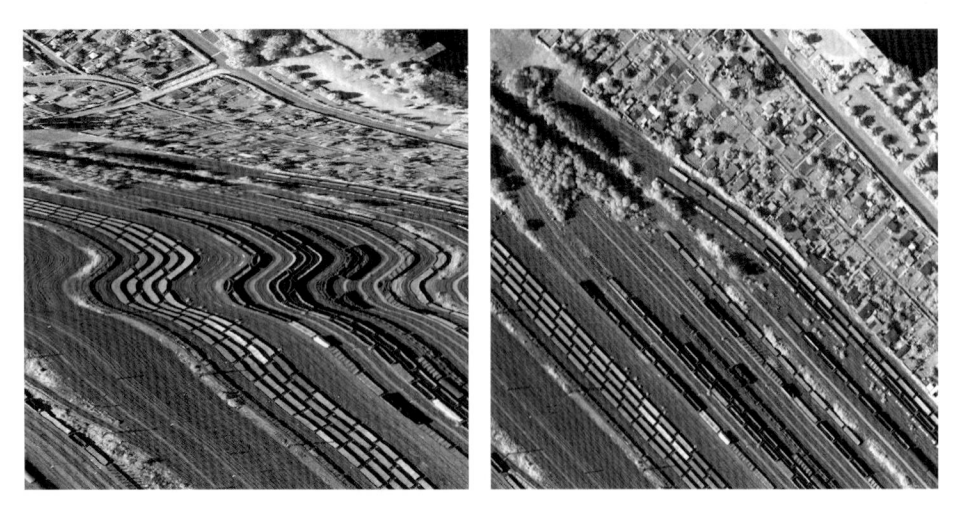

Abb. 66: Durch Flugbewegungen bedingte Verzerrung von Bilddaten eines optoelektronischen Scanners und deren Korrektur (Eisenbahngelände bei Duisburg)
Links: Durch stark unregelmäßige Flugbewegungen haben die mit der HRSC-A gewonnenen Bilddaten starke Verzerrungen erlitten. Rechts: Dieselben Daten nach zeilenweiser geometrischer Korrektur aufgrund von GPS/INS-Messungen. (Nach WEWEL u.a. 1998)

Bei allen zeilenweise aufgenommenen Bilddaten bringt die *Oberflächenform des Geländes* zusätzliche Komplikationen mit sich. Eine strenge *Entzerrung* ist deshalb nur möglich, wenn außer den Orientierungsdaten des Sensors auch die Oberflächenformen bekannt und in einem Digitalen Geländemodell erfasst sind. In der Praxis sind diese Voraussetzungen nicht immer erfüllt. In solchen Fällen muss man sich bei der Entzerrung von zeilenweise aufgenommenen Bildern bisher noch häufig mit Näherungslösungen zufriedengeben.

Ganz anders liegen die Verhältnisse bei der Aufnahme von Satelliten aus. Während Flugzeuge stets den unregelmäßigen Einflüssen der Atmosphäre ausgesetzt sind, folgen Satelliten einer gleichmäßigen Umlaufbahn ohne kurzperiodische Störungen. Deshalb weisen die von Satelliten aus mit zeilenweise arbeitenden Systemen gewonnenen Bilddaten wesentlich einfachere geometrische Eigenschaften auf. Auch die Oberflächenformen des Geländes wirken sich wegen der kleinen Öffnungswinkel der Systeme nur wenig aus und können oft vernachlässigt werden. Für Interpretationszwecke reicht es deshalb vielfach aus, die von den Empfangsstationen vertriebenen

3.1 Geometrische Eigenschaften

Scannerdaten unmittelbar zu verwenden. Eine genauere Kartierung verlangt jedoch die geometrische Transformation der Bilddaten auf ein geodätisches Bezugssystem. Damit wird zugleich die kartographische Abbildung der gekrümmten Erdoberfläche in die gewählte Kartenprojektion vollzogen. Dieser Entzerrungsvorgang wird allgemein als *Georeferenzierung* (häufig weniger treffend auch als *Geocodierung*) bezeichnet. Er kann mit den Mitteln der Digitalen Bildverarbeitung ausgeführt werden (vgl. 4.3.1). Die von den Vertriebsorganisationen angebotenen Satellitenbilddaten sind häufig in diesem Sinne bearbeitet oder man kann sie bearbeiten lassen.

3.1.3 Radarbilder

Die Bildaufnahme mit Radarsystemen hat – zumindest in ihrer grundlegenden Form – gewisse Ähnlichkeit mit der Aufnahme mit Scannern und Zeilenkameras. Die Daten werden fortlaufend in Zeilen quer zur Flugrichtung aufgezeichnet, solange das Flugzeug die Erde überfliegt. Dies führt dazu, dass die aufgezeichneten Bilddaten – ideale Bedingungen vorausgesetzt – in der Flugrichtung eine *Parallelprojektion* darstellen. Völlig anders liegen die Dinge aber in der Zeilenrichtung, also quer dazu. Aus der Funktionsweise der Radarsysteme (vgl. 2.4, Abb. 46) ergibt sich nämlich, dass entlang der Zeilen keine Richtungen beobachtet werden wie bei anderen Systemen. Die Lage der Flächenelemente F ergibt sich vielmehr aus der *Laufzeit der Wellenfronten*. Daraus kann die *Schrägentfernung* zwischen der Antenne und dem reflektierenden Element der Geländefläche hergeleitet werden. Die Geometrie von Radarbildern wird dadurch entscheidend bestimmt.

In Abbildung 67 ist zunächst die Wiedergabe einer ebenen Geländefläche durch ein Radarsystem skizziert. Wenn man die Reflexionssignale entsprechend ihrer Laufzeit (bzw. Schrägentfernung s) in Bilddaten umsetzt, so erhält man ein verzerrtes Bild. Eine nahe gelegene Geländestrecke Δy wird von der Wellenfront schneller durchlaufen als eine ferne. Dementsprechend wird sie im Schrägentfernungsbild verkürzt wiedergegeben (*Slant Range*). Dies war bei den ersten Radarsystemen der Fall, bei

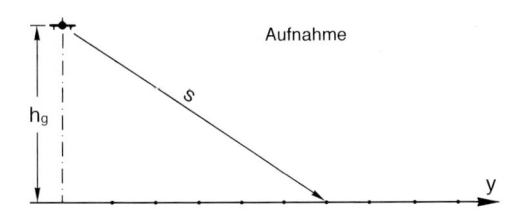

$$y = \sqrt{s^2 - h_g^2}$$

Abb. 67: Zur Geometrie von Radarbildern
Wird die Schrägentfernung s als eine Koordinate aufgetragen, so ist das Bild vor allem im Nahbereich gestaucht (rechts oben). Durch einfache Korrektur kann ein Grundrissbild mit y als Koordinate gewonnen werden (rechts unten).

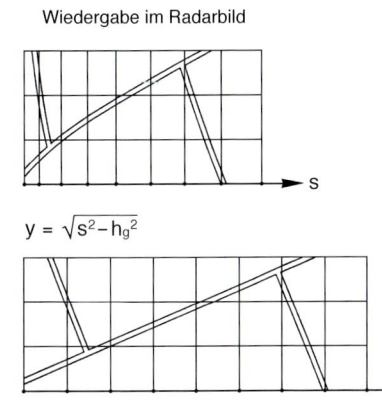

denen die empfangenen Signale direkt auf einen Film aufgezeichnet wurden. Der Effekt lässt sich indes leicht und – unter Annahme idealer Bedingungen – auch vollständig korrigieren.

Wenn das Gelände nicht eben ist, werden die Verhältnisse wesentlich komplizierter. Die Auswirkung von *Geländehöhen* auf die Bildgeometrie ist in Abb. 68 anhand eines schematischen Beispiels im Profil dargestellt. Drei gleich geformte Berge befinden sich in verschiedener Entfernung vom Radarsystem.

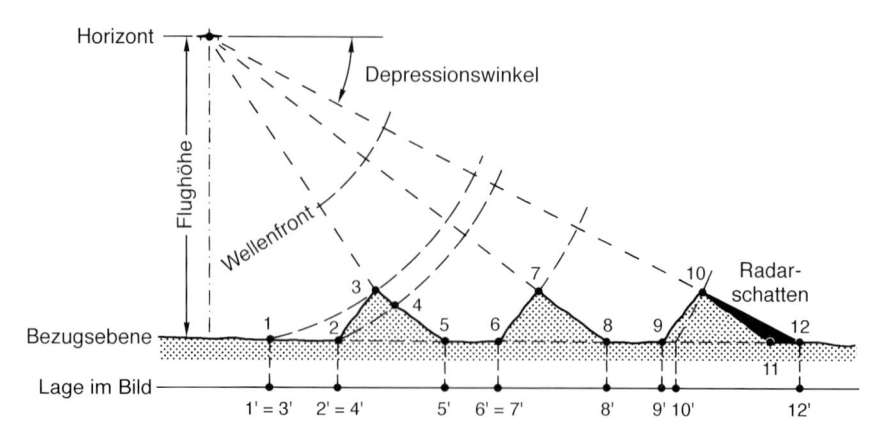

Abb. 68: Zur Geometrie von Radarbildern gebirgigen Geländes
Die Geländepunkte 1 bis 12 werden im Bild in den Punkten 1' bis 12' wiedergegeben, wenn die Geländehöhen bei der Entzerrung nicht berücksichtigt werden (Punkt 11 liegt im Radarschatten und wird deshalb gar nicht abgebildet).

Der am nächsten gelegene Berg wird von der Wellenfront zuerst an der Spitze im Punkt 3 getroffen. Die Spitze wird so abgebildet, als käme das Reflexionssignal vom Punkt 1 der Bezugsebene. Danach trifft die Wellenfront gleichzeitig die horizontale Fläche 1/2 vor dem Berg, den Berghang 2/3 und einen Teil des systemabgewandten Hanges, nämlich die Fläche 3/4. Die Reflexionssignale von diesen drei Flächen können deshalb nicht nacheinander empfangen werden, sie überlagern sich vielmehr, wodurch die Interpretation erheblich erschwert wird.

Der zweite Berg möge so liegen, dass der eine Hang 6/7 von der Wellenfront praktisch gleichzeitig getroffen wird. Dies hat zur Folge, dass er im Bild zu einem Punkt 6' = 7' zusammenschrumpft. Dagegen soll die Neigung des anderen Hangs 7/8 gerade dem Depressionswinkel entsprechen. Dann wird der Hang auf die Strecke 6'/8' gedehnt wiedergegeben.

Der dritte Berg schließlich ist am weitesten vom Radarsystem entfernt und die Wellenfront trifft ihn zuerst am Fuße des Berghangs im Punkt 9. Die Spitze wird so abgebildet, als käme das Reflexionssignal vom Punkt 10' der Bezugsebene. Der Berghang 9/10 erscheint deshalb auf die Strecke 9'/10' verkürzt. Die systemabgewandte Seite des Berges und ein Teil des anschließenden ebenen Geländes wird gar nicht von der Wellenfront getroffen und deshalb überhaupt nicht wiedergegeben; im Bild entsteht zwischen den Punkten 10' und 12' ein informationsloser *Radarschatten*.

3.1 Geometrische Eigenschaften

Die Abbildungseigenschaften lassen sich auch wie folgt zusammenfassen: Geländepunkte, die in der Bezugsebene liegen, werden grundrisstreu abgebildet. Höher gelegene Geländepunkte werden zum Radarsystem hin versetzt. Dadurch tritt bei den zum Sensor hin orientierten Hängen eine Verkürzung (engl. *Foreshortening*) auf. Ist der Depressionswinkel größer als die Hangneigung, so geht die Verkürzung in eine Überlagerung (engl. *Layover*) über.

Die Auswirkung dieser Zusammenhänge kann die Abildung 69 veranschaulichen. Sie zeigt die Stadt Salzburg und ihre Umgebung in einem von ERS-2 aufgenommenen SAR-Bild. Die nach Westen exponierten Hänge erscheinen vergrößert, die Osthänge dagegen verkürzt bis zur Überlagerung. Zugleich wird deutlich, dass auch die Helligkeit im Bild stark von diesen geometrischen Parametern abhängt. Mit der Verkürzung der Hänge ist eine Verstärkung des Reflexionssignals und damit eine Aufhellung verbunden und umgekehrt.

Wegen der komplizierten Abbildungsverhältnisse ist die genaue geometrische Entzerrung von Radarbildstreifen keine triviale Aufgabe. Sie erfordert im Gegenteil hohen Aufwand und setzt voraus, daß ein ausreichend genaues Digitales Geländemodell des betreffenden Gebietes verfügbar ist (z.B. MEIER & NÜESCH 1986, MEIER 1989, HÄFNER u.a. 1994).

Abb. 69: Die Auswirkung des Geländereliefs auf ein Radarbild
Das SAR-Bild zeigt Salzburg und Umgebung. Es wurde von ERS-2 im Januar 2002 von einer etwa östlich verlaufenden Flugbahn aus aufgenommen. Die Stadt Salzburg ist als relativ heller Bereich im linken oberen Teil des Bildes zu sehen. Die östlich und südlich anschließenden Gebirge mit ihren steilen Hängen erscheinen deutlich nach Osten (zur Flugbahn des Satelliten hin) verkippt. Maßstab etwa 1:800.000.
(Photo: ESA)

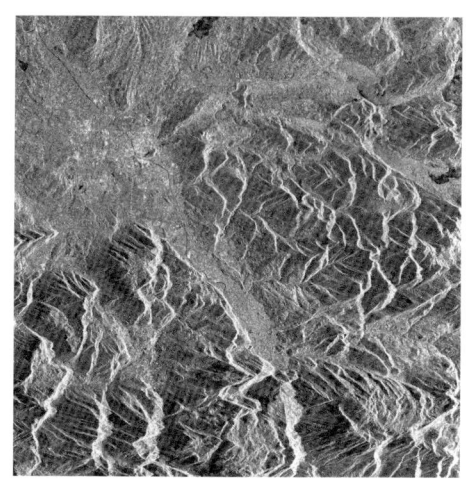

Die Lageversetzungen der Bildpunkte, die bei Radaraufnahmen als Funktion der Geländehöhen auftreten, machen es auch möglich, *Stereobildstreifen* zu gewinnen. Dabei liegt es nahe, von parallelen Fluglinien in gleicher Höhe auszugehen, wie dies in Abbildung 48 skizziert ist. Es sind jedoch auch andere Konfigurationen denkbar, z.B. aus unterschiedlichen Flughöhen oder mit gegensinniger Aufnahmerichtung. Die stereoskopische Betrachtung kann die Interpretation von Radarbildstreifen wesentlich unterstützen. Dies setzt jedoch voraus, dass die durch die verschiedenen Bestrahlungsrichtungen verursachten Unterschiede zwischen den Bildwiedergaben nicht zu groß sind.

3.2 Radiometrische (physikalische) Eigenschaften

Neben den geometrischen Beziehungen bestehen zwischen einem Bild bzw. aufgezeichneten Bilddaten und dem abgebildeten Objekt auch physikalische Zusammenhänge. Dies folgt daraus, dass die Bildentstehung von der Intensität und der spektralen Zusammensetzung der elektromagnetischen Strahlung abhängt. Als Folge davon ergeben sich auch *radiometrische Eigenschaften*, die ein Bild kennzeichnen.

Unter idealen Verhältnissen würde man erwarten, dass die aufgezeichneten Bilddaten die am Sensor ankommende Strahlung in geeigneten Maßeinheiten fehlerfrei erfassen. Dazu müsste die Messung störungsfrei sein, zwischen den Messwerten und der Strahlungsleistung müsste ein einfacher (linearer) Zusammenhang bestehen und die Messwerte müssten vom Ort im Bild bzw. von der Beobachtungsrichtung unabhängig sein. Tatsächlich treten erhebliche Abweichungen von diesem Idealfall auf.

Jeder Messwert ist zunächst aus physikalischen Gründen einer statistischen Unsicherheit unterworfen, die als *Rauschen* bezeichnet wird. Sie drückt sich entweder in Schwankungen der Messdaten oder bei photographischen Bildern in einer körnigen Struktur aus. Ein Messsignal, das Informationen über das beobachtete Objekt vermittelt, kann nur empfangen werden, wenn es deutlich über dem Rauschen liegt. Die Leistungsfähigkeit eines Sensors hängt deshalb von dem Verhältnis zwischen den objektspezifischen Signalen und dem sensorspezifischen Rauschen ab. Dieses *Signal-Rausch-Verhältnis* kann man zwar durch die Wahl einzelner technischer Parameter beeinflussen, doch geht eine Verbesserung des Signal-Rausch-Verhältnisses stets zu Lasten eines anderen Parameters. So ist beispielsweise bei photographischen Schichten eine hohe Empfindlichkeit mit einer gröberen Kornstruktur verbunden; bei digitalen Systemen muss eine hohe radiometrische Auflösung mit einer geringeren geometrischen Auflösung (größeres IFOV) erkauft werden.

Für den Entwurf und den Bau von Sensoren spielt die Wahl der technischen Parameter, die das Signal-Rausch-Verhältnis bestimmen, eine wichtige Rolle. Näheres dazu findet man z.B. bei JAHN & REULKE (1995), SANDAU (2005) oder COLWELL (1983). Für den Benutzer von Fernerkundungsdaten kommt es vor allem darauf an, Rauschanteile als solche zu erkennen und ihren störenden Einfluss eventuell durch geeignete Verarbeitungstechniken (z.B. Tiefpassfilter, vgl. 4.3.3) zu reduzieren.

Jedes Messgerät muss kalibriert werden, damit ein Zusammenhang zwischen den Messdaten und den zu beobachtenden physikalischen Größen hergestellt werden kann. Zur *radiometrischen Kalibrierung* eines Sensors kann man eine bekannte Strahlungsquelle benutzen und die Messwerte registrieren, die sich bei verschiedenen Strahlungsleistungen ergeben. In manche Sensorsysteme sind auch Referenzstrahler eingebaut, die eine fortlaufende Kalibrierung ermöglichen. Ein linearer Zusammenhang zwischen Strahlungsleistung und Messsignal lässt sich aber stets nur für einen bestimmten Messbereich erzielen. Aus diesem Grunde sind die technischen Parameter von Sensorsystemen auf den Einsatzzweck abzustimmen. So muss beispielsweise ein Satellitenscanner zur Abbildung der Erdoberfläche dunkle Lavafelder und Schneeflächen gleichermaßen erfassen können. Die Abstimmung darauf wird dann aber dazu führen, dass manche Landschaftsszenen in den aufgenommenen Daten nur einen kleinen Bereich der möglichen Grauwerte enthalten. Vielfach machen sich Restfehler der Kalibrierung störend bemerkbar. Zum Beispiel können bei Scannersystemen, die mit mehreren Detektoren arbeiten, in den Bilddaten störende Streifenstrukturen auftreten, die durch geeignete Verarbeitungsverfahren beseitigt werden müssen (vgl. 4.3.2).

Aus ganz verschiedenen Gründen können bei den einzelnen Sensoren auch *richtungsabhängige Verfälschungen* der radiometrischen Messwerte auftreten. Dies ist z.B. bei der Verwendung von Objektiven der Fall. Sie weisen stets einen Helligkeitsabfall in der Bildebene auf (vgl. 2.2.6), der eventuell mit Methoden der Bildverarbeitung kompensiert werden muss. Richtungsabhängig sind ferner die Einflüsse der Atmosphäre, die sich den gewünschten Messsignalen stets in mehr oder weniger starkem Maße überlagern.

Zu den wichtigen radiometrischen Eigenschaften von Sensordaten gehört auch ihre *spektrale Auflösung*. Sie wird durch die Anzahl der Spektralkanäle und deren jeweilige Bandbreite bestimmt und dient dazu, Unterschiede in der Reflexionscharakteristik verschiedener Oberflächen (*spektrale Signaturen*) zu erfassen. Dies setzt eine spektrale Kalibrierung voraus, in welcher die Abhängigkeit der Messwerte von der Wellenlänge der ankommenden Strahlung bestimmt wird.

Zu der Bedeutung, welche dem Themenbereich bei der Interpretation von Luft- und Satellitenbildern zukommt, können drei allgemeine Feststellungen getroffen werden:
- Durch photographische Verfahren läßt sich keine hohe *Genauigkeit* der radiometrischen Informationen erzielen. Dies hat seinen Grund vor allem darin, dass der photographische Belichtungs- und Entwicklungsprozess in radiometrischer Hinsicht schwer zu kontrollieren ist. Demgegenüber bieten digitale Verfahren radiometrisch wesentlich genauere Daten in scharf gegeneinander abgrenzbaren Spektralbereichen.
- Die *visuelle Interpretation* von Bildern ist gegenüber radiometrischen Verfälschungen weitgehend unempfindlich, da sich unsere Wahrnehmung an Farben, Helligkeiten oder Kontraste sehr flexibel anzupassen vermag (vgl. 5.1.1). Deshalb können Bilddaten durch die Methoden der Bildverarbeitung (vgl. 4.3) so aufbereitet werden, dass sie für den vorgesehenen Zweck möglichst gut interpretierbar sind. Dass dabei mit den radiometrischen Eigenschaften der Daten recht willkürlich umgegangen wird, stellt in der Regel keinen Nachteil dar, da es vor allem auf die strukturellen Bildinhalte ankommt.
- Ganz im Gegensatz dazu sind die radiometrischen Eigenschaften bei anderen Auswertezielen von entscheidender Bedeutung. Dies ist z.B. dann der Fall, wenn Bilddaten durch eine *Multispektral-Klassifizierung* ausgewertet oder aus Thermalbilddaten Oberflächentemperaturen hergeleitet werden sollen. Dann sind die originalen Bilddaten in radiometrischer Hinsicht mit teils sehr diffizilen Korrekturverfahren sorgsam zu bearbeiten (vgl. 4.3.2).

Die radiometrischen Eigenschaften von Sensoren werden z.B. in COLWELL (1983) eingehender behandelt. Genauere Erläuterungen findet man auch bei KRAUS & SCHNEIDER (1988) und SANDAU (2005).

3.3 Erkennbarkeit von Objekten (Auflösungsvermögen)

Wie groß muss ein Objekt sein, damit es in einem Luft- oder Satellitenbild noch erkennbar ist? Diese naheliegende und häufig diskutierte Frage lässt sich leider nicht einfach beantworten. Im Gegenteil, zahlreiche Faktoren sind von Einfluss und bestimmen in ihrem Zusammenwirken darüber, ob ein Objekt in einem Bild erkennbar ist oder nicht. Zu den wichtigsten Faktoren gehört das so genannte *Auflösungsvermögen* des Aufnahmesystems, das wiederum von der Aufnahmemethode und den technischen Parametern des verwendeten Sensors bestimmt wird. Daneben hängt die Erkennbarkeit aber vor allem von den *Eigenschaften der Objekte* selbst und ihrer Umgebung ab. Sie müssen z.B. einen gewissen Helligkeits- oder Farbkontrast zu ihrer Umgebung aufweisen, um überhaupt sichtbar abgebildet zu werden. Schließlich versteht es sich von selbst, daß der *Maßstab* der Bildwiedergabe die Erkennbarkeit unmittelbar beeinflusst. Dies machten schon die Bilder der Abbildung 2 in der Einleitung deutlich. Die folgenden Betrachtungen gehen auf diesen Aspekt aber nicht weiter ein, da der Maßstab der Bildwiedergabe in sinnvollen Grenzen beliebig gewählt und damit das Informationspotential der Bilddaten ausgeschöpft werden kann.

3.3.1 Auflösung photographischer Bilder

In einer photographischen Schicht können nicht beliebig kleine Details wiedergegeben werden. Die erreichbare Auflösung hängt stark von Eigenschaften der photographischen Schicht ab, welche stets eine gewisse Kornstruktur aufweist. Außerdem wirken sich z.B. die Eigenschaften des Objektivs, die Ebenheit der photographischen Schicht, die Bewegungsunschärfe u.ä. auf die Bildwiedergabe einschränkend aus.

Ein Maß für die Wiedergabe kleiner Details ist das *Auflösungsvermögen*, das auf einfache Weise bestimmt werden kann. Man photographiert dazu eine standardisierte Testtafel mit parallelen Linien in verschiedener *Ortsfrequenz* (z.B. Abb. 70) und stellt fest, bei welcher der Testfiguren die Linien gerade noch erkennbar sind. Aufgrund der Maßstabsverhältnisse zwischen der Testvorlage und ihrer Bildwiedergabe kann man dann angeben, wie vielen Linien pro Millimeter (L/mm) im Bild die noch »aufgelöste« Testfigur entspricht. Da in diesem Fall eine Linie definitionsgemäß aus einem hellen und dem benachbarten dunklen Strich besteht, ist es zur Vermeidung von Missverständnissen üblich, als Maßeinheit lp/mm (lp = Linienpaar) anzugeben. Um vergleichbare Zahlenwerte zu erhalten, muss zumindest der Kontrast der Testtafel mit genannt werden. Oft werden Tafeln benutzt, bei denen das Leuchtdichteverhältnis zwischen hellen und dunklen Flächen nur 1,6:1 beträgt, da dies für die geringen Kontraste bei der Luftbildaufnahme repräsentativ erscheint.

Das Auflösungsvermögen nimmt zum Rand eines Bildes ab, da die Wirkung der Aberrationen der optischen Abbildung zunimmt. Außerdem verschlechtert sich die Auflösung bei kleinen Blendenöffnungen, da sich die Beugung am Blendenrand verstärkt. Im Übrigen wird die Auflösung vor allem durch die Kornstruktur der photographischen Schichten begrenzt.

3.3 Erkennbarkeit von Objekten (Auflösungsvermögen)

Aus den als Auflösungsvermögen ermittelten Werten dürfen aber keine voreiligen Schlüsse auf die Sichtbarkeit und Interpretierbarkeit von Details gezogen werden. Die Zahlen kennzeichnen die Auflösungsgrenze nur dann, wenn die Objektkontraste und die Objektformen mit den Testtafeln übereinstimmen. Höhere Objektkontraste verbessern, geringere Kontraste verschlechtern die Bildwiedergabe. So können z.B. weiße Markierungen auf dunklem Straßenbelag, glänzende Leitungsdrähte, Schatten von Masten u.ä. noch sichtbar sein, obwohl sie aufgrund des Bildmaßstabes unter der Auflösungsgrenze liegen. Umgekehrt bleiben größere Objekte im Bild unsichtbar, wenn sie zu wenig Kontrast gegenüber ihrer Umgebung aufweisen. Auch die geometrische Form der Objekte wirkt sich aus. Gerade Linien oder andere auffällige Formen sind in Bildern besser, unregelmäßige kleine Details oft schlechter erkennbar, als nach der Auflösungszahl zu erwarten wäre.

Abb. 70: Testtafel der United States Air Force zur Bestimmung des Auflösungsvermögens (Nach COLWELL 1983)
Breite Striche mit entsprechend breiten Zwischenräumen haben eine niedrige, dünne und eng stehende Striche eine hohe Ortsfrequenz.

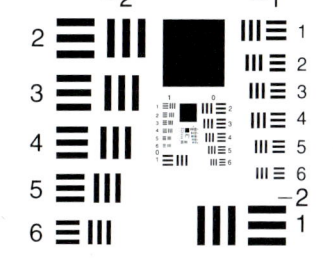

Bei Luftbildern liegt das Auflösungsvermögen häufig im Bereich von 20 bis 50 lp/mm. Das Auflösungsvermögen des menschlichen Auges liegt dagegen bei etwa 6 lp/mm. Deshalb ist es vernünftig, Luftbilder mit bis zu 6- oder 8-facher optischer Vergrößerung zu betrachten. Stärkere Vergrößerungen machen dagegen keine zusätzlichen Details sichtbar.

Es sei darauf hingewiesen, dass das Auflösungsvermögen die Leistungsfähigkeit eines optisch-photographischen Systems nur unvollständig beschreibt. Es gibt lediglich einen unter gewissen Voraussetzungen gültigen Grenzwert, der aber nichts über die Qualität der Wiedergabe größerer Objekte und über das Zusammenwirken der einzelnen Systemkomponenten aussagt. Eine genauere Beschreibung der Systemeigenschaften ermöglicht die sog. *Modulations-Übertragungs-Funktion* (z.B. SCHWIDEFSKY 1960, GLIATTI 1977). Sie beschreibt die Abbildungseigenschaften eines optischen Systems (oder eines Teilsystems) in Abhängigkeit von der *Ortsfrequenz*, d.h. von der Anzahl der Wechsel zwischen hell und dunkel pro Längeneinheit (Abb. 70).

3.3.2 Auflösung von digitalen Bildern

Die Ergebnisse der Aufnahme mit Scannersystemen oder mit Radarsystemen liegen in der Regel in Form digitaler Bilddaten vor. Dasselbe gilt naturgemäß für die mit einem Scanner digitalisierten photographischen Bilder (vgl. 4.1). Für derartige rasterförmige Bilddaten kann die Auflösung nicht in der gleichen Weise definiert werden wie für photographische Bilder.

Deshalb ist es üblich geworden, bei den Systemen zur digitalen Aufnahme sowie in der Bildverarbeitung die *Kantenlänge der Bildelemente* (*Pixel*) als Maß für die (geometrische) Auflösung zu benutzen. Diese Maßangabe hat den Vorteil, daß sie eindeutig ist und leicht vergleichbar erscheint. Tatsächlich wird die Erkennbarkeit topographischer Details mit der Verkleinerung der Bildelemente drastisch verbessert, was der Vergleich in Abbildung 71 eindrucksvoll veranschaulicht.

Dennoch sollte nicht übersehen werden, dass auch ein solches Maß in der Regel einen idealisierten Zustand beschreibt. So bleiben beispielsweise die bei der Aufbereitung von Satelliten-Bilddaten durch die Empfangsstationen durchgeführten

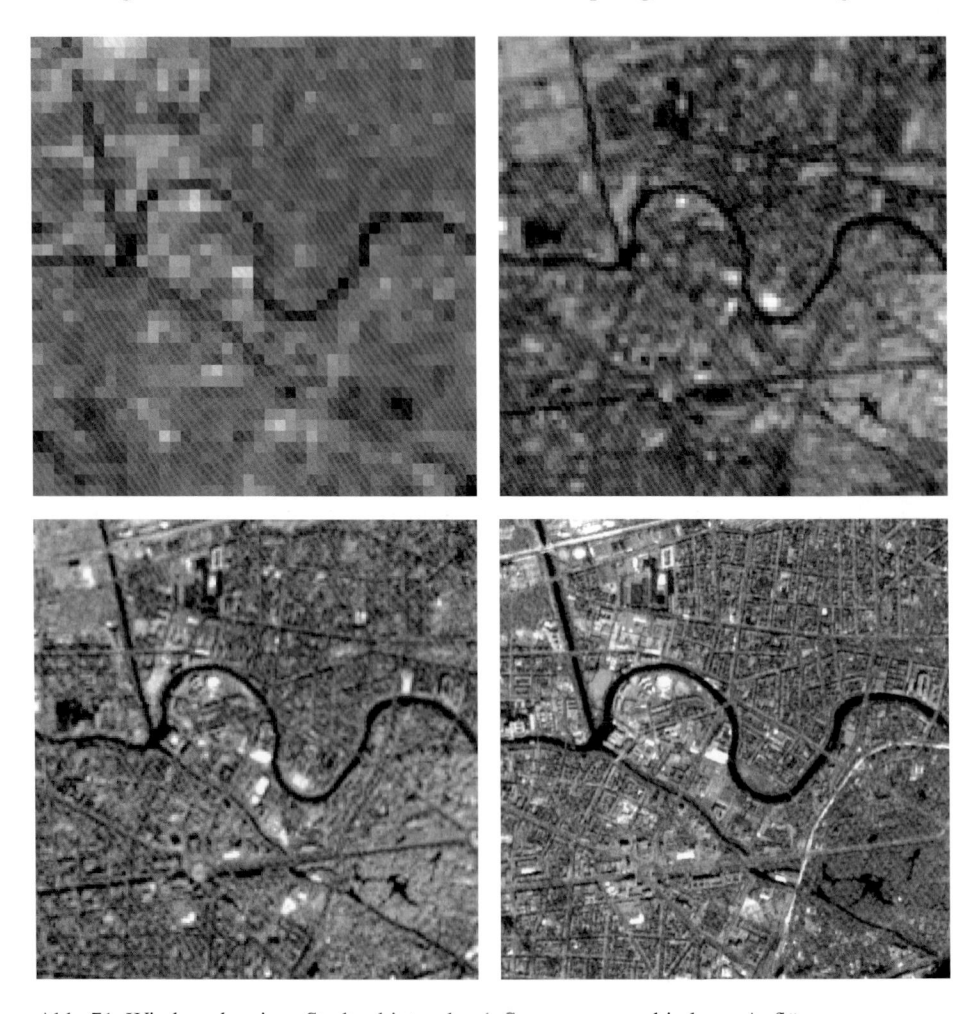

Abb. 71: Wiedergabe eines Stadtgebietes durch Sensoren verschiedener Auflösung
Ein Teil der Innenstadt von Berlin im Maßstab von etwa 1:50.000. Links oben: MSS-Daten (80 m). Rechts oben: TM-Daten (30 m). Links unten: ETM-Pan-Daten (15 m). Rechts unten: IRS-Pan-Daten (6 m).

Verarbeitungsprozesse unberücksichtigt (vgl. Resampling-Prozess Abschnitt 4.3.1). Gleichwohl hat es sich als zweckmäßig erwiesen, die Kantenlänge der (idealisierten) Pixel als Maß für die Auflösung gerasterter Bilddaten zu benutzen.

Zwischen dem Auflösungsvermögen, mit dem die Leistungsfähigkeit photographischer Systeme gekennzeichnet wird, und der in Pixelgrößen angegebenen Auflösung digitaler Rasterdaten besteht zunächst keinerlei Zusammenhang. Ein unmittelbarer Vergleich ist grundsätzlich auch nicht möglich, weil die Definitionen verschieden sind. In das Auflösungsvermögen gehen nämlich die Form des abgebildeten Objektes, die vorliegenden Kontraste sowie die Bewertung des entstehenden Bildes durch einen menschlichen Beobachter ein. Demgegenüber sind die Pixelausdehnungen davon gänzlich unabhängige geometrische Größen.

Um dem dringenden Wunsch nach Vergleichbarkeit gerecht zu werden, sind dennoch viele Anstrengungen unternommen worden, Umrechnungsmaße nach pragmatischen Gesichtspunkten zu definieren. Sie führen im Wesentlichen auf die grundlegenden Arbeiten zurück, die KELL im Jahre 1934 zur Analyse des Bildzerlegungsvorganges beim Fernsehen durchgeführt hat. Er hatte empirisch ermittelt, wie viele Fernsehzeilen erforderlich sind, um die Schwarzweißlinien eines Strichrasters in jeder Lage deutlich zu übertragen (REEVES 1975). Der daraus abgeleitete »*Kell-Faktor*« wird allgemein mit $\approx 1{,}4{:}1$ angenommen. Da sich das photographische Auflösungsvermögen auf Linien*paare* bezieht, kann auf ein Verhältnis von $\approx 2{,}8{:}1$ geschlossen werden. Um die so gewonnene Faustregel anwenden zu können, muss das im Bild gemessene Auflösungsvermögen [lp/mm] anhand des Bildmaßstabes in die Geländefläche umgerechnet werden. Man erhält dadurch das Auflösungsvermögen in Metern pro Linienpaar [m/lp]. Dann gilt:

$$\text{Auflösung [m/lp]} \approx 2{,}8 \cdot \text{Auflösung [m/pixel]}$$

So ergibt sich beispielsweise für ein photographisches Satellitenbild im Maßstab 1:800.000 mit einem Auflösungsvermögen von 30 lp/mm eine Auflösung an der Erdoberfläche von etwa 27 m/lp oder etwa 10 m/pixel.

3.3.3 Einfluss der Objekteigenschaften

Vor voreiligen Schlussfolgerungen aus der obigen Betrachtung muss freilich gewarnt werden. Es wird beispielsweise oft behauptet, bei einer Pixelgröße von 10 m könne man ein 10 m großes Objekt erkennen. Andererseits wird manchmal aufgrund des Umrechnungsfaktors von rund 2,8 angenommen, ein Fluss müsse etwa 80 m breit sein, um in Daten mit 30 m Pixelgröße (Thematic Mapper) noch eindeutig erkannt zu werden. Beide Folgerungen werden dem komplexen Wirkungsgefüge von Objektform, Objektgröße, Objektkontrast usw. nicht gerecht.

Tatsächlich hängt die Erkennbarkeit von Objekten außer von den Parametern des Aufnahmesystems in starkem Maße von den Objekteigenschaften, dem Kontrast zur Umgebung usw. ab. Das Zusammenwirken der hier beteiligten Faktoren lässt sich aber nicht allgemein beschreiben. Dazu muss auch bedacht werden, dass ein Objekt in den Bilddaten niemals isoliert vorkommt, sondern vielmehr in ein Bildganzes integriert ist. Dies kann sich auf die Erkennbarkeit positiv oder negativ auswirken. Eine einzelne Hütte, die auf freiem Feld gut erkennbar ist, kann praktisch unsichtbar sein, wenn sie von Bäumen umgeben (aber nicht verdeckt!) ist. Andererseits können sich kleinere Objekte je nach Häufigkeit und topologischer Anordnung zu größeren Einheiten zusammenfügen, so dass sie in ihrer Gesamtheit erkennbar werden (z.B. Einzelhäuser einer Siedlung).

In der Praxis wird die Leistungsfähigkeit der Fernerkundung vor allem an *linienhaften Objekten* deutlich. Als linienhaft kann man lange, aber schmale Objekte bezeichnen, wie sie vor allem in Kulturlandschaften in großer Zahl vorkommen (Straßen, Wege, Eisenbahnlinien, Flüsse, Gräben, Leitungen u.ä.). Die Erkennbarkeit derartiger Objekte hängt einerseits von ihrer natürlichen Breite und dem Kontrast zur Umgebung ab, andererseits von der Auflösung des Sensors. Es wirken sich aber auch komplexere Komponenten aus, beispielsweise die Strukturen der von solchen Objekten gebildeten Muster.

Sehr großen Einfluss auf die Sichtbarkeit von linienhaften Objekten hat der *Kontrast* zur Umgebung. Dies zeigen anschaulich die Beispiele der Abbildung 72. Dunkle Straßen sind dank ihres hohen Kontrastes zu den benachbarten Schnee- oder Sandflächen gut zu erkennen, obwohl ihre Breite unterhalb der Auflösung bzw. der Pixelgröße liegt. An der Wüstenstraße lassen sich sogar Stellen identifizieren, an denen die Straßendecke von Sanddünen überweht ist. Im Gegensatz dazu können in anderen Fällen auch breite Verkehrswege nicht erkannt werden, wenn der Kontrast zur Umgebung zu gering ist.

In manchen Fällen ist die *Wahl des Spektralkanals* entscheidend für die Erkennbarkeit von Objekten. Dies gilt z.B. für kleinere Seen und schmale Wasserläufe.

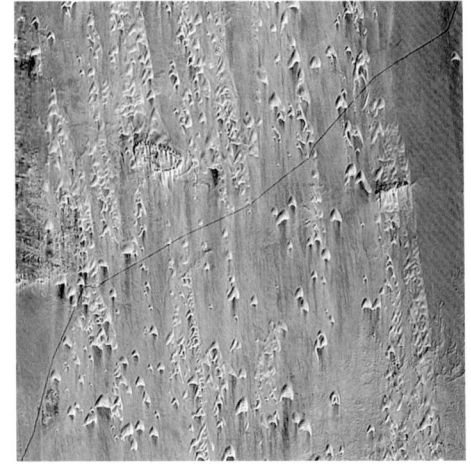

Abb. 72: Beispiele zum Einfluss des Kontrastes auf die Erkennbarkeit linienhafter Objekte
Links: Straßen in einer Schneelandschaft (Luftbild von Ottawa, Maßstab 1:100.000, Photo: Spartan Aero Ltd.). Rechts: Etwa 5 m breite Straße in der Ägyptischen Wüste, die durch Kontrastwirkung in einem TM-Bild mit 30 m Auflösung sichtbar wird (Maßstab 1:250.000).

3.4 Bilder und Karten im Vergleich

Abbildung 73 zeigt dies am Beispiel einer Landschaft im Umland von Berlin. Die im grünen Spektralkanal der multispektralen TM-Daten kaum erkennbaren Wasserflächen treten im Infrarot-Kanal deutlich hervor und können eindeutig erkannt werden. Andere Objektstrukturen sieht man dagegen nur im grünen Spektralbereich.

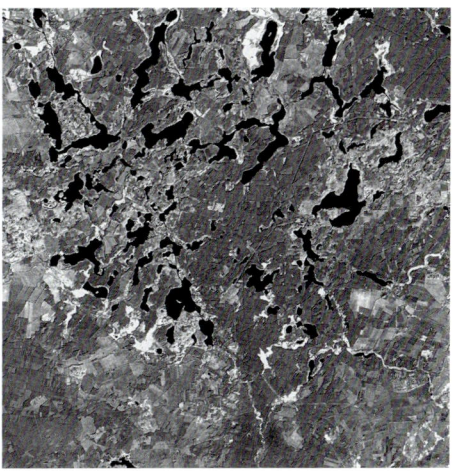

Abb. 73: Zum Einfluss des Spektralbereichs auf die Erkennbarkeit von Objekten
Seenlandschaft bei Rheinsberg in Thematic-Mapper-Daten (Maßstab etwa 1:400.000). Links: Grüner Spektralbereich (viele Seen und Kanäle sind kaum erkennbar). Rechts: Infraroter Spektralbereich (Gewässer sind deutlich sichtbar, dafür treten andere Strukturen zurück).

In *Radarbildern* sind vielfach linienhafte Objekte zu erkennen, die in anderen Luft- oder Satellitenbildern vergleichbarer Maßstäbe unsichtbar bleiben. Dies hat damit zu tun, dass der Bildaufbau der Radarbilder von anderen physikalischen Parametern bestimmt wird, als sie im optischen Bereich wirksam sind. Ein Beispiel hierzu zeigt Abbildung 74. Aufgrund der besonderen Reflexionscharakteristik im Mikrowellenbereich (vgl. 2.4) zeichnen sich Mauern, Schienen, Hochspannungsleitungen u.ä. deutlich ab, obwohl die Auflösung der Daten nur 40 m beträgt. In Bildern, die im optischen und infraroten Spektralbereich gewonnen werden, sind solche Objekte kaum erkennbar, weil sie keinen besonderen Kontrast zur Umgebung aufweisen.

Diese wenigen Beispiele zeigen, dass die Erkennbarkeit von Objekten in Luft- und Satellitenbildern von vielen Faktoren abhängig ist und deshalb keine einfachen allgemeingültigen Aussagen möglich sind.

3.4 Bilder und Karten im Vergleich

Durch den Vorgang der Luftbild- oder Satellitenbildaufnahme wird eine Fülle von Informationen über das abgebildete Gelände gespeichert. Die Auswertung dieser Informationen durch Interpretation ist teils in einem konkurrierenden, teils in einem

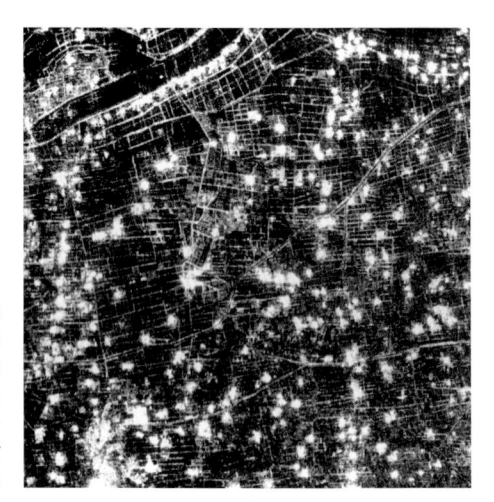

Abb. 74: Linienhafte Objekte im Radarbild
Lineare Strukturen in einer Agrarlandschaft in China (Provinz Hebei). Durch die besonderen Reflexionseigenschaften der Mikrowellen werden linienhafte Strukturen wie Mauern, Alleen, Böschungen u.ä. besonders hervorgehoben. (Aufnahme: Shuttle Imaging Radar (SIR-A), 1981, Bildmaßstab etwa 1:700.000)

komplementären Verhältnis zu vorliegenden Karten zu sehen. Einerseits wäre es sinnlos, die in Karten bereits enthaltenen Informationen durch Bildauswertung neu zu gewinnen. Andererseits ergänzen sich Bild- und Karteninformationen vielfach in sehr zweckmäßiger Weise. Um das Verhältnis Bild/Karte besser überschauen zu können, ist es nützlich, die Informationsgewinnung aus Bildern und Karten zu vergleichen.

Sowohl Luft- und Satellitenbilder als auch Topographische Karten sind Abbildungen begrenzter Geländeausschnitte, die die Erdoberfläche verkleinert und verebnet wiedergeben. In ihnen sind Informationen über Erscheinungen und Sachverhalte an der Erdoberfläche gespeichert. Sowohl Bilder als auch Karten können deshalb *qualitativ* (Antwort auf die Frage »was ist wo?«) und *quantitativ* (Antwort auf die Frage »wieviel ist wo?«) ausgewertet werden. Hinsichtlich der Entstehung, der Art der Speicherung und der Nutzung bestehen aber grundlegende Unterschiede.

Luft- und Satellitenbilder entstehen im Verlauf physikalisch-chemischer Prozesse. Zwischen dem Bild und dem wiedergegebenen Gelände bestehen deshalb *kausale Zusammenhänge*, die durch die elektromagnetische Strahlung vermittelt werden und zu bestimmten Grauwert- bzw. Farbverteilungen im Bild führen. Die Zuordnung der Grauwert- und Farbverteilungen zu abgrenzbaren Formen und Flächen setzen den Betrachter in die Lage, konkrete Objekte im Bild wiederzuerkennen, die ihm aus seiner Umwelt oder sonstiger Erfahrung vertraut sind. Er sieht also »Bildgestalten« und versucht zugleich, diese aufgrund seiner Erfahrung und seines allgemeinen Vorstellungsvermögens als Abbild eines bestimmten Gegenstandes zu identifizieren (vgl. Kapitel 5.1).

Andererseits gibt es in Bildern wahrnehmbare Einzelheiten, die keine eindeutige begriffliche Festlegung ermöglichen oder erst unter Zuhilfenahme weiterer Informationen (z.B. terrestrische Erkundungen vor Ort) mit einem Sinn erfüllt werden können. Das Erkennen von Objekten ist demzufolge die Voraussetzung für die darauf aufbauende Interpretation, bei der im Bild nicht unmittelbar ersichtliche Zusammenhänge erarbeitet werden (vgl. 5.1).

3.4 Bilder und Karten im Vergleich	89

Abb. 75: Luftbild und Topographische Karte im Vergleich: Landschaft im Odenwald
Oben: Luftbild, Originalmaßstab 1:13.000, verkleinert auf 1:20.000 (Photo: Aero-Photo GmbH, Egelsbach). Unten: Ausschnitt aus der Topographischen Karte 1:25.000 (vergrößert auf 1:20.000), Blatt 6318 Lindenfels (herausgegeben vom Hessischen Landesvermessungsamt).

Topographische Karten dienen der Darstellung aller wesentlichen topographischen Gegebenheiten eines Landes. Sie sind das Ergebnis eines bewussten Auswahl- und graphischen Gestaltungsprozesses durch den Kartographen. Zwischen der Karte und dem Gelände bestehen deshalb keine kausalen, sondern durch Vereinbarung definierte, also *konventionale Zusammenhänge*. Hauptbestandteile der kartographischen Darstellung sind Siedlungen, Verkehrswege, Gewässer und Bodenbedeckungen sowie das Geländerelief. Die Abbildung erfolgt stets verkleinert und vereinfacht (mit Beschränkung auf das Wesentliche) und wird durch eine Beschriftung erläutert.

Das Gegenstück zu den Bildgestalten in Luft- und Satellitenbildern sind die graphischen Zeichen und Signaturen in Topographischen Karten. Die Wahrnehmung dieser »graphischen Gestalten« vermittelt dem Kartenbenutzer die Kenntnis von Art und Lage der topographischen Objekte. Das setzt voraus, dass ihm die Bedeutung der graphischen Zeichen bekannt ist. Kartenhersteller und Kartenbenutzer müssen deshalb einen »gemeinsamen Zeichenvorrat« haben, wie er in der Kartenlegende bzw. in Musterblättern festgelegt ist.

Zwischen den beiden Informationssystemen »Luft- und Satellitenbild« und »Topographische Karte« bestehen demnach die folgenden grundsätzlichen Unterschiede:

Im *Luft- oder Satellitenbild* gibt es keine eindeutige Zuordnung zwischen Objekt und Bild, da der physikalische Abbildungsprozess kausal und nicht aufgrund eines vereinbarten Zeichenvorrates abläuft. Erst die persönliche Erfahrung und logische Kombinationsfähigkeit des Interpreten ergeben Sinn und Bedeutung der wahrgenommenen Objekte. Dabei kommen auch »Bildgestalten« vor, deren Bedeutung nicht erkannt werden kann.

In der *Topographischen Karte* sind die Geländeinformationen durch ganz bestimmte Kartenzeichen verschlüsselt, die einem vereinbarten Zeichenvorrat entstammen. Bei Wahrnehmung eines Zeichens ist dem Kartenbenutzer dessen Bedeutung entweder schon bekannt oder er kann sie im festgelegten Zeichenvorrat nachschlagen. Zeichen, denen keine erkennbare Bedeutung zukommt, treten nicht auf.

In Tabelle 5 wird versucht, die wesentlichen Merkmale von Luft- bzw. Satellitenbildern und Topographischen Karten einander in übersichtlicher Form gegenüberzustellen. Dabei bezieht sich der inhaltliche Vergleich einerseits auf Bilder, die im Bereich des sichtbaren Lichts und des nahen Infrarot aufgenommen worden sind, andererseits auf Topographische Karten nach mitteleuropäischem Standard (nach ALBERTZ u.a. 1982).

Die beschriebenen Unterschiede zwischen Luft- und Satellitenbildern und Topographischen Karten werden auch aus der Gegenüberstellung in der Abb. 75 deutlich.

Tabelle 5: Vergleich zwischen Luft- oder Satellitenbildern und Topographischen Karten ➔

3.4 Bilder und Karten im Vergleich

Luft- oder Satellitenbild	**Topographische Karte**
1. Eigenschaften	
Zentralprojektion der physischen Erdoberfläche in die Bildebene (gilt nur für photographische Bilder) *Keine maßstabsgerechte Abbildung* Bildmaßstäbe sind nur grobe Näherung, bei unebenem Gelände zusätzliche Fehler *Keine lagegetreue Abbildung* Einflüsse von Aufnahmerichtung, Geländehöhen, Erdkrümmung usw.	*Parallelprojektion* Senkrechte Parallelprojektion der Erdoberfläche in die Kartenbezugsfläche *Maßstabsgerechte Abbildung* Nur geringe Abweichungen durch Generalisierung *Lagegetreue Abbildung* Geringe Abweichung durch Generalisierung
2. Inhalt	
Informationsübermittlung in Bildform *Inhalt kausal bestimmt* Bild entsteht durch physikalisch-chemische Prozesse *Hohe Informationsdichte,* aber auch viel Unwichtiges enthalten *Unendliche Vielfalt an Formen* *Augenblickszustand* Enthält alle momentanen Einzelheiten *Inhalt maßstabsunabhängig* Alles Sichtbare ohne Auslese vollständig enthalten *Hoher Aktualitätsgrad* Kurze Herstellungsdauer	*Information in graphischen Zeichen codiert* *Inhalt konventional bestimmt* Kartenzeichen sind vereinbart und in Legende erklärt *Geringe Informationsdichte,* aber nur topographisch Wichtiges *Begrenzte Anzahl von Kartenzeichen* *Kein Augenblickszustand* Enthält topographisch Beständiges *Inhalt maßstabsabhängig* Informationsreduktion durch Generalisierung *Geringer Aktualitätsgrad* Lange Herstellungsdauer, Problem der Fortführung
3. Darstellung	
»Natürliches« Bild Alle aus der Luft sichtbaren Objekte enthalten *Objekte nicht selektiert* Keine Unterscheidung zwischen Wichtigem und Unwichtigem *Keine Erläuterungen* Inhalt nur durch Erfahrung, Interpretationsschlüssel, Feldvergleich zu erfassen	*Abstraktes Bild* Geländebild nach Regeln abstrahiert *Objekte selektiert* Topographisch Wichtiges betont, anderes zurückgedrängt oder weggelassen *Erläuterungen* Schrift und Legende erläutern den Inhalt
4. Lesbarkeit und Interpretation	
Bildqualität unterschiedlich *Keine Lesbarkeit gegeben* Objekte müssen aufgrund von Größe, Form, Textur usw. interpretiert werden *Mehrdeutigkeit möglich* Interpretation kann mehrdeutig sein und hängt stark vom Interpreten ab *Echter Raumeindruck möglich* Dritte Dimension durch stereoskopische Betrachtung unmittelbar zu erfassen *Interpretation maßstabsabhängig* Erkennbarkeit der Bildelemente wegen Auflösungsgrenze maßstabsabhängig	*Kartenqualität einheitlich* *Lesbarkeit gegeben* Objekte durch Signaturen, deren Größe und relative Lage direkt lesbar *Eindeutigkeit der Aussage* Aussage ist eindeutig und unabhängig vom Kartenbenutzer *Kein echter Raumeindruck* Dritte Dimension durch graphische Zeichen nur mittelbar veranschaulicht *Lesbarkeit maßstabsunabhängig* Durch Generalisierung stets vollständige Lesbarkeit gewährleistet

4. Möglichkeiten der Bildverarbeitung

Zur Auswertung von Luft- und Satellitenbildern steht eine Vielzahl an Techniken und Methoden zur Verfügung. Da sie beliebig miteinander kombiniert werden können, ist es schwierig, eine Übersicht über die Verfahren der Datenauswertung zu gewinnen. Es liegt aber nahe, zwischen dem Vorgang der *Bildverarbeitung* und der eigentlichen *Auswertung* zu unterscheiden. Die mit Fernerkundungssystemen aufgenommenen Bilddaten werden nämlich in der Regel vor der weiteren Verwendung gewissen Verarbeitungsschritten unterzogen.

Unter *Bildverarbeitung* sind dann all jene Verfahren zu verstehen, die Störeinflüsse der Daten reduzieren und die Bilder so aufbereiten, dass die anschließenden Vorgänge leichter und zuverlässiger durchgeführt werden können. Zu diesen Verfahren gehören die *Analoge Bildverarbeitung* (beispielsweise herkömmliche photographische Techniken) und die flexiblere, heute sehr weit verbreitete *Digitale Bildverarbeitung*, welche die Veränderungen der Bildinformationen in Digitalrechnern durchführt.

Die *Auswertung* umfasst dagegen alle Verfahren, die dazu dienen, aus den vorliegenden Daten die für den jeweiligen Anwendungszweck gewünschten Informationen zu gewinnen oder Produkte abzuleiten.

Eine strenge Trennung zwischen Bildverarbeitung und Auswertung ist jedoch in der Praxis kaum möglich, da die Prozesse vielfach ineinandergreifen. Zur Bildverarbeitung werden nämlich häufig auf den Zweck der Auswertung ausgerichtete Methoden gezielt eingesetzt, so dass sie in ihrer Anwendung praktisch bereits ein Teil der Auswertung sind. Gleichwohl erscheint es zweckmäßig, hier zunächst die Methoden der Bildverarbeitung aufzuzeigen und die Auswerteverfahren im anschließenden Kapitel 5 zu behandeln.

4.1 Analoge und digitale Bilddaten

Luft- und Satellitenbilder liegen – je nach Art des eingesetzten Aufnahmesystems – primär in Form von photographischen Bildern oder als digitale Bilddaten auf geeigneten Datenträgern vor.

Photographische Bilder enthalten die Informationen in analoger Form (also in physikalischen Größen). Ein Schwarzweißbild kann deshalb als kontinuierliche flächenhafte Bildfunktion verstanden werden, die jedem Punkt der Bildfläche einen Grauwert zuordnet. Man spricht deshalb auch von einem Grauwert- oder Intensitätsbild. Ein Farbbild enthält dagegen in jeder der photographischen Schichten entsprechende kontinuierliche Funktionen, die in ihrer Gesamtheit das Farbbild ergeben. In jedem Fall handelt es sich bei Bildern, die wir mit unseren Augen wahrnehmen können, um *analoge Bilddaten*.

4.1 Analoge und digitale Bilddaten

Digitale Bilddaten sind demgegenüber stets als eine Matrix von Zahlenwerten gegeben. Jedes Element der Matrix repräsentiert dabei einen kleinen quadratischen Bildausschnitt mit einem bestimmten Grauwert, bei Multispektraldaten mit mehreren Intensitätswerten. Der Ort des Elementes in der Matrix wird durch Zeilennummer und Spaltennummer gekennzeichnet. Die Bildinformationen liegen also in diskreten Zahlenwerten vor, die unmittelbar rechnerisch verarbeitet werden können. Mit dem menschlichen Auge können sie freilich nicht direkt wahrgenommen werden.

Die primäre Form der Datenspeicherung bei der Aufnahme muss jedoch nicht die endgültige sein. Es kommt im Gegenteil häufig vor, dass die Bilddaten im Rahmen der Verarbeitung und Auswertung von einer Speicherform in die andere überführt werden. Deshalb ist es im Prinzip möglich, jede Art von Auswertetechnik auf jede Art von Bilddaten anzuwenden. Außerdem können die Ergebnisse rechnerischer Prozesse für den Menschen sichtbar gemacht werden, z.B. auf dem Monitor eines Rechners. Die erforderlichen Vorgänge, mit denen die Transformationen von der analogen in die digitale Form und umgekehrt erzielt werden, nennt man Analog-Digital-Wandlung bzw. Digital-Analog-Wandlung. Sie erfordern geeignete technische Einrichtungen.

Durch *Analog-Digital-Wandlung* (Digitalisierung) kann ein photographisches (analoges) Bild in eine Matrix von diskreten (digitalen) Grauwerten, also in ein geordnetes Feld von *Bildelementen* (Pixeln), umgewandelt werden. Abbildung 76 soll veranschaulichen, dass es sich dabei um einen zweistufigen Vorgang handelt. Die flächenhafte kontinuierliche Grauwertfunktion eines photographischen Bildes wird geometrisch in quadratische Bildelemente (Pixel) zerlegt, die in Zeilen und Spalten angeordnet sind. Dann wird für jedes Pixel eine physikalische Größe gemessen, nämlich die (mittlere) Reflexion bzw. Transparenz, und in einen ganzzahligen Grauwert umgewandelt (quantisiert).

Es ist offensichtlich, dass die Bildinformation des Originals in den digitalen Daten nur dann ohne spürbaren Verlust wiedergegeben werden kann, wenn die Rasterelemente sehr klein und die Grauwerte entsprechend fein abgestuft sind. Diese Kriterien des Digitalisierungsprozesses werden durch die geometrische Auflösung und die radiometrische Auflösung gekennzeichnet.

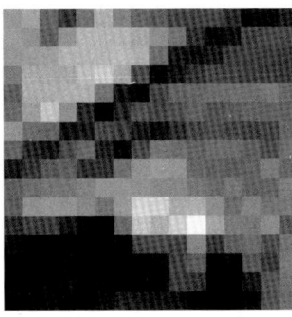

Abb. 76: Schematische Darstellung der Digitalisierung eines (photographischen) Bildes
Links: Originalbild (Photographie). Mitte: Zerlegung in 16 x 16 quadratische Bildelemente (Pixel). Rechts: Messung der Grauwerte der Pixel in 8 Grauwertstufen (von 0 bis 7).

Bei der Digitalisierung von Bildvorlagen wird meist eine hohe *radiometrische Auflösung* angestrebt (10 bis 12 bit). Zur Verarbeitung werden die Daten aber oft auf 256 Grauwerte reduziert, die in 8 bit codiert werden können. Dies ist rechentechnisch zweckmäßig und gilt deshalb in der Digitalen Bildverarbeitung als Standard. Mit den dann möglichen Grauwerten zwischen 0 und 255 kann ein Bild digital so beschrieben werden, dass für das menschliche Auge keine Grauwertstufen erkennbar sind.

Die *geometrische Auflösung*, d.h. Größe der Bildelemente, variiert dagegen erheblich. Sie hängt einerseits von den technischen Parametern des Digitalisiersystems ab, andererseits muss sie nach den Bildvorlagen und der Anwendung zweckmäßig gewählt werden, um unnötige Datenmengen zu vermeiden. Sie wird gewöhnlich absolut (in μm) oder in Punkten je Zoll (Dots/Inch oder dpi) gemessen. In der Praxis werden im Allgemeinen Auflösungen zwischen 250 dpi (Pixelgröße etwa 100 μm) und 3600 dpi (Pixelgröße etwa 7 μm) verwendet.

Zur Durchführung der Digitalisierung werden *Scanner* eingesetzt, wobei verschiedene Typen und Leistungsklassen zu unterscheiden sind. Schon mit den einfachen, weit verbreiteten Büroscannern, die der Eingabe von Text und Graphik in Büros dienen, lassen sich meist gute Ergebnisse erzielen. Dabei handelt es sich um *Flachbettscanner*, in denen die Vorlage in einer Ebene (Flachbett) liegt. Die Abtastung einer Fläche erfolgt zeilenweise durch die Kombination eines optoelektronischen Systems mit einer mechanischen Bewegung. Durch Verwendung von Filtern können auch farbige Vorlagen in einzelnen Spektralauszügen (rot, grün, blau) digitalisiert werden. Etwas aufwendigere Geräte eignen sich nicht nur für die Erfassung von Papierbildern, sondern auch zur Digitalisierung von Filmen im Durchlicht.

In der Fernerkundung steht das Scannen von Luftbildern im Format 23 x 23 cm im Vordergrund. Dabei werden an die geometrische und radiometrische Qualität der Ergebnisse hohe Anforderungen gestellt, insbesondere wenn die Bilddaten für photogrammetrische Auswertungen dienen sollen. Deshalb wurden spezielle Scanner entwickelt, die auf diese Kriterien hin optimiert sind (z.B. BALTSAVIAS 1999). Abbildung 77 zeigt ein Gerät dieser Art, mit dem Luftbilder von der Original-Filmrolle mit hoher Auflösung und geometrischer Genauigkeit digitalisiert werden können. Dabei wird die Bildfläche in parallelen, rund 40 mm breiten Streifen mit Hilfe einer CCD-Zeile entweder schwarzweiß oder in den Farben Rot, Grün und Blau gescannt.

Für großformatige Bilder, aber auch zur Digitalisierung von Karten o.ä. können *Trommelscanner* dienen, die vor allem im graphischen Gewerbe (Reproduktionstechnik) üblich sind. Bei ihnen wird die zu digitalisierende Vorlage auf einen Zylinder aufgespannt. Der Grauwert eines kleinen, beleuchteten Flächenelementes im Bild wird mittels einer Photodiode gemessen und anschließend digitalisiert. Wenn der Zylinder um seine Achse rotiert, werden nacheinander die Bildelemente einer Zeile erfasst. Da sich außerdem Beleuchtung und Photodetektor schrittweise in Achsrichtung bewegen, wird das Bild Zeile für Zeile abgetastet und in eine Matrix von digitalen Grauwerten umgesetzt.

Die umgekehrte Aufgabe besteht darin, in digitaler Form vorliegende Bilddaten als Bild sichtbar zu machen, also eine *Digital-Analog-Wandlung* durchzuführen. Dabei sind zwei Fälle zu unterscheiden, je nachdem ob die Daten einem Bearbeiter bzw. Interpreten

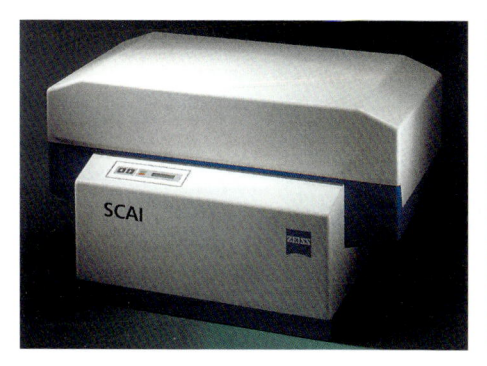

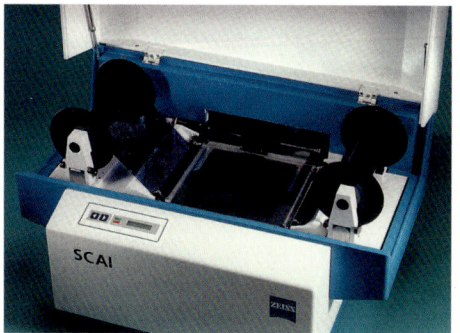

Abb. 77: Präzisionsscanner SCAI zur automatischen Digitalisierung von Luftbildfilmen
Die Bilder auf den bis zu 150 m langen Luftbildfilmen werden mit einer CCD-Zeile in etwa 40 mm breiten parallelen Streifen abgetastet. (Photo: CARL ZEISS, jetzt Z/I Imaging, Aalen)

lediglich vorübergehend sichtbar gemacht werden sollen oder ob ein dauerhaftes (z.B. photographisches) Bild, eine sog. *Hardcopy*, erzeugt werden soll.

Im ersten Fall geht es um die Wiedergabe eines Satzes von Bilddaten auf einem Monitor. Man bedient sich dabei – wie beim Farbfernsehen – der additiven Farbmischung (vgl. Abschnitt 4.3.4). Die handelsüblichen Systeme sind in aller Regel so ausgestattet, dass das wiedergegebene Bild in Kontrast, Farbe usw. nahezu beliebig verändert werden kann.

Anders liegen die Dinge bei der Erzeugung eines dauerhaften Bildes auf Papier oder Film. Die für diesen Zweck verfügbaren Einrichtungen setzen die ihnen zugeführten Bilddaten (durch subtraktive Farbmischung) in eine endgültige Bildform um. Dazu geeignet sind die auf dem Markt insbesondere für die graphische Datenverarbeitung angebotenen Hardcopy-Geräte.

Weit verbreitet sind *Tintenstrahldrucker*, bei denen das gerasterte Druckbild durch Tintenstrahlen aus elektronisch angesteuerten Düsen auf Papier oder andere Materialien übertragen wird. Da mehrere Düsen simultan betrieben werden können, sind Farbdrucke möglich und auch allgemein üblich. Mit ihnen lässt sich – auch in Abhängigkeit von den verwendeten Materialien – so genannte Photoqualität erreichen.

Laserdrucker erzeugen einen Druck mit Hilfe eines elektrostatischen Ladungsbildes und eignen sich hervorragend zur Ausgabe von schwarzweißen Texten und Graphiken in hoher Darstellungsqualität. In zunehmendem Maße werden aber auch Farblaserdrucker eingesetzt, und es ist zu erwarten, dass diese auch zur Wiedergabe von Fernerkundungsbilddaten weiter an Bedeutung gewinnen werden.

Viele im Handel verbreiteten Tintenstrahldrucker und Laserdrucker sind auf das Format DIN A4 ausgelegt, manche auf DIN A3. Für den Druck großflächiger Bilder, wie sie in der Fernerkundung häufig angestrebt werden, sind *großformatige Tintenstrahldrucker* geeignet (Abb. 78). Bei ihnen wird eine Papierbahn mittels einer drehbaren Trommel unter einer Brücke durchgeführt, auf der sich ein Schreibkopf hin und her bewegt. Von diesem Kopf werden Farben durch geeignete Spritztechniken auf das Papier übertragen. Mit dieser in der graphischen Datenverarbeitung weit verbreiteten

Technik können quasi beliebig lange Papierbahnen oder Folien bedruckt werden, die Bildbreite ist durch die Trommelbreite begrenzt.

Abb. 78: Tintenstrahldrucker
Typisches Modell zur Ausgabe von digitalen Bilddaten und graphischen Daten in großen Formaten: hp designjet 5000 von Hewlett Packard.

Alle genannten Einrichtungen zur analogen Wiedergabe von digitalen Bilddaten sind zur Erstellung einzelner oder relativ weniger Exemplare geeignet. Um eine große Zahl von Bildern, Bildkarten u.ä. herzustellen, bedient man sich des auch in der Kartographie üblichen Offsetdrucks. Zur Bildwiedergabe ging diese Drucktechnik traditionell von gerasterten Filmen für jede Druckfarbe aus, welche mit einem trommelförmigen *Rasterplotter* erstellt wurden. Inzwischen hat sich in der Drucktechnik der Übergang zur direkten Belichtung der Druckplatten in der zur Wiedergabe von Grau- und Farbtönen erforderlichen Rasterung vollzogen.

4.2 Analoge Bildverarbeitung

Die Verarbeitung von Bildern in analoger Form kann sich auf ihre geometrischen oder auf ihre radiometrischen Eigenschaften beziehen. Da die geometrische Verarbeitung im allgemeinen nur in der Photogrammetrie unter dem Begriff *Entzerrung* vorkommt, wird sie dort im Abschnitt 5.2.1 behandelt. Die folgenden Hinweise beziehen sich deshalb nur auf Verfahren, mit denen Bilder in ihren radiometrischen Eigenschaften verändert werden können.

Die Bildwiedergabe des Geländes in photographischen Bildern lässt sich durch die Wahl des Photomaterials und durch den photographischen Prozess in vielfältiger Weise beeinflussen. Bei Schwarzweißbildern z.B. können Kopien je nach Wunsch kontrastarm (weich) oder kontrastreich (hart) hergestellt werden. In vielen Fällen kommt eine kontrastreiche Kopie mit tiefen Schlagschatten der subjektiven Erwartung des Betrachters entgegen, das Bild erscheint brillanter. Für viele Interpretationsaufgaben sollen jedoch feine Grauwertnuancen nicht verlorengehen. Deshalb ist vor allem bei ausgedehnten Schattenflächen von zu kontrastreichen Kopien abzuraten.

Um beim Kopieren von Negativen mit großem Schwärzungsumfang oder mit starkem Helligkeitsabfall gut interpretierbare Positive zu erhalten, ist der so genannte *Kontrastausgleich* entwickelt worden. Dazu wurden spezielle, elektronisch gesteuerte Kopiergeräte entwickelt (z.B. RÜGER u.a. 1987). Mit ihnen kann die Positivbelichtung der einzelnen Bildpartien so gesteuert werden, dass Negativbereiche mit geringer Schwärzung wenig, dichte Bereiche aber stark belichtet werden. Die Schwärzung im Großen wird dadurch über die Bildfläche ausgeglichen, im Detail bleiben aber alle Schwärzungsdifferenzen erhalten oder werden durch Kopie auf hartes Photomaterial sogar noch verstärkt. Für die Erkennbarkeit von Einzelheiten kann es sehr vorteilhaft sein, auf diese Weise die Kontraste im Detail zu verstärken, aber auf die Kontraste im Großen zu verzichten (vgl. auch Abb. 88). Es darf jedoch nicht übersehen werden, daß dies eine willkürliche Grauwertmanipulation bedeutet, so dass die Aussagekraft der Grauwerte und ihrer Differenzen verringert wird.

In der Luftbildtechnik finden diese Verfahren noch immer Anwendung. Mit der raschen Entwicklung der wesentlich flexibleren Digitalen Bildverarbeitung verlieren sie jedoch rasch an Bedeutung.

4.3 Digitale Bildverarbeitung

Bildverarbeitung kann stets als die Transformation eines Eingabebildes in ein Ausgabebild verstanden werden. Während die Transformationen in der analogen Bildverarbeitung durch physikalische bzw. chemische Gesetze definiert sind, bedient sich die Digitale Bildverarbeitung mathematischer Transformationsfunktionen. Durch eine Transformation T wird dann eine diskrete zweidimensionale Grauwertfunktion $g(x, y)$ des Eingabebildes in die ebenfalls diskrete zweidimensionale Grauwertfunktion $g'(x', y')$ des Ausgabebildes transformiert (Abb. 79).

Dabei kann die Transformationsfunktion T, die das Eingabebild in einer bestimmten Weise verändern soll, im Prinzip frei gewählt werden. Eine Einschränkung besteht lediglich dadurch, dass die Grauwerte stets positiv sein müssen und in aller Regel nur die 256 Werte zwischen 0 und 255 vorkommen dürfen. Die in Frage kommenden Funktionen können zwei Gruppen zugeordnet werden:

- Durch *geometrische Transformationen* werden Bilder in ihrer Form verändert, die Grauwerte bleiben dabei erhalten; es gilt also:

$$x' = f_x(x, y)$$
$$y' = f_y(x, y)$$
$$g' = g$$

Zu dieser Gruppe gehören alle Verfahren, die zur Entzerrung von Bilddaten dienen.

- Durch *radiometrische Transformationen* werden dagegen die Grauwerte verändert, während die geometrischen Eigenschaften erhalten bleiben; demnach gilt

$$x' = x$$
$$y' = y$$
$$g' = f(g)$$

Radiometrische Transformationen werden sowohl *zur Korrektur* von verschiedenartigen Störeinflüssen (z.B. Atmosphären-Einfluss) eingesetzt als auch zur *Bildverbesserung* im Hinblick auf die spätere Auswertung.

Zu den Methoden der Digitalen Bildverarbeitung gehören ferner verschiedene Verfahren zur Kombination von Daten mehrerer Spektralkanäle (Abschnitt 4.3.5) sowie zur Kombination mehrerer Bilder (Abschnitt 4.3.6).

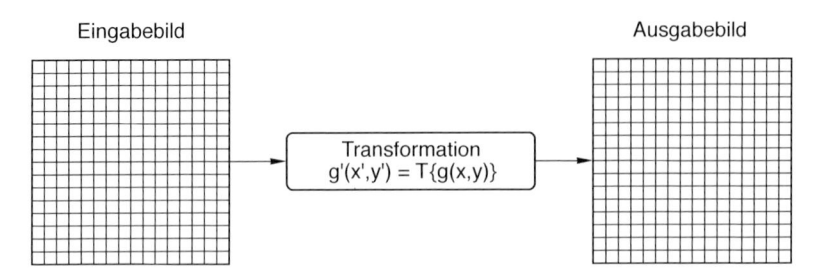

Eingabebild → Transformation $g'(x',y') = T\{g(x,y)\}$ → Ausgabebild

Abb. 79: Schematische Darstellung der Digitalen Bildverarbeitung
Das Eingabebild $g(x, y)$ wird durch eine Transformation T in das Ausgabebild $g'(x', y')$ umgewandelt.

Die Zielsetzungen, die bei der digitalen Verarbeitung von Bilddaten verfolgt werden, können sehr verschieden sein. Sie reichen von einfachen Kontrastveränderungen bis zu komplexen Analysen der in den Daten enthaltenen Strukturen (z.B. zur automatischen Erfassung eines Straßennetzes). Entsprechend vielfältig sind auch die angewandten Verfahren. Für die Interpretation von Luft- und Satellitenbildern haben sich einige wichtige Grundoperationen bewährt, die im Folgenden kurz skizziert werden. Eingehender werden sie in einer Reihe von Lehrbüchern behandelt (z.B. HABERÄCKER 1995, JÄHNE 2005, MATHER 1999, RICHARDS 2006, KLETTE & ZAMPERONI 1995, BÄHR & VÖGTLE 2005). Im Übrigen sind die komplexeren Verfahren Gegenstand intensiver Forschungs- und Entwicklungsarbeiten, die unter den umfassenderen Begriffen *Mustererkennung* bzw. *Pattern Recognition* zusammengefasst werden.

Die Digitale Bildverarbeitung ist mit dem Aufkommen von Digitalkameras sehr populär geworden. Selbstverständlich setzt sie eine geeignete Hardware- und Software-Ausstattung voraus. Dazu kommen *Workstations* oder *Personal Computer* (PC) in Frage, die mit leistungsfähigen Prozessoren und großem Arbeitsspeicher, hoher Festplattenkapazität und geeigneten Graphikkarten ausgestattet sind. Damit ist es auch möglich, die zu bearbeitenden Bilddaten auf dem Monitor sichtbar zu machen und alle Bearbeitungsschritte zu kontrollieren bzw. gezielt zu beeinflussen. Viele Anwendungen sind bereits mit verbreiteten Programmen zur Bildverarbeitung möglich. Software-Systeme, die typische Funktionen zur Verarbeitung von Fernerkundungsdaten einschließen und häufig durch weitergehende spezielle Module ergänzt werden können, werden von zahlreichen Firmen angeboten. Weit verbreitet sind u.a. EASI/PACE, eCognition, ENVI, ERDAS Imagine und ERMapper (Informationen dazu sind über das Internet erhältlich).

4.3.1 Geometrische Transformationen (Entzerrung)

In aller Regel ist es erwünscht, in vielen Fällen unbedingt erforderlich, Luft- und Satellitenbilder geometrisch zu korrigieren, um die Verzerrungen durch das Aufnahmesystem und das Geländerelief (vgl. 3.1) zu eliminieren und die Daten auf ein bestimmtes geodätisches Koordinatensystem (Referenzsystem) bzw. einen Kartennetzentwurf einzupassen. In diesem Zusammenhang werden häufig (aber nicht einheitlich) auch die Begriffe *Georeferenzierung* oder auch *Geocodierung* benutzt. Für manche Aufgabenstellungen reicht es aus, ein Bild der Geometrie eines anderen Bildes anzupassen, also eine so genannte relative Entzerrung durchzuführen. In allen Fällen lässt sich eine solche Aufgabe mit den Mitteln der Digitalen Bildverarbeitung in sehr flexibler Weise lösen, vorausgesetzt, dass die geometrischen Beziehungen zwischen den vorliegenden Bilddaten und dem angestrebten Ergebnis bekannt sind. Die Bestimmung der erforderlichen *Transformationsgleichungen* ist deshalb das zentrale Problem der Entzerrung.

Zur Lösung dieser Aufgabe kommen zwei grundsätzlich verschiedene Wege in Frage. *Interpolationsverfahren* verzichten auf eine geometrische Modellierung der Aufnahmegeometrie und setzen lediglich die Stetigkeit der Abbildung voraus. Aufgrund dieser Annahme werden die unbekannten Koordinaten eines Pixels im Referenzsystem durch Interpolation zwischen benachbarten Passpunkten berechnet. Zur Interpolation können verschiedene mathematische Ansätze benutzt werden, z.B. Polynomansätze oder maschenweise Transformationen. Geländehöhenunterschiede können nur insoweit genähert berücksichtigt werden, als die verwendeten Passpunkte zugleich die Geländeformen beschreiben.

Parametrische Verfahren versuchen dagegen, die Aufnahmegeometrie im Raum mathematisch zu modellieren. Dies erfordert die Kenntnis der Sensorgeometrie (bei Luftbildern innere Orientierung genannt) und der Raumlage bzw. -bewegung des Sensors (bei Luftbildern äußere Orientierung genannt). Geländehöhenunterschiede, die in einem Digitalen Geländemodell beschrieben sind, können dabei voll berücksichtigt werden. Dieses Vorgehen, das dem klassischen Verständnis der Photogrammetrie folgt, benutzt wiederum Passpunkte, um den Bezug zum Referenzsystem herzustellen. Für die einzelnen Sensortypen müssen entsprechende Modelle eingeführt werden. Die Verfahren werden im Abschnitt 5.2 ausführlicher diskutiert.

Zur Bestimmung der Transformationsgleichungen werden bei beiden Methoden *Passpunkte* benutzt. Darunter versteht man Punkte, die in den Bilddaten eindeutig identifizierbar sind und deren Koordinaten im übergeordneten Referenzsystem (in der Regel dem System der Landesvermessung) bekannt sind. Mit Hilfe dieser identischen Punkte können die geometrischen Beziehungen zwischen dem Bild und der Geländefläche hergestellt und die Transformationsparameter berechnet werden.

Es hängt stark vom Maßstab und von der Auflösung der Bilddaten sowie von der Landschaftsstruktur ab, welche Objekte sich als Passpunkte eignen. In kleinen Bildmaßstäben und insbesondere in Satellitenbildern kommen in der Regel topographische Objekte (z.B. Kreuzungen von Verkehrswegen, einzelstehende Felsen o.ä.) in Frage, die eindeutig definiert werden können. Für große Bildmaßstäbe und insbesondere für photogrammetrische Zwecke reicht dies oft nicht aus, so dass signalisierte (also im Gelände speziell markierte) Punkte verwendet werden müssen (vgl. 5.2).

Die Koordinaten der Passpunkte in den Bilddaten werden im Allgemeinen durch interaktive Operationen in Bildwiedergaben der Daten am Monitor des Rechners bestimmt. Die entsprechenden Koordinaten im geodätischen Koordinatensystem können vielfach aus vorhandenen topographischen Karten entnommen werden. In weiten Regionen der Erde liegen jedoch keine hierfür geeigneten Kartenunterlagen vor. Dann müssen die Koordinaten mit den in der Vermessungstechnik üblichen Verfahren ermittelt werden. Besonders geeignet sind hierzu die bekannten satellitengeodätischen Verfahren wie GPS (*Global Positioning System*). Die diesbezüglichen Grundlagen und Methoden sind in geodätischen Lehrbüchern eingehend beschrieben (z.B. BAUER 2003, SEEBER 1989, HOFMANN-WELLENHOF u.a. 2001).

Als Beispiel soll hier die Möglichkeit zur Entzerrung von *Satellitenbilddaten* mit Hilfe von Polynomansätzen erwähnt werden. Als Transformationsformeln eignen sich besonders Gleichungen zweiten Grades von der Form

$$x' = a_0 + a_1 x + a_2 y + a_3 x^2 + a_4 y^2 + a_5 xy,$$
$$y' = b_0 + b_1 x + b_2 y + b_3 x^2 + b_4 y^2 + b_5 xy.$$

Für jeden Passpunkt, dessen Koordinaten sowohl im Bildsystem x', y' als auch im Referenzsystem x, y bekannt sind, können diese beiden Gleichungen aufgestellt und daraus die Koeffizienten a_0 bis b_5 berechnet werden. Da also 12 Unbekannte zu ermitteln sind, sind zur Lösung dieser Aufgabe mindestens sechs Passpunkte erforderlich. Die Methode hat sich z.B. zur Entzerrung von MSS- und TM-Daten sowie von senkrecht aufgenommenen SPOT-Daten auf ein geodätisches Referenzsystem bzw. einen bestimmten Kartennetzentwurf sehr gut bewährt. Die damit erreichbare Genauigkeit liegt im Allgemeinen unter der Größe eines Pixels.

Sobald die Transformationsgleichungen bestimmt sind, kann die eigentliche *Entzerrung* durchgeführt werden. Dazu können in der Digitalen Bildverarbeitung zwei Wege eingeschlagen werden:
- Die *direkte Transformation* berechnet für jedes Element des Eingabebildes die Lage im Ausgabebild und weist diesem Ort im Bildkoordinatensystem x', y' den Grauwert aus dem Eingabebild zu (Abb. 80). Bei dieser Arbeitsweise erhält man als Zwischenergebnis ein unregelmäßiges Bildraster, aus dem die (regelmäßige) Grauwertmatrix des transformierten Bildes durch geeignete Interpolationen abgeleitet werden muss.
- Bei der *indirekten Transformation* werden diese Schwierigkeiten umgangen. Man verwendet die Transformationsfunktionen in inverser Form dazu, vom Ausgabebild in das Eingabebild zurückzurechnen und dort für jedes Pixel des Ausgabebildes den richtigen Grauwert zu »holen« (Abb. 81) und in die Matrix des Ausgabebildes zu schreiben. Dadurch erhält man unmittelbar die entzerrte Bildmatrix. Deshalb hat sich diese Arbeitsweise allgemein durchgesetzt.

Durch eine geometrische Transformation werden also die Daten des Eingabebildes in der für das Ausgabebild gewählten Matrix neu geordnet. Dieser Vorgang wird allgemein als *Resampling* bezeichnet. Dabei werden die Grauwerte der Bildmatrizen immer

4.3 Digitale Bildverarbeitung

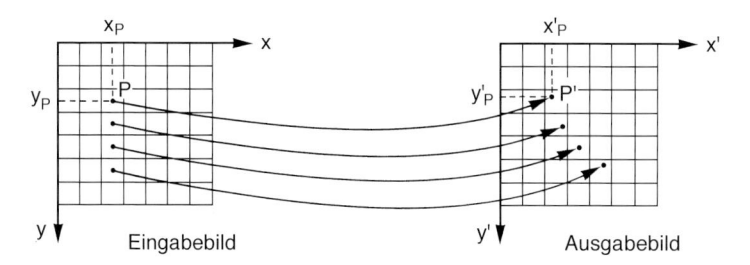

Abb. 80: Direkte geometrische Transformation (Entzerrung)
Die Grauwerte des Eingabebildes werden in die Matrix des Ausgabebildes übertragen.

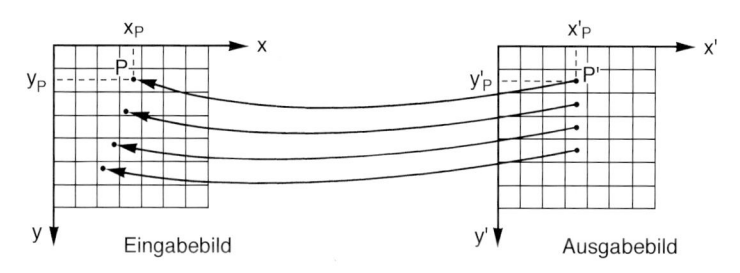

Abb. 81: Indirekte geometrische Transformation (Entzerrung)
Für die Elemente des Ausgabebildes werden die Grauwerte im Eingabebild gesucht.

so interpretiert, dass sie jeweils der Pixelmitte mit runden Koordinaten zugeordnet sind. Wenn man aber aufgrund der Transformationsgleichungen vom Ausgabebild ins Eingabebild zurückrechnet (Abb. 81), ergeben sich im Allgemeinen keine ganzzahligen Werte für die Bildkoordinaten x, y. Deshalb muss eine Regel eingeführt werden, nach der die Grauwertzuweisung erfolgen soll.

Dazu sind drei Methoden allgemein verbreitet, die die Feinheiten der Objektstrukturen mehr oder weniger gut wiedergeben (z.B. MATHER 1999, RICHARDS 2006): Beim

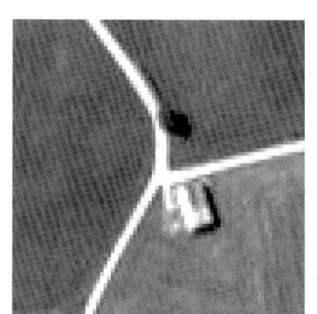

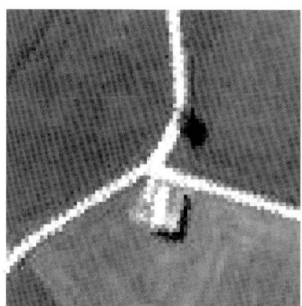

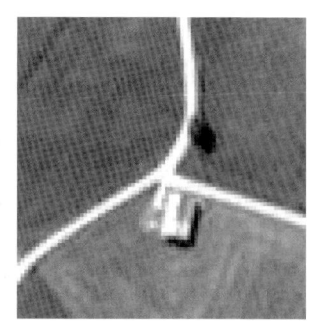

Abb. 82: Wiedergabe von Bildstrukturen nach verschiedenen Interpolationsverfahren
Die Original-Bilddaten (links) wurden durch eine geometrische Transformation um 30° gedreht; die Daten sind stark vergrößert wiedergegeben. Mitte: Ergebnis der Interpolation nach nächster Nachbarschaft. Rechts: Ergebnis der bikubischen Interpolation.

Verfahren der *nächsten Nachbarschaft* wird der Grauwert jenes Pixels im Eingabebild übernommen, welches den berechneten Koordinaten x',y' am nächsten liegt. Dies kann vor allem an kontrastreichen Bildkanten zu einer störenden Treppenstruktur führen (Abb. 82). Die *bilineare Interpolation* berechnet den gesuchten Grauwert durch lineare Interpolation zwischen den vier direkt benachbarten Grauwerten. Auch kontrastreiche Kanten erscheinen mehr geglättet. Die *bikubische Interpolation* verwendet die Werte von 4 x 4 umliegenden Pixeln, um eine Interpolation höherer Ordnung durchzuführen. Bei der Auswahl eines Verfahrens sind der Rechenaufwand und der Anspruch an das Ergebnis gegeneinander abzuwägen. Theoretische Überlegungen zeigen, dass die bikubische Interpolation die besten Ergebnisse liefert (Abb. 82), aber auch den größten Rechenaufwand verlangt. Aus diesem Grunde wird die bilineare Interpolation häufig bevorzugt, zumal auch sie zu guten Ergebnissen führt. Das einfache Verfahren der nächsten Nachbarschaft wird eingesetzt, wenn ein gewisser Verlust an Bildqualität in Kauf genommen werden kann bzw. wenn die radiometrischen Informationen nicht verändert werden sollen, weil die Daten beispielsweise zur Multispektral-Klassifizierung eingesetzt werden sollen (vgl. 5.3).

4.3.2 Radiometrische Verbesserungen

Als radiometrische Verbesserungen (engl. *Image Restoration*) werden Verfahren bezeichnet, mit denen während der Datenaufnahme oder -übertragung auftretende Störungen korrigiert werden sollen. Es werden also Effekte kompensiert oder wenigstens reduziert, die *nicht* objektspezifisch sind und sich den eigentlichen Objektinformationen in störender Weise systematisch überlagern. So tritt zum Beispiel stets ein Helligkeitsabfall in der Bildebene eines Objektivs auf. Außerdem kann es vorkommen, dass das Ausgangssignal eines Detektors bei der Datenaufnahme nicht proportional zur Belichtung ist. In solchen Fällen können an den aufgezeichneten Grauwerten rechnerische Korrekturen angebracht werden. Die geometrischen Eigenschaften der Bilddaten bleiben dabei unverändert.

Von besonderem Interesse sind die *Einflüsse der Atmosphäre* auf die Bilddaten. Sie führen zwar stets zu einer Aufhellung und Kontrastminderung, ihre Wirkung hängt aber stark vom Spektralbereich, vom momentanen Zustand der Atmosphäre und von anderen Faktoren wie Sonnenstand und Beobachtungsgeometrie sowie vom Geländerelief ab. Die größten Einflüsse treten aus physikalischen Gründen in den kurzwelligen Spektralkanälen auf (vgl. 2.1.2). Detaillierte Korrekturen erfordern komplexe Rechnungen zur Modellierung der Beleuchtung. Deshalb wird in vielen praktischen Fällen darauf verzichtet. Dagegen werden häufig einfache Methoden benutzt, um die Einflüsse in pragmatischer Weise wenigstens genähert zu reduzieren. Die Thematik wird z.B. bei RICHTER (1996), KATTENBORN (1991), SANDMEIER (1997) und ORTHABER (1999) eingehender behandelt.

Zwei weitverbreitete Verfahren gehen davon aus, dass die Atmosphäre in infraroten Spektralkanälen keinen nennenswerten Einfluss hat. Man stellt deshalb in einem dunklen Bildausschnitt (z.B. Schlagschatten) die Messwerte der Pixel im Infrarotbereich den Messwerten des zu korrigierenden Spektralkanals gegenüber (Abb. 83 oben). Wenn kein Atmosphäreneinfluss vorläge, würde eine durch den Punkthaufen gelegte ausgleichende Gerade durch den Ursprung gehen. Der Achsenabschnitt der Geraden beschreibt deshalb den additiven Effekt der Atmosphäre auf die Messdaten. Zur Korrektur wird dieser Betrag von den vorliegenden Grauwerten subtrahiert.

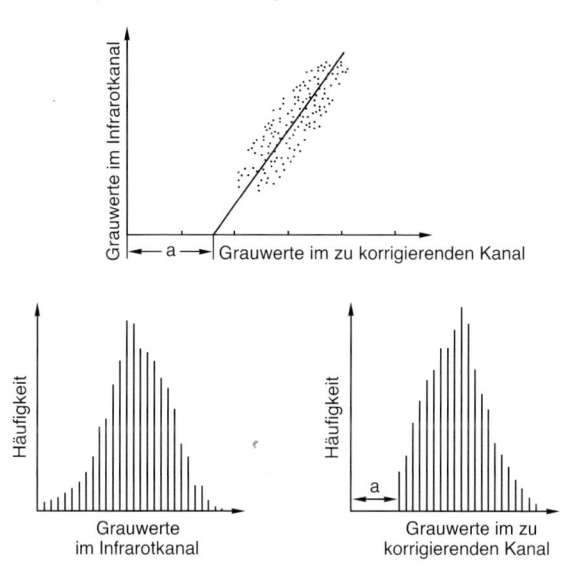

Abb. 83: Einfache Reduktion von Atmosphäreneinflüssen auf Satellitenbilddaten
Oben: Bestimmung eines Korrekturbetrags *a* mittels einer Regressionsgeraden. Unten: Ableitung eines Korrekturbetrages *a* aus dem Vergleich von Histogrammen.

Bei der zweiten Methode benutzt man die Histogramme der Grauwerte, um Korrekturen herzuleiten. Auch dabei wird angenommen, dass in der Bildszene dunkle Flächen vorhanden sind, die im sichtbaren und infraroten Licht sehr wenig reflektieren. Dann werden diese Bereiche im Histogramm des Infrarotkanals zu sehr niedrigen Grauwerten führen. Im zu korrigierenden Kanal kürzerer Wellenlänge sind die Flächen aber durch das Luftlicht aufgehellt. Deshalb wird die Verschiebung der niedrigsten Histogrammwerte als Folge des Atmosphäreneinflusses interpretiert und daraus ein Korrekturbetrag abgeleitet (Abb. 83 unten).

Es wurden auch aufwendige Korrekturmethoden entwickelt, die verschiedenartige Zusatzdaten benötigen; darüber berichten z.B. HOLZER-POPP u.a. (2001).

In den Daten, die mit zeilenweise arbeitenden Aufnahmesystemen gewonnen werden, können *Streifenstrukturen* auftreten, die in Zeilen- oder Spaltenrichtung orientiert sind. Diese Erscheinung wirkt vor allem in kontrastarmen Bildteilen störend. Es gibt verschiedene Techniken, um diese Störeinflüsse zu reduzieren (vgl. Abb. 89). Bei der Wahl des Korrekturverfahrens ist evtl. die Technik des Aufnahmesystems zu berücksichtigen (z.B. KÄHLER 1989). Bei neueren Sensorsystemen werden verfeinerte Kalibrierungstechniken angewandt, so dass solche Störungen kaum noch vorkommen.

Vereinzelt treten in Satellitenbilddaten auch Störpixel oder -zeilen auf, die mit grob falschen Grauwerten belegt sind. Sie mögen ihre Ursache z.B. in Fehlern in der Datenübertragung vom Satelliten zur Bodenstation haben. Störungen dieser Art können eliminiert werden, indem man die falschen Daten durch die Mittelwerte der benachbarten Pixel ersetzt.

Es darf freilich nicht übersehen werden, dass all diese »radiometrischen Korrekturen« nicht eine absolute Verbesserung der Grauwerte darstellen. Die Störungen werden lediglich insoweit beseitigt, als die Daten aneinander angeglichen werden und eine bessere Bildwirkung entsteht.

Von dieser Vorgehensweise zu unterscheiden sind jene Fälle, bei denen die vorliegenden Grauwerte auf ein gegebenes radiometrisches Bezugssystem reduziert werden sollen. Dies kommt beispielsweise bei der Auswertung von *Thermalbildern* vor, wenn zeitgleich mit der Datenaufnahme terrestrische Temperaturmessungen durchgeführt wurden. Dann können die gegebenen Referenzwerte dazu dienen, die Grauwerte des Bildes auf eine Temperaturskala zu beziehen und systematische Abweichungen zu eliminieren.

4.3.3 Bildverbesserungen

Große praktische Bedeutung haben verschiedene Methoden der Bildverbesserung (engl. *Image Enhancement*). Mit ihnen sollen vorliegende Bilddaten so aufbereitet werden, dass die anschließende Auswertung leichter, schneller und zuverlässiger werden kann. Da dies vor allem die visuelle Bildinterpretation betrifft, werden meist in den Daten enthaltene, aber zunächst wenig auffällige Details für das menschliche Auge betont. Dies geht stets zu Lasten anderer Bildeigenschaften, die für den betreffenden Zweck weniger wichtig sind. Deshalb muss sich die Wahl der Methoden in erster Linie an der Zielsetzung der jeweiligen Anwendung orientieren.

Zu den wichtigsten Aufgaben gehören Kontrastverbesserungen und die Verbesserung der Detailerkennbarkeit durch verschiedene Filteroperationen. Auch durch Kombinationen von Bilddatensätzen verschiedener Spektralkanäle (Abschnitt 4.3.5) sowie mehrerer Bilder (Abschnitt 4.3.6) können Bildverbesserungen erzielt werden. Die geometrischen Eigenschaften der Bilddaten bleiben bei diesen Vorgängen unverändert, geometrische Korrekturen müssen deshalb vorausgehen.

Um die Interpretation von Bildern zu erleichtern, muss man sie dem menschlichen Auge so darbieten, dass die für den jeweiligen Zweck wichtigen Grauwertdifferenzen deutlich hervortreten. Dies kann durch *Kontrastverbesserungen* erreicht werden. In der Regel geht man dazu von einem *Grauwerthistogramm* aus, das in anschaulicher Form zeigt, wie häufig die einzelnen Grauwerte in einer Szene vorkommen. Oft überwiegen beispielsweise in den Original-Bilddaten die Grauwerte eines engen Bereiches, während viele der 256 möglichen Grauwerte gar nicht vorkommen oder nur sehr selten sind. Die Folge davon ist ein kontrastarmes und nur schwer interpretierbares Bild (Abb. 84 links). Durch Umrechnen der Grauwerte mittels einer Übertragungsfunktion kann dann ein neuer Bilddatensatz berechnet werden. Für die Festlegung der Übertragungsfunktion hat der Bearbeiter verschiedene Möglichkeiten (z.B. linear, stückweise linear, logarithmisch usw.), so dass er die gegebenen Bilddaten im Einzelfall für den vorgesehenen Interpretationszweck optimieren und die Wirkung der Operationen am Monitor jederzeit kontrollieren kann. Als Ergebnis erhält man eine für die visuelle Interpretation besser geeignete Bildwiedergabe (Abb. 84 rechts).

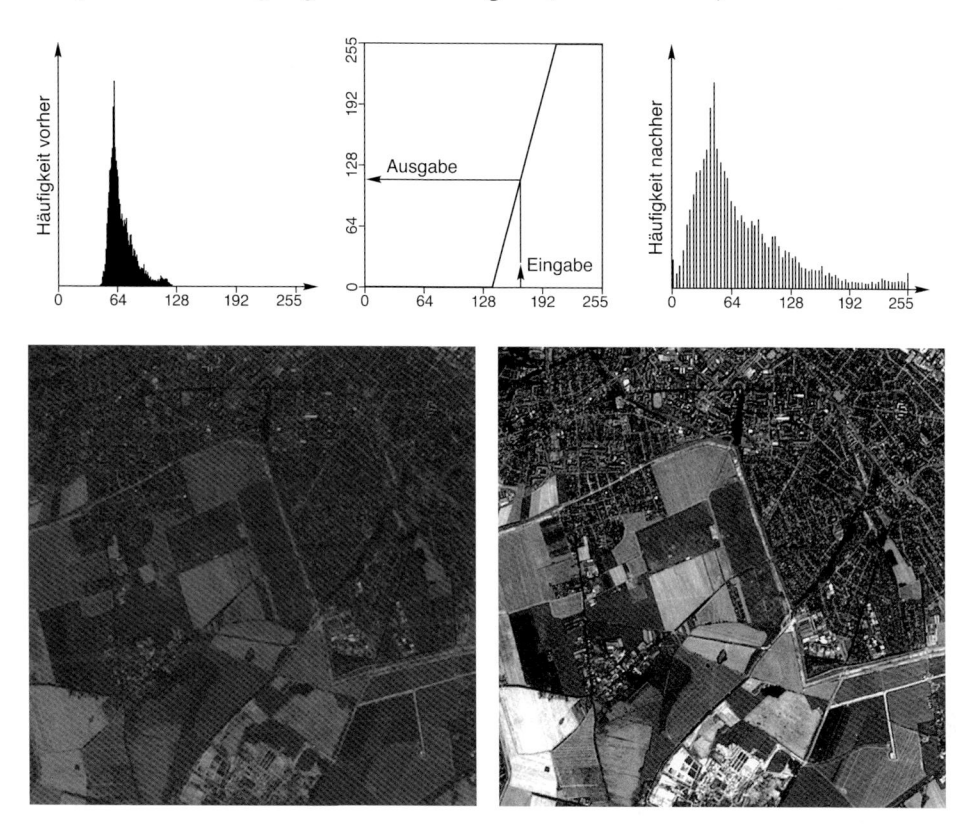

Abb. 84: Kontrastverbesserung durch Veränderung der Grauwerte eines Bildes
Links: Originaldaten mit zugehörigem Grauwerthistogramm. Rechts: Bilddaten und Histogramm nach Kontrastverbesserung durch einfache lineare Kontraststreckung. Dazwischen die angewandte Übertragungsfunktion (panchromatische SPOT-Daten von Berlin 1:100.000).

Zu den Grundfunktionen jeder Bildverarbeitungssoftware gehört ferner die *Digitale Filterung*. Durch Filteroperationen ist es möglich, Bildstrukturen zu verändern, die sich nicht in den Grauwerten einzelner Pixel, sondern in den Grauwertrelationen benachbarter Pixel ausdrücken. Deshalb dient als Filter eine kleine Koeffizientenmatrix, mit deren Hilfe ein kleiner Bereich des Eingabebildes auf einen einzelnen Bildpunkt des Ausgabebildes abgebildet wird. Das Filter muss dann über das ganze Bild laufen (Abb. 85). In der Mathematik nennt man diese Operation die *Faltung* des Eingabebildes mit der Filtermatrix.

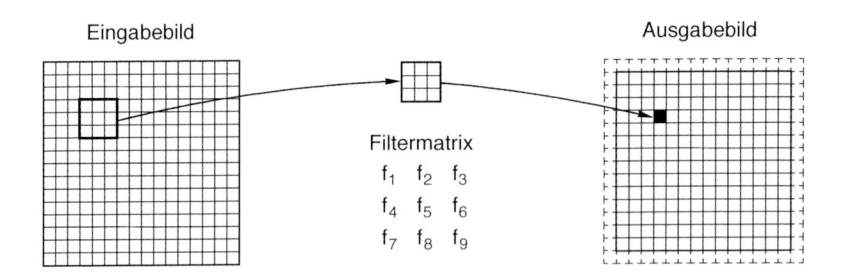

Abb. 85: Schematische Darstellung der Digitalen Filterung
Für jedes Element des Ausgabebildes wird ein Grauwert berechnet, indem man die Werte eines kleinen Bereiches des Eingabebildes mit den Koeffizienten der »Filtermatrix« (hier die 3 x 3 Elemente f_1 bis f_9) multipliziert und aufaddiert. In der Regel ist das Ergebnis auf die Grauwertskala zwischen 0 und 255 zu normieren. Für die Randelemente kann die Operation nicht durchgeführt werden; deshalb ist das Ausgabebild etwas kleiner als das Eingabebild.

Filter haben stets die Aufgabe, Erwünschtes von Unerwünschtem zu trennen. Ihre Wirkungsweise kann sehr verschieden sein und hängt von der Größe der Filtermatrix und von den gewählten Koeffizienten ab (z.B. JÄHNE 2005, KLETTE & ZAMPERONI 1995, MATHER 1999). Für die Praxis der Fernerkundung sind Hochpassfilter und Tiefpassfilter besonders wichtig.

Hochpassfilter betonen die hohen Ortsfrequenzen, also die eng benachbarten Grauwertunterschiede. Sie eignen sich deshalb vor allem dazu, Kanten und andere Bilddetails hervorzuheben und dadurch Bildwiedergaben für den Betrachter schärfer und detailreicher erscheinen zu lassen. Ein besonders bekanntes Hochpassfilter ist der *Laplace-Operator* (Abb. 86). Darüber hinaus gibt es eine Vielzahl von anderen Filtern, darunter auch solche, die bestimmte Richtungsstrukturen in Bilddaten betonen (z.B. RICHARDS 2006, KNÖPFLE 1988). Eine Hochpassfilterung wirkt sich stets dann günstig aus, wenn die verstärkten Grauwertunterschiede überwiegend durch Objektstrukturen verursacht sind. Durch den Vorgang werden aber auch unerwünschte Rauschanteile oder sonstige Störungen betont, was zu einer Qualitätsminderung im Ergebnisbild führen wird.

Tiefpassfilter haben eine entgegengesetzte Wirkung. Sie schwächen die hochfrequenten Anteile ab und betonen die tiefen Ortsfrequenzen, also die langperiodischen Grauwertunterschiede. Dies ergibt eine glättende Wirkung, durch die Rauscheffekte unterdrückt werden, aber auch feine Bilddetails verloren gehen. Ein einfacher Filteroperator dieser Art führt zu einer gleitenden Mittelbildung über die Bildmatrix (Abb. 87). Um trotz der glättenden Wirkung von Tiefpassfiltern wichtige Bildstrukturen zu bewahren, sind viele »kantenerhaltende« Filter entwickelt worden (z.B. KLETTE & ZAMPERONI 1995, JAHN & REULKE 1995). Besondere Bedeutung kommt solchen Vorgehensweisen bei der Verarbeitung von Radarbilddaten zu, um den *Speckleeffekt* zu verringern, aber objektspezifische Informationen zu erhalten.

Eine besondere Anwendung der Tiefpassfilterung kann dem so genannten *Kontrastausgleich* dienen, dessen phototechnische Realisierung schon erwähnt wurde

Abb. 86: Verbesserung der Detailwiedergabe durch Hochpassfilterung
Panchromatische Thematic-Mapper-Daten vom Stadtgebiet von Berlin. Links:
Originaldaten. Rechts: Dieselben Daten nach Anwendung eines Laplace-Operators der rechts wiedergegebenen Form.

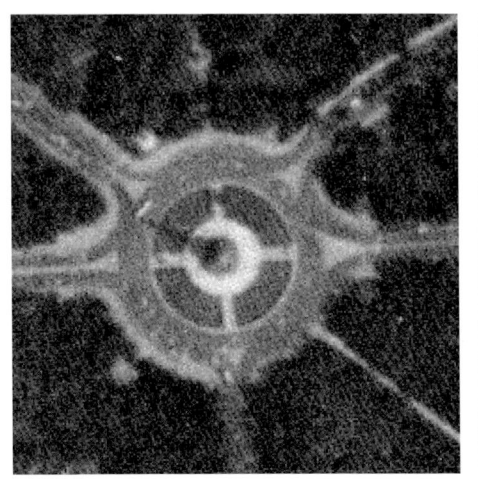

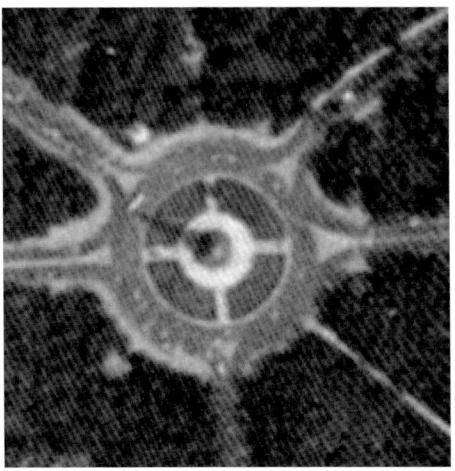

$$\begin{pmatrix} 0 & -1 & 0 \\ -1 & 5 & -1 \\ 0 & -1 & 0 \end{pmatrix}$$

Abb. 87: Rauschunterdrückung durch Tiefpassfilterung
Digitalisierte Filmdaten der KFA-1000 vom Stadtgebiet von Berlin mit hohem
Rauschanteil. Links: Originaldaten. Rechts: Dieselben Daten nach Anwendung
eines Tiefpassfilters der rechts wiedergegebenen Form.

$$\begin{pmatrix} 1/9 & 1/9 & 1/9 \\ 1/9 & 1/9 & 1/9 \\ 1/9 & 1/9 & 1/9 \end{pmatrix}$$

(Abschnitt 4.2). Ein Bilddatensatz mit unerwünschten großflächigen Grauwertunterschieden wird zunächst einer sehr starken Tiefpassfilterung unterzogen, so dass ein extrem unscharfes Bild entsteht. Man bildet dann die Grauwertdifferenzen zwischen dem Original und der »unscharfen Maske« und verstärkt sie. Bei geeigneter Wahl der einzelnen Parameter kann ein in der Gesamthelligkeit ausgeglichenes Bild mit guter

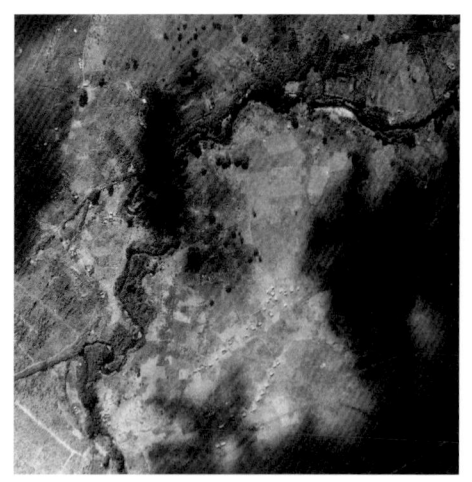

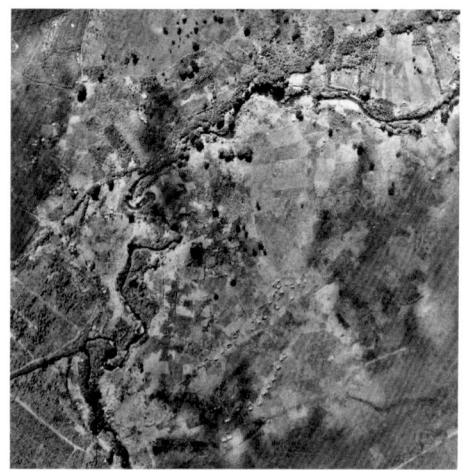

Abb. 88: Wirkung des so genannten Kontrastausgleichs
Links: Luftbild-Original mit großflächen unerwünschten Helligkeitsunterschieden durch Wolkenschatten. Rechts: Dasselbe Bild nach einem Kontrastausgleich nach dem Prinzip der unscharfen Maske.

Detailwiedergabe gewonnen werden. Abbildung 88 zeigt ein Beispiel dieser Art zur Reduktion des Einflusses von Wolkenschatten. Häufig werden solche Verfahren eingesetzt, um in Luftbildern die unerwünschten Helligkeitsunterschiede zu reduzieren, die durch den Helligkeitsabfall in der Bildebene des Kameraobjektivs sowie durch die Mitlicht- und Gegenlichtwirkung zustande kommen.

Wenn die für eine bestimmte Bildverbesserung anzusetzende Filtermatrix größer wird, steigt der Rechenaufwand für die Filterung stark an. Dann kann es zweckmäßiger sein, die zweidimensionale Faltung in zwei eindimensionale Faltungen zu zerlegen oder aber den Vorgang über eine *Fourier-Transformation* durchzuführen. Diese interpretiert ein Bild als eine zweidimensionale Überlagerung von Schwingungen unterschied-

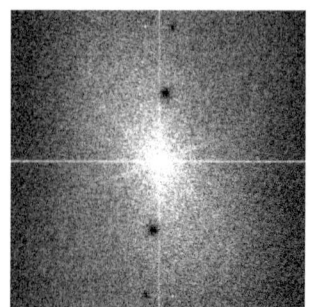

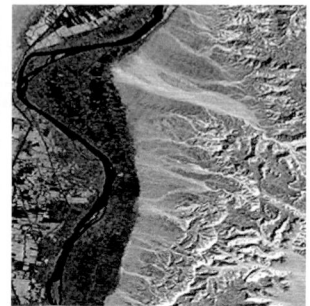

Abb. 89: Bildverbesserung mittels Fourier-Transformation
Links: Satellitenbilddaten mit Streifenstrukturen. Mitte: Bildliche Darstellung des Frequenzspektrums (dunkle Punkte zeigen ausgeblendete Frequenzanteile). Rechts: Nach Korrektur im Frequenzraum in den Bildraum zurücktransformiertes, verbessertes Bild.

licher Frequenzen. Die in einem Bild enthaltene Information kann dadurch in den so genannten Frequenzraum transformiert und als Funktion der *Ortsfrequenzen* dargestellt werden. In dieser Form lassen sich dann manche Veränderungen der Bilddaten besonders einfach ausführen. So reduziert sich beispielsweise die rechenaufwendige Faltung einer Bildmatrix mit einer großen Filtermatrix auf eine einfache Multiplikation. Mehr zu den Grundlagen findet man z.B. bei RICHARDS (2006), SCHOWENGERDT (2007) oder JÄHNE (2005).

Die Anwendung dieser Methode ist besonders effektiv, wenn über die ganze Bildfläche wirksame Störungen beseitigt werden sollen, wie etwa die Streifenstrukturen der Abb. 89. Außerdem können leicht bestimmte Richtungskomponenten in Bilddaten betont werden, was beispielsweise bei der Analyse von linearen Strukturen in der geologischen Fernerkundung vorkommt.

4.3.4 Erzeugung und Verarbeitung von farbigen Bildern

Die Gewinnung und Interpretation von farbigen Bildern spielt in der Fernerkundung eine große Rolle. Das menschliche Auge vermag nämlich nur etwa 20 bis 30 verschiedene Grautöne wahrzunehmen, kann aber leicht eine sehr große Anzahl von Farben unterscheiden. Deshalb ist die Aufbereitung von Bilddaten in Form von Farbbildern eine der wichtigsten Methoden, um Bildinformationen augenfällig darzustellen und damit leichter interpretierbar zu machen. Die Digitale Bildverarbeitung bietet dazu vielfältige Möglichkeiten.

Farbe ist eine Sinneswahrnehmung und – entgegen landläufiger Meinung – keine physikalische Eigenschaft der Dinge. Das menschliche Auge bewertet auf die Augennetzhaut einwirkende elektromagnetische Strahlung nach drei verschiedenen Empfindlichkeitskurven als rot, grün oder blau. Diese Teilreize werden stets zu einer Gesamtwirkung verschmolzen, so dass bei wechselnden Anteilen jede beliebige Farbwahrnehmung entstehen kann. Eine gleichzeitige (und gleich intensive) Reizung rot und grün führt zur Wahrnehmung gelb, rot und blau ergeben purpur (auch *magenta* genannt), grün und blau schließlich blaugrün (auch *cyan* genannt). Die gleichzeitige Reizung rot, grün und blau »addiert« sich zur Gesamtwirkung weiß. Der Vorgang wird deshalb auch anschaulich *Additive Farbmischung* genannt (Abb. 90). Auf dieser Art der Farbmischung beruht das Farbfernsehen sowie die Farbwiedergabe an Computer-Monitoren.

Der Farbeindruck aller nicht selbst leuchtenden Körper entsteht dadurch, dass diese gewisse Spektralanteile des auf sie auffallenden Lichtes absorbieren und den Rest reflektieren. Diese reflektierten – im Falle von durchsichtigen Materialien auch transmittierten – Strahlungsanteile werden vom menschlichen Auge wiederum als Farbempfindung wahrgenommen. Dazu muss betont werden, dass ein Gegenstand nicht etwa »eine Farbe hat«, sondern eine bestimmte spektrale Reflexionscharakteristik. Seine für uns wahrnehmbare Farbe hängt von der Beleuchtung ab (ein weißes Blatt Papier erscheint in rotem Licht rot!). Wir sind es aber gewohnt, die Farbe eines Gegenstandes so zu benennen, wie er uns im Tageslicht erscheint. Die Tageslichtbeleuchtung wird

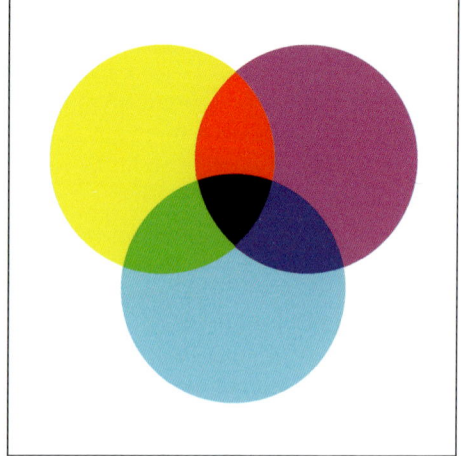

Abb. 90: Additive Farbmischung und Subtraktive Farbmischung (schematisch)
Links: Die Farben Rot, Grün und Blau werden auf eine weiße Fläche projiziert; in der Wahrnehmung werden die einzelnen Reize zu Mischfarben bzw. zu Weiß verschmolzen (die unbeleuchtete Fläche bleibt dunkel). Rechts: Eine weiße Fläche wird durch ein gelbes, blaugrünes und purpurnes Farbfilter betrachtet; von dem weißen Licht werden diese Farbanteile »subtrahiert«, so dass als Mischfarben Rot, Grün und Blau bzw. Schwarz entstehen.

von uns nämlich als farbneutral empfunden. Ein betrachteter Gegenstand reflektiert nur einen Teil davon, der von uns dann als Farbe gesehen wird. Der Rest wird von der Oberfläche des Gegenstandes absorbiert, also sozusagen von der Beleuchtung »subtrahiert«. Deshalb hat sich für diesen Vorgang der Ausdruck *Subtraktive Farbmischung* eingebürgert. Er ist die Grundlage der allgemeinen Wahrnehmung von Farben in unserer Umwelt.

Da Farbe also keine physikalische Größe, sondern eine subjektive Sinneswahrnehmung ist, sind Farbmessungen sehr schwierig. Die Farbmetrik muss sich deshalb auf einen vereinbarten »Normalbeobachter« beziehen (RICHTER 1980). Es ist üblich, in farbmetrischen Systemen jede Farbe in einem aus drei Messwerten aufgespannten Farbenraum festzulegen.

Für die Fernerkundung sind drei *Farbsysteme* wichtig. Das *RGB-System* (R = Rot, G = Grün, B = Blau) beschreibt eine Farbe durch die enthaltenen Anteile der drei Grundfarben der Additiven Farbmischung. In dieser Form werden Farbbilder üblicherweise in der Digitalen Bildverarbeitung rechnerintern dargestellt und auf Monitoren wiedergegeben. Das *IHS-System* beschreibt eine Farbe durch ihre *Intensität* I (engl. *Intensity*), den *Farbton* H (engl. *Hue*) und die *Sättigung* S (engl. *Saturation*). Diese Form ist für manche Bildverarbeitungsoperationen geeignet, die im RGB-System nicht möglich sind (vgl. Abb. 99). Die beiden Systeme können durch *Farbtransformationen* ineinander überführt werden (z.B. KLETTE u.a. 1996). Für die Bildausgabe auf Farbdruckern und in der Offsetdrucktechnik wird das CMYK-System benutzt (C = Blaugrün/*Cyan*, M = Purpur/*Magenta*, Y = Gelb/*Yellow*, K = Schwarz/*Black*). C, M und Y sind die Komplementärwerte zu R, G und B und dienen als Grundfarben der Subtraktiven Farbmischung. K ist ein zusätzlicher Schwarzanteil für den Vierfarbendruck, da die Kombination von Blaugrün, Purpur und Gelb kein schwarzes Druckbild ergibt. Außerdem ist in diesem Zusammenhang das Farbsystem *Lab* zu erwähnen, das in Bildverarbeitung und Reproduktionstechnik vielfach systemintern genutzt wird. Es beschreibt ein Farbbild durch eine Helligkeitskomponente (*Luminance L*) und zwei Farbkomponenten *a* und *b*. Diese Farbdarstellung kann beim sog. *Pansharpening* zur Kombination von Bilddaten unterschiedlicher Auflösung genutzt werden (Abschnitt 4.3.6).

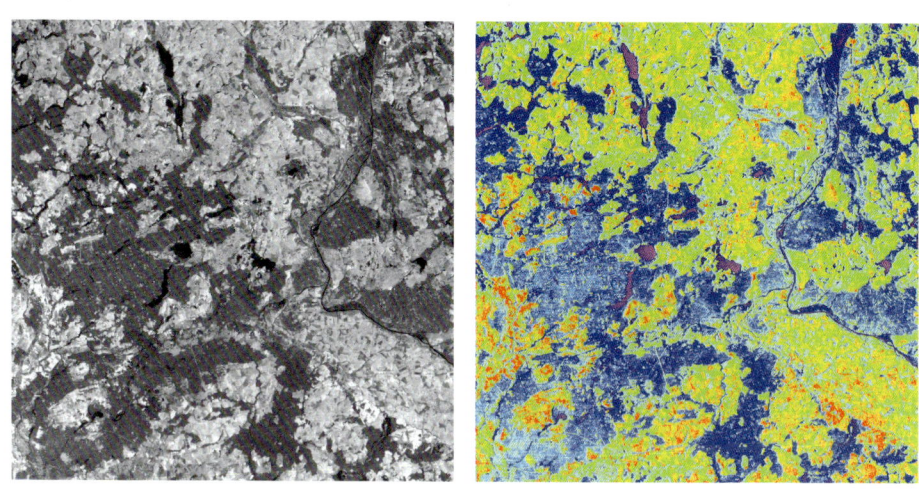

Abb. 91: Farbcodierung von Grauwerten
Links: Grauwertwiedergabe des Thermalkanals des LANDSAT-Thematic-Mapper vom 13.9.1999 (Landschaft bei Eberswalde/Brandenburg, Maßstab etwa 1:1,4 Mill.). Rechts: Dieselben Daten nach der Codierung der Grauwerte in Farben (violett/blau = kühl; rot = warm).

Bei der Verarbeitung von Fernerkundungsdaten wird von der Farbdarstellung im RGB-System in verschiedenartiger Weise Gebrauch gemacht, vor allem bei der Aufbereitung von Multispektraldaten (Abschnitt 4.3.5) und bei der Kombination mehrerer Bilder (Abschnitt 4.3.6). Aber auch bei der Aufbereitung einzelner Schwarzweißbilder kann der Übergang zur Farbdarstellung nützlich sein. Um nämlich Grauwertdifferenzen deutlicher sichtbar zu machen, kann man sich der *Farbcodierung* (engl. *Density Slicing*) bedienen. Dabei werden einzelne Grauwertbereiche in frei wählbaren Farben wiedergegeben, als Grenzen zwischen den Farben entstehen dann Linien gleicher Grauwerte (*Äquidensiten*). In dieser Form kann die Grauwertverteilung in einem Schwarzweißbild durch das menschliche Auge sehr viel differenzierter wahrgenommen werden als im Original. Deshalb ist ein solches Vorgehen immer dann zweckmäßig, wenn es auf die Grauwerte ankommt und diese als solche nur schwer interpretierbar sind. Abbildung 91 verdeutlicht dies an einem Thermalbild.

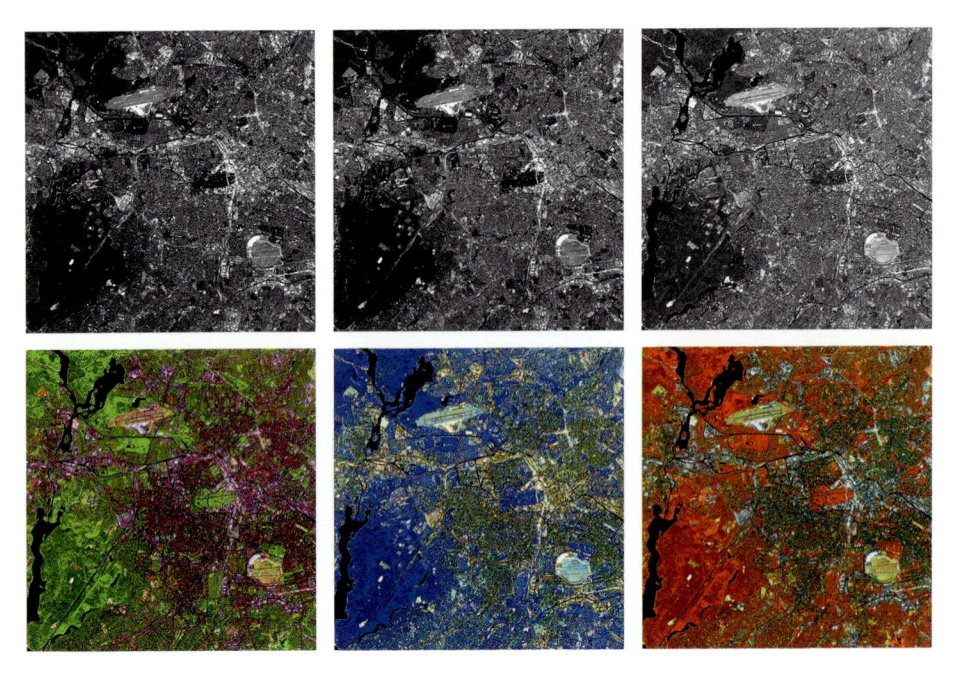

Abb. 92: Kombination von Spektraldaten zu verschiedenen Farbwiedergaben
Oben: Ein Teil von Berlin in den Spektralkanälen 2, 7 und 4 des LANDSAT-Thematic-Mapper.
Unten: Farbige Wiedergabe derselben Daten in verschiedenen Kombinationen.

4.3.5 Kombination von Daten mehrerer Spektralkanäle

Die Bilddaten, die in den einzelnen Spektralkanälen eines Multispektralsensors gewonnen werden, können jeweils als Schwarzweißbilder wiedergegeben und interpretiert werden. Da sie geometrisch identisch, aber radiometrisch verschieden sind, kann man sie aber durch *Additive Farbmischung* auch zu farbigen Bildern kombinieren und dadurch die Interpretationsmöglichkeiten vervielfältigen. Davon wird in der Fernerkundungspraxis reger Gebrauch gemacht.

Zu diesem Zweck werden den Daten von drei Spektralkanälen die Grundfarben Rot, Grün und Blau zugeordnet. Die Zuweisung ist frei wählbar, so dass verschiedenartige Farbbilder erzeugt werden können. Abbildung 92 veranschaulicht dies an drei Spektralkanälen eines TM-Bildes. Unsere visuelle Wahrnehmung ist nicht in der Lage, die Grauwertdifferenzen zwischen den Bildern zu überblicken. In den verschiedenen Kombinationen zu farbigen Bildern werden diese Differenzen aber als Farben in unterschiedlicher Weise sichtbar und interpretierbar. Da die Daten jedes einbezogenen Spektralkanals ihrerseits wieder Gegenstand der im Abschnitt 4.3.3 erwähnten Bildverbesserungen sein können, sind viele Variationen möglich.

Die Daten mehrerer Spektralkanäle können aber nicht nur in den Bildwiedergaben zusammengeführt werden. Man kann sie auch durch arithmetische Operationen mitein-

4.3 Digitale Bildverarbeitung

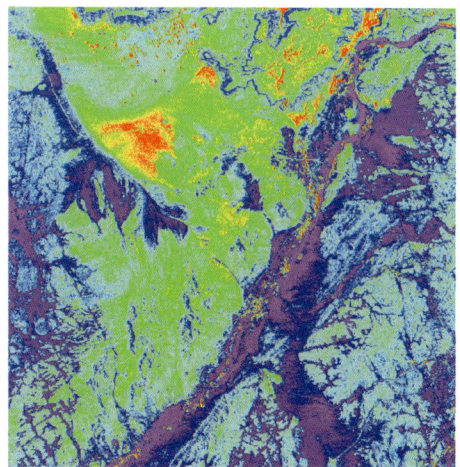

Abb. 93: Ratio-Darstellungen von Daten eines Thematic-Mapper-Bildes (Wadi Fatima in Israel, Maßstab etwa 1:500.000)

Links oben: Farbbild aus den Kanälen 5 (Rot), 7 (Grün) und 3 (Blau).
Rechts oben: Ratiobild Kanal 7/Kanal 3.
Rechts unten: Ratiobild Kanal 5/Kanal 7.

Die Grauwerte der Ratiobilder sind in Farben codiert. Dadurch werden einzelne Spektralunterschiede hervorgehoben, andere Einzelheiten, insbesondere das Geländerelief, treten zurück.

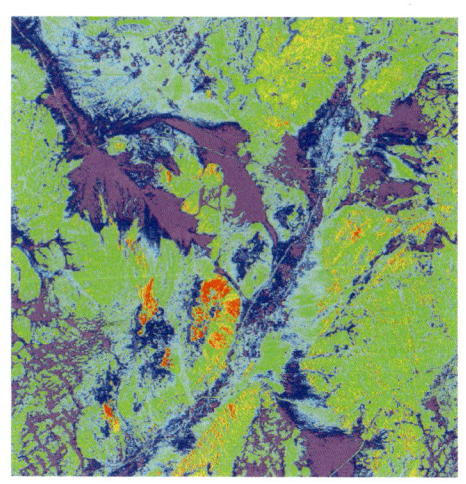

ander verknüpfen und dadurch neue Bilddatensätze erzeugen. Von besonderem Interesse ist die *Verhältnisbildung* (*Ratiobildung*) zwischen den Daten einzelner Kanäle. Dabei werden die Grauwerte eines Kanals durch die eines anderen Kanals dividiert. Theoretisch könnten die sich ergebenden Quotienten zwischen null und unendlich liegen, praktisch kommen diese Extreme kaum vor. In jedem Fall muss der neu entstandene Datensatz auf Werte zwischen 0 und 255 neu skaliert werden, um eine brauchbare Bildwiedergabe zu erhalten. In den Ausgangsdaten enthaltene Rauschanteile werden dabei verstärkt. Darum ist die nachträgliche Anwendung geeigneter Glättungsfilter häufig. Die gewonnenen Grauwerte werden meist in Farben codiert.

Ratiobildungen werden gerne benutzt, um den Einfluss der durch das Geländerelief verursachten Beleuchtungsunterschiede zu reduzieren. Während ein quasi ebenes Gelände von der Sonne eine gleichmäßige Beleuchtung erfährt, werden alle zur Sonne geneigten Hänge stärker beleuchtet, die abgewandten Hänge erhalten dagegen

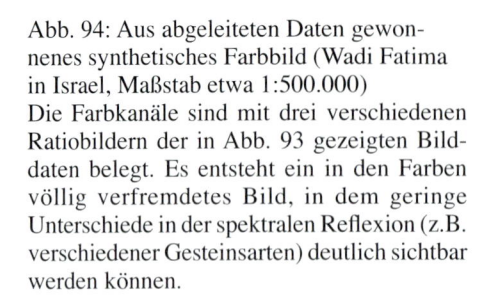

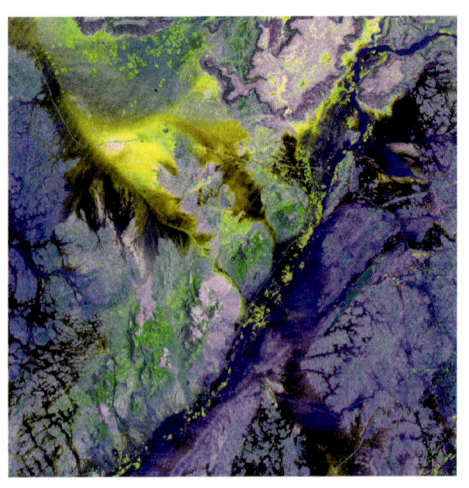

Abb. 94: Aus abgeleiteten Daten gewonnenes synthetisches Farbbild (Wadi Fatima in Israel, Maßstab etwa 1:500.000)
Die Farbkanäle sind mit drei verschiedenen Ratiobildern der in Abb. 93 gezeigten Bilddaten belegt. Es entsteht ein in den Farben völlig verfremdetes Bild, in dem geringe Unterschiede in der spektralen Reflexion (z.B. verschiedener Gesteinsarten) deutlich sichtbar werden können.

weniger Licht. Gleichartige Geländeoberflächen werden deshalb innerhalb einer Szene in unterschiedlichen Grauwerten wiedergegeben. Da dieser Einfluss zwischen den einzelnen Spektralkanälen hochgradig korreliert ist, kann er durch Ratiobildung spürbar verringert werden.

Die Wirkung dieses Vorgehens wird in Abbildung 93 veranschaulicht. Die durch das Geländerelief verursachten Helligkeitsunterschiede werden reduziert, manche zunächst weniger deutlich sichtbare Einzelheiten treten stärker hervor.

Eine andere häufig angewandte Form der Ratiobildung ist die Berechnung von Vegetationsindizes als Maß für die Vegetationsbedeckung einer Fläche (vgl. 6.11).

Dank der Flexibilität der Digitalen Bildverarbeitung lässt sich diese Art der Datenaufbereitung noch weiter treiben. Abgeleitete Datensätze wie z.B. Ratiobilder kann man ihrerseits zu neuartigen Farbbildern kombinieren, um eine kontrastreiche Wiedergabe spezieller Objekteigenschaften zu erzielen. Solche Verfahren sind zum Beispiel für die geologische Fernerkundung vegetationsloser Gebiete geeignet, um Boden- und Gesteinsunterschiede hervorzuheben. Abbildung 94 zeigt ein Beispiel.

Da alle Methoden der Bildverbesserung in vielfältiger Weise miteinander verknüpft werden können, sind nahezu unbegrenzte Variationen möglich. Man muss aber bedenken, dass die effektive Nutzung dieser Möglichkeiten gezieltes Vorgehen aufgrund von Vorkenntnissen und praktischen Erfahrungen erfordert.

Die in mehreren Spektralkanälen aufgezeichneten Bilddaten einer Szene zeigen oft große Ähnlichkeit untereinander, sie sind – vor allem in benachbarten Spektralbereichen – in hohem Maße korreliert. Demnach enthalten sie nicht nur nutzbare Informationen, sondern auch sich wiederholende und darum überschüssige, so genannte redundante Informationen. Für die Verarbeitung solcher Daten ist es vielfach nützlich, neue Datensätze abzuleiten, die die wesentlichen Informationen in wenigen Kanälen konzentrieren, und damit auch die Datenmenge zu reduzieren.

Die wichtigste und am weitesten verbreitete Methode zur Erreichung dieses Ziels ist die *Hauptkomponenten-Transformation* (engl. *Principal Component Transformation*).

4.3 Digitale Bildverarbeitung

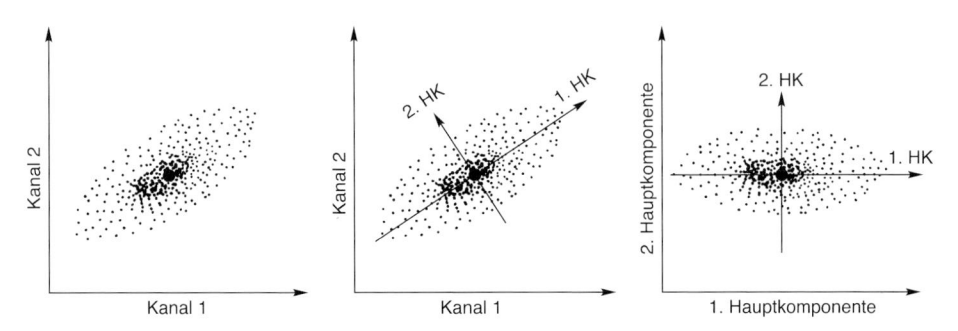

Abb. 95: Schematische Darstellung zur Hauptkomponenten-Transformation
Links: Vorliegende Daten. Mitte: Definition der Hauptachsen. Rechts: Transformierte Daten.

Abb. 96: Hauptkomponenten-Transformation von sechs Spektralkanälen
Oben: Originaldaten von drei der sechs Spektralkanäle des LANDSAT-Thematic-Mapper. Unten links: Erste Hauptkomponente (mit höchstem Informationsgehalt). Unten mittig: Dritte Hauptkomponente. Unten rechts: Fünfte Hauptkomponente (mit geringem Informationsgehalt).

Das Verfahren läßt sich anhand Abbildung 95 für den Fall von zwei Spektralkanälen erläutern. Wenn man die Grauwerte der beiden Kanäle in einem Koordinatensystem x, y darstellt, so erhält man wegen deren Korrelation eine lang gestreckte, schräg liegende Punktwolke. Im ersten Rechenschritt wird deren Mittelpunkt bestimmt und ein verschobenes Koordinatensystem x', y' definiert. In dieser Form können die Koordinatenachsen um einen Winkel α so gedreht werden, dass die eine in die Richtung der Hauptausdehnung der Punktwolke fällt, die andere senkrecht dazu. Die neuen Koordinatenachsen heißen dann 1. Hauptkomponente und 2. Hauptkomponente. Die transformierten Daten sind weitgehend unkorreliert, deshalb wird das Vorgehen vielfach auch *Dekorrelation* genannt.

Das Verfahren lässt sich auf die Bearbeitung von mehreren Kanälen erweitern und ist in dieser Form allgemeiner Bestandteil von Software-Programmen für die Fernerkundung. Abbildung 96 zeigt die Wirkung der Hauptkomponenten-Transformation auf drei Kanälen eines TM-Bildes. Je größer die Zahl der Spektralkanäle ist, desto mehr wirkt sich die Konzentration der relevanten Informationen auf die ersten Hauptkomponenten aus, während die höheren Komponenten zunehmend das Rauschen der ursprünglichen Daten enthalten. Die Methode kann deshalb auch wirksam zur Datenreduktion eingesetzt werden.

4.3.6 Kombination mehrerer Bilder

Die Verarbeitung von Luft- und Satellitenbildern ist nicht auf Einzelbilder beschränkt. Sie kann dadurch erweitert werden, dass man mehrere Bilder miteinander kombiniert. Dabei sind vor allem drei Aufgabenstellungen zu unterscheiden, nämlich die Herstellung eines Bildmosaiks aus mehreren Einzelszenen, die Kombination von Daten verschiedener Sensoren (*multisensorale Bildverarbeitung*) und die gemeinsame Verarbeitung von Daten, die zu unterschiedlichen Zeiten aufgenommen wurden (*multitemporale Bildverarbeitung*).

Eine *Mosaikbildung* wird dann erforderlich, wenn mehrere Einzelbilder zu einem großflächigen Bild vereinigt werden sollen. Diese Aufgabe hat in der Photogrammetrie eine lange Tradition, denn seit Jahrzehnten wurden Bildpläne erzeugt, indem man entzerrte Luftbilder durch Klebetechniken zu einem Gesamtbild zusammengefügt hat. Für die Mosaikbildung aus digitalen Satellitenbilddaten mussten aber entsprechende Bildverarbeitungsmethoden entwickelt werden. Dabei ist zwischen dem geometrischen und dem radiometrischen Aspekt zu unterscheiden.

Durch die *geometrische Mosaikbildung* sind die einzelnen Datensätze auf ein gemeinsames Bezugssystem zu transformieren, meist auf das Koordinatensystem einer Karte. Dazu kommen zwei methodische Ansätze in Frage (ALBERTZ u.a.1987):
- Man kann die Bilder aufgrund von Passpunkten *einzeln* entzerren und anschließend zu einem Mosaik vereinigen. Dies erfordert eine große Anzahl von Passpunkten.
- Die Parameter zur Transformation aller Bilder können *gemeinsam* rechnerisch bestimmt werden. Dazu genügen einige Passpunkte, welche den Bezug zum Koordinatsystem der Karte definieren. Im übrigen beruht die Vereinigung der Einzelszenen auf Verknüpfungspunkten, die in den Überlappungsbereichen benachbarter Bilder liegen und den inneren geometrischen Bezug des Mosaiks sicherstellen (Abb. 97). Für diese Punkte wird lediglich die Identität in den beteiligten Bildern vorausgesetzt, ihre Sollkoordinaten brauchen nicht bekannt zu sein.

4.3 Digitale Bildverarbeitung

▲ Passpunkt
• Verknüpfungspunkt
⋯ Kartenblatt

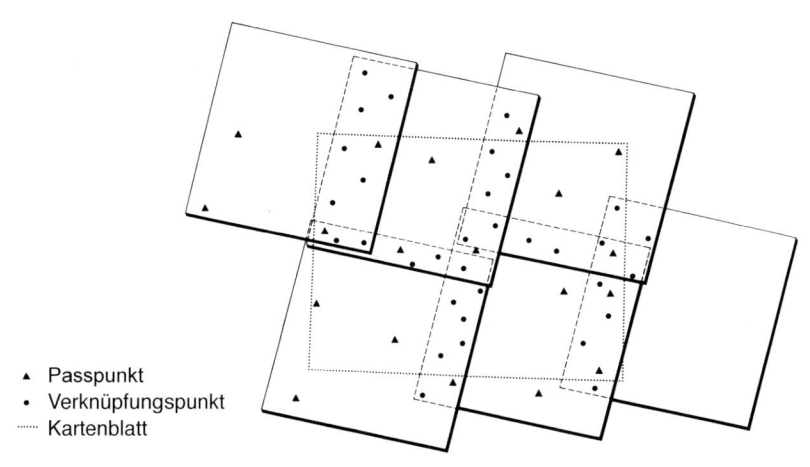

Abb. 97: Schematisches Beispiel zur geometrischen Mosaikbildung
Um ein Kartenblatt abzudecken, werden mehrere Szenen durch Verknüpfungspunkte vereinigt und durch Passpunkte in das Koordinatensystem der Karte transformiert.

Die praktische Durchführung der Mosaikbildung ist dann im Prinzip eine geometrische Transformation der Bilddaten (vgl. 4.3.1).

Aus verschiedenen Gründen verbleiben nach der geometrischen Mosaikbildung noch Helligkeits-, Kontrast- und Farbunterschiede zwischen den einzelnen Szenen. Erst durch eine anschließende *radiometrische Mosaikbildung* kann man ein homogenes Gesamtbild erhalten. Dazu kommen verschiedene Verfahrensweisen in Frage. In der Regel wird dabei erneut von den Mehrfachinformationen Gebrauch gemacht, die in den Überlappungsbereichen benachbarter Bilder vorliegen. Besonders zweckmäßig ist es, die Grauwerthistogramme identischer Bildausschnitte einander in einem Ite-

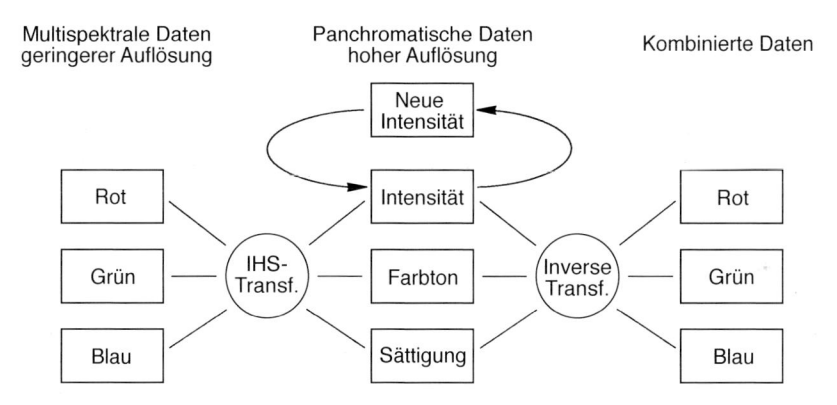

Abb. 98: Prinzip der Kombination multisensoraler Daten mittels IHS-Transformation
Nach der Tranformation der multispektralen Daten in den IHS-Farbraum wird der Intensitätskanal durch die panchromatischen Bilddaten höherer Auflösung ersetzt. Danach wird das Bild in den RGB-Farbraum zurücktransformiert.

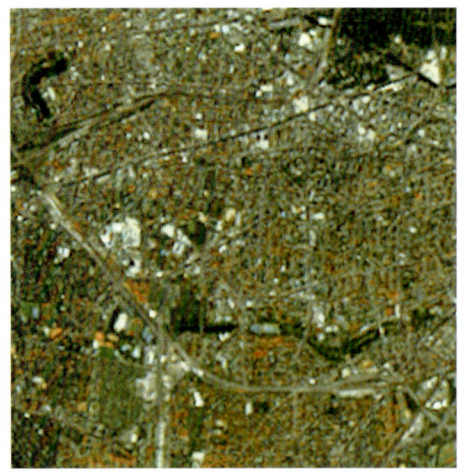

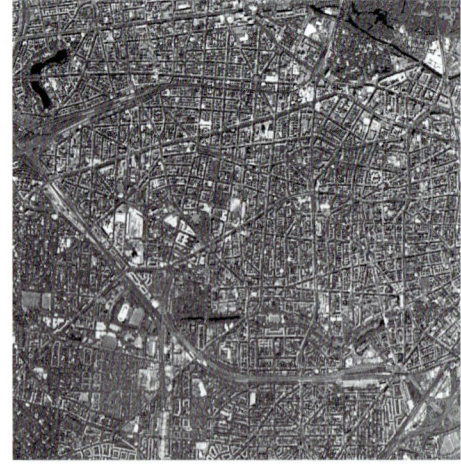

Abb. 99: Kombination von Daten verschiedener Sensoren – Teil der Stadt Berlin im Maßstab 1:100.000

Links oben: Daten des IRS-Sensors LISS III, Kanäle 1, 2 und 3. Rechts oben: Panchromatische Daten des IRS-Sensors PAN. Rechts: Durch Farbtransformation erzeugte Kombination. (Bearbeitung: FPK Ingenieurgesellschaft, Berlin)

rationsprozess anzupassen. Damit erhält man Korrekturtabellen, mit deren Hilfe sich die Grauwerte der einzelnen Szenen in das Ergebnisbild übertragen lassen (KÄHLER 1989). Diese oder ähnliche Methoden sind heute in Fernerkundungsprogrammen allgemein verfügbar.

Bei der Kombination von Daten verschiedener Sensoren wird versucht, die unterschiedlichen Informationsinhalte vorliegender Bilddaten zu einem verbesserten Bildprodukt zu vereinigen. Als typische Aufgabe für eine solche *multisensorale Bildverarbeitung* kann die Kombination von geometrisch hochauflösenden panchromatischen Daten mit Farbinformationen niedrigerer Auflösung gelten. Dies hat erstmals ab 1986 für die Vereinigung panchromatischer SPOT-Daten mit multispektralen TM-Daten große praktische Bedeutung erlangt. Aber auch bei den neueren Satellitendaten stellt sich diese Aufgabe immer wieder, da viele Sensorsysteme – aus technischen und ökonomischen Gründen – auf hohe Auflösung in panchromatischen Bilddaten

4.3 Digitale Bildverarbeitung

und geringere Auflösung in Multispektraldaten ausgelegt sind. Dasselbe gilt für die neuen digitalen Luftbildkameras in Zeilen- und Matrixbauweise. In allen Fällen muss selbstverständlich vorausgesetzt werden, dass die zu kombinierenden Daten dieselbe Bildgeometrie aufweisen. Für das Vorgehen wird oft die englische Ausdrucksweise *Pansharpening* benutzt.

Zur Lösung der Aufgabe kommen verschiedene methodische Ansätze in Frage, beispielsweise die Verknüpfung der Daten durch arithmetische Operationen. Als zweckmäßig hat es sich erwiesen, die Multispektraldaten und die höher auflösenden panchromatischen Daten über die schon erwähnte *IHS-Transformation* zu kombinieren (ALBERTZ u.a. 1992). Dabei werden zuerst die Multispektraldaten in den IHS-Farbraum transformiert (Abb. 98). In dieser Form können dann die Daten des Intensitätskanals (also die Schwarzweiß-Informationen) durch die höherauflösenden panchromatischen Daten ersetzt werden. Abschließend erhält man das verbesserte Bild durch die Rücktransformation in den ursprünglichen RGB-Farbraum (Abb. 99). Über andere, in der Literatur vorgestellte Verfahren, berichten z.B. HIRSCHMUGL u.a. (2005). Auch der Lab-Farbmodus in Bildverarbeitungsprogrammen (z.B. *Adobe Photoshop*) ist geeignet, ähnlich wie die IHS-Transformation eingesetzt zu werden.

Häufig stellt die Kombination mehrerer Bilder eine Verarbeitung multitemporaler Daten dar, da die beteiligten Szenen – von der digitalen Luftbildaufnahme abgesehen – nicht zum selben Zeitpunkt aufgenommen wurden. Während jedoch in den zuvor

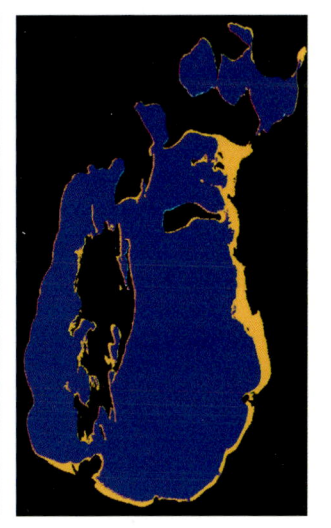

Abb. 100: Die Verlandung des Aral-Sees, ein Beispiel für »Change Detection«
Der Wasserspiegel des Aral-Sees ist zwischen 1995 (linkes Bild) und 1996 (mittleres Bild) um etwa einen Meter gesunken, die Seefläche hat sich dabei um fast 4.000 km^2 verringert. Aus den mit dem russischen System MSU-SK, einem Multispektralscanner geringer Auflösung auf dem Satelliten Resurs-01, gewonnenen Daten wurde das rechte Bild abgeleitet, das die Veränderungen in gelber, die verbleibende Wasserfläche in blauer Farbe zeigt. Bildmaßstab etwa 1:5.000.000.
(Photos: Deutsches Fernerkundungsdatenzentrum, DLR Oberpfaffenhofen)

genannten Fällen die zeitlich bedingten Unterschiede als Störungen gelten, die man ausgleichen will, zielt die *multitemporale Bildverarbeitung* gerade auf die Unterschiede der aus verschiedenen Aufnahmezeiten stammenden Daten ab. Dabei sollen *Veränderungen* der Objekte erkannt werden, eine Aufgabe, für die sich die Bezeichnung *Change Detection* eingebürgert hat. In jedem Fall ist dazu wiederum eine genaue geometrische Übereinstimmung der Daten vorauszusetzen, da durch geometrische Restfehler scheinbare Veränderungen vorgetäuscht würden.

Im Prinzip kann eine bildhafte Darstellung von Veränderungen erzeugt werden, wenn man einen Bilddatensatz von einem zweiten abzieht, der zu einem anderen Zeitpunkt aufgenommen wurde, und die gewonnenen positiven und negativen Werte wieder in eine übliche Grauwertmatrix umsetzt. Man erhält dann ein Bild, in dem veränderte Bereiche je nachdem heller oder dunkler erscheinen. Auf diese Weise können beispielsweise Änderungen der Landnutzung, Rodungsflächen, Überschwemmungsgebiete u.ä. erfasst werden. Diese Vorgehensweise ist jedoch sehr störanfällig, da die zu erfassenden signifikanten Objektveränderungen meist von vielen kleinen, aber unwichtigen Unterschieden in den Bilddaten überlagert werden. Es ist schwierig, solche lokalen Störungen durch geeignete Filtertechniken zu eliminieren. Deshalb beschränkt man sich vielfach darauf, diese Art der Verarbeitung als Vorstufe für eine visuelle Bildinterpretation einzusetzen. Dagegen verspricht bei Aufgaben dieser Art eine Kombination des multitemporalen Ansatzes mit der Multispektral-Klassifizierung (vgl. 5.3.3) vielfach mehr Erfolg (Abb. 100).

5. Auswertung von Luft- und Satellitenbildern

Unter dem allgemeinen Begriff *Auswertung* fasst man alle Vorgänge zusammen, die dem Ziel dienen, die in Luft- und Satellitenbildern gespeicherten Informationen nutzbar zu machen und Produkte abzuleiten. Die Ziele, die dabei verfolgt werden, können sehr verschieden sein. Sie reichen beispielsweise von der Messung einzelner geometrischer Größen bis zur Analyse komplexer sozioökonomischer Zusammenhänge. Entsprechend vielfältig sind auch die bei der Auswertung von Luft- und Satellitenbildern vorkommenden Methoden und die eingesetzten Hilfsmittel.

In der Vielfalt der Ausweprozesse kommen aber drei Grundaufgaben immer wieder vor. Einmal wird von der menschlichen Fähigkeit Gebrauch gemacht, »Bildinhalte« wahrzunehmen, sich bewusst zu machen und daraus Schlüsse zu ziehen; diese Vorgänge sind unter dem Begriff *Visuelle Bildinterpretation* zusammenzufassen. Dann werden die zwischen den Bildern und den abgebildeten Objekten bestehenden geometrischen Beziehungen genutzt, um geometrische Größen abzuleiten; dies geschieht durch *Photogrammetrische Auswertung*. Schließlich werden die vielfältigen Möglichkeiten der rechnerischen Verarbeitung herangezogen, um aus vorliegenden Bilddaten gewünschte Informationen zu extrahieren; dazu dienen die Verfahren der *Digitalen Bildauswertung*.

In der Praxis sind diese einzelnen Vorgänge meist eng miteinander verknüpft, gehen vielfach ineinander über oder laufen gleichzeitig ab. Insbesondere darf nicht übersehen werden, dass auch die Ergebnisse rechnerischer Prozesse in aller Regel abschließend in Bildform wiedergegeben werden, sei es auf dem Monitor eines Rechners oder auf Papier. Sie werden damit selbst wieder zum Gegenstand der visuellen Bildinterpretation. Deshalb kann deren grundlegende Bedeutung nicht hoch genug eingeschätzt werden.

Trotz dieser komplexen Zusammenhänge wird in den folgenden Abschnitten versucht, die bei der Auswertung von Luft- und Satellitenbildern vorkommenden Prozesse an Hand der genannten Dreigliederung aufzuzeigen.

5.1 Visuelle Bildinterpretation

Als Menschen erhalten wir die Mehrzahl der Informationen über unsere Umwelt durch die visuelle Wahrnehmung, durch das Sehen. Schon als Kinder wachsen wir in eine visuelle Wahrnehmungswelt hinein, und zwar so intensiv, dass wir uns der Vorgänge, die sich dabei abspielen, gar nicht bewusst werden. Jeder Mensch hat deshalb eine enorme Erfahrung in der Verarbeitung visueller Reize. Von dieser Erfahrung macht er auch Gebrauch, wenn er eine (ebene!) Bildfläche betrachtet und darauf nicht nur

»Strukturen« erkennt, sondern Gegenstände in einer räumlich (dreidimensional!) erscheinenden Welt.

Aus der Sicht der Fernerkundung kann man in dem komplexen Gesamtprozess der Bildinterpretation zwei Stufen unterscheiden, die sich mehr oder weniger deutlich voneinander trennen lassen:
- Die erste Stufe betrifft das *Erkennen* von Objekten wie Straßen, Felder, Flüsse u.ä. Dieser Vorgang beruht im Wesentlichen auf den Erfahrungen, die ein Beobachter auf dem Gebiet der visuellen Wahrnehmung mitbringt.
- Daran schließt sich das eigentliche *Interpretieren* an, bei dem aufgrund der erkannten Objekte Schlussfolgerungen gezogen werden. Hierbei steht das bewusste Kombinieren mit speziellen, meist fachspezifischen Vorkenntnissen und Erfahrungen im Vordergrund.

Die folgenden Erläuterungen versuchen, dieser Zweistufigkeit des Interpretationsprozesses gerecht zu werden.

5.1.1 Visuelle Wahrnehmung

An der visuellen Wahrnehmung sind drei verschiedenartige Komponenten beteiligt. Der *physikalische* Anteil beschreibt die wirksame elektromagnetische Strahlung und die optische Abbildung auf der Netzhaut des Auges. Der *physiologische* Aspekt gilt der Reizaufnahme durch die lichtempfindlichen Zellen in der Netzhaut und der Leitung von Signalimpulsen an das Gehirn. Zum eigentlichen Wahrnehmungserlebnis und gar zum Bewusstsein, etwas Bestimmtes zu sehen, führen schließlich *psychologische* Prozesse. Diese sind Gegenstand der Wahrnehmungspsychologie (z.B. METZGER 1975, GIBSON 1973, ROCK 1985, ALBERTZ 1970, 1997, GOLDSTEIN 1997).

Um überhaupt »etwas« sehen zu können, müssen die dem Auge dargebotenen Reize flächenhaft organisierte Signale enthalten. Diese Voraussetzung ist normalerweise sowohl beim unmittelbaren Sehen in unserer Umwelt als auch beim Betrachten von Bildern erfüllt. Die Signale sind physikalisch beschreibbar und – unter gegebenen Bedingungen – für jeden Beobachter gleich. Ausschlaggebend für die Wahrnehmung ist aber, was in unserem Gehirn mit den aufgenommenen Reizen geschieht. Es setzt eine aktive Tätigkeit des Gehirns ein, in der eine flächenhafte Gliederung und eine räumliche Gliederung des Sehfeldes stattfindet.

Durch die *flächenhafte Gliederung* wird ein betrachtetes Bild in mehr oder weniger scharf abgegrenzte Einzelflächen unterteilt. Dabei können verschiedene Kriterien wirksam sein, nämlich Kontraste, Kanten, Linien oder auch Farben. Flächen, die zu Wahrnehmungseinheiten werden, können durchaus Helligkeits- und Farbunterschiede und auch viele Strukturierungsmerkmale aufweisen. Eine Waldfläche beispielsweise ist im Detail hochgradig differenziert. Dennoch können wir sie zweifelsfrei von ebenfalls hochgradig differenzierten angrenzenden anderen Flächen unterscheiden. Beim Zusammenschluss gleichartiger Bereiche zu Flächen ist also eine gewisse Toleranz hinsichtlich der Gleichartigkeit wirksam (Abb. 101). Die Grenzen dieser Toleranz hängen vom Aufbau des gesamten Sehfeldes ab, von vorliegenden Kontrasten, von der

5.1 Visuelle Bildinterpretation

Abb. 101: Ein Beispiel für die flächenhafte Gliederung des Sehfeldes
Auf den ersten Blick werden die dunklen Nadelwaldflächen von anderen Flächen (kahle Laubwaldflächen, Wiesen, Felder) getrennt. Bei genauerem Hinsehen zerfällt das Gebiet in viele Teilflächen, die sich durch gewisse Merkmale in der Bildstruktur voneinander abheben. Das Bild zeigt das Möhnetal bei Warstein, Maßstab etwa 1:8.000. (Photo: Hansa Luftbild GmbH)

Form des Grenzverlaufs usw. und sicher auch von subjektiven Sehgewohnheiten und Erwartungen des Beobachters. Die flächenhafte Gliederung ist in aller Regel mit einer starken Reizauswahl verbunden. Wir reduzieren die Gesamtheit der Reize auf besondere strukturelle Merkmale und unterdrücken andere. Dabei ist unser Wahrnehmungssystem offenbar in der Lage, sich auf informationstragende Signale zu konzentrieren. Das Ergebnis ist auch keineswegs statisch, sondern dynamisch, es vollzieht sich ein sehr subjektiv geprägter Prozess.

Wir neigen nun dazu, einzelne Elemente dieser flächenhaften Untergliederung eines Bildes als Objekte, als reale Gegenstände wahrzunehmen und die Umgebung als unstrukturierten Hintergrund. Wenn wir in unserer Alltagswelt etwa die Silhouette eines Turmes gegen den Himmel betrachten, dann ist der Turm stets ein Gegenstand (*Figur*), während der Himmel keine »Form« hat und einen sich hinter dem Turm fortsetzenden *Grund* bildet. Entsprechend werden in Luftbildern Bäume, Büsche, Häuser, Autos usw. als Objekte über der den Grund bildenden Geländefläche gesehen.

Das *Figur-Grund-Verhältnis* ist wahrnehmungspsychologisch deshalb interessant, weil es eng mit unserer Gewohnheit verknüpft ist, ganzheitliche Gestalten wahrzunehmen und unvollständige Figuren zu Ganzheiten zu ergänzen. Diese so genannten *amodalen Ergänzungen* sind bei der Wahrnehmung unserer Umwelt ebenso wichtig wie beim Interpretieren von Bildern und Zeichnungen bzw. Karten. Die Abbildungen 102 und 103 zeigen Beispiele dieser Art.

Abb. 102: Amodale Ergänzungen bei der Betrachtung eines Luftbildes
Teile der Straßen und Wege werden durch die Baumkronen verdeckt. Dennoch wird ein geschlossenes Straßen- und Wegenetz wahrgenommen.

Abb. 103: Amodale Ergänzungen beim Betrachten topographischer Karten
Die Schrift verdeckt Teile des Grundrisses und ist zusätzlich »freigestellt«. Man hat aber nicht den Eindruck, dass der Grundriss unterbrochen sei.

In aller Regel wird die in einem Bild wiedergegebene Szene nicht als Ebene interpretiert, sondern räumlich gesehen. Unsere alltäglich gesehene Welt hat drei Dimensionen und jeder Gegenstand hat seinen Platz in dem wahrgenommenen Raum. Offenbar findet im Wahrnehmungsprozess außer der flächenhaften Gliederung auch eine *räumliche Gliederung* des Sehfeldes statt. Die reiche Alltagserfahrung, die jeder Mensch auf diesem Gebiet hat, wird wiederum bei der Interpretation von Luft- und Satellitenbildern genutzt. Dabei wirken eine ganze Reihe von Faktoren, die hier nur kurz genannt werden können, in komplexer Weise zusammen (ALBERTZ 1997).

Es leuchtet unmittelbar ein, dass sich aus *Verdeckungen* räumliche Informationen ergeben. Die Baumkrone, die als Figur *vor* einem Geländeuntergrund gesehen wird, liegt offenbar höher. Aber auch gewisse *geometrische Figuren* (z.B. die Kanten eines Hauses) werden unbewusst als das Bild von räumlichen Körpern aufgefasst. Eine ganze Reihe von Elementen der räumlichen Wahrnehmung kann man als *Gradienten*, d.h. als Gefälle in der Reizverteilung im Sehfeld, kennzeichnen. Da gibt es Größen-, Dichte-, Textur-, Kontrast-, Farb- und Helligkeitsgradienten, die beispielsweise zur räumlichen Tiefenwirkung von Schrägluftbildern führen. Die folgenden Betrachtungen über Interpretationsfaktoren greifen diese Aspekte wieder auf.

5.1.2 Interpretationsfaktoren

Zum *Erkennen* von Objekten und Sachverhalten in Luft- und Satellitenbildern trägt eine Reihe von Einzelfaktoren bei, die im Allgemeinen in nicht überschaubarer Weise zusammenwirken. Dennoch ist die Kenntnis dieser Faktoren für die Interpretation sehr wichtig.

Die *Helligkeit einer Fläche* – also die Schwärzung im Schwarzweißbild – enthält Informationen über die abgebildeten Gegenstände, da sie in starkem Maße von den Reflexionseigenschaften der Objektoberflächen abhängt. Daneben wirken sich aber auch zahlreiche andere Faktoren auf die Schwärzung aus (Beleuchtungsverhältnisse, Atmosphäre, Sensoreigenschaften, Beobachtungsrichtung usw.). Deshalb besteht zwischen den Objekteigenschaften und der Schwärzung kein einfacher Zusammenhang. Aussagekräftiger sind dagegen die *Helligkeitsunterschiede* zwischen verschiedenartigen Flächen, da z.B. eine stärker reflektierende Fläche unabhängig von den genannten Einflüssen stets heller wiedergegeben wird als eine benachbarte weniger stark reflektierende.

Bei der Bewertung von Schwärzungsunterschieden muss jedoch berücksichtigt werden, dass diese stark von der spektralen Empfindlichkeit des Sensors abhängen (z.B. von der Film-Filter-Kombination bei der photographischen Aufnahme). Zum Unterscheiden verschiedener Objektarten und -eigenschaften kann dies sehr nützlich sein. Dazu muss sich der Interpret bei der Beurteilung von Schwärzungsunterschieden aber über das Zusammenwirken der Einzelfaktoren bewusst sein (vgl. 2.2.5).

Im Falle von Farbbildern kommen zu der Helligkeit einer Fläche Farbton und Sättigung als Hilfsmittel zum Erkennen und Unterscheiden von Objekten hinzu. *Farbton* nennt man jene Eigenschaft, durch die sich die bunten Farben von den unbunten (Weiß, Grau und Schwarz) unterscheiden und für die Farbnamen wie Gelb, Rot, Blau, Grün üblich sind. Die *Sättigung* gibt an, ob eine Farbe (bei gleicher Helligkeit und gleichem Farbton) blasser oder kräftiger erscheint (Näheres dazu z.B. bei RICHTER 1980). Hinsichtlich Farbton und Sättigung gilt Entsprechendes: Die Farbunterschiede sind für unsere Wahrnehmung vielfach aussagekräftiger als die einzelnen Farben.

Insbesondere bei der Interpretation von Luftbildern, die mit großen Bildwinkeln aufgenommen sind, ist zu beachten, dass die Wiedergabe von Objektoberflächen innerhalb der Bildfläche nicht in gleicher Weise erfolgt. Das ist vor allem auf die Wirkung des Helligkeitsabfalls in der Bildebene (vgl. 2.2.6) sowie auf die schräg einfallende Sonnenstrahlung zurückzuführen, die Mitlicht- und Gegenlichtbereiche schafft (vgl. 2.1.3). Dies hat zur Folge, dass aus Schwärzungs- bzw. Farbunterschieden benachbarter Bildteile sehr zuverlässig auf Objektunterschiede geschlossen werden kann, während die Unterschiede zwischen weit entfernten Bildteilen sehr vorsichtig bewertet werden müssen (vgl. Abb. 16).

Ein weiterer Interpretationsfaktor ist die *Form von Objekten*. Formen werden im Allgemeinen dadurch sichtbar, dass sich zwischen Flächen unterschiedlicher Helligkeiten (oder Farben) Grenzlinien bilden. Diese Linien zeichnen Umrisse und Kanten der Objekte in der jeweiligen Abbildungsgeometrie nach. Da die Aufnahme von Luft- und Satellitenbildern im Allgemeinen senkrecht nach unten erfolgt, sind die Grundrissformen von besonderer Wichtigkeit. Daraus können zahlreiche Informationen über Art, Entstehung und Funktion der Objekte abgelesen werden, wobei der Interpret stets von seinen Vorkenntnissen und Erfahrungen Gebrauch macht. Besonders gut unterscheidbar sind natürliche Objekte, bei denen keine geometrischen Formen vorkommen, und künstliche Objekte, die Geraden, Parallelen, rechte Winkel und andere auffällige geometrische Formen aufweisen. Bei großen Bildmaßstäben werden zudem zahlreiche Formeinzelheiten abgebildeter Objekte sichtbar (z.B. Dachformen eines Gebäudes). Sie erleichtern das Erkennen von Objekten sehr.

Auch die *Größe von Objekten* ist zum Erkennen ihrer Funktion und Entstehung nicht unwichtig. Um sie richtig beurteilen zu können, muss der Interpret eine ungefähre Vorstellung über den vorliegenden Bildmaßstab haben. Im Allgemeinen wird dieser bekannt sein oder er kann auf einfache Weise durch einen Vergleich mit topographischen Karten ermittelt oder auch aus der Bildwiedergabe bekannter Objekte abgeschätzt werden (vgl. 3.1).

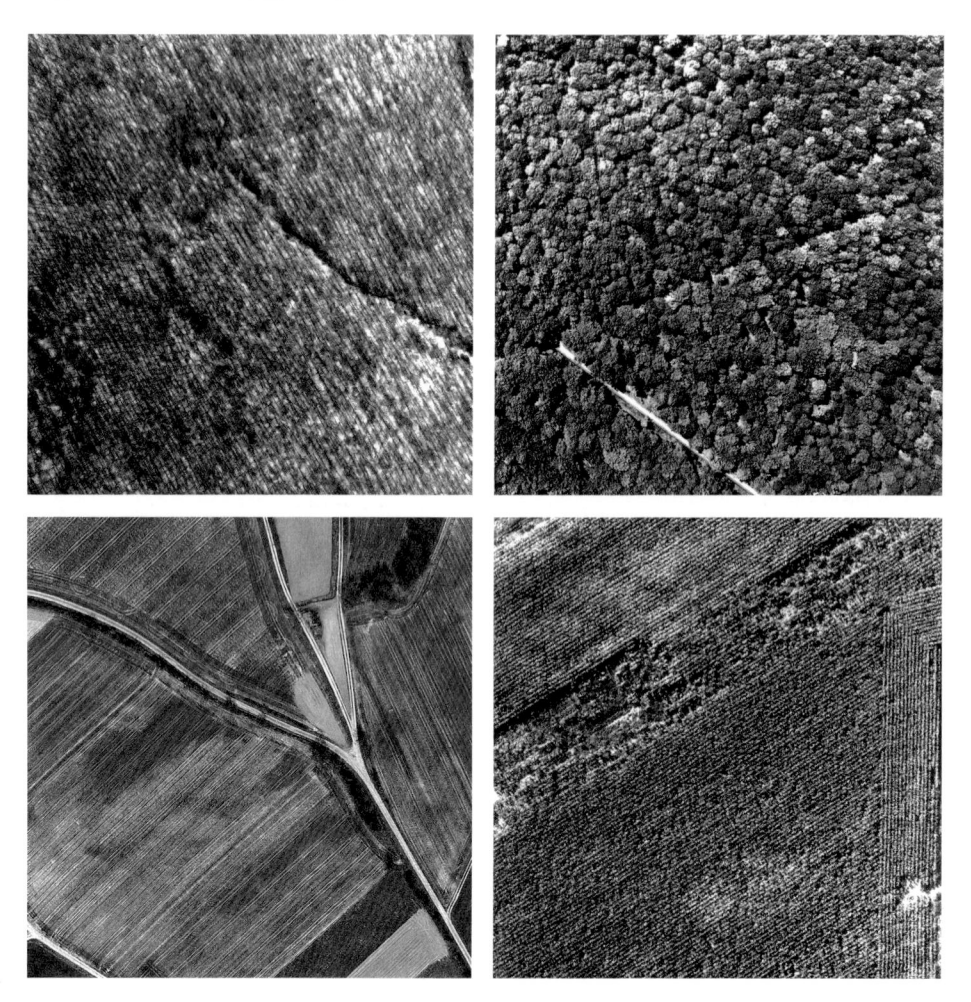

Abb. 104: Beispiele für verschiedene Oberflächentexturen
Links oben: Laubwald im Frühjahr. Rechts oben: Laubwald im Sommer. Links unten: Äcker im Frühjahr (Maßstab jeweils 1:6.000). Rechts unten: Maisfeld im Sommer (Maßstab 1:2.000).

5.1 Visuelle Bildinterpretation

Ein gutes Kriterium zum Erkennen verschiedenartiger Objektarten ist die *Textur einer Oberfläche*. Unter Textur versteht man die Strukturierung einer Fläche, die sich in einem Bild aufgrund von Material- und Oberflächeneigenschaften ergibt. Dabei sagen einzelne Elemente dieser Erscheinung eigentlich nichts aus, aber in ihrer Gesamtheit ergeben sie eine Flächenstruktur, die jeweils für verschiedene Oberflächenarten charakteristisch ist. Wir haben es beim Sehen in unserer Umwelt ständig mit mehr oder weniger regelmäßigen Texturen zu tun, die noch dazu mit Betrachtungsabstand, Blickrichtung oder Beleuchtung stark variieren. Unsere visuelle Wahrnehmung hat deshalb viel Erfahrung damit und vermag Texturen und Texturunterschiede leicht zu erfassen und zu interpretieren.

Für das Erkennen von Objekten in Luft- oder Satellitenbildern sind Texturen deshalb wichtig, weil sie für verschiedene Objektarten und -materialien ein typisches Aussehen aufweisen. Abbildung 104 zeigt einige Beispiele dazu. Bei künstlich bearbeiteten Flächen findet man oft regelmäßige Texturen (linienhaft, streifig, rasterbildend), bei natürlichen Oberflächen sind sie dagegen mehr unregelmäßig (körnig, fleckig, wolkig). Das Auftreten von Texturen ist verständlicherweise eng mit dem Bildmaßstab verknüpft. Zum Beispiel sind im großen Maßstab einzelne Baumkronen deutlich als solche erkennbar, aber die Blätter und kleinen Zweige bilden eine Textur der Kronenoberfläche. Im kleinen Maßstab bildet die Gesamtheit der Baumkronen eine Textur der Waldoberfläche. Die Textur von ein und derselben Fläche kann, insbesondere wenn es sich um Objekte mit räumlich tiefer Oberflächenausprägung (beispielsweise Vegetation) handelt, im Mitlicht- und Gegenlichtgebiet sehr verschieden aussehen (vgl. MEIENBERG 1966).

Schattierungen sind vor allem zum Erkennen von Oberflächenformen wichtig. In der Regel werden Luft- und Satellitenbilder bei schräg einfallendem Sonnenlicht aufgenommen. Die Folge davon ist bei unebenem Gelände eine ungleichmäßige Beleuchtungsstärke, die im Bild zu *Helligkeitsgradienten*, also zu einer Schattierung der Geländefläche führt. Dies wird besonders deutlich, wenn der Boden entweder vegetationsfrei oder mit sehr gleichmäßiger Vegetation überdeckt ist. Interessanterweise kommt bei der Betrachtung derartiger Luft- oder Satellitenbilder eine räumliche Wirkung zustande, die wiederum auf unserer Alltagserfahrung beruht. Man sieht deshalb nicht einfach »Flächen«, sondern Oberflächenformen.

Diese räumliche Wirkung von Helligkeitsgradienten ist ein interessantes wahrnehmungspsychologisches Phänomen. Sie setzt nämlich voraus, dass der Betrachter der vorliegenden Helligkeitsverteilung einen bestimmten Ort der Lichtquelle zuordnet. Erfahrungsgemäß wird dabei die Stellung der Lichtquelle oberhalb des Gesichtsfeldes bzw. Bildes bevorzugt, meist links oben. Dies dürfte mit der Alltagserfahrung zusammenhängen, dass die Gegenstände unserer Umwelt praktisch immer von oben beleuchtet sind. Offenbar führt diese Erfahrung dazu, dass auch bei der Betrachtung von Bildern unbewusst ähnliche Beleuchtungsverhältnisse unterstellt werden. Wenn die beobachteten Helligkeitsgradienten tatsächlich durch eine andere Beleuchtung entstanden sind und sonstige zwingende Faktoren der Raumwahrnehmung fehlen, kann es leicht zu Fehlwahrnehmungen (*Inversionen*) kommen (Abb. 105). Um solche Täuschungen zu vermeiden und zugleich die beste räumliche Wirkung von Luft- und

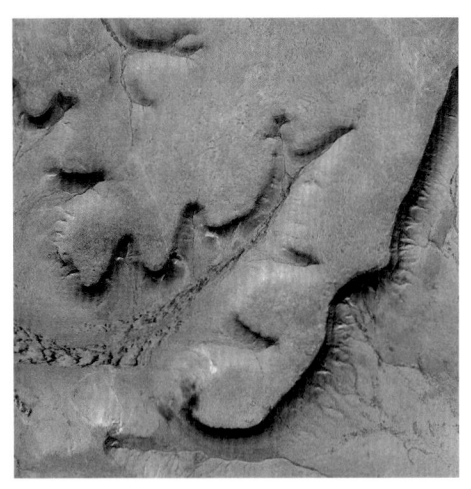

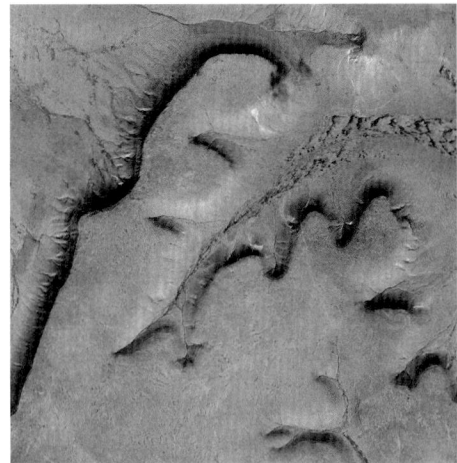

Abb. 105: Räumliche Wirkung von Helligkeitsgradienten
Links: Luftbild einer vegetationslosen Landschaft im Irak (Maßstab etwa 1:30.000). Rechts: Inversionseffekt nach Drehung des Bildes um 180°. (Photo: WILD Heerbrugg)

Satellitenbildern zu erzielen, sollten diese demnach so betrachtet werden, dass die tatsächliche Geländebeleuchtung im Gesichtsfeld von (links) oben kommt. Für die Nordhalbkugel der Erde bedeutet dies, dass man die Bilder (im Gegensatz zu der in der Kartographie üblichen Orientierung) nach Süden orientieren (d.h. Süden im Gesichtsfeld oben anordnen) muss, um die beste Betrachtungsweise zu erzielen.

Insbesondere in Luftbildern größerer Bildmaßstäbe spielen die *Schlagschatten* eine große Rolle, die durch das schräg einfallende Sonnenlicht entstehen. Sie unterstützen die räumliche Wahrnehmung von Objekten ungemein. Bei aufragenden Objekten wie Gebäuden, Bäumen, Masten, Antennen usw. verraten Schlagschatten häufig sonst nicht erkennbare Einzelheiten über Form und Höhe dieser Objekte (Abb. 106). Diese Wirkung ist am deutlichsten, wenn die Schatten auf eine annähernd horizontale und nahezu ebene Fläche fallen. Wird der Schatten dagegen auf eine geneigte oder eine kompliziert geformte Fläche projiziert, dann muss dieser Sachverhalt bei der Auswertung des Schattenbildes berücksichtigt werden.

Die *relative Lage von Objekten* gibt dem Interpreten vielfach Hinweise zu deren Identifizierung. Das Umfeld (gerne auch als Kontext bezeichnet) wird vom Interpreten bewusst oder unbewusst mitgenutzt, wenn er ein Objekt als solches erkennt. Vor allem bezieht sich das auf die Funktion von Gebäuden, auf die aufgrund von Zufahrtswegen, Nebengebäuden, Lagerplätzen u.ä. geschlossen werden kann. Aus Bildern größerer Maßstäbe können in dieser Hinsicht oft weitgehende Schlussfolgerungen gezogen werden. Mit kleiner werdendem Bildmaßstab verlagert sich in der Regel auch diese Art der Interpretierbarkeit auf andere Relationen.

Besondere Formen der relativen Lage drücken sich in *Objektmustern* aus, die für manche Interpretationsaufgaben sehr wertvoll sind. Das klassische Beispiel hierfür sind die *Entwässerungsnetze*, die sich durch die Art der Gliederung, die Dichte und die

5.1 Visuelle Bildinterpretation

Abb. 106: Schlagschatten als Hilfsmittel der Interpretation
Die Schlagschatten zeigen im Bild nicht direkt sichtbare Einzelheiten der Schatten werfenden Objekte. Links: Der Schatten, den die Türme der Klosterkirche von St. Gallen auf den Vorplatz werfen. Rechts: Straßenbrücke, die in Bogenbauweise ein Tal überquert.

Orientierung der Entwässerungslinien unterscheiden. Da diese Erscheinungen eng mit strukturellen und lithologischen Eigenschaften des Untergrundes korreliert sind, kann aus diesen Mustern auf Gesteinstypen, tektonischen Bau des Untergrundes, Erosionsverhalten u.ä. geschlossen werden. In Abbildung 107 sind charakteristische Formen schematisch dargestellt, die Abbildungen 108, 109 und 152 zeigen Beispiele.

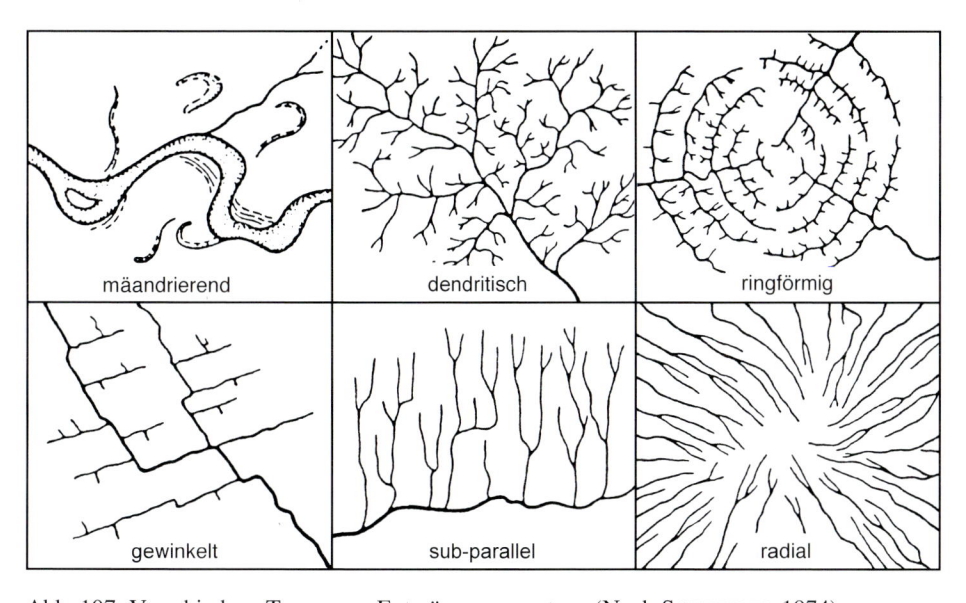

Abb. 107: Verschiedene Typen von Entwässerungsnetzen (Nach SCHNEIDER 1974)

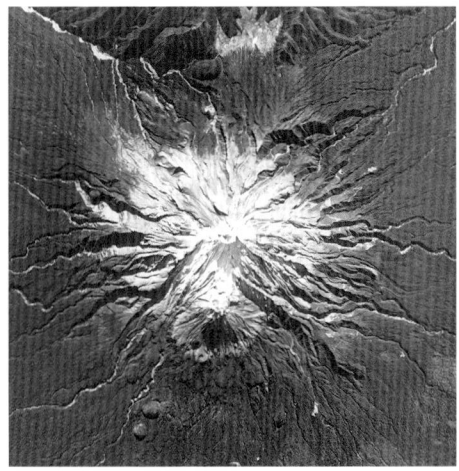

Abb. 108: Beispiele von Entwässerungsnetzen in Luftbildern
Links: Dendritisches Netz auf tonigen Gesteinen in Utah, Maßstab etwa 1: 25.000 (Aus KRONBERG 1984). Rechts: Radiales Netz an einem Vulkankegel (Egmont National Park) in Neuseeland, Maßstab etwa 1:40.000. (Photo: WILD Heerbrugg)

Abb. 109: Natürliche Vegetationsmuster
Gebel el-Akhdar in Libyen (Maßstab etwa 1:30.000): Genähert horizontal geschichtete Folgen von wasserdurchlässigen und -undurchlässigen Schichten führen zu einem Vegetationsmuster, durch das die Oberflächenformen stark betont werden. (Photo: Aero Exploration)

In ähnlicher Weise kann mit geeigneten Vorkenntnissen und Erfahrungen von *Vegetationsmustern* auf Standortbedingungen (z.B. Abb. 109), von Siedlungsmustern und Flureinteilungen auf die Siedlungsgeschichte, von Verkehrswegenetzen auf wirtschaftliche Strukturen usw. geschlossen werden.

5.1 Visuelle Bildinterpretation

Der *stereoskopische Effekt* schließlich ermöglicht – aufgrund der geometrischen Unterschiede der Bilder – die räumliche Wahrnehmung derjenigen Geländefläche, die in zwei sich überlappenden Luftbildern wiedergegeben ist. Bei der Betrachtung mit Hilfe eines Stereoskops verschmelzen die beiden Einzelbilder zu einem plastisch erscheinenden Raumbild. Dadurch vermag der Beobachter geomorphologische Formen, Wuchshöhen der Vegetation, Oberflächenformen oder Höhen von Gebäuden, Masten, Baumkronen usw. zu erkennen. Die praktische Bedeutung dieser Tatsache kann kaum überschätzt werden. Deshalb werden Voraussetzungen und Hilfsmittel des stereoskopischen Sehens im Abschnitt 5.1.3 ausführlich behandelt.

Alle bisher genannten Faktoren tragen zum *Erkennen von Objekten* bei, also zur Beantwortung der Frage »Was ist wo vorhanden?«. Das eigentliche *Interpretieren* geht nun über die bloße Feststellung von wahrnehmbaren Sachverhalten hinaus. Der Interpret versucht dabei, auf der Grundlage des Erkannten Rückschlüsse zu ziehen auf nicht direkt Erkennbares. Beispielsweise kann er aus dem Bild einer Siedlung auf die soziologische Struktur der Bewohner schließen, wenn er eine Reihe von Einzelfaktoren beachtet, wie etwa Größe, Form, Alter der Gebäude, Größe und Zustand der Gärten, Zufahrtsstraßen, Parkplätze, Erholungsanlagen in der Umgebung u.ä. Derartige Schlussfolgerungen spielen sich überwiegend als bewusste Denkvorgänge ab. Mehr als beim bloßen Erkennen von Objekten sind hier das Vorwissen und die Erfahrung des Interpreten, z.B. auf ökologischem, soziologischem oder landeskundlichem Gebiet, notwendige Voraussetzung für eine fachgerechte Interpretation. Vielfach wird die Zusammenarbeit von Fachleuten aus verschiedenen wissenschaftlichen Disziplinen zweckmäßig und notwendig sein.

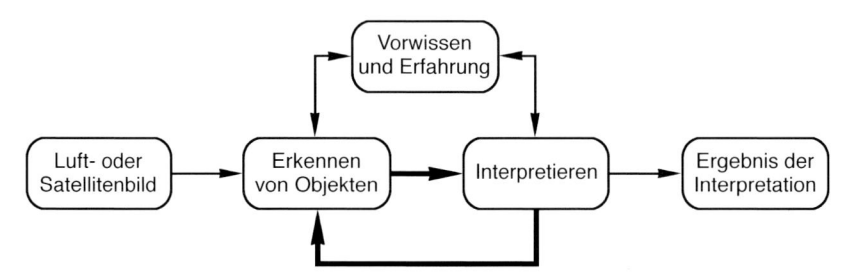

Abb. 110: Stark schematisierte Darstellung des Interpretationsvorgangs
Der stark ausgezogene Regelkreis beschreibt den Iterationsprozess, der sich dabei abspielt. Vorwissen und Erfahrung werden ihrerseits durch Erkennen und Interpretieren bereichert.

Streng genommen lässt sich der Gesamtprozess der Bildinterpretation nicht so scharf in das *Erkennen* und das eigentliche *Interpretieren* trennen, wie es hier zunächst dargestellt wurde. Ebenso dürfen auch die genannten Faktoren, die zum Erkennen beitragen, nicht als Einzelfaktoren voneinander getrennt gesehen werden. Die Tätigkeit des Interpretierens vollzieht sich vielmehr in einem komplexen Zusammenspiel der Augen- und Gehirnfunktionen. Dabei wirken sich bereits vorliegende Ergebnisse des Erkennens und des Interpretierens auf den weiteren Prozess aus. Das eigentliche Ergebnis kommt deshalb in einem Iterationsvorgang zustande, der in starkem Maße vom regionalen und fachlichen Vorwissen sowie von der Erfahrung des Interpreten abhängt (Abb. 110). Dies sind freilich keine konstanten Größen, denn Wissen und Erfahrung unterliegen fortdauernder Entwicklung.

5.1.3 Stereoskopisches Sehen und Messen

Durch das Zusammenwirken verschiedener Einzelfaktoren (z.B. Perspektive, Licht und Schatten) erhält der Betrachter eines (ebenen!) Bildes indirekt einen räumlichen Eindruck von den abgebildeten Objekten. Demgegenüber führt das *Stereoskopische Sehen* zu einer direkten Wahrnehmung der dritten Dimension. Dieser beim alltäglichen Betrachten unserer Umwelt selbstverständliche Effekt beruht darauf, dass die beiden Augen stets um den Augenabstand voneinander entfernte Orte einnehmen und darum die Netzhautbilder beim Betrachten unserer Umgebung nicht identisch sind.

Fixiert ein Beobachter den Punkt P_1 eines Körpers (Abb. 111), so nehmen die Augen eine bestimmte Konvergenzstellung (Konvergenzwinkel γ) ein. Auf den Augennetzhäuten wird dann P_1 in P_1' und P_1'' abgebildet. Ein weiter entfernter Punkt P_2 soll (zur Vereinfachung) im linken Auge ebenfalls in P_1', rechts jedoch in P_2'' abgebildet werden. Die Strecke p zwischen P_1'' und P_2'' hängt dann offenbar von der Entfernung und vom Entfernungsunterschied der Punkte P_1 und P_2 und vom Augenabstand b ab. Man nennt p bzw. den zugehörigen Winkel ε die *Stereoskopische Parallaxe* und b die *Basis* (in der Physiologischen Optik heißt p auch *Querdisparation*).

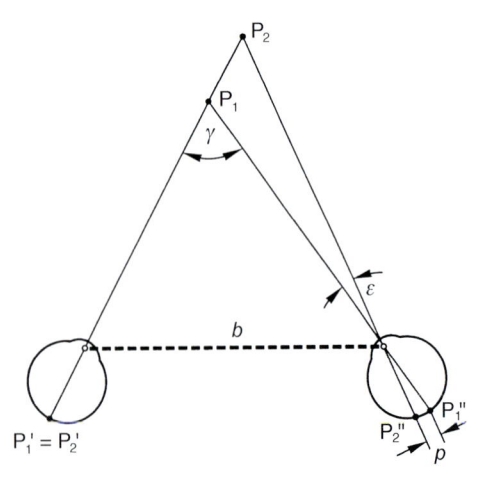

Abb. 111: Zur Entstehung der stereoskopischen Parallaxe p bei der Betrachtung von Punkten in verschiedenen Entfernungen

Wegen der Parallaxe p müsste ein Beobachter alle Punkte vor oder hinter dem jeweils fixierten Objektpunkt doppelt sehen, da sie gegenüber diesem Bezugspunkt verschiedene Orte in den Netzhautbildern einnehmen. Tatsächlich verschmelzen aber diese Doppelbilder – sofern die Parallaxen nicht zu groß werden – zu einem einzigen räumlich erscheinenden Gesamteindruck, d.h. die Punkte werden in verschiedenen Entfernungen wahrgenommen. Diesen Vorgang nennt man *Stereoskopisches Sehen*.

5.1 Visuelle Bildinterpretation

Er erfordert die etwa gleiche Sehtüchtigkeit der beiden Augen. Verschiedenartige Sehstörungen führen dazu, daß nicht jedermann stereoskopisch sehen kann. Vielfach sind sich solche Personen dessen gar nicht bewusst, weil im Alltag die anderen Faktoren eine ausreichende räumliche Wahrnehmung ermöglichen.

Der stereoskopische Effekt beruht offenbar ausschließlich auf den Unterschieden, die die Netzhautbilder der beiden Augen aus geometrischen Gründen aufweisen. Entsprechende geometrische Unterschiede (Parallaxen) treten auch in Bildern einer Szene auf, die von zwei Punkten aus aufgenommen wurden. Deshalb kann das Stereosehen leicht künstlich erzeugt werden, indem man beiden Augen gleichzeitig Bilder darbietet, die sich nur um Parallaxen voneinander unterscheiden.

Abb. 112:
Künstliches stereoskopisches Sehen (schematisch)
Die Sehstrahlen nach einander entsprechenden Bildpunkten schneiden sich im Raum und bilden ein räumliches Modell.

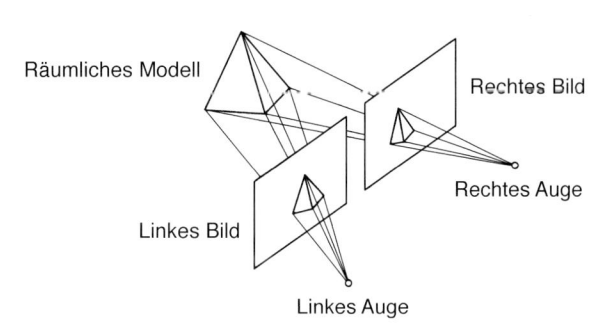

Bei dieser künstlichen Form des stereoskopischen Sehens blicken beide Augen zugleich auf zwei geeignete Bilder desselben Gegenstandes (Abb. 112). Bei richtiger Lage der Bilder schneiden sich die beiden Sehstrahlen (auch *homologe Strahlen* genannt) nach einander zugehörigen Bildpunkten (sog. *homologen Punkten*) im Raum. Der Beobachter sieht dann einen im Raum schwebenden Punkt, in der Gesamtheit aller Punkte ein räumliches Modell des abgebildeten Gegenstandes vor sich. Diese Tatsache ist für die Bildinterpretation und für die Photogrammetrie von größter Wichtigkeit.

Damit künstliches stereoskopisches Sehen möglich wird, müssen drei Bedingungen erfüllt sein:
- Es müssen Bilder vorliegen, die dieselbe Szene von verschiedenen Orten aus in etwa gleichem Maßstab zeigen, so dass sie für das Stereosehen geeignete Parallaxen aufweisen.
- Den beiden Augen müssen die ihnen zugehörigen Bilder getrennt, aber (praktisch) gleichzeitig dargeboten werden.
- Die Bilder müssen so angeordnet sein, dass sich die Sehstrahlen von den Augen nach einander entsprechenden (homologen) Punkten vor dem Beobachter im Raum schneiden.

Die dritte Bedingung erfordert, dass ein Stereobildpaar nach *Kernstrahlen* orientiert wird. Zur Betrachtung von Senkrechtluftbildern geht man dabei folgendermaßen vor: In jedem Bild wird der Hauptpunkt (Schnittpunkt der Verbindungslinien der Rahmenmarken) bezeichnet (z.B. Nadelstich) und in das Nachbarbild übertragen. Damit werden in den beiden Bildern die Kernstrahlen $H_1' H_2'$ bzw. $H_1'' H_2''$ (engl. *Epipolar Lines*) definiert. Dann montiert man die Bilder in dem zur Betrachtung erforderlichen

Abstand so auf einer gemeinsamen Unterlage, dass diese Strahlen auf einer Geraden liegen (Abb. 113). Für die Betrachtung genügt es nach kurzer Übung, die Bilder freihändig zu verschieben und zu drehen, um die genannten Bedingungen zu erfüllen; für Messzwecke (siehe Abschnitt 5.2.2) muss die Orientierung nach Kernstrahlen präzise ausgeführt werden.

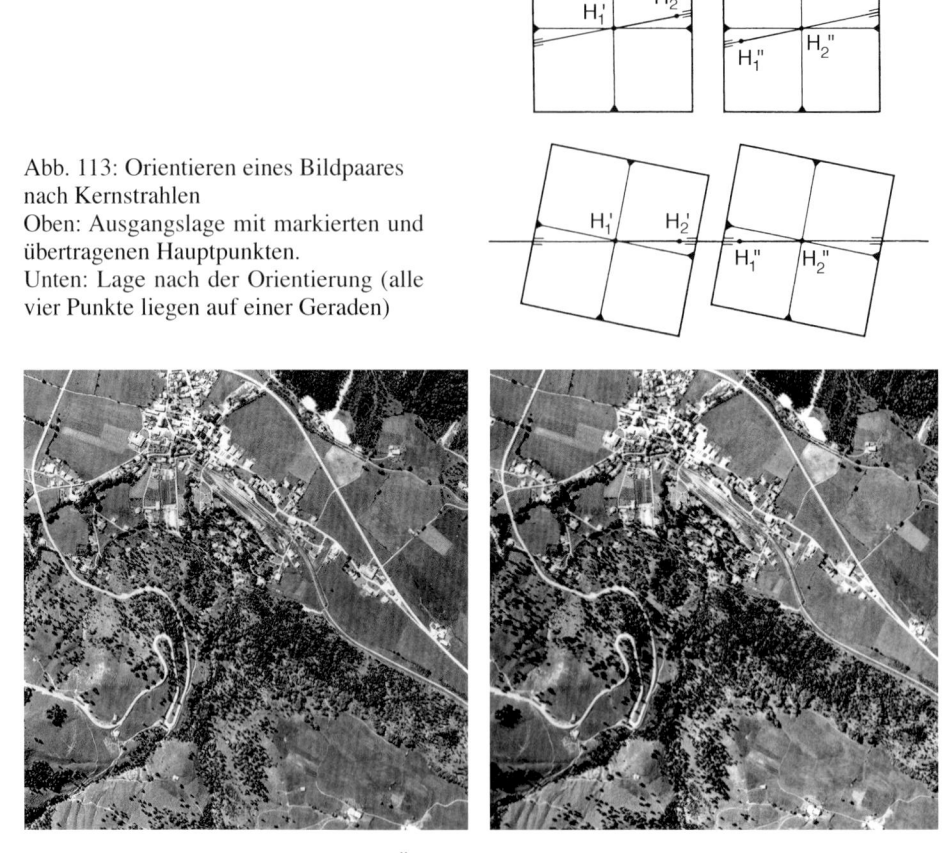

Abb. 113: Orientieren eines Bildpaares nach Kernstrahlen
Oben: Ausgangslage mit markierten und übertragenen Hauptpunkten.
Unten: Lage nach der Orientierung (alle vier Punkte liegen auf einer Geraden)

Abb. 114: Luftbildpaar, das mit etwas Übung auch freiäugig stereoskopisch betrachtet werden kann (Bayrischzell im Jahre 1957, Bildmaßstab 1:25.000, Photo: Zeiss-Aerotopograph)

Bei Einhaltung der genannten Bedingungen können Bildpaare grundsätzlich ohne Hilfsmittel stereoskopisch gesehen werden. Dies erfordert jedoch einige Übung und bleibt auch dann unbequem. Der Grund hierfür ist die enge Koppelung zwischen der Konvergenz der Blickrichtungen und der Akkommodation der Augen beim natürlichen stereoskopischen Sehen. Freiäugiges Betrachten von Stereobildern verlangt demgegenüber das Blicken in die Ferne mit fast parallelen Augenachsen und zugleich das Akkommodieren auf die nahen Bildflächen, was sich durch eine willentliche Anstrengung erreichen lässt (Abb. 114). Leichter und angenehmer ist die Stereobetrachtung

5.1 Visuelle Bildinterpretation

aber mit Hilfsmitteln, die diesen *Akkommodationszwang* aufheben. Dafür kommen verschiedene Verfahren in Betracht, zum Beispiel das *Anaglyphenverfahren*, bei dem die Bilder in roter und grüner Farbe übereinander gedruckt oder projiziert und mit einer entsprechenden Farbfilterbrille betrachtet werden. Durch die Filter wird erreicht, dass jedem Auge nur das ihm zugeordnete Bild sichtbar wird.

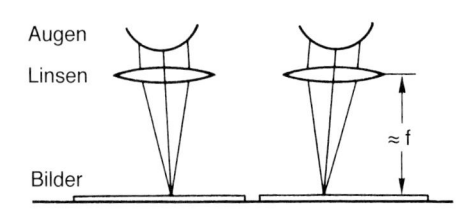

Abb. 115: Linsenstereoskop
Links: Schematische Darstellung.
Rechts: Übliche Ausführungsform.

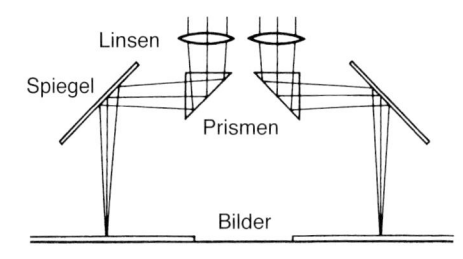

Abb. 116: Spiegelstereoskop
Links: Schematischer Schnitt. Rechts:
Eine der zahlreichen Ausführungsformen
mit umklappbarem Vergrößerungsaufsatz.

Für die Interpretation von Luftbildern sind aber vor allem *Stereoskope* zu empfehlen. Fast alle heute verbreiteten Stereoskope gehen auf das *Linsenstereoskop* zurück. Es besteht aus zwei gleichen Positivlinsen, die etwa im Augenabstand nebeneinander angeordnet sind. Die Brennweite der Linsen ist genähert gleich ihrem Abstand von den Bildern (Abb. 115). Die von einem Bildpunkt ausgehenden Strahlen verlaufen dann nach dem Durchgang durch die Linsen annähernd parallel, so dass die Augen des Beobachters auf die Ferne akkommodieren können. Linsenstereoskope eignen sich aber nur zum Betrachten von kleinformatigen Stereobildpaaren bis etwa 60 mm Breite. Bei größeren Bildformaten, wie sie bei Luft- und Satellitenbildern üblich sind, kann jeweils nur ein etwa 60 mm breiter Randstreifen betrachtet werden (Abb. 115). Für größere Bilder benutzt man deshalb ein *Spiegelstereoskop*, bei dem der Betrachtungsstrahlengang durch zweimalige Spiegelung auseinandergezogen ist (Abb. 116). Dadurch können großformatige Bilder nebeneinander angeordnet werden, während die Betrachtungsbedingungen im Übrigen gleich bleiben wie beim Linsenstereoskop.

Es gibt eine ganze Reihe von weiteren Verfahren zur Stereobetrachtung von Bildpaaren. Zu erwähnen wäre die Verwendung von Linsenrastern (z.B. BUCHROITHNER u.a. 2005). Besondere Bedeutung hat in jüngerer Zeit die stereoskopische Betrachtung von Bilddaten gewonnen, die an Rechnermonitoren präsentiert werden. Auch dafür gibt es verschiedene technische Lösungen, z.B. durch Polarisation oder durch zeitliche Bildtrennung (vgl. Photogrammetrische Workstations in Abschnitt 5.2.2).

Der Raumeindruck, den ein Beobachter beim künstlichen stereoskopischen Sehen gewinnt, ist im Allgemeinen nicht gleich demjenigen beim natürlichen stereoskopischen Betrachten desselben Objektes. Das ist vor allem dadurch bedingt, dass die Aufnahmeorte von Stereobildern meist weiter voneinander entfernt sind als die Augen und demnach die Basis gegenüber dem natürlichen stereoskopischen Sehen vergrößert ist. Bei üblichen Luftbildpaaren ist die Basis wenigstens einige hundert Meter lang, bei Satelliten-Bildpaaren noch um Größenordnungen länger. Durch die damit verbundene geometrische Vergrößerung der Parallaxen wird die stereoskopische Sehschärfe gesteigert. Das Raummodell, das der Beobachter sieht, wirkt aber stark überhöht. Außerdem werden Stereobilder sehr oft mit einer optischen Vergrößerung betrachtet, z.B. durch die Linsen eines Linsenstereoskops. Dies bewirkt eine Deformation der Betrachtungsstrahlenbündel gegenüber den Aufnahmestrahlenbündeln. Damit geht eine Vergrößerung der Parallaxen einher, welche die stereoskopische Sehschärfe ebenfalls steigert. Schließlich nehmen die Augen gegenüber den Bildflächen im Allgemeinen nicht die gleiche Lage ein wie die Projektionszentren bei der Aufnahme, was zu einer Verformung des Modells führt.

Alle diese Verzerrungen des Raummodells werden normalerweise jedoch nicht als Nachteil empfunden. Entscheidend ist der subjektive Eindruck des Beobachters, Oberflächenformen und eine räumliche Gliederung der Objekte wahrzunehmen. Dies scheint viel wichtiger zu sein als die Raumtreue dieses Eindrucks. Infolgedessen bezeichnet man den Raumeindruck ohne Rücksicht auf solche Verzerrungen als *orthoskopisch*, wenn die Tiefenfolge richtig wahrgenommen wird, wie das bei normaler Anordnung der Bilder stets der Fall ist. Vertauscht man jedoch die Bilder, bietet also das rechte Bild dem linken Auge dar und umgekehrt, so kehrt sich die wahrgenommene Tiefenfolge um. Dieser umgekehrte Raumeindruck, bei dem z.B. Täler als Bergrücken erscheinen, wird *pseudoskopisch* genannt. Er kann bei manchen Interpretationsaufgaben zu Kontrollzwecken erwünscht sein.

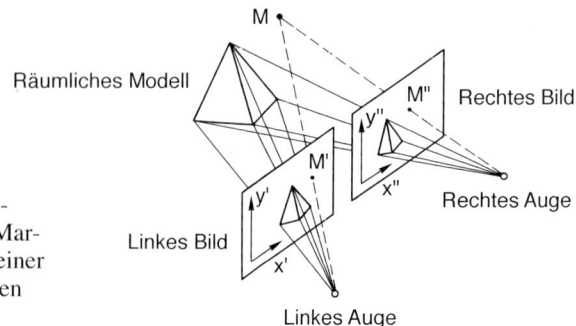

Abb. 117: Zum Prinzip des stereoskopischen Messens (die beiden Marken M' und M" verschmelzen zu einer im Raum schwebend erscheinenden Messmarke M)

Das künstliche stereoskopische Sehen kann durch einen einfachen Trick zum *stereoskopischen Messen* erweitert werden. Zu diesem Zweck werden in die beiden Bilder zwei punktförmige Marken M' und M" so eingebracht, dass sich die entsprechenden Sehstrahlen im Raum schneiden (Abb. 117). Bei der stereoskopischen Betrachtung verschmelzen die beiden Marken und der Beobachter nimmt eine im Raummodell schwebende Marke M wahr.

Denkt man sich in den beiden Bildern die Koordinatensysteme x', y' und $x"$, $y"$ eingeführt, so wird die Lage des Punktes M im Raum offenbar durch die Koordinaten x_M' und y_M' im linken und $x_M"$ im rechten Bild festgelegt. Die Koordinate $y_M"$ im rechten Bild ist dagegen nicht frei wählbar; wenn die oben erwähnte Schnittbedingung eingehalten werden soll, muss nämlich $y_M" = y_M'$ sein.

Wenn nun der Beobachter während der stereoskopischen Betrachtung die drei frei wählbaren Koordinaten verändert, so wird die im Raum schwebend erscheinende Marke M entsprechende Bewegungen ausführen. Sie kann dadurch zu einem beliebigen Objektpunkt hingeführt und auf diesen »aufgesetzt« werden. Durch die dann erreichte Stellung von M' und M" werden die Koordinaten dieses Objektpunktes in den Bildern definiert. Aus ihnen kann man – wenn die technischen Daten der Bilder bekannt sind – die Raumkoordinaten des betreffenden Objektpunktes berechnen.

Auf diese Weise geht das stereoskopische Sehen in das *Stereoskopische Messen* mit Hilfe der *Wandernden Marke* über. Von dieser Möglichkeit, den stereoskopischen Effekt messtechnisch einzusetzen, wird bei der stereophotogrammetrischen Auswertung von Luft- und Satellitenbildern Gebrauch gemacht (vgl. 5.2.2).

5.1.4 Hilfsmittel zur Bildinterpretation

Während des Interpretierens von Bildern kommen häufig Zeichenarbeiten vor, insbesondere zur Darstellung von Interpretationsergebnissen auf transparenten Deckblättern oder zur Übertragung in Karten. Dazu werden die üblichen *Zeichenmaterialien* benötigt. Da in vielen Fällen, vor allem beim Auswerten von Farb- und Farbinfrarotbildern, Diapositive benutzt werden, gehört auch ein Leuchttisch zur selbstverständlichen Grundausstattung.

An *optischen Hilfsmitteln* sind mindestens eine Lupe, ein Linsenstereoskop und ein Spiegelstereoskop erforderlich. Die Lupe sollte etwa 8-fache Vergrößerung haben und stellbar sein, so dass sie während des Interpretierens nicht freihändig gehalten werden muss. Zur Messung kleiner Strecken (z.B. Schattenlänge eines Objektes) sind Messlupen geeignet. Das *Linsenstereoskop* (Abb. 115) hat – auch wenn seine Einsatzmöglichkeiten begrenzt sind – den Vorteil, dass es sehr handlich und leicht zu transportieren ist. Es kann deshalb bei Geländeerkundungen mühelos mitgeführt werden. Für die eigentliche Interpretationsarbeit im Büro bedient man sich aber in der Regel eines *Spiegelstereoskops* (Abb. 116). Die verschiedenen Modelle sind so ausgestattet, dass die großflächige Betrachtung des Stereomodells möglich ist, wenn man die feldstecherartigen Aufsätze nicht benutzt. Beobachtet man dagegen mit der Feldstecheroptik, so kann ein Modellausschnitt detailliert betrachtet werden. Die

Vergrößerung ist bei den meisten Modellen 3- bis 5-fach. Alle Spiegelstereoskope sind so eingerichtet, dass sie zur Interpretation von Diapositiven auf einen Leuchttisch gestellt werden können.

Von verschiedenen Firmen wurden auch wesentlich aufwendigere Stereoskope angeboten, die über diese Mindestausstattung hinausgehen. Zu erwähnen sind vor allem Stereoskope mit Zoom-Objektiven zur kontinuierlichen Verstellung der Vergrößerung und mit Parallelführungen eines speziellen Bildträgers, was die Interpretationsarbeit bequemer und schneller macht. Ferner gibt es Einrichtungen zur photographischen Aufzeichnung des betrachteten Bildausschnitts oder zur gemeinsamen Arbeit von zwei Beobachtern, die gleichzeitig dasselbe Stereomodell sehen können. Ein Beispiel für ein solches Gerät zeigt Abbildung 118.

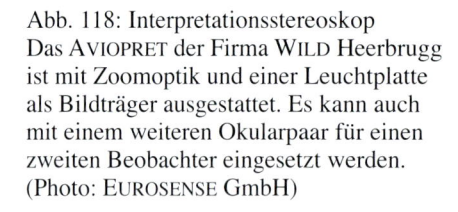

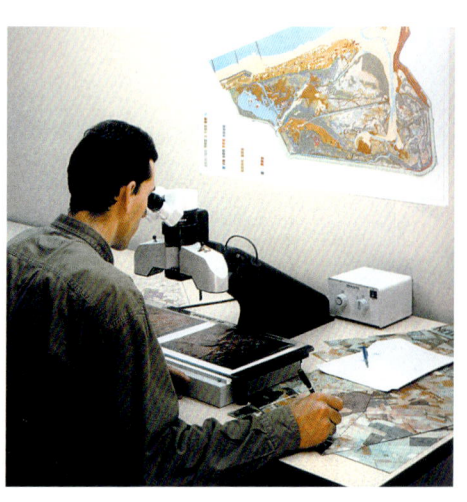

Abb. 118: Interpretationsstereoskop
Das AVIOPRET der Firma WILD Heerbrugg ist mit Zoomoptik und einer Leuchtplatte als Bildträger ausgestattet. Es kann auch mit einem weiteren Okularpaar für einen zweiten Beobachter eingesetzt werden.
(Photo: EUROSENSE GmbH)

Vielfach ist die Interpretationsarbeit mit gewissen Messungen verbunden, die häufig aber ohne hohe Genauigkeitsanforderungen auszuführen sind. Solche Aufgaben können mit einfachen und leicht zu handhabenden Hilfsmitteln erleichtert und beschleunigt werden. So wurden z.B. zur Messung von kleinen Strecken und Objektdurchmessern *Messkeile* und *Messkreise* auf Klarsichtfolien entwickelt (Abb. 119). Mit ihrer Hilfe können entweder Bildgrößen gemessen und anhand des Bildmaßstabes in Objektgrößen umgerechnet werden oder aber die Hilfsmittel werden gleich für einen bestimmten Bildmaßstab erstellt, so dass sich unmittelbar Objektmaße ablesen lassen.

Zur *Flächenbestimmung*, also zur Ermittlung des Inhalts unregelmäßig geformter Flächen, kommen vor allem *Planimeter* in Frage (z.B. HAKE u.a. 2002).

Es darf nicht übersehen werden, dass in nicht entzerrten Luftbildern nur genäherte Messungen möglich sind. Aufnahmeneigungen, Unterschiede im Bildmaßstab und Geländehöhenunterschiede führen zu mehr oder weniger großen Fehlern. Dennoch haben einfache Messmethoden in manchen Anwendungsbereichen (z.B. in der forstlichen Luftbildinterpretation) große praktische Bedeutung.

Zur Übertragung von Interpretationsergebnissen in Karten gibt es verschiedene Möglichkeiten und technische Hilfsmittel. Dazu gehören vor allem einfache graphische

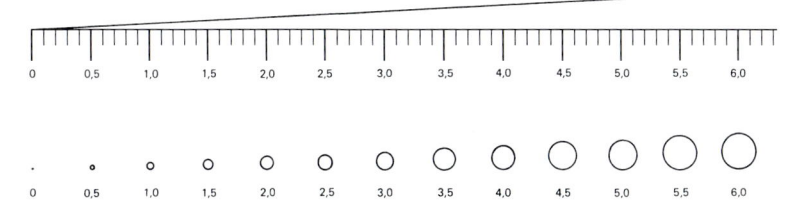

Abb. 119: Messkeil und Messkreise zur Messung von Strecken und Objektdurchmessern (Nach KURTH & RHODY 1962, aus SCHNEIDER 1974)

Konstruktionen von Liniennetzen, die in Bild und Karte zwischen Passpunkten aufgespannt werden.

In zunehmendem Maße sind auch einzelne Methoden der *Digitalen Bildverarbeitung* zu den Hilfsmitteln der Bildinterpretation zu zählen. Sowohl digitalisierte photographische Bilder als auch primär digital aufgezeichnete Fernerkundungsdaten können zur Interpretation auf dem Monitor eines Rechners dargestellt und in dieser Form interpretiert werden. Dies ermöglicht große Flexibilität z.B. hinsichtlich Kontrastdarstellung, Farbwiedergabe und Vergrößerung. Für die Stereobetrachtung sind allerdings besondere technische Einrichtungen erforderlich (vgl. Abb. 125). Die graphische Erfassung von Interpretationsergebnissen kann bei dieser Arbeitsweise mit Verfahren der *Graphischen Datenverarbeitung* erfolgen, die Ausgabe auf Papier mit geeigneten Druckern.

5.1.5 Methoden der Bildinterpretation

Die Interpretation folgt nicht starren Regeln oder Gebrauchsanweisungen. Ihre Arbeitsweisen variieren im Gegenteil sehr stark und hängen z.B. von der Zielsetzung, den gegebenen Vorinformationen, der Größe und geographischen Lage des Gebietes sowie den Erfahrungen des Beobachters ab. So haben sich z.B. für die geographische Landschaftsforschung andere Methoden entwickelt als für das Forstwesen oder für die Photogeologie.

a) Arbeitsablauf

Trotz vieler Variationen in der Praxis lässt sich der Arbeitsablauf für eine größere Aufgabe der Bildinterpretation in eine mehr oder weniger strenge Folge von Abschnitten gliedern (Abb. 120).

Zur *Beschaffung der Unterlagen* gehört es, die geeigneten Luft- oder Satellitenbilder bereitzustellen. Daneben müssen aber auch sonstige Unterlagen über das betreffende Gebiet, insbesondere topographische und thematische Karten, beschafft werden. Solche Unterlagen vermögen die Bildinterpretation schneller, billiger und zuverlässiger zu machen, sie erweitern sozusagen das Vorwissen des Bearbeiters.

Abb. 120: Schema der Arbeitsgänge einer Bildinterpretation
Auf einzelne Schritte (beispielsweise die Gelände-Vorerkundung) kann in manchen Fällen verzichtet werden.

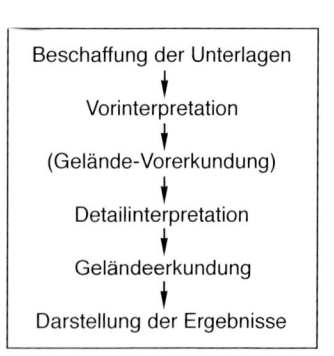

```
Beschaffung der Unterlagen
          ↓
    Vorinterpretation
          ↓
  (Gelände-Vorerkundung)
          ↓
    Detailinterpretation
          ↓
     Geländeerkundung
          ↓
  Darstellung der Ergebnisse
```

In einer *Vorinterpretation* wird man sich mit dem Bildmaterial vertraut machen und evtl. eine großräumige Gliederung des Gebietes erstellen. Dabei können Bereiche ausgewählt werden, die für die weitere Bearbeitung besonders wichtig sind. Andererseits lassen sich aber auch oft Flächen ausschließen, die keiner weiteren Interpretation bedürfen, da sie für die gegebene Zielsetzung uninteressant sind. Von besonderer Bedeutung ist die Auswahl von Stellen, die zur Geländeerkundung aufgesucht werden sollen. Schließlich kann mit der Vorinterpretation auch eine Aufteilung des Gebietes auf verschiedene Bearbeiter verbunden sein.

Eine *Gelände-Vorerkundung* wird – wenn sie erforderlich erscheint – vor der Detailinterpretation durchgeführt. Sie dient dazu, die regionalen Besonderheiten eines zu bearbeitenden Gebietes kennenzulernen und evtl. Schlüsselinformationen zu gewinnen (vgl. unter c). Wenn ein Sachbearbeiter bereits über genügend regionale Kenntnisse verfügt, kann vielfach auf eine solche Erkundung vor der Detailinterpretation verzichtet werden.

Die *Detailinterpretation* stellt den Kern der ganzen Arbeit dar. Es geht darum, alle Flächen, die in der Vorinterpretation für wichtig erachtet wurden, in ihren Einzelheiten zu studieren, die sichtbaren Objekte zu erkennen, Vergleiche mit vorhandenem Kartenmaterial durchzuführen usw. Wenn irgend möglich, sollte man bei dieser Arbeit Luftbilder unter dem Stereoskop betrachten, damit auch die Oberflächenformen von Gelände und Objekten zum Interpretationsvorgang herangezogen werden. Es ist zweckmäßig, mit leicht und sicher erkennbaren Objekten zu beginnen und dann auf schwierigere überzugehen. Nur dann kann aufgrund des oben erwähnten Iterationsvorgangs (Abb. 110) das optimale Interpretationsergebnis erzielt werden. In der Regel werden zugleich mit der Detailinterpretation Skizzen angefertigt (z.B. als transparente Deckblätter zu den Luftbildern), in denen für den jeweiligen Zweck wichtige Sachverhalte festgehalten werden.

Meist wird sich eine *Geländeerkundung* (teils auch *Feldvergleich* genannt) anschließen, die anhand des Bildmaterials gezielt geplant werden kann. Dabei sind unsichere Interpretationsergebnisse zu überprüfen, offen gebliebene Fragen zu klären und sonstige Ergänzungen vorzunehmen.

Die *Darstellung der Ergebnisse* steht am Schluss der Arbeitsgänge einer Bildinterpretation. Fast immer werden Karten oder kartenähnliche Skizzen mit entsprechenden Legenden benutzt, weil dies die beste Möglichkeit ist, die Ergebnisse zu dokumentieren und sie eindeutig und überschaubar anderen Personen zugänglich zu machen. Es liegt nahe, die Ergebnisse in vorhandene Karten einzutragen oder dazu passende Deckfolien anzufertigen. Dabei wird es vielfach genügen, die einzelnen Sachverhalte anhand des Kartengrundrisses nach Augenmaß zu kartieren. Wenn dies nicht möglich oder nicht ausreichend sein sollte, kann man sich einfacher photogrammetrischer Methoden bedienen (vgl. 5.2.1). Dazu kann die Verwendung von Netzkonstruktionen zwischen Passpunkten in Bild und Karte in Betracht kommen oder auch eine einfache Entzerrung mittels Digitaler Bildverarbeitung (Abb. 123). Dabei ist freilich zu beachten, daß diese Methoden nur für annähernd ebenes Gelände anwendbar sind. Sollten diese Möglichkeiten (z.B. wegen der Geländegestaltung) nicht genügen, so können die zu übertragenden Einzelheiten im Bild gekennzeichnet und im Rahmen einer stereophotogrammetrischen Auswertung kartiert werden.

b) Die Gliederung des Bildinhalts

Die Gliederung des Bildinhalts in flächenhafte und linienhafte Elemente ist ein häufiger und grundlegender Vorgang in der Interpretation.

Mit Hilfe der *flächenhaften Gliederung* wird der Inhalt von Luftbildern in mehreren Stufen unterteilt und interpretiert. In Abbildung 121 ist ein Beispiel für eine dreistufige Gliederung der Flächennutzung dargestellt. In der *ersten Stufe* werden je nach Bildinhalt wenige großräumige Flächen, die zusammen das gesamte Bild abdecken, gegeneinander abgegrenzt. Die Beschreibung der Nutzungsart dieser Flächen muss entsprechend allgemein sein. Es werden z.B. bebaute Flächen von Freiflächen und bewaldeten Flächen unterschieden.

In der *zweiten Stufe* werden die so erhaltenen Gebiete in Flächen gleichartiger Nutzung untergliedert. Eine graphische Darstellung der Interpretationsergebnisse ist für die Weiterverarbeitung und zur Dokumentation erforderlich.

Genauere Angaben zu den im zweiten Schritt ausgewiesenen Flächen werden in der *dritten Stufe* erarbeitet. Dabei kann es sich entweder um die Beschreibung direkt erkennbarer Objekteinzelheiten handeln (z.B. die Homogenität eines Waldbestandes) oder um Interpretationsergebnisse (z.B. die Art der vorkommenden Bäume).

Während für die ersten beiden Stufen die graphische Darstellung ausreicht, ist für den dritten Schritt eine schriftliche tabellarische Form (evtl. in Kombination mit einer differenzierteren graphischen Darstellung) zweckmäßig.

Außer nach der Flächennutzung kann die flächenhafte Gliederung auch nach anderen Gesichtspunkten erfolgen, z.B. nach naturräumlichen Einheiten.

Da die flächenhafte Gliederung von Bildern linienhafte Landschaftselemente naturgemäß nicht zu erfassen vermag, wird sie ergänzt durch eine *linienhafte Gliederung*. Die dazu in Frage kommenden Elemente der Landschaft und ihre linienhafte Ausprägung können sehr verschieden sein, z.B. tektonische und morphologische Linien, Gewässer, Straßen und Wege, Leitungen usw.

Die Verfahrensweise bei diesem Interpretationsvorgang ist recht einfach. Zu Beginn der Arbeiten betrachtet man die auffälligen, im Bild dominierenden Linien. Verfolgt

| 1. Stufe | 2. Stufe | 3. Stufe |

Luftbild (gesamte Fläche)
- Bebaute Flächen
  - Wohnbauflächen → Bauweise (offen, geschlossen)
  - Gemischte Bauflächen → Beschreibung der Bauflächen
  - Gewerbe- u. Industrieflächen → Art der gewerblichen Produktion
  - Sonstige Flächen → Art der Nutzung
- Freiflächen
  - Ackerflächen → Angebaute Pflanzen
  - Wiesen, Weiden → Feuchtigkeitsgrad
  - Sonderkulturen → Arten von Sonderkulturen
  - Sonstige Flächen → Funktion, Nutzungsart
- Bewaldete Flächen
  - Laubwald → Dichte, Höhe, Alter
  - Nadelwald → Dichte, Höhe, Alter
  - Mischwald → Dichte, Höhe, Alter, Anteile (in %)
  - Sonstige Flächen → Aufforstung (Schonung)
- Wasserflächen
  - Flüsse → Breite, Ausbau
  - Seen → Art, Nutzung
  - Sonstige Flächen → Kanäle, Häfen

Abb. 121: Beispiel für die flächenhafte Gliederung eines Luftbildes oder Luftbildverbandes nach Nutzungsarten

man ihren Verlauf, so findet man weitere linienhafte Elemente. Diese können von der gleichen Art sein, oder es kann sich um neue, andere linienhafte Objekte handeln. In der Nähe der Kreuzung von Linienstrukturen gleicher Art ist vielfach eine Aussage zur Gleichstellung, Über- oder Unterordnung der Objekte möglich (z.B. Hauptstraße/Nebenstraße). Bei verschiedenartigen Linienelementen wird an den Kreuzungen häufig eines dem anderen übergeordnet sein (z.B. Straßenunterführung an Bahnlinie, Brücke über einen Kanal). Im Gegensatz zu den Flächen bilden deshalb die Linien, die in der Regel ebenfalls in Deckblättern oder Karten festgehalten werden, in ihrer Gesamtheit ein hierarchisches System.

Flächenhafte und linienhafte Gliederung zusammen führen zu einer *Inventur* der Landschaftselemente.

c) Zur Verwendung von Interpretationsschlüsseln

Als *Interpretationsschlüssel* bezeichnet man eine systematische Zusammenstellung von charakteristischen Merkmalen der in Luftbildern zu interpretierenden Objekte (z.B. SCHNEIDER 1974, SCHMIDT-KRAEPELIN 1968). Dabei kann es sich um eine Sammlung von erläuterten Bildbeispielen handeln, die eine ähnliche Funktion haben soll wie die Legende einer Karte. Aus diesen »Mustern« wird bei der Interpretation durch unmittelbaren visuellen Vergleich dasjenige ausgewählt, das dem fraglichen Objekt am nächsten kommt. Interpretationsschlüssel dieser Art werden deshalb als *Auswahlschlüssel* bezeichnet.

Eine andere häufige Form von Interpretationsschlüsseln nennt man *Eliminationsschlüssel*. Sie bestehen aus systematischen Aufstellungen von Objektbeschreibungen, die vom Allgemeinen ausgehen und zum Spezifischen fortschreiten. Auf jeder Stufe werden dem Interpreten zwei oder mehr Möglichkeiten zur Auswahl angeboten. Er entscheidet sich jeweils für diejenige, die dem fraglichen Objekt am besten entspricht. Auf diese Weise werden nach und nach alle unzutreffenden Deutungen ausgeschieden (»eliminiert«).

Darüber hinaus gibt es noch weitere Möglichkeiten zum Aufbau und zur Verwendung von Interpretationsschlüsseln (siehe z.B. REEVES 1975, PHILIPSON 1997). Sie bieten alle den Vorteil, dass sie mehr Objektivität in den weitgehend von subjektiven Faktoren beherrschten Interpretationsvorgang bringen. Ein gutes Beispiel hierzu ist die Erfassung von Waldschäden aus Luftbildern, für die spezifische Interpretationsschlüssel erarbeitet wurden (VDI 1990, vgl. Abschnitt 6.5). Dadurch wird es auch erleichtert, größere Interpretationsaufgaben auf verschiedene Sachbearbeiter zu verteilen. Besonders nützlich ist die Verwendung von Interpretationsschlüsseln für wenig geübte Beobachter.

Vor übertriebenen Erwartungen bezüglich der Verwendung von Interpretationsschlüsseln muss aber gewarnt werden. Es hat sich nämlich als völlig unmöglich erwiesen, die ganze Vielfalt der Objekterscheinungen in allgemeingültige Schemata zu pressen. Dazu kommt noch der Wechsel der Bildwiedergabe einer Objekterscheinung in Abhängigkeit von Jahreszeit, Beleuchtung, Filmtyp usw. Ferner sind auch die Gesichtspunkte der Interpretation zu verschieden, als dass sie durch *einen* Interpretationsschlüssel abgedeckt werden könnten.

Allgemein kann festgestellt werden, dass Interpretationsschlüssel jeweils nur auf bestimmte Fragestellungen ausgerichtet sein können. Sie müssen dafür von Fachleuten für das jeweilige Themengebiet ausgearbeitet werden. Ihr Inhalt ist außerdem an den Bildmaßstab und bei vielen Aufgabenstellungen auch an die Jahreszeit der Aufnahme gekoppelt. Schließlich können Interpretationsschlüssel nur angewandt werden, wenn sie für die betreffende oder eine vergleichbare geographische Region aufgestellt wurden.

d) Verfahren der Bildanalyse

Als *Bildanalyse*, genauer gesagt als systematische Analyse des Bildinhaltes, kann man jene Verfahrensweise bezeichnen, die ursprünglich für die geographische Luftbildinterpretation entwickelt (TROLL 1966) und später vor allem für die bodenkundliche Interpretation genauer beschrieben wurde (BURINGH 1954).

Bei diesem Verfahren geht man davon aus, dass die in den Luft- oder Satellitenbildern enthaltenen unterschiedlichen Informationen in einzelne Elemente zerlegt (*analysiert*) werden können. Beispiele für solche Elemente sind: Entwässerungssysteme, Oberflächenformen, Erosionserscheinungen, Vegetationsbedeckung, Landnutzung, Verkehrsnetz, Bebauung u.ä. Die Auswahl der Elemente hängt davon ab, unter welchen Gesichtspunkten eine Interpretation des Bildinhaltes steht. Der Interpret bestimmt die für den jeweiligen Zusammenhang wichtigen Elemente des Bildes und kartiert evtl. ihre Lage, z.B. auf einer transparenten Deckfolie. Der eigentliche Interpretationsvorgang besteht dann in der Analyse der Eigenschaften dieser Elemente, im Studium ihrer

Beziehungen und Abhängigkeiten. Daraus ergeben sich Hinweise auf mittelbar mit dem Bildinhalt zusammenhängende Sachverhalte.

Es kann zweckmäßig sein, innerhalb eines zu bearbeitenden Gebietes einzelne Analyseeinheiten voneinander zu trennen. Das können funktional oder naturräumlich einheitliche Gebiete sein. Einen Überblick zur Behandlung dieser Fragestellung kann man sich anhand eines Bildmosaiks verschaffen. Durch dieses Vorgehen wird erreicht, dass die Fragen, die nur für bestimmte Teile der Landschaft (z.B. nur für Talauen) relevant sind, auch nur in diesen Gebieten untersucht werden.

e) Diskussion der Interpretationsmethoden

Mit der zuerst dargestellten Methode der *flächenhaften und linienhaften Gliederung* des Bildinhaltes gewinnt man einen Überblick über die einzelnen Elemente der betroffenen Landschaft. Darüber hinaus liefert sie Informationen über Eigenschaften und Nutzung einzelner Teilgebiete. Besonderes Gewicht wird bei diesem Vorgehen dem flächenhaften Aspekt bestimmter Fragestellungen beigemessen. Dagegen werden linienhafte Objekte bei dieser Art der Betrachtung leicht unterbewertet.

Wünscht man genaue Angaben zu Einzelobjekten, so sind diese mit Hilfe eines *Interpretationsschlüssels* mehr oder weniger vollständig zu ermitteln. Der Vorteil von Interpretationsschlüsseln liegt vor allen Dingen darin, dass das Vorgehen bei der Interpretation durch ein festgelegtes Schema vereinheitlicht wird. Das ist vor allem von Nutzen, wenn größere Projekte auf verschiedene Bearbeiter aufgeteilt werden. Außerdem wird die Auswertung von Luft- und Satellitenbildern für Personen, die noch relativ wenig Interpretationserfahrung haben, erleichtert. Als Einschränkung ist zu vermerken, dass je nach Art des Objektes nicht immer eindeutige Schemata aufgestellt werden können, die eine Missdeutung ausschließen. Schließlich darf nicht übersehen werden, dass zur Aufstellung von Interpretationsschlüsseln viel Arbeit investiert werden muss.

Im Hinblick auf das gesetzte Ziel, bestimmte Aussagen zu Einzelobjekten zu treffen, werden Interpretationsschlüssel oft als Ergänzung einer vorausgehenden flächenhaften und linienhaften Gliederung einzusetzen sein.

Mit Hilfe der Methode der *Bildanalyse* werden die Objekte bzw. Elemente einer Landschaft beschrieben. Im Vordergrund steht dabei weniger die flächenhafte Ausdehnung dieser Objekte, sondern vor allem ihre Funktion. Damit ist es dann möglich, die Bedeutung dieser Elemente für die Landschaft abzuschätzen, wobei die Einzelelemente ohne Schwierigkeiten noch nach individuellen Gesichtspunkten bewertet werden können.

Es muss nachdrücklich betont werden, dass die Bildinterpretation – vor allem, wenn sie dem komplexen Bereich geowissenschaftlicher und umweltrelevanter Sachverhalte gewidmet ist – eine interdisziplinäre Aufgabenstellung ist. Es steht außer Zweifel, dass die vielseitigsten und zuverlässigsten Informationen dann erhalten werden, wenn Fachleute verschiedener Disziplinen bei der Interpretation in einem Team zusammenarbeiten.

5.2 Photogrammetrische Auswertung

Bei der photogrammetrischen Auswertung von Luft- und Satellitenbildern steht die Bestimmung geometrischer Größen im Vordergrund. Die inhaltliche Interpretation der Bilder ist dabei nur insoweit betroffen als sie der Identifikation der zu messenden Größen gilt. Die für die Auswertung von Luftbildern entwickelten Methoden werden weltweit in großem Umfang angewandt. Dabei beziehen sich die folgenden Erläuterungen auf die Auswertung von photographisch aufgenommenen Senkrechtbildern.

Im Allgemeinen beruht die photogrammetrische Auswertung – von vereinfachenden Näherungsverfahren und dem Sonderfall der ebenen Entzerrung abgesehen – auf der räumlichen geometrischen Rekonstruktion des Aufnahmevorgangs. Diese Modellierung der Aufnahmegeometrie ist jedoch nur dann mit der angemessenen Genauigkeit möglich, wenn die auszuwertenden Bilder mit einer Reihenmesskamera aufgenommen wurden und deshalb die sog. *Innere Orientierung* (welche die Form des abbildenden Strahlenbündels beschreibt) gegeben ist.

Zwischen Aufnahme und Auswertung besteht allerdings ein grundlegender Unterschied: Bei der Aufnahme führt jeder Geländepunkt (definiert durch die drei Koordinaten X, Y und Z) zu einem eindeutig bestimmten Bildpunkt (definiert durch die Bildkoordinaten x' und y'). Umgekehrt kann aber die Raumlage eines Geländepunktes aus *einem* Bildpunkt nicht eindeutig rekonstruiert werden. Dazu bedarf es einer zusätzlichen geometrischen Information.

In der Photogrammetrie haben sich nun drei Verfahrensweisen entwickelt, die die erforderliche Zusatzinformation auf verschiedenen Wegen gewinnen, nämlich
- die (einfache oder *ebene*) *Entzerrung*, bei der die dritten Koordinaten dadurch bekannt sind, dass die Objektpunkte in einer gegebenen Geländeebene liegen,
- die *Stereoauswertung*, bei der die Informationen aus einem zweiten Bild herangezogen werden, um die Raumlage von Geländepunkten zu bestimmen, und
- die *Differentialentzerrung*, bei der die Höhen der Geländepunkte einem vorliegenden Digitalen Geländemodell (DGM) entnommen werden.

In allen Fällen müssen die geometrischen Beziehungen zwischen den Bildkoordinaten und den Geländekoordinaten bekannt sein. Um diese Beziehungen zu bestimmen, verwendet man *Passpunkte*, deren Koordinaten im System der Landesvermessung gegeben sind (vgl. 4.3.1). Im Falle der ebenen Entzerrung dienen die Passpunkte dazu, den geometrischen Bezug zwischen der Bildebene und der (als eben angenommenen) Geländefläche herzustellen. Bei der Stereoauswertung und der Differentialentzerrung ist es dagegen erforderlich, mit ihrer Hilfe die Lage der Aufnahmekamera im Raum (die so genannte *Äußere Orientierung*) mit hoher Genauigkeit zu bestimmen.

Topographische Objekte (z.B. Wegekreuze) reichen für photogrammetrische Genauigkeitsforderungen als Passpunkte oft nicht aus. Dann verwendet man *Signale*, das sind künstlich hergestellte, gegenüber dem Untergrund kontrastreiche Markierungen, die man in Form von Plastikscheiben, Farbmarkierungen oder in ähnlicher Weise vor der Datenaufnahme im Gelände anbringt.

Die Koordinaten der Passpunkte müssen vielfach mit vermessungstechnischen Verfahren bestimmt oder durch so genannte *Aerotriangulation* gewonnen werden. Die hierzu geeigneten Methoden sind in den Lehrbüchern der Photogrammetrie ausführlich dargestellt (z.B. KRAUS 2004, KONECNY & LEHMANN 1984, RÜGER u.a. 1987). Der Aufwand, den die Gewinnung von Passpunkten erfordert, ist erheblich und stellt einen spürbaren Engpass in der Anwendung photogrammetrischer Verfahren dar. Durch den Einsatz satellitengeodätischer Messverfahren, insbesondere durch Messungen mit dem *Global Positioning System* (GPS) können wesentliche Verbesserungen und Beschleunigungen erreicht werden (z.B. BAUER 2003, SEEBER 1989).

5.2.1 Ebene Entzerrung

Die Verfahren der *Entzerrung* dienen entweder dazu, einzelne Punkte bzw. Linien aus einem Luftbild in den Grundriss einer Karte zu übertragen, oder aber den ganzen Bildinhalt so umzuformen, dass er grundrisstreu wird, d.h. die geometrischen Eigenschaften und auch den Maßstab einer Karte erhält. Diese Aufgabe kann streng nur für ebenes Gelände gelöst werden. In der Praxis genügt es aber, wenn das Gelände annähernd eben ist, so dass die radialen Versetzungen durch Geländehöhenunterschiede (vgl. 3.1.1) eine gewisse Toleranz nicht überschreiten. Unter den in Frage kommenden Entzerrungsverfahren gibt es graphische Lösungen und die lange Zeit üblichen Luftbildumzeichner. Große praktische Bedeutung hat die optisch-photographische Entzerrung sowie die Entzerrung durch Digitale Bildverarbeitung. Alle Verfahren machen von der Tatsache Gebrauch, dass zwischen Bildebene und Geländeebene die in den Lehrbüchern der Photogrammetrie eingehend erläuterten projektiven Beziehungen bestehen. Um diese Beziehungen zu nutzen, werden jeweils vier geeignet

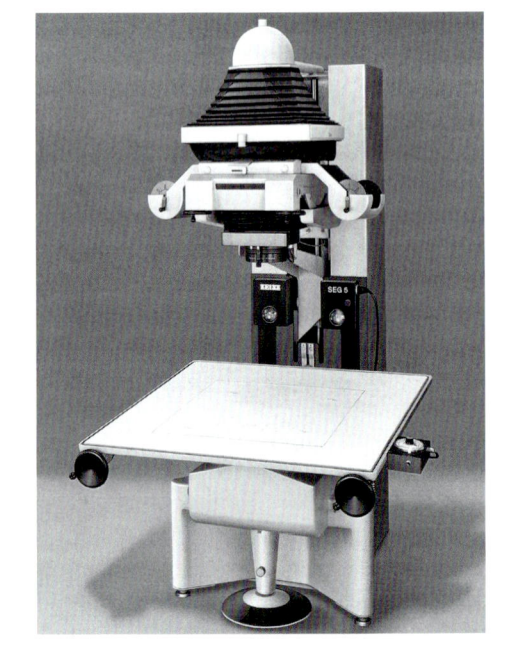

Abb. 122: Entzerrungsgerät SEG
Der Projektionstisch kann mit Hilfe von Handrädern in zwei Richtungen geneigt werden. Die Vergrößerung wird mit einer Fußscheibe eingestellt. Die Tischfläche ist 1 m lang und 1 m breit, so dass übliche Luftbilder bis zu 4-fach vergrößert werden können. (CARL ZEISS, Oberkochen)

5.2 Photogrammetrische Auswertung

angeordnete Passpunkte benötigt. Die Kenntnis der inneren und äußeren Orientierung des Bildes ist nicht erforderlich. Man kann deshalb nicht nur beliebige Bilder, sondern auch Bildausschnitte verwenden. Die graphischen Lösungen der Entzerrungsaufgabe bieten zusätzlich den Vorteil, dass sie keine instrumentellen Hilfsmittel benötigen und mit Lineal und Bleistift durchgeführt werden können. Andererseits sind aber ihren praktischen Anwendungen recht enge Grenzen gesetzt. Nähere Angaben hierzu findet man vor allem in den älteren Lehrbüchern der Photogrammetrie (z.B. SCHWIDEFSKY & ACKERMANN 1976, KONECNY & LEHMANN 1984, RÜGER u.a. 1987).

Während sich mit den graphischen Verfahren stets nur Einzelheiten zeichnerisch übertragen lassen, kann man – ebenes Gelände wiederum vorausgesetzt – durch die *optisch-photographische Entzerrung* den gesamten Bildinhalt in ein geometrisch korrigiertes, grundrisstreues *photographisches Bild* umwandeln. Man bedient sich dazu eines *Entzerrungsgeräts* (Abb. 122). Damit können die Verzerrungen, die durch die Abweichungen der Aufnahmerichtung von der Lotrichtung entstanden sind, ausgeglichen werden. Außerdem wird das Bild zugleich auf einen gewünschten Maßstab vergrößert (selten verkleinert). In der Regel ist es zweckmäßig, hierfür einen üblichen Kartenmaßstab zu wählen.

Mit einem Entzerrungsgerät wird das Luftbild-Negativ über ein Objektiv auf eine Tischfläche projiziert. Insoweit ist es wie ein photographisches Vergrößerungsgerät aufgebaut. Um die Verzerrungen kompensieren zu können, die durch geneigte Aufnahmerichtungen verursacht werden, muss man aber die Tischfläche kippen können. Damit die Bildfläche scharf auf den Tisch abgebildet wird, müssen bei dieser Art von Projektion bestimmte Bedingungen eingehalten werden (Newtonsche Linsengleichung, Scheimpflug-Bedingung). Bei den meisten Geräten werden diese Bedingungen automatisch erfüllt.

Abb. 123: Ebene Entzerrung durch Digitale Bildverarbeitung
Links: 1932 aufgenommenes Schrägluftbild des Reichskanzlerplatzes in Berlin (jetzt Theodor-Heuß-Platz). Rechts: Ebene Entzerrung zur Rekonstruktion der historischen Anlage.

Zur Entzerrung eines Bildes hat man mindestens vier im projizierten Luftbild sichtbare *Passpunkte* mit den entsprechenden Passpunkten zur Deckung zu bringen, welche im gewünschten Kartenmaßstab auf einer Zeichenfolie kartiert und auf dem Projektionstisch ausgelegt sind. Dazu hat der Operator fünf Einstellgrößen (Kippungen, Verschiebungen und Vergrößerungsfaktor) zur Verfügung. Die Einzelheiten dieses Vorgehens sind in den mehrfach genannten Lehrbüchern der Photogrammetrie beschrieben.

Wenn die Einstellung abgeschlossen ist, wird photographisches Material (in der Regel Photopapier) auf den Projektionstisch gelegt und belichtet. Nach der Entwicklung liegt dann das Luftbild als positives photographisches Bild vor. Da die durch Bildneigung verursachten Verzerrungen eliminiert sind und zugleich ein bestimmter Maßstab erzielt wurde, hat das entzerrte Bild in geometrischer Hinsicht die Eigenschaften einer Karte.

Für viele Aufgaben müssen entzerrte Luftbilder zu größeren Einheiten zusammengefügt werden. Dies geschieht traditionell dadurch, daß die Bilder innerhalb der Überlappungsbereiche mit den Nachbarbildern beschnitten, auf einer festen Unterlage montiert und aufgeklebt werden. Auf diese Weise entsteht ein *Luftbildplan*, der in der Regel mit einem Kartenrahmen versehen und reproduziert wird (*Luftbildkarte*).

Die beschriebenen Entzerrungsverfahren wurden jahrzehntelang in großem Umfang angewandt. Die *Digitale Bildverarbeitung* bietet auch für die ebene Entzerrung neue Möglichkeiten und verdrängt die traditionellen analogen Verfahren. Für die digitalen Lösungen geht man von den projektiven Beziehungen zwischen zwei Ebenen aus, die in den Gleichungen

$$X = \frac{a_1 x' + a_2 y' + a_3}{c_1 x' + c_2 y' + 1} \qquad Y = \frac{b_1 x' + b_2 y' + b_3}{c_1 x' + c_2 y' + 1}$$

beschrieben werden. Dabei sind x' und y' die Koordinaten im gegebenen Luftbild, X und Y die Koordinaten im entzerrten Bild (bzw. in der Karte). Mit Hilfe von vier Passpunkten kann man die acht Unbekannten a_1 bis c_2 berechnen und danach das gesamte digitale Bild transformieren (Abb. 123). Es sei nochmals darauf hingewiesen, dass dazu keine Kenntnisse über die Kamera und deren Orientierung erforderlich sind.

Der Anwendbarkeit der Entzerrungsverfahren sind jedoch durch die Geländeformen bestimmte Grenzen gesetzt. Wenn die durch die Geländehöhenunterschiede verursachten Lagefehler (vgl. 3.1.1) das im Ergebnis tolerierbare Maß überschreiten, muss die sehr viel aufwendigere *Differentialentzerrung* (vgl. 5.2.3) angewandt werden, um ein grundrisstreues Bild abzuleiten.

5.2.2 Stereomessung und -kartierung

Bei der *Stereoauswertung* werden zwei Bilder benutzt, um die Raumlage von beliebigen Geländepunkten zu bestimmen. Dazu dienen im Allgemeinen Bildpaare, die sich zu etwa 60 % überdecken. Allen üblichen Verfahren liegt das Prinzip des stereoskopischen Messens mit einer *Wandernden Marke* zugrunde (vgl. 5.1.3). Es wurden verschiedene

Geräte für Näherungslösungen der Aufgabe gebaut, die jedoch kaum mehr Bedeutung haben. Die Verwendung von speziell gebauten Stereokartiergeräten ermöglicht eine vollständige und exakte Lösung der Messaufgabe, die zu einer genauen geometrischen Erfassung des Geländes führt.

Für die *stereophotogrammetrische Auswertung* oder *Stereokartierung* mit Geräten dieser Art wird der geometrische Zusammenhang bei der Aufnahme der Bilder rekonstruiert und durch Projektion ein formtreues (ähnliches), aber verkleinertes Modell des Geländes erzeugt. In diesem stereoskopisch zu betrachtenden Modell bewegt der Auswerter eine *Messmarke* (*Wandernde Marke*) im Raum und sucht damit die zu kartierenden Punkte oder Linien auf. Die Lagekoordinaten dieser Bewegungen werden auf eine Zeichenfläche übertragen und kartiert (oder auch in digitaler Form gespeichert). Aus den beiden Zentralperspektiven der Bilder wird dadurch eine senkrechte Parallelprojektion auf die Kartenfläche abgeleitet.

Alle *Stereokartiergeräte* müssen – damit diese Funktionen möglich sind – aus mehreren Teilsystemen aufgebaut sein. Dabei sind zu unterscheiden

- das *Betrachtungssystem*, mit dem ein Auswerter Ausschnitte der Bilder stereoskopisch sehen und die Bewegung der Messmarke verfolgen kann,
- das *Projektionssystem*, das die geometrischen Zusammenhänge zwischen zwei Bildpunkten und dem ihnen entsprechenden Raumpunkt im Stereomodell realisiert,
- das *Messsystem*, mit dessen Hilfe der Beobachter die Wandernde Marke im Stereomodell räumlich bewegt, sowie
- das *Kartiersystem*, das deren Lage in einer graphischen Kartierung auf einem Zeichentisch oder in einer Folge von digitalen Daten festhält.

Zur Rekonstruktion der Aufnahmegeometrie muss die Orientierung der Bildpaare bestimmt werden. Dieser Vorgang wird traditionell in drei Phasen durchgeführt. Zunächst wird die *Innere Orientierung* der Aufnahmekamera (vgl. 2.2.6) wiederhergestellt. Danach stimmt die Form der im Auswertegerät projizierten Strahlenbündel mit den beim Aufnahmevorgang wirksamen Zentralprojektionen überein. Dann wird durch die *Relative Orientierung* die gegenseitige räumliche Lage der beiden Strahlenbündel rekonstruiert. Wenn dies erreicht ist, schneiden sich alle einander entsprechenden (homologen) Projektionsstrahlen und bilden in ihrer Gesamtheit ein räumliches Modell (*Stereomodell*) des betreffenden Geländes. Es ist – im mathematischen Sinne – dem Gelände ähnlich, weist also dieselbe Form auf. Sein Maßstab ist allerdings noch zufällig, so wie er sich aus dem Verhältnis der Aufnahmebasis (Flugweg zwischen den beiden Aufnahmen) zu der im Auswertegerät realisierten Basis ergibt. Außerdem nimmt das Modell noch eine beliebige, meist leicht schräge Lage im Raum ein. Deshalb wird das Stereomodell schließlich durch die *Absolute Orientierung* mit Hilfe von Passpunkten auf den angestrebten Maßstab und in die richtige Raumlage gebracht.

Das *Projektionssystem* benutzt bei den herkömmlichen Stereokartiergeräten optische oder mechanische Mittel, um den Aufnahmestrahlengang zu rekonstruieren. Dazu müssen auch alle zur Orientierung benötigten Veränderungen (z.B. Kippen und Drehen der Bilder) instrumentell einstellbar sein. Dies erfordert beträchtlichen konstruktiven Aufwand. Bei neueren Konstruktionen, den so genannten *Analytischen*

Auswertesystemen, ist man deshalb dazu übergegangen, die geometrischen Zusammenhänge zwischen den Bildpunkten und dem entsprechenden Modellpunkt rein rechnerisch nachzuvollziehen. Dadurch vereinfacht sich die Gerätekonstruktion und das Gesamtsystem wird genauer und leistungsfähiger.

Die Arbeitsweise des photogrammetrischen Auswerters ist jedoch bei allen Systemen im Grunde gleich. Er benutzt stets drei Bedienungselemente des *Messsystems*, um die Messmarke im Raummodell zu bewegen, sie auf das Gelände aufzusetzen und sie topographischen Linien oder Höhenlinien nachzuführen. Dazu werden meist zwei Handräder für die Lageveränderungen und eine Fußscheibe für die Höheneinstellung benutzt (Abb. 124). Es kommt aber auch die Freihandführung auf einer horizontalen Tischplatte vor, wobei dann die Höheneinstellung zum Beispiel an einer Rändelschraube vorgenommen wird.

Das *Betrachtungssystem* dient dazu, diese Bewegungen fortlaufend zu kontrollieren und sicherzustellen, dass die Messmarke stets auf den zu messenden Punkten aufsitzt oder den zu kartierenden Linien folgt. Zugleich wird diese Bewegung durch das *Kartiersystem* aufgezeichnet oder in Form von digitalen Daten registriert.

Stereokartiergeräte sind im Laufe der Zeit in großer Mannigfaltigkeit konstruiert worden. Abbildung 124 zeigt ein typisches Gerät, das seit 1950 in großer Stückzahl gebaut wurde und häufig auch heute noch zur topographischen Kartierung eingesetzt wird. Als Projektionssystem dienen mechanische Lenkerstangen. Die Orientierungsbewegungen erfordern viele mechanische Drehachsen und Einstellmöglichkeiten.

Im Vergleich dazu sind die später entwickelten analytischen Stereokartiersysteme äußerlich einfach aufgebaut, da keine Bilddrehungen u.ä. erforderlich sind. Die oben

Abb. 124: Beispiel für ein älteres Stereokartiergerät
Beim Stereoautographen A8 der Firma WILD repräsentieren die oberhalb des Gerätes sichtbaren mechanischen Lenkerstangen die konvergierenden Abbildungsstrahlen. Zur Bewegung der Meßmarke dienen zwei Handräder und eine Fußscheibe. Die Bewegungen der Handräder wirken auf die Zeicheneinrichtung des rechts stehenden Kartiertisches. (Photo: WILD Heerbrugg)

5.2 Photogrammetrische Auswertung

genannten Komponenten Projektionssystem, Messsystem und Kartiersystem sind nämlich als Computerprogramme ausgeführt. Orientierung, Stereoprojektion sowie Messung und Kartierung erfolgen dann rein rechnerisch bzw. rechnergestützt.

Die klassischen Verfahren und Geräte zur photogrammetrischen Auswertung sind in den Lehrbüchern der Photogrammetrie ausführlich beschrieben (z.B. SCHWIDEFKSY & ACKERMANN 1976, KONECNY & LEHMANN 1984, RÜGER u.a. 1987, KRAUS 2004).

Inzwischen hat sich aber ein rasanter Übergang zu vollständig digitalisierten photogrammetrischen Systemen vollzogen, vielfach als *Photogrammetrische Workstations* bezeichnet. Dabei sind an die Stelle der herkömmlichen photographischen Bilder digitale Bilddaten getreten, wie sie beispielsweise durch Digitalisieren (Scannen) von Luftbildern (vgl. 4.1) oder durch Aufnahme mit einer digitalen Flächenkamera (vgl. 2.3.3) gewonnen werden. Diese Bilddaten können auf einem Monitor sichtbar gemacht werden, die stereoskopische Betrachtung erfordert jedoch geeignete technische Einrichtungen. Zur horizontalen Bewegung der Messmarke dient dabei oft ein Cursor als Freihandführung (Abb. 125). Die Höheneinstellung erfolgt meist über eine Rändelschraube am Cursor. Ein Kartiertisch, wie er für die konventionellen Geräte typisch war, wird nicht mehr benötigt, da die Auswerteergebnisse nicht direkt, sondern mittels der registrierten Messdaten offline ausgegeben werden.

Abb. 125: Photogrammetrische Workstation PHODIS ST
Die Stereobetrachtung der digitalen Bilddaten wird durch zeitliche Bildtrennung erreicht. Dies wird durch ein Flüssigkristall-System mit einer aktiv gesteuerten Betrachtungsbrille möglich. Der rechte Bildschirm dient als Benutzer-Schnittstelle. (Photo: CARL ZEISS, jetzt Z/I Imaging, Oberkochen)

Mit dem Einsatz von derartigen Workstations wurden der Photogrammetrie neue Wege und sehr flexible Arbeitsweisen eröffnet. Dabei können stereophotogrammetrische Messungen in ähnlicher Weise durchgeführt werden wie zuvor. Ein Beobachter kann unter Stereobetrachtung eine Messmarke auf einen zu erfassenden Objektpunkt einstellen, dessen Raumkoordinaten dann berechnet werden. Ebenso ist das Nachführen der Messmarke an topographischen Strukturlinien möglich, die dann in einer dichten Punktfolge digital registriert werden.

Immer größere Bedeutung erlangte jedoch die Möglichkeit, die punktweise stereoskopische Messung durch automatisch ablaufende rechnerische Prozesse zu ersetzen. Die Verfahren der *Bildzuordnung* (auch als *Bildkorrelation* oder *Matching* bezeichnet) vergleichen Ausschnitte aus den Grauwertmatrizen der Bilder und suchen die Orte bester Übereinstimmung. Geometrisch gesehen erhält man dadurch ebenso die

Bildkoordinaten einander entsprechender (homologer) Punkte wie beim Aufsetzen der Wandernden Marke durch einen Beobachter auf die von ihm wahrgenommene Geländeoberfläche. Durch die rechnerische Lösung dieser Aufgabe können in den Daten eines Bildpaares sehr viele Punkte automatisch bestimmt werden. Als Ergebnis erhält man primär einen räumlichen Punkthaufen, aus dem beispielsweise durch Interpolationen ein *Digitales Geländemodell* abgeleitet werden kann, das sich auf ein regelmäßiges Grundrissraster bezieht. Dieser Teil des Prozesses hat große Ähnlichkeit mit der Auswertung der mit Laserscannern gewonnenen Punktwolken (vgl. 2.3.5, auch LI u.a. 2005).

Darüber hinaus bieten Photogrammetrische Workstations durch die rein digitale Arbeitsweise viele andere Vorteile, von der Veränderung der Bilddaten (z.B. zur Kontrastverbesserung) über die bildhafte Überlagerung von topographischen Daten oder von Zwischenergebnissen bis zum durchgängigen Datenfluss in Geoinformationssysteme.

Mit dem Übergang zur Digitalen Luftbildaufnahme mit Zeilenkameras (vgl. 2.3.2) sind auch spezielle Entwicklungen zur photogrammetrischen Verarbeitung der Daten verbunden (WEWEL u.a. 1998, SCHOLTEN u.a. 2002). Außerdem sind die derzeit intensiven Forschungsarbeiten zu erwähnen, die auch eine teilweise automatische Interpretation von Bildinhalten zum Ziel haben, beispielsweise zur Erfassung von Gebäuden aus Luftbildern (z.B. HEUEL 2000).

5.2.3 Differentialentzerrung

Die Verfahren der Entzerrung (5.2.1) gehen von der Annahme aus, dass die Geländefläche genähert als Ebene betrachtet werden kann. Wenn die Geländehöhenunterschiede die zulässige Grenze überschreiten, entstehen Fehler, die nicht mehr toleriert werden können. Sie müssen deshalb durch den Vorgang der *Differentialentzerrung* korrigiert werden. Dabei werden die durch das Geländerelief verursachten Lagefehler eliminiert. Das Verfahren setzt voraus, dass die Geländeoberfläche in geeigneter Form gegeben ist, in der Regel in einem *Digitalen Geländemodell* (DGM). Häufig ist es erforderlich, die benötigten Geländehöhen zu diesem Zweck durch stereophotogrammetrische Messungen zu bestimmen. Dann kann die Differentialentzerrung auch als Kombination von Stereoauswertung und Entzerrung verstanden werden. In zunehmendem Maße kommen aber auch andere flugzeuggestützte Messmethoden zur Gewinnung von Geländemodellen in Frage, beispielsweise *Laserscanning* (KRAUS 2004, KATZENBEISSER u.a. 2004, MAAS 2005; vgl. 2.3.5) oder *Radarinterferometrie* (SCHWÄBISCH & MOREIRA 2000, vgl. 2.4.3).

Durch die Differentialentzerrung wird ein Luftbild so umgeformt, dass es geometrisch die Eigenschaften einer Karte aufweist. Das Gelände wird also in senkrechter Parallelprojektion auf eine horizontale Ebene abgebildet. Ein solches Bild nennt man ein *Orthobild* (Orthophoto). Es kann wie eine Karte verwendet werden, bietet also u.a. den Vorteil, dass darin Messungen geometrischer Größen (z.B. Flächenmessungen) vorgenommen werden können, was in gewöhnlichen Senkrechtbildern nur in grober

5.2 Photogrammetrische Auswertung

Näherung möglich ist. Die Verfahrensweise ist sinngemäß auch auf Satellitenbilder anzuwenden. Die durch Geländehöhenunterschiede verursachten Lagefehler sind in Satellitenbildern aber in der Regel klein, so dass nur selten die Notwendigkeit zur Anwendung der Differentialentzerrung gegeben ist.

Die Differentialentzerrung wurde früher mit technisch aufwendigen, speziellen Projektionsgeräten durchgeführt. Erläuterungen dazu findet man in den Lehrbüchern der Photogrammetrie (z.B. KRAUS 2004, KONECNY & LEHMANN 1984, RÜGER u.a. 1987).

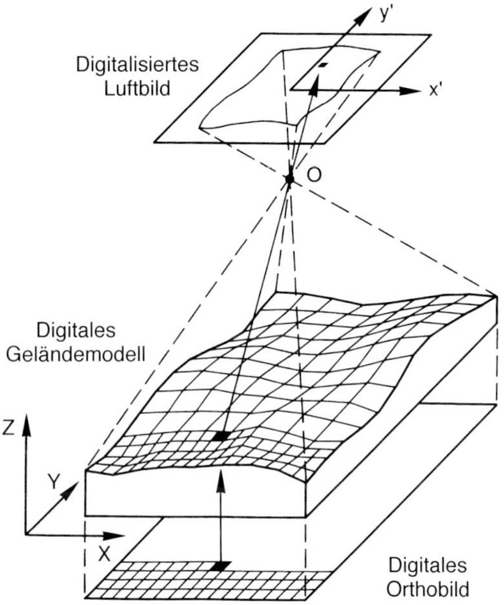

Abb. 126: Differentialentzerrung durch Digitale Bildverarbeitung (schematisch)
Gemäß der indirekten Entzerrungsmethode wird von einem Pixel des Orthobildes über das Digitale Geländemodell in das Luftbild zurückgerechnet, um dort den zugehörigen Grauwert zu entnehmen.

Für die Lösung der Aufgabe sind jedoch die inzwischen allgemein verfügbaren Methoden der Digitalen Bildverarbeitung besser geeignet. Sie arbeiten grundsätzlich in differentiell kleinen Bildelementen und können deshalb auch kleine Geländehöhenunterschiede berücksichtigen. Dies setzt jedoch voraus, dass die Formen der Geländeoberfläche genügend genau bekannt sind. In aller Regel geht man von einem Digitalen Geländemodell (DGM) aus, das die Oberfläche in einem regelmäßigen Punktraster beschreibt. Außerdem werden die Daten der inneren und äußeren Orientierung des zu entzerrenden Luftbildes benötigt.

Die Differentialentzerrung ist stets in spezifischen Software-Komponenten implementiert, die meist in Programmpaketen zur Photogrammetrie bzw. Fernerkundung enthalten sind. Spezielle Hardware-Systeme sind dabei nicht erforderlich. Es muss lediglich das zu entzerrende Luftbild digitalisiert vorliegen und das errechnete Orthobild (Orthophoto) abschließend als Bild ausgegeben werden. Im Übrigen kann die Aufgabe als eine geometrische Transformation aufgefasst werden, wie sie in Abschnitt 4.3.1 bereits erläutert worden ist. Die Transformationsgleichungen beschreiben die zentralperspektive Abbildung (Abb. 126). Durch die indirekte Entzerrungsmethode wird für jedes Pixel des Orthobildes der entsprechende Grauwert aus der Matrix des digitalisierten Luftbildes entnommen. Dazu muss im DGM die örtliche Geländehöhe interpoliert und dann entlang des Abbildungsstrahls in die Matrix des digitalisierten Luftbildes zurückgerechnet werden. Für den dadurch berechneten Punkt wird in der Bildmatrix ein Grauwert interpoliert (vgl. 4.3.1). Für die Gewinnung farbiger Orthobilder muss der geometrische Weg nur einmal durchgerechnet werden, die Interpolation in den Ebenen der Bildmatrix und die Zuweisung von Grauwerten in die Ebenen des Orthobildes ist aber dreimal, nämlich für jeden Farbkanal, durchzuführen.

Im Prinzip handelt es sich bei den schon erwähnten geometrischen Korrekturen der komplizierten Verzerrungen von Bildern von *Flugzeugscannern* oder *Zeilenkameras* (vgl. 3.1.2) ebenfalls um Verfahren der Differentialentzerrung. Bei diesen Korrekturen muss aber vorausgesetzt werden, dass
- die Abbildungsgeometrie des Sensors bekannt ist,
- die räumliche Lage des Sensors und ihre fortlaufende Änderung während der Datenaufnahme mit genügender Genauigkeit gemessen wird,
- eine genügende Zahl von Passpunkten gegeben ist und
- ein Digitales Geländemodell vorliegt.

Bisher muss man leider feststellen, dass diese Anforderungen vielfach nicht oder nicht mit der nötigen Genauigkeit erfüllt sind. Durch den Einsatz von GPS/INS-Systemen eröffnen sich jedoch neue Möglichkeiten für diese Aufgabe. Die erreichbare Genauigkeit der Entzerrung hängt aber von zahlreichen Faktoren ab, insbesondere ist die Qualität des vorliegenden Digitalen Geländemodells von großem Einfluss.

Auch die geometrische Korrektur von Radarbildern ist aufwendig und setzt ebenfalls die Verwendung eines Digitalen Höhenmodells voraus. Hinweise auf Methoden und Ergebnisse findet man z.B. bei COLWELL (1983), MEIER & NÜESCH (1986), MEIER (1989), SCHREIER u.a. (1990).

5.3 Digitale Bildauswertung

Während die Bildinterpretation ein »typisch menschliches« Auswerteverfahren ist, handelt es sich bei der Digitalen Bildauswertung um Computerverfahren, die »im Prinzip« ohne menschlichen Beobachter auskommen. Ihr Ziel ist es, Bildinhalte durch automatische Verfahren festzustellen. Allgemein wird diese Aufgabe als *Maschinelles Sehen* oder *Computer Vision* bezeichnet.

Einfache Überlegungen zeigen, dass unser menschliches Sehvermögen gewisse in Bilddaten vorliegende Informationen – z.B. Grauwerte oder Flächengrößen – nur sehr ungenau wahrnehmen kann und dabei sogar vielfachen optischen Täuschungen unterliegt. Andererseits ist seine Leistungsfähigkeit enorm, wenn es um die Wahrnehmung von Bildstrukturen, Formen, Texturen usw., um das Erkennen von Objekten oder um die Analyse von Zusammenhängen geht. Beim Computer ist es genau umgekehrt. Er kann mit hoher Präzision Grauwerte analysieren oder Flächen ermitteln, ohne dabei Täuschungen zu unterliegen. Aber schon die Rekonstruktion dreidimensionaler Strukturen aus einem Stereobildpaar verlangt erheblichen rechnerischen Aufwand und gelingt nicht in jedem Falle. Obwohl der Begriff *Bildverstehen* üblich geworden ist, kann keine Rede davon sein, dass ein Rechner eine Bildszene in ähnlicher Weise »verstehen« könnte, wie es für uns Menschen selbstverständlich ist.

Die bisherigen Anwendungen des Maschinellen Sehens beschränken sich deshalb auf einzelne spezifische Aufgabenstellungen, die funktional so beschrieben werden können, dass sie sich in Rechenalgorithmen umsetzen lassen. Dazu gehören zum Beispiel Überwachungsfunktionen in der industriellen Fertigung, das Identifizieren von Schriftzeichen, der Vergleich von Fingerabdrücken und auch das Erkennen von Straßenmarkierungen und Verkehrszeichen zur automatischen Fahrzeugführung. Auch die stereoskopische Bildpunktzuordnung – die im Ergebnis der Messung mit der *Wandernden Marke* durch einen Beobachter entspricht – ist möglich und wird in großem Umfang praktisch durchgeführt.

Aber das automatische Identifizieren von bestimmten Objektarten und -strukturen in Luft- und Satellitenbildern ist bisher nur in Ansätzen möglich. Diese Aufgabe ist Gegenstand intensiver Forschungsarbeiten, die die inhaltliche (»semantische«) Modellierung abgebildeter Objekte zum Ziel haben. Beispielhaft sind zu nennen das automatische Erkennen von Straßen (z.B. BAUMGARTNER u.a. 1999, HINZ 2004) oder das Erfassen und räumliche Modellieren von Gebäuden (z.B. LANG & SCHICKLER 1993, FÖRSTNER 1999, HEUEL 2000, GÜLCH u.a. 2000).

Trotz intensiver Entwicklungsarbeit und beeindruckender Fortschritte auf diesen Gebieten konnten bisher doch nur bescheidene Erfolge erzielt werden, die noch geringe praktische Bedeutung haben. Die Erfahrungen machen im Gegenteil deutlich, dass wir die komplexe Wirkungsweise des menschlichen Wahrnehmungssystems Auge/Gehirn mit seiner immensen Flexibilität und Leistungsfähigkeit bisher höchstens in Ansätzen verstanden haben.

Große Erfolge hat die Digitale Bildauswertung jedoch auf einem Gebiet vorzuweisen, auf dem das menschliche Wahrnehmungsvermögen kaum konkurrieren kann, nämlich bei der Analyse multispektraler Daten. Dabei geht es um die Unterscheidung verschiedener Objektklassen aufgrund vorliegender Messdaten, in der Regel der mit einem Multispektralscanner gewonnenen digitalen Bilddaten. Deshalb ist die Verfahrensweise in der Fernerkundung auch als *Multispektral-Klassifizierung* bekannt. Es sollte aber nicht übersehen werden, dass es sich dabei um einen Spezialfall der allgemeinen *Mustererkennung* (*Pattern Recognition*) handelt und dass demnach nicht nur multispektrale Messdaten, sondern auch andere quantitative Objektmerkmale Verwendung finden können.

5.3.1 Prinzip der Multispektral-Klassifizierung

Der Grundgedanke der Multispektral-Klassifizierung lässt sich an einem einfachen schematischen Beispiel aufzeigen. Wie Abbildung 127 veranschaulicht, weisen die Objektklassen Boden, Vegetation und Wasser sehr unterschiedliche Reflexionseigenschaften auf. Deshalb werden sich Messdaten, die ein multispektrales Fernerkundungssystem in den Spektralbereichen λ_1, λ_2 und λ_3 für jedes Pixel aufnimmt, für die Objektklassen Boden, Vegetation und Wasser stark unterscheiden. Diese Differenzen

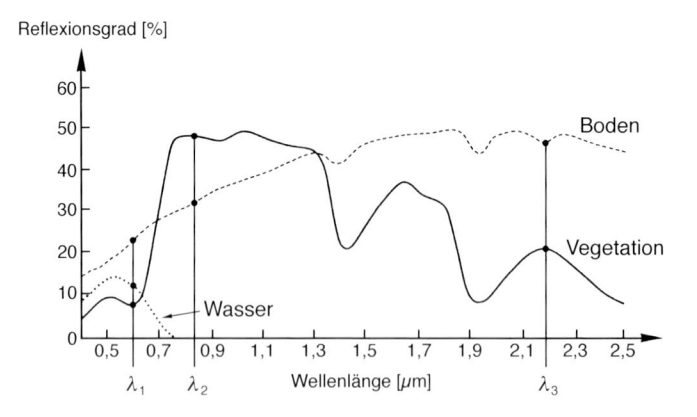

Abb. 127: Voraussetzungen zur Multispektral-Klassifizierung
Die oberflächentypische Wellenlängenabhängigkeit der Reflexionsgrade führt dazu, dass sich für die Objektklassen in den einzelnen Spektralkanälen unterschiedliche Messwerte ergeben.

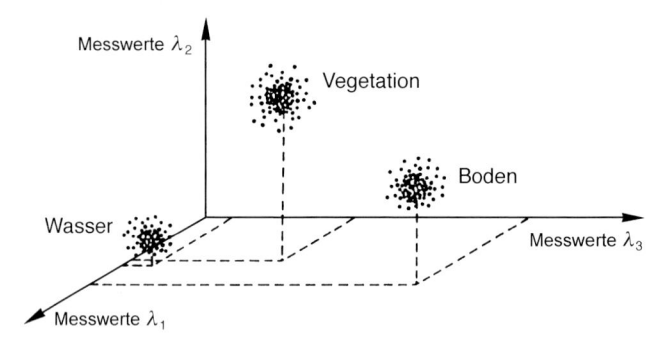

Abb. 128: Merkmalsraum zur Multispektral-Klassifizierung
Aufgrund ihrer Messwerte liegen die einzelnen Objektklassen in verschiedenen Bereichen des dreidimensionalen Merkmalsraums.

sind weitgehend material- bzw. objektspezifische *Invarianten*, die zur Unterscheidung der verschiedenen Objektklassen dienen können.

Definiert man nun einen so genannten *Merkmalsraum*, in dem diese Messwerte die Koordinaten λ_1, λ_2 und λ_3 darstellen, so erhält man eine Punkteverteilung, wie sie in Abbildung 128 schematisch skizziert ist. Die Messwerte für die einzelnen Objektklassen liegen dabei in verschiedenen Bereichen des Merkmalsraums. Mehrere Einzelmessungen einer Oberflächenart fallen aber nicht in einem Punkt zusammen, sondern bilden – wegen der vielfältigen kleinen Unterschiede der Flächenelemente innerhalb einer Klasse und wegen vieler störender Einflussfaktoren – einen Punkthaufen. Im Idealfall lassen sich zwischen diesen Punkthaufen eindeutige Grenzen ziehen. Damit ist der Merkmalsraum unterteilt, und jedes beliebige Wertetripel λ_1, λ_2 und λ_3 weiterer Messungen kann automatisch einer der definierten Objektklassen zugeordnet und das Flächenelement mit einem entsprechenden qualitativen Attribut versehen werden.

5.3 Digitale Bildauswertung

Als Ergebnis erhält man dann – wenn man diese Zuweisungen bildhaft wiedergibt – eine thematische Kartierung der drei in einer Szene vorkommenden Objektklassen. Diejenigen Flächenelemente, die keiner der drei Klassen zugehören, sollten dann als »nicht klassifiziert« verbleiben. Das Verfahren kann leicht auf mehrere Spektralbereiche erweitert werden und ermöglicht theoretisch thematische Kartierungen ohne menschliches Eingreifen.

Die Praxis sieht freilich wesentlich anders aus. Die Messwerte der einzelnen Objektklassen unterscheiden sich nicht so signifikant, wie im schematischen Beispiel angenommen, die Punkthaufen berühren oder überschneiden sich und der Gesamtprozess ist einer Fülle von Störeinflüssen verschiedener Art ausgesetzt. Deshalb sind einerseits Spektralbereiche auszuwählen, in denen sich die zu trennenden Objektklassen in ihrer Reflexionscharakteristik möglichst stark unterscheiden. Andererseits müssen geeignete Verfahren der Daten-Vorverarbeitung eingesetzt und diffizil ausgearbeitete Klassifizierungsalgorithmen angewendet werden, um zuverlässige Ergebnisse zu erhalten.

Es ist aber offensichtlich, dass der Erfolg eines solchen Verfahrens nicht nur von den vorliegenden Messwerten abhängt, sondern dass dabei von zusätzlichen Vorinformationen Gebrauch gemacht wird. Es muss nämlich bekannt sein, dass die einzelnen Punkthaufen, die der Unterteilung des Merkmalsraumes zugrunde liegen, die entsprechenden Objektklassen charakterisieren. Um diese Vorinformationen in den Auswerteprozess einzuführen, benutzt man so genannte *Trainingsgebiete*, das sind Referenzflächen, von denen bekannt ist, welcher Objektklasse sie zugehören. Diese Informationen müssen durch Geländeerkundungen beschafft oder aus anderen Quellen bezogen werden. Praktisch ist es erforderlich, für jede zu bestimmende Objektklasse mindestens eine Referenzfläche vorzugeben, aus der die Unterscheidungskriterien bestimmt werden können. Man nennt das Verfahren dann eine *Überwachte Klassifizierung*. Im Gegensatz dazu bezeichnet man eine auf statistischen Ansätzen beruhende Analyse der von einem bestimmten Gebiet vorliegenden Multispektraldaten als *Unüberwachte Klassifizierung* oder *Cluster-Analyse*, wenn keine Referenzdaten in Form von Trainingsgebieten benutzt werden.

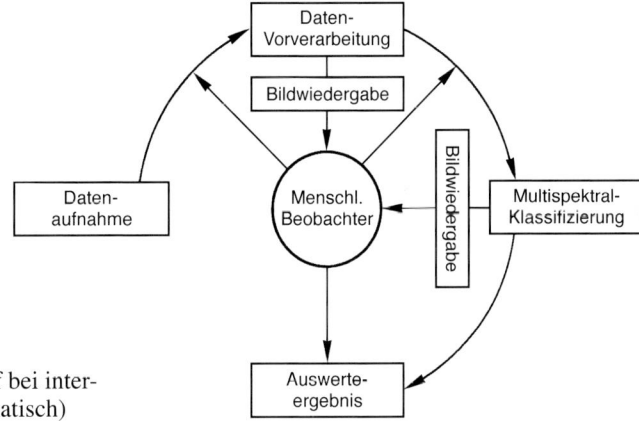

Abb. 129: Verfahrensablauf bei interaktiver Auswertung (schematisch)

Zur Auswahl und Festlegung von Trainingsgebieten und für verschiedene andere Aufgaben bedient man sich in der Praxis sehr häufig interaktiver Arbeitsweisen. *Interaktive Verfahren* kombinieren die visuelle Interpretation mit der automatischen Klassifizierung durch den Rechner. Dadurch werden die Vorteile der beiden Verfahren vereinigt, nämlich einerseits die menschliche Fähigkeit, bildliche Darstellungen sehr schnell in integrierender Weise zu erfassen und zu interpretieren, und andererseits die große Leistungsfähigkeit des Rechners bei der Verarbeitung digitaler Daten aus mehreren Spektralbereichen. Selbstverständlich verlangt ein interaktives Verfahren die Dialogmöglichkeit mit dem Rechner an einem entsprechenden Arbeitsplatz. Dazu gehört ein Bildschirm, auf dem z.B. Ausschnitte der Bilddaten oder vorläufige Ergebnisse der Klassifizierung wiedergegeben und vom Beobachter beurteilt werden können und wo er außerdem die Möglichkeit hat, Punkte oder Flächen zu identifizieren.

Der Datenfluss, wie er sich bei der Auswertung von Multispektraldaten durch interaktive Verfahren ergeben kann, ist in Abbildung 129 schematisch dargestellt. Im Mittelpunkt steht der menschliche Beobachter, der den Verfahrensablauf entscheidend bestimmt. Er kann die Ergebnisse der Daten-Vorverarbeitung oder der Klassifizierung visuell beurteilen und daraufhin in beide Vorgänge steuernd eingreifen, bis ihm das Ergebnis optimal erscheint. Das eigentliche Auswerteergebnis kann sich dann direkt aus der Klassifizierung ergeben, z.B. in Form einer thematischen Kartierung (Abb. 135, 171), oder es kann durch den menschlichen Beobachter zustande kommen, der die Bildwiedergabe visuell interpretiert.

5.3.2 Klassifizierungsverfahren

Bei der *Cluster-Analyse* bzw. *Unüberwachten Klassifizierung* besteht die Aufgabe, die Gesamtheit der Bildelemente in eine Anzahl von Klassen ähnlicher spektraler Eigenschaften zu unterteilen. Über die Bedeutung dieser Klassen braucht nichts bekannt zu sein. Deshalb werden auch keine Trainingsgebiete oder andere Referenzdaten gebraucht.

Zur Cluster-Analyse bedient man sich meist iterativ arbeitender Verfahren (z.B. RICHARDS 1999, HABERÄCKER 1991). Mit ihnen kann ermittelt werden, wie vielen verschiedenen Klassen die Daten zugehören und wo die Zentren der Punkthaufen liegen. Die Bedeutung der einzelnen Klassen kann man nachträglich durch Interpretation des Ergebnisses bestimmen. Häufig wird diese Art der Datenanalyse aber nicht als selbstständiges Verfahren, sondern zur Vorbereitung einer Überwachten Klassifizierung eingesetzt. Dabei lässt sich dann prüfen, ob die vorliegenden Messdaten überhaupt die Trennung der gewünschten Objektklassen ermöglichen bzw. ob die gewählten Klassen nicht ihrerseits aus mehreren Unterklassen bestehen. Durch die so erarbeiteten Vorkenntnisse wird dann die Überwachte Klassifizierung erleichtert.

Für die praktische Durchführung einer *Überwachten Klassifizierung* kommen verschiedene methodische Ansätze in Betracht. Zu nennen sind vor allem das *Maximum-Likelihood-Verfahren*, das *Minimum-Distance-Verfahren*, das *Quaderverfahren* und die *Hierarchische Klassifizierung*. Die Wirkungsweise dieser Methoden lässt sich am

5.3 Digitale Bildauswertung

besten an einem einfachen Beispiel mit Daten aus zwei Spektralkanälen erläutern, da dann der Merkmalsraum als Ebene dargestellt werden kann (Abb. 130).

Abb. 130: Schematisches Beispiel zur Multispektral-Klassifizierung
Die in den Spektralkanälen λ_1 und λ_2 vorliegenden Messwerte von Trainingsgebieten beschreiben die Objektklassen A bis E. Die Punkte 1, 2 und 3 seien Daten von zu klassifizierenden unbekannten Bildelementen.

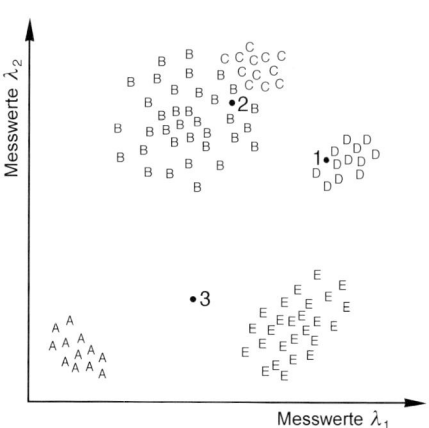

Das weit verbreitete *Maximum-Likelihood-Verfahren* (*Verfahren der größten Wahrscheinlichkeit*) berechnet aufgrund statistischer Kenngrößen der vorgegebenen Klassen die Wahrscheinlichkeiten, mit denen die einzelnen Bildelemente diesen Klassen angehören. Zugewiesen wird dann jedes Pixel der Klasse mit der größten Wahrscheinlichkeit (z.B. SWAIN & DAVIS 1978, RICHARDS 2006). Dabei unterstellt man, dass die Messdaten der Bildelemente jeder Objektklasse im Merkmalsraum eine Normalverteilung um den Klassenmittelpunkt aufweisen. Hergeleitet werden die Wahrscheinlichkeitsfunktionen aus den Daten der vorgegebenen Trainingsflächen. Korrelationen zwischen den Daten der Spektralkanäle führen zu elliptischer Form der Linien gleicher Wahrscheinlichkeit (Abb. 131). Das Verfahren ist rechenaufwendig, führt aber in der Regel auch zu guten Ergebnissen.

Das *Minimum-Distance-Verfahren* (*Verfahren der nächsten Nachbarschaft*) ist demgegenüber einfach und erfordert nur geringen Rechenaufwand. Dabei werden

Abb. 131: Maximum-Likelihood-Verfahren
Dargestellt sind Linien gleicher Wahrscheinlichkeit für die Zugehörigkeit von Pixeln zu den Klassen. Der Punkt 2 wird der Klasse B zugeordnet, Punkt 3 bleibt unklassifiziert, da die Wahrscheinlichkeit, dass er einer der drei Klassen zugehört, zu gering ist.

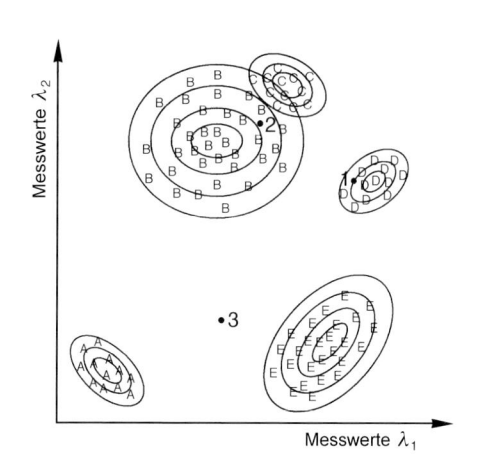

Abb. 132: Minimum-Distance-Verfahren
Ein Bildelement wird derjenigen Klasse zugewiesen, deren Mittelpunkt (+) am nächsten liegt. Der Punkt 2 wird der Klasse C zugeordnet; Punkt 3 bleibt unklassifiziert, wenn der Abstand zum nächsten Klassenmittelpunkt einen vorgegebenen Wert überschreitet.

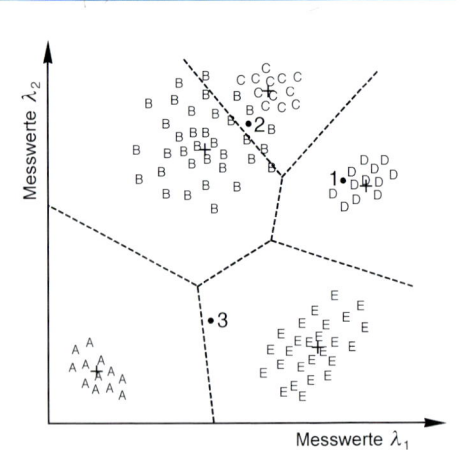

zunächst für die Trainingsgebiete jeder Objektklasse die Mittel der Messwerte in den einzelnen Spektralkanälen berechnet (Abb. 132). Für jedes zu klassifizierende Bildelement berechnet man anschließend den Abstand zu den Mittelpunkten aller Klassen. Das Pixel wird jener Klasse zugeteilt, zu deren Mittelpunkt der Abstand am kürzesten ist (RICHARDS 2006, HABERÄCKER 1991). Das Verfahren hat den Nachteil, dass es die unterschiedlichen Streubereiche der Messwerte nicht berücksichtigt. Deshalb kann ein Bildelement einer Klasse zugewiesen werden, der es mit großer Wahrscheinlichkeit nicht zugehört (Punkt 2 in Abb. 132).

Beim *Quaderverfahren* (engl. *Parallelepiped* oder *Box Classifier*) wird in den einzelnen Spektralkanälen eine obere und untere Grenze der für eine Objektklasse gültigen Messwerte definiert, was im zweidimensionalen Fall zu rechteckigen Ent-

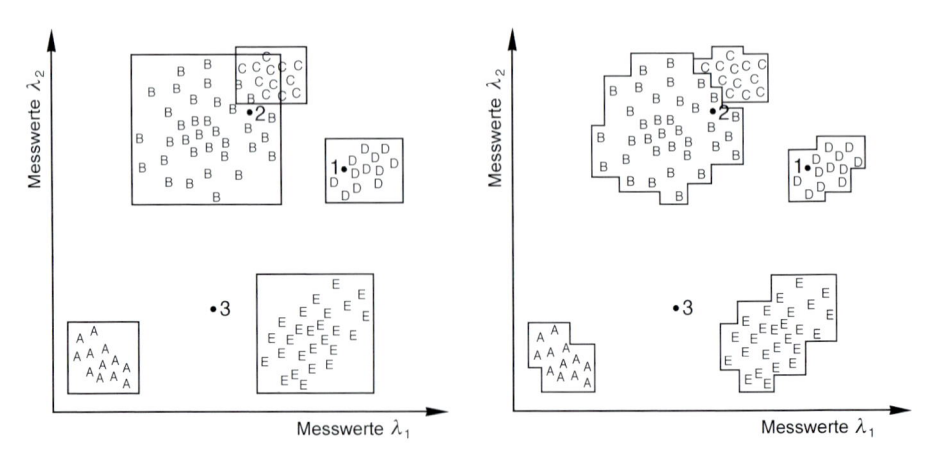

Abb. 133: Quaderverfahren
Durch die Festlegung oberer und unterer Grenzen der für eine Objektklasse gültigen Messwerte werden rechteckige Entscheidungsgrenzen im Merkmalsraum definiert (links). Um die Punkthaufen möglichst gut zu erfassen und Überschneidungen zu vermeiden, sind jedoch verfeinerte Abgrenzungen erforderlich (rechts).

5.3 Digitale Bildauswertung

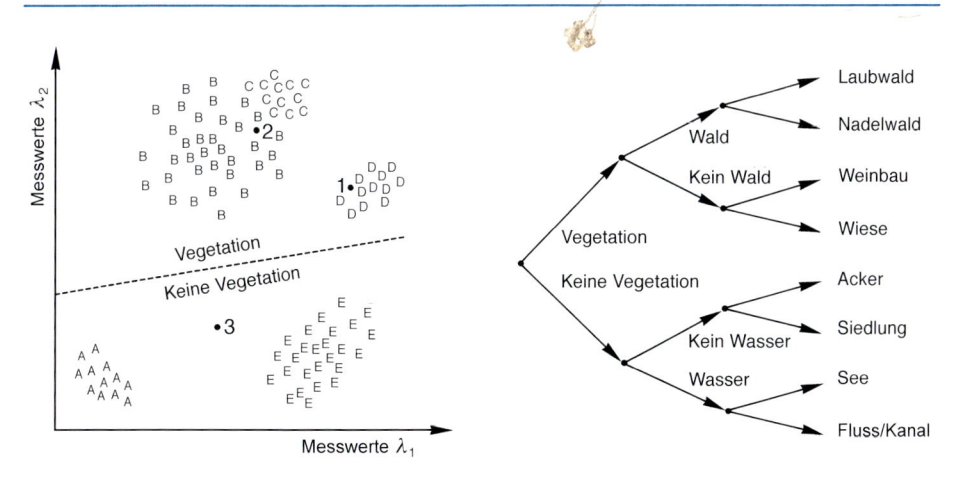

Abb. 134: Baumförmige Klassifizierung (schematisch)
In jeder Phase werden im Merkmalsraum interaktiv Grenzen definiert, die zwei oder mehr Unterklassen optimal voneinander trennen (links). Durch mehrfache Unterteilung erhält man eine baumförmige Aufgliederung der Gesamtfläche (rechts).

scheidungsgrenzen führt (Abb. 133). Dies kann angesichts der Verteilung der Daten der Trainingsgebiete im Merkmalsraum interaktiv geschehen. Um die einzelnen Bildelemente den Objektklassen zuweisen zu können, muss dann lediglich abgefragt werden, ob die Messwerte zu einem Punkt innerhalb eines Rechteckes gehören. Wenn sie in kein Rechteck fallen, bleibt das Pixel unklassifiziert.

Schwierigkeiten treten beim Quaderverfahren dann auf, wenn sich die Punkthaufen im Merkmalsraum nur durch Rechtecke umschreiben lassen, die sich überlappen. Dann müssen die Abgrenzungen der Zuordnungsflächen modifiziert werden, um sie den Eigenschaften der Daten besser anzupassen (CURRAN 1985, HABERÄCKER 1991).

Die *Hierarchische* oder *Baumförmige Klassifizierung* (engl. *Hierarchical Classification*) unterscheidet sich grundlegend von den anderen Vorgehensweisen. Die Zuordnung erfolgt nicht in einem einmaligen Vorgang, das endgültige Ergebnis wird vielmehr schrittweise durch eine Folge von Einzelentscheidungen erreicht (QUIEL 1976). Dabei wird in den einzelnen Stufen zwischen jeweils nur wenigen (häufig zwei) Klassen gewählt, indem der Bearbeiter interaktiv Grenzlinien im Merkmalsraum festlegt. Jedes Ergebnis kann bei Bedarf wieder in weitere Unterklassen eingeteilt werden, bis das endgültige Ergebnis erreicht ist (Abb. 134). Das Verfahren ist sehr flexibel, da für jede Entscheidung die günstigste Kanalkombination und das zweckmäßigste Kriterium benutzt werden kann. Dabei kann der Bearbeiter seine Erfahrungen und die für den jeweiligen Anwendungszweck maßgebenden Kriterien besser zur Geltung bringen als bei anderen Verfahren. Der interaktive Arbeitsaufwand ist aber entsprechend größer.

In jüngerer Zeit sind weitere methodische Ansätze entwickelt worden. Da ist insbesondere die Software *eCognition* zu erwähnen (BENZ u.a. 2004, NEUBERT 2006). Diese arbeitet mit einer der Klassifizierung vorausgehenden Segmentierung der Daten. Benachbarte und hinsichtlich bestimmter Eigenschaften ähnliche Pixel werden zu

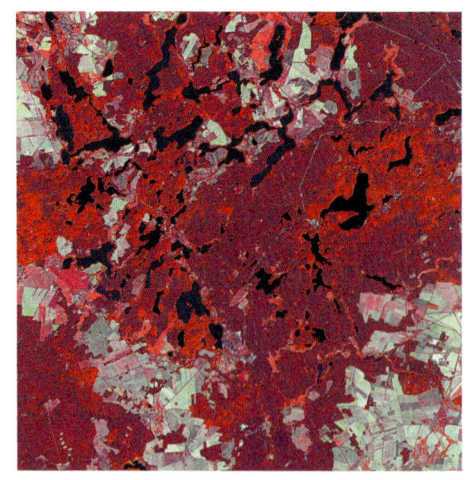

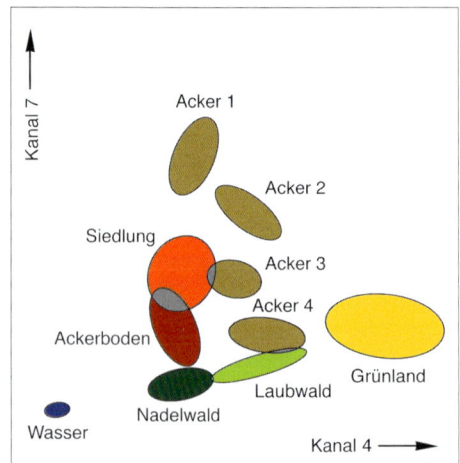

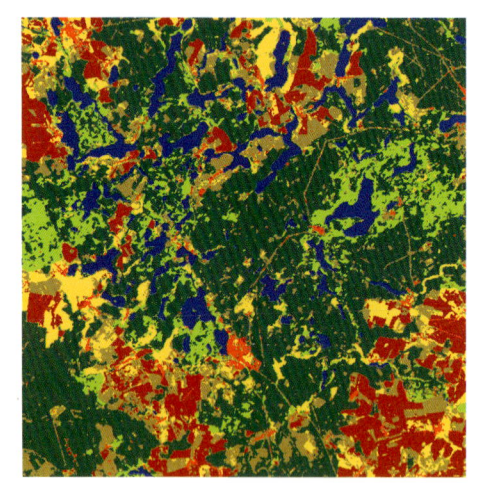

Abb. 135: Beispiel für eine Multispektral-Klassifizierung
Gegeben sind Thematic-Mapper-Daten in den Kanälen 2, 4 und 7. In den Bilddaten (links oben) werden Trainingsgebiete für Wasser, Grünland, mehrere Äcker usw. definiert. Für diese Flächen erhält man im Merkmalsraum jeweils eine Punktwolke. Durch statistische Analyse werden (elliptische) Linien gleicher Wahrscheinlichkeit zur Unterteilung des Merkmalsraumes abgeleitet (rechts oben). Die Anwendung dieser Unterteilung auf alle Pixel führt zu einer »Thematischen Karte« (links).

Segmenten zusammengefasst. Bei der anschließenden Bearbeitung werden nicht die Einzelpixel, sondern die durch die Segmentierung gebildeten Objekte klassifiziert. Andere Ansätze benutzen *Künstliche Neuronale Netze* zur Lösung von Aufgaben der Multispektral-Klassifizierung. Eine Einführung dazu gibt CANTY (1999).

Ein vergleichsweise einfaches Beispiel für eine Multispektral-Klassifizierung zeigt Abbildung 135, praktische Anwendungen zeigen die Abbildungen 161 und 171.

In der Praxis ist die Anwendung der Multispektral-Klassifizierung freilich weit schwieriger, als man zunächst anzunehmen geneigt ist. Tatsächlich sind die der Methode zugrunde liegenden Annahmen nur näherungsweise erfüllt, und eine Reihe von Störfaktoren schränkt die Anwendbarkeit ein. Die wichtigsten davon sind im Folgenden kurz angedeutet.

Zunächst ist festzustellen, dass sich die *Spektralen Signaturen* der in Frage kommenden Objektklassen meist nicht so klar unterscheiden, wie es in schematischen

5.3 Digitale Bildauswertung

Beispielen dargestellt wird. Die aus Trainingsgebieten abgeleiteten Punkthaufen überlappen sich oft erheblich, z.B. wenn es um die Unterscheidung von verschiedenen Vegetationsarten oder -zuständen geht. Wenn Daten in einer größeren Zahl von Spektralkanälen vorliegen, kann es zweckmäßig sein, zuerst eine *Hauptkomponenten-Transformation* durchzuführen und nur die abgeleiteten Daten zu verwenden, die eine gute Trennbarkeit der Klassen erwarten lassen.

Erhebliche Probleme rühren daher, dass die einzelnen *Objektklassen* keineswegs homogene Ausprägungsformen aufweisen. Bei einem Getreideacker beispielsweise, den man bei Klassifizierungsaufgaben im Allgemeinen als homogene Einheit betrachten wird, können innerhalb der Fläche aus den verschiedensten Gründen große Unterschiede im Bewuchs und damit auch in den multispektralen Messwerten auftreten. Bei anderen Objektklassen (z.B. Moorflächen, Siedlungen, Industrieanlagen) ist dies in noch viel stärkerem Maße der Fall.

In vielen Fällen treten *Mischsignaturen* auf, d.h. in den Messwerten eines Pixels sind Reflexionsanteile von verschiedenen Objektklassen enthalten. Dies wird stets für die Bildelemente an der Grenze zwischen zwei Flächen der Fall sein (z.B. entlang einer Uferlinie). Aber auch innerhalb einer Objektklasse können Oberflächenanteile ganz verschiedener Art gemischt sein und damit zu einer sehr komplexen Struktur der Messdaten führen. Beispielsweise kann ein 900 m² großes Thematic Mapper-Pixel aus einem Siedlungsgebiet Anteile von Baumkronen, Hausdächern, Parkplätzen, Vorgärten usw. enthalten. Das Auftreten von Mischsignaturen ist ein grundsätzliches methodisches Problem der Multispektral-Klassifizierung. Man versucht, ihm durch spezielle Verarbeitungstechniken, so genanntes *Un-Mixing*, zu begegnen (RADELOFF u.a. 1997, JACOBSEN u.a. 1998).

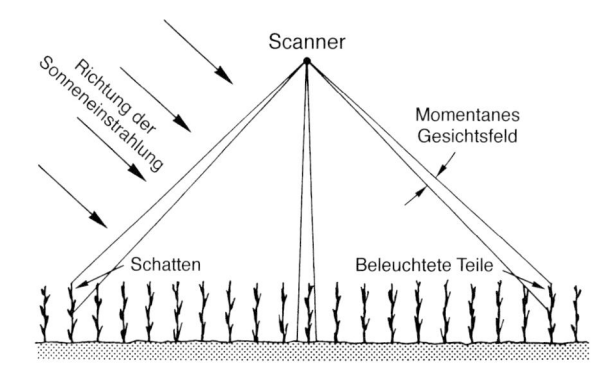

Abb. 136: Zur Entstehung der Richtungsabhängigkeit von multispektralen Scannerdaten (Nach PFEIFFER 1983)

Erschwerend kommt hinzu, dass die vorliegenden Messwerte vielfach eine *Richtungsabhängigkeit* aufweisen (vgl. 2.1.3). Dieser Effekt tritt vor allem bei der Aufnahme mit einem Flugzeugscanner auf, weil dabei große Unterschiede in der Beobachtungsrichtung vorkommen. So wird beispielsweise ein Vegetationsbestand in der Streifenmitte senkrecht von oben mit einem erheblichen Anteil an Bodenfläche und ausgewogenen Sonnen- und Schattenpartien erfasst. An den Seiten des abgebildeten Streifens nimmt die Bodensicht durch die schräge Sicht ab, und auf der einen Seite treten vorwiegend Sonnenpartien, auf der anderen Seite vorwiegend Schattenpartien der Vegetation in Erscheinung (Abb. 136). Außerdem ergeben sich durch die unterschiedlichen Beobachtungswege ungleiche Atmosphäreneinflüsse. Die Folge davon ist, dass sich die Messwerte oft erheblich unterscheiden, auch wenn es sich um eine homogene Objektklasse handelt. Bis zu einem gewissen Grad ist mit entsprechendem Aufwand die Korrektur solcher Richtungsabhängigkeiten möglich (PFEIFFER 1982, 1983).

Schließlich ergibt sich durch das *Geländerelief* eine ungleiche Beleuchtung der Erdoberfläche, was zu weiteren Inhomogenitäten in den Multispektraldaten führt. Das schräg einfallende Sonnenlicht bestrahlt die zur Einfallsrichtung exponierten Hänge stärker, die abgewandten schwächer und im Extremfall können sogar Schlagschatten auftreten. Die Messwerte variieren dementsprechend. Da die Einflüsse in hohem Maße korreliert sind, kann den Störungen durch geeignete Verfahren (z.B. Ratiobildung, vgl. 4.3.5) entgegengewirkt werden.

Insgesamt unterliegt die Multispektral-Klassifizierung einer Vielzahl von Störeinflüssen. Aus diesem Grunde verlangt die Anwendung der Methoden Sorgfalt, Sachkenntnis und praktische Erfahrung. Bei der Interpretation der Ergebnisse müssen die methodischen Grenzen des Verfahrens stets bedacht werden. Andererseits gibt es vielfältige Bemühungen, die Verfahrensweisen weiterzuentwickeln, um die Einschränkungen zu überwinden. Dazu gehört die Erweiterung des Verfahrens durch Einbeziehung zusätzlicher Daten.

5.3.3 Erweiterungen der Multispektral-Klassifizierung

Da die Klassifizierung von Multispektraldaten einen Sonderfall der allgemeinen Aufgabe der *Mustererkennung* darstellt, können die angewandten Verfahrensweisen erweitert werden. Der Grundgedanke dabei ist, dass außer den Messwerten in den Spektralkanälen weitere »künstliche Kanäle« definiert und als zusätzliche Daten zur Entscheidungsfindung herangezogen werden (Abb. 137). Dabei ist selbstverständlich vorauszusetzen, dass die miteinander zu kombinierenden Datensätze in geometrischer Hinsicht übereinstimmen bzw. vor der Auswertung in ein einheitliches Bezugssystem transformiert werden. Die folgenden Beispiele geben einige Hinweise auf diese vielfältigen Möglichkeiten.

Bilddaten enthalten bekanntlich Informationen über die wiedergegebenen Objektklassen auch in Form von Texturen (vgl. 5.1.1). Diese können für die Klassifizierung

Abb. 137: Zusatzdaten zur Multispektral-Klassifizierung
Schematische Darstellung zur Definition »künstlicher Kanäle«, die zur Klassifizierung mitbenutzt werden. Dabei wird vorausgesetzt, dass sich alle Daten mit genügender Genauigkeit auf eine gemeinsame geometrische Referenz beziehen.

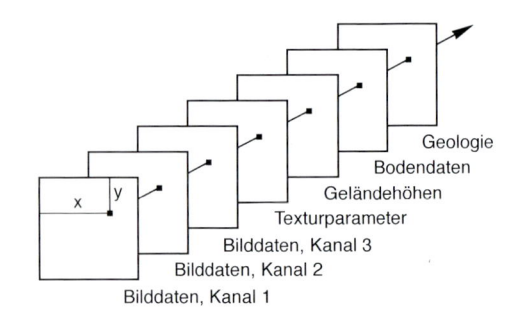

nutzbar gemacht werden, wenn man sie quantifiziert und die erhaltenen *Texturparameter* als zusätzlichen Kanal einführt (z.B. HARALICK 1986, HABERÄCKER 1991, MATHER 1999). Von dieser Möglichkeit wird bisher aber nur in bescheidenem Maße Gebrauch gemacht, da die Definition geeigneter Texturparameter nicht einfach und der Rechenaufwand beträchtlich ist.

Vielfältige Möglichkeiten bietet die Kombination verschiedenartiger Bilddaten, weil dadurch zusätzliche Informationen in den Klassifizierungsvorgang eingebracht werden. Diese so genannte *Multisensorale Klassifizierung* kann beispielsweise Daten aus dem sichtbaren und dem nahen Infrarotbereich mit Radarbilddaten verknüpfen. Besondere Bedeutung hat die gemeinsame Auswertung von Bilddaten, die zu verschiedenen Zeitpunkten aufgenommen wurden. Dadurch geht der multispektrale Ansatz in die *Multitemporale Klassifizierung* über. Ein solches Vorgehen bietet dann Vorteile, wenn die Multispektraldaten der zu differenzierenden Objektklassen unterschiedlichen phänologischen Veränderungen unterliegen und sich dadurch zusätzliche Entscheidungskriterien ergeben. Dies kommt zum Beispiel bei der Erfassung landwirtschaftlicher Nutzflächen mit charakteristischen jahreszeitlichen Veränderungen regelmäßig vor.

In vielen Fällen soll die Anwendung von Fernerkundungsmethoden nicht dazu dienen, einen bestimmten Zustand zu kartieren, sondern sich vollziehende *Veränderungen* zu erfassen. Diese Aufgabenstellung ist unter der Bezeichnung *Change Detection* (Erkennen von Veränderungen) bekannt. Die Aufgabe kann durch einfache arithmetische Operationen lösbar sein (vgl. Abb. 100). Sie wird aber in der Regel besser als Multitemporale Klassifizierung gelöst werden können.

Zu der am weitesten gehenden Verallgemeinerung des Klassifizierungsansatzes kommt man, wenn beliebige *Zusatzdaten* einbezogen werden. Dabei kann es sich zum Beispiel um die Höheninformationen eines Digitalen Geländemodells handeln oder um davon abgeleitete Daten wie Höhenstufen, Hangneigungen oder Exposition, ferner um den Inhalt von Geologischen Karten, Bodeneigenschaften, Niederschlagswerte oder auch um beliebige andere Daten, die für den Klassifizierungsprozess wichtig sein können. Die Art und Weise, wie solche Daten aufbereitet und verwendet werden, kann sehr verschieden sein und muss auf den jeweiligen Zweck abgestimmt werden. Die Entwicklungen auf dem Gebiet der Geoinformationssysteme (vgl. 5.5.3) werden voraussichtlich dazu beitragen, dass von derartigen Möglichkeiten künftig mehr Gebrauch gemacht wird als bisher.

5.4 Auswertung von Radardaten

Die mit Radarsystemen gewonnenen Daten sind das Ergebnis eines komplizierten Zusammenspiels verschiedener Faktoren. Deshalb überlagern sich in den Daten Signalanteile, die verschiedenartige Informationen vermitteln. Selbst wenn ein bestimmter Informationsgehalt im Prinzip in den Daten enthalten ist, ist er oft nicht zugänglich, da nur die gesamte Rückstreuung gemessen werden kann. Dieser Problematik kann mit speziellen methodischen Ansätzen begegnet werden. In diesem Zusammenhang sind die Radarinterferometrie und die Radarpolarimetrie zu nennen.

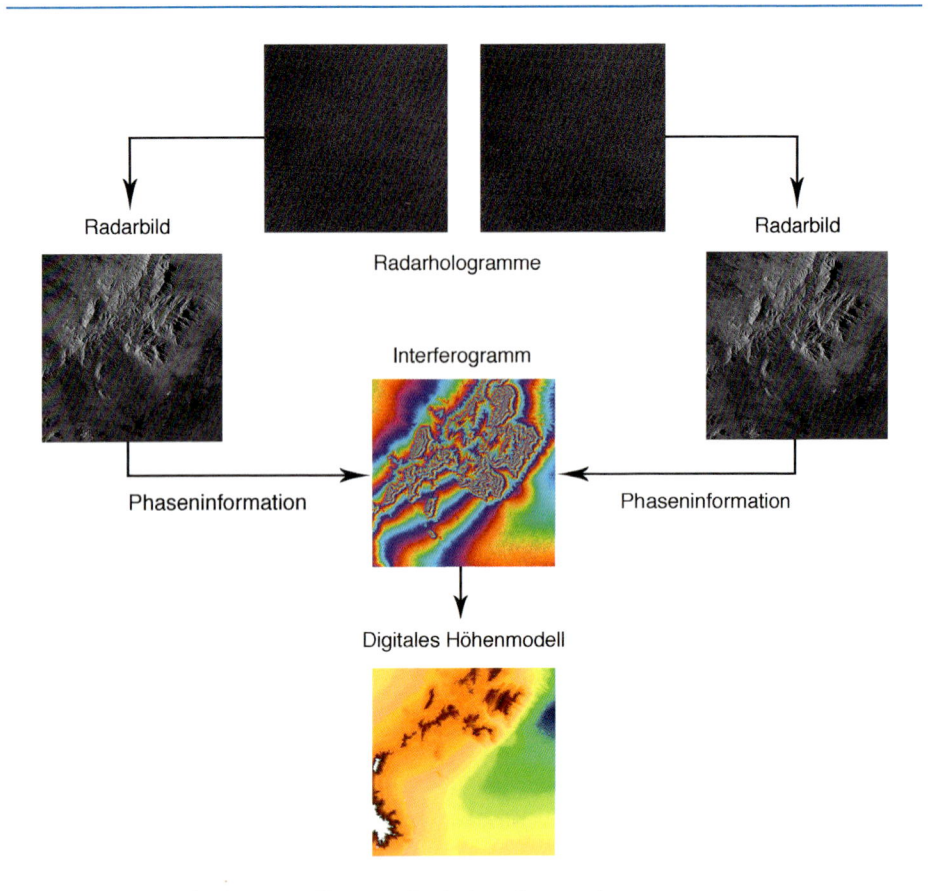

Abb. 138: Schematische Darstellung zur Radarinterferometrie
Aus den ursprünglich vorliegenden Radarhologrammen werden Radarbilder gewonnen. Die mit den Bilddaten gegebenen Phaseninformationen werden durch Phasenvergleich in ein Interferogramm umgerechnet. Schließlich kann daraus ein Digitales Höhenmodell abgeleitet werden. (Nach DLR)

Die *Radarinterferometrie* (InSAR) macht sich die Tatsache zunutze, dass die Daten eines Radarbildes zwei Arten von Informationen enthalten. Die eine gibt an, welcher Anteil der Welle vom Objekt in Richtung zum Sensor reflektiert wurde, das ist die *Signalstärke (Intensität)*. Die zweite Information ist die *Phase* der kohärenten Welle zum Zeitpunkt der Reflexion.

Jedes Pixel in einem Radarbild ist Träger dieser beiden Arten von Informationen. Die Intensität charakterisiert die Materialien der Oberfläche, deren Rauigkeit, Orientierung usw. Sie führt zu einer bildhaften Wiedergabe des Geländes. Die Phaseninformation wird in ganz anderer Weise genutzt. Wenn das Radarsystem dasselbe Gelände von einer nahezu gleichen Position erneut aufnimmt, dann sind die Phasenbilder nicht identisch. Die Unterschiede hängen von den Objektentfernungen ab. Deshalb können durch die Kombination der Phasenbilder von geeigneten Mehrfachaufnahmen Ent-

5.4 Auswertung von Radardaten

Abb. 139: Teil der japanischen Insel Hokkaido mit der Stadt Hakodate und dem Vulkan Komagatake
Die Bilder sind durch InSAR-Auswertung der während der SRTM-Mission am 19. Februar 2000 gewonnenen Daten entstanden. Links eines der beiden verwendeten Radarbilder. Links unten das Interferogramm; die farbigen Streifen (Fringes) entsprechen Höhenschichten des Geländes (im Sinne der Kartographie sind das Formlinien). Rechts unten das in Farben codierte Digitale Geländemodell (die Höhen nehmen von blau nach rot zu). Maßstab etwa 1:500.000. (Nach AGENZIA SPAZIALE ITALIANA)

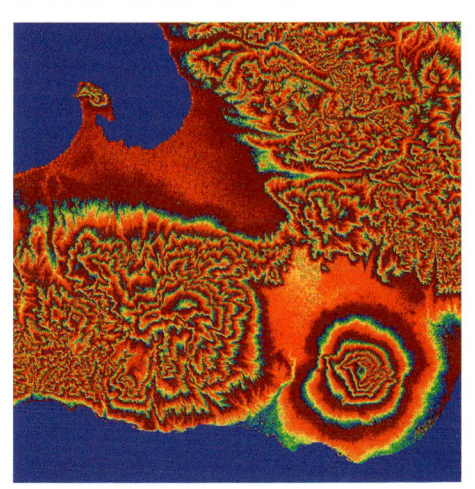

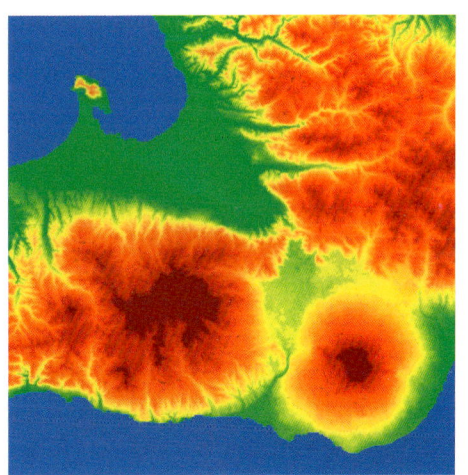

fernungsunterschiede errechnet werden, aus denen z.B. ein Digitales Geländemodell gewonnen werden kann.

Die Vorgehensweise der Radarinterferometrie kann anhand der Abbildung 138 veranschaulicht werden. Die aufgenommenen Radardaten haben zunächst die Form von Hologrammen, in denen die Informationen in komplexer Weise enthalten sind. Mittels aufwendiger Berechnungen werden davon die Radardaten in bildhafter Form abgeleitet. Die beiden beteiligten Bilder sind für das menschliche Auge nicht zu unterscheiden. Sie weisen jedoch Unterschiede in der Phaseninformation auf, aus denen durch einen Phasenvergleich ein *Interferogramm* gewonnen werden kann, das die Phasendifferenzen in Form farbiger Ringe (sog. *Fringes*) sichtbar macht (Abb. 139). Da jeder dieser Ringe den gesamten Wertebereich einer Phase wiedergibt, weist das Interferogramm aber Mehrdeutigkeiten auf, die anschließend noch aufgelöst werden müssen. Als Ergebnis dieses Prozesses erhält man dann Weglängendifferenzen zum

Sensor, aus denen – nach einer genauen Modellierung der Sensorbahn – Geländehöhen berechnet werden können.

Das InSAR-Verfahren kann auch auf Daten angewandt werden, die zu verschiedenen Zeiten gewonnen wurden. Aus den Phasendifferenzen können dann durch *Differentielle Radarinterferometrie* Veränderungen der Geländeoberfläche ermittelt werden. Obwohl bei diesem Repeat-Pass-Verfahren (vgl. 2.4.3) mit Störeinflüssen durch zwischenzeitliche Veränderungen der Oberfläche (z.B. durch Regenfälle) zu rechnen ist, können damit hohe Genauigkeiten (bis in den Millimeter-Bereich) erzielt werden. Abbildung 156 gibt dazu ein eindrucksvolles Beispiel für Geländedeformationen durch ein Erdbeben.

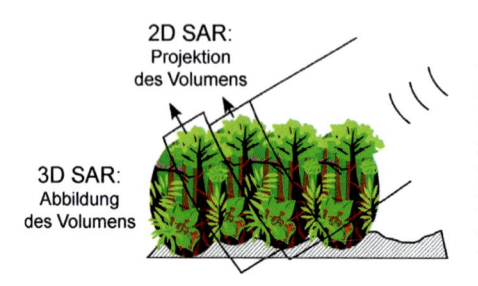

Abb. 140: Schematische Darstellung zum Mehrdeutigkeitsproblem von Radardaten
Beim konventionellen SAR werden alle Signalanteile eines Waldes in das zweidimensionale Bild (2D) projiziert. Durch die Radarpolarimetrie kann das rückstreuende Volumen auch in der dritten Dimension (3D) analysiert werden. (Nach REIGBER 2002)

Die *Radarpolarimetrie* (PolSAR) gewinnt Objektinformationen aufgrund der Tatsache, dass Materialien an der Erdoberfläche die Mikrowellenstrahlung bei der Reflexion in unterschiedlicher Weise depolarisieren (vgl. Abb. 53). Die Analyse der Daten ermöglicht daher eine weitergehende Unterscheidung verschiedener Rückstreueigenschaften. Während im Radarbild die Reflexionsanteile eines ganzen Volumens in eine flächige Information integriert sind, kann die Polarimetrie die Rückstreusignale in drei Komponenten aufspalten (Abb. 140). Damit lassen sich z.B. Baumbestände in ihrer räumlichen Struktur erfassen (REIGBER 2002). Diese Erweiterung der Radarfernerkundung steht jedoch erst am Anfang ihrer Entwicklung.

5.5 Darstellung der Auswerteergebnisse

Die Methoden, mit denen Luft- und Satellitenbilder ausgewertet werden – also die visuelle Bildinterpretation, die photogrammetrische Auswertung und die digitale Bildauswertung – führen zu sehr verschiedenartigen Ergebnissen. Um diese dem jeweiligen Zweck entsprechend für die weitere Verwendung bereitzuhalten, reicht eine einfache textliche Beschreibung in der Regel nicht aus. Sie müssen vielmehr in geeigneter Weise aufbereitet, dargestellt und gespeichert werden. Die Formen zur Darstellung der Auswerteergebnisse sind so vielfältig wie die Daten, die Auswerteverfahren und die Anwendungen. Dabei lassen sich – mehr oder weniger deutlich gegeneinander abgrenzbar – drei Möglichkeiten definieren, nämlich Karten und kartenähnliche Darstellungen, Graphische Darstellungen sowie die Übernahme der Daten in Geoinformationssysteme.

5.5.1 Karten und kartenähnliche Darstellungen

Karten und kartenähnliche Darstellungen eignen sich dazu, aus Luft- und Satellitenbildern gewonnene Auswerteergebnisse lagerichtig wiederzugeben und räumliche Bezüge anschaulich zu machen. In sehr vielen Fällen sind *Topographische Karten* das Ergebnis der Interpretation und photogrammetrischen Auswertung von Luft- und Satellitenbildern (vgl. 6.1). In der Fernerkundung dienen sie darüber hinaus als Kartengrund für die Wiedergabe von Interpretationsergebnissen verschiedenster Art. Die Topographischen Karten sind dann so genannte Basiskarten, die als geometrisches Gerüst für die Eintragung von thematischen Sachverhalten dienen (HAKE u.a. 2002). Das setzt voraus, dass die Fernerkundungsergebnisse mit geeigneten Mitteln in das Kartenbild übertragen werden.

Für die Praxis ist es jedoch in vielen Fällen empfehlenswert, die Übertragung von Interpretationsergebnissen in den Kartengrund ganz zu vermeiden. Das ist dadurch möglich, dass man die Interpretation bereits im Kartenmaßstab auf der Grundlage von entzerrten Luft- oder Satellitenbildern bzw. in Orthobildern durchführt. Die Interpretationsergebnisse können dann z.B. auf transparenten Deckfolien festgehalten werden und lassen sich kartographisch leicht weiterverarbeiten. Noch bessere Möglichkeiten bietet hierzu die rein digitale Arbeitsweise, die von der Flexibilität der Digitalen Bildverarbeitung und der graphischen Datenverarbeitung Gebrauch macht. Interpretationsvorgang und rechnergestützte kartographische Ausarbeitung der Ergebnisse gehen dann unmittelbar ineinander über.

Für die Gestaltung der kartographischen Darstellungen, durch welche die Auswerteergebnisse anschaulich vermittelt werden sollen, stehen alle Möglichkeiten der thematischen Kartographie zur Verfügung. Diese findet man in den entsprechenden Lehrbüchern ausführlich dargestellt (z.B. HAKE u.a. 2002, WITT 1970, IMHOF 1972).

Besonders hervorzuheben ist die Möglichkeit, thematische Sachverhalte kartographisch auf dem Bilduntergrund von Luft- oder Satellitenbildern darzustellen. Beispiele dieser Art gibt es zwar schon seit langem, etwa die *Ökonomische Karte von Schweden* (vgl. 6.1) oder einzelne Forstkarten (HUSS 1984), doch wird man insgesamt sagen müssen, dass die Möglichkeiten auf diesem Gebiet in der thematischen Kartographie bisher nicht ausgeschöpft wurden.

5.5.2 Graphische Darstellungen

Graphische Darstellungen sind geeignet, anders strukturierte – in der Kartenform weniger gut darstellbare – Ergebnisse und Zusammenhänge zu dokumentieren und überschaubar zu vermitteln.

Ein Beispiel dieser Art sind statistische Auswertungen von *Photolineationen*, also von linearen Elementen im Landschaftsbild, die auf geologische Strukturen schließen lassen (vgl. 6.3). Um die azimutale Verteilung der Zahl oder auch der Länge der linearen Elemente zu analysieren, kann man sie in *Kluftrosen* oder *Richtungshistogrammen* darstellen. Dazu werden geeignete Azimutintervalle definiert und die in die einzelnen

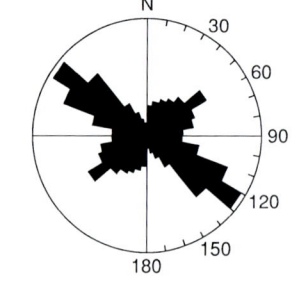

Abb. 141: Kluftrose von Photolineationen
Richtungsverteilung kartierter Photolineationen in einem Teil
des Pontischen Gebirges in der Türkei (Azimutintervalle 10°).
(Nach KRONBERG 1984)

Segmente fallenden Lineationen nach Zahl oder Länge radial aufgetragen. Abbildung 141 zeigt ein Beispiel dieser Art.

Bei anderen Aufgaben können die Auswerteergebnisse zweckmäßig in Form von Profilen wiedergegeben werden. Als Beispiel kann der Verlauf der Oberflächentemperatur eines Flusses dienen (z.B. Abb. 189).

Mit den methodischen Möglichkeiten, die heute in der Digitalen Bildverarbeitung und graphischen Datenverarbeitung zur Verfügung stehen, können leicht auch andere Darstellungen erstellt werden. Als Beispiel sei die Visualisierung der in einem Digitalen Geländemodell erfassten Oberflächenformen genannt. Abbildung 142 zeigt einige Möglichkeiten dieser Art.

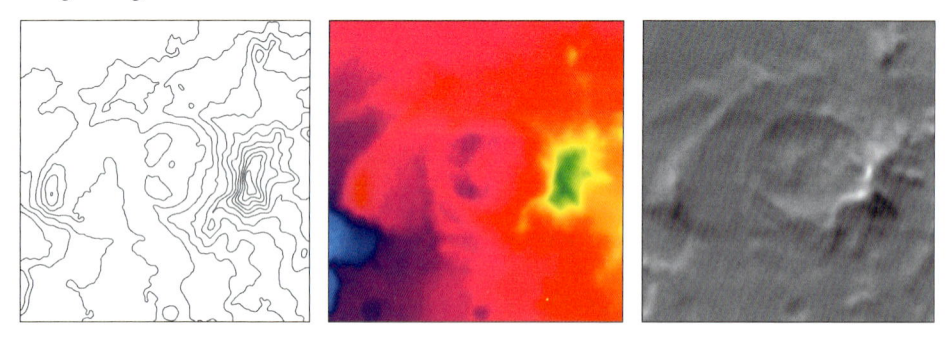

Abb. 142: Beispiele für die Wiedergabe einer in einem DGM erfassten Geländeoberfläche
Links: Traditionelle kartographische Form in Höhenlinien. Mitte: In einer Farbskala codierte Höhen. Rechts: Plastisch wirkende Wiedergabe in einer Schummerung unter der Annahme schräger Beleuchtung (*Shaded Relief*).

Besonders wichtig ist es, dass auf rechnerischem Wege perspektivische Darstellungen der verschiedensten Art gewonnen werden können. Die Erzeugung von *Perspektiven* setzt allerdings voraus, dass das betreffende Gebiet in einem *Digitalen Geländemodell* erfasst ist und auch die Interpretationsergebnisse in geeigneten Datenformaten vorliegen. Die dann möglichen Formen der Datenpräsentation (Visualisierung) vermögen manche Sachverhalte besonders anschaulich zu vermitteln und erfreuen sich deshalb großer Beliebtheit. Die Abbildungen 143 und 198 zeigen dazu verschiedenartige Beispiele. Außerdem liegt es nahe, Folgen von Perspektiven zu berechnen und damit animierte Präsentationen – wie Geländeüberflüge – zu erzeugen.

Abb. 143: Beispiel für eine Geländeperspektive
Von der Insel Vulcano (Liparische Inseln) waren mit der HRSC-A aus 5.000 m Höhe digitale Bilddaten aufgenommen worden. Durch rechnerische stereophotogrammetrische Auswertung konnten ein Digitales Geländemodell und ein farbiges Orthobild erzeugt werden. Wenn man die farbigen Bilddaten dem Geländemodell überlagert, lässt sich eine anschauliche schräge Perspektivansicht ableiten. (Photo: DLR Berlin-Adlershof und TU Berlin)

5.5.3 Geoinformationssysteme

Immer häufiger werden die aus Luft- und Satellitenbildern gewonnenen Auswerteergebnisse in den Datenbestand von Geoinformationssystemen übernommen. Der Sammelbegriff *Geoinformationssysteme* (GIS) kennzeichnet Systeme zur Datenverarbeitung, in denen raumbezogene Daten erfasst, verwaltet und so verarbeitet werden, dass sie für die verschiedensten Aufgabenstellungen genutzt werden können. Je nach dem Anwendungsbereich kommen auch die Begriffe *Landinformationssystem* (LIS), *Rauminformationssystem* (RIS), *Umweltinformationssystem* (UIS) oder auch *Geographisches Informationssystem* vor. Im Gegensatz zu sonstigen Datenbanken machen Geoinformationssysteme zur Bearbeitung und Nutzung der Daten in aller Regel von den Möglichkeiten der graphischen Datenverarbeitung Gebrauch.

Jedes Geoinformationssystem besteht aus den Komponenten Hardware und Software sowie einem Datenbestand. Zur *Hardware* gehören ein Rechnersystem, Speichermedien, Graphikprozessoren und -bildschirme sowiw Peripheriegeräte zur Digitalisierung von Vorlagen und zur Ausgabe von graphischen und bildhaften Ergebnissen. Die *Software* muss Programmsysteme zur Verwaltung der Daten und eine Methodenbank zu ihrer Bearbeitung umfassen sowie Module zur Definition der Benutzeroberflächen, der Schnittstellen für Vernetzungen u.ä. Der *Datenbestand* schließlich besteht aus raumbezogenen Daten verschiedener Art, die in einzelnen Ebenen strukturiert sind (Abb. 144). Dabei kann es sich um Daten in Vektorform handeln, wie z.B. im Kataster und in der großmaßstäbigen Kartierung üblich, oder um Rasterdaten wie in der Fernerkundung und allgemein in der Bildverarbeitung. Da beide Datenformen gewisse Vorteile und

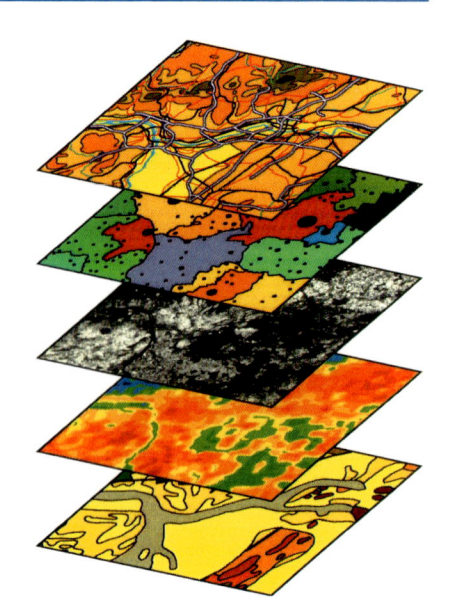

Abb. 144: Verschiedene Ebenen eines
Geoinformationssystems (schematisch)
Dargestellte Daten (von oben nach unten):
Topographische Karte, Verwaltungseinheiten
und Gemeinden, Satellitenbilddaten (LANDSAT),
Thermalbild (von meteorologischem Satelliten),
Geologische Karte.
(Nach GÖPFERT)

auch Nachteile haben, tendiert die gegenwärtige Entwicklung deutlich dahin, Vektorgraphik und Rastergraphik in hybriden graphischen Systemen zu vereinen.

Mit den Geoinformationssystemen entstehen leistungsfähige Methoden, um die großen Datenmengen, welche für Planung, Ressourcenschutz, Umweltkontrolle usw. benötigt werden, zu handhaben und effektiv zu nutzen. Für die *Fernerkundung* ist diese Entwicklung in zweierlei Hinsicht wichtig:

- Erstens werden sowohl Fernerkundungsdaten als auch daraus abgeleitete Auswerteergebnisse zum künftigen Datenbestand vieler GIS gehören. Dabei bietet die Fernerkundung gegenüber anderen Methoden der Datenerhebung den Vorteil, dass sie flächendeckend arbeitet und die Datengewinnung zur Aktualisierung leicht wiederholt werden kann.
- Zweitens stehen in Geoinformationssystemen Informationen zur Verfügung, welche die Auswertung von Fernerkundungsdaten unterstützen können, indem sie beispielsweise als Zusatzdaten in die Multispektral-Klassifizierung einbezogen werden (vgl. 5.3.3).

Die Integration von Fernerkundungsdaten und Bildverarbeitungsmethoden in Geoinformationssysteme eröffnet deshalb auf längere Sicht aussichtsreiche Perspektiven. Freilich befindet sich das Gebiet gegenwärtig noch in einer rasanten und schwer überschaubaren Entwicklung. Dabei liegen die zu lösenden Probleme weniger in den technischen Leistungen der Hardware als vielmehr in der Entwicklung der Anwendersoftware und der internen und externen Schnittstellen. Außerdem darf nicht übersehen werden, dass die Komplexität der Aufgaben auch eine neue Qualität in der Zusammenarbeit von Industrie, Wissenschaft und Anwendung erfordert.

Eingehende Darstellungen zu diesem Themenkreis bieten z.B. BARTELME (2005), BILL (1999) und LONGLEY u.a. (1999).

6. Anwendungen von Luft- und Satellitenbildern

Die Informationen, die in Luft- und Satellitenbildern gespeichert sind, lassen sich in vielfältigster Weise nutzen. Die Ziele, die dabei verfolgt werden, können sehr verschieden sein. Auf der einen Seite kann es sich um die Feststellung einfacher Sachverhalte handeln, oft verbunden mit der Erarbeitung thematischer Kartierungen. Andererseits liefert die Auswertung von Luft- oder Satellitenbildern reichhaltige Beiträge zu komplexen Untersuchungen des Landschaftshaushaltes, zur Analyse sozioökonomischer Strukturen, zur Erfassung landschaftlicher Veränderungen u.v.m. Die Anwendungsgebiete sind dementsprechend breit gestreut, vielfach miteinander verflochten und oft nur schwer gegeneinander abgrenzbar.

Die folgenden Abschnitte sollen einen Eindruck von dieser Vielfalt der möglichen Anwendungen vermitteln. Zugleich sollen sie einige Hinweise auf die teils recht unterschiedlichen Anforderungen geben, die für verschiedene Zwecke an das Bildmaterial, die Verarbeitungstechniken und die Auswertemethoden gestellt werden. Nicht zuletzt verweisen sie auf weiterführende Literatur zu den einzelnen Themenkreisen. Zu allen Themen findet man reichhaltiges, jedoch aus amerikanischer Sicht zusammengestelltes Material bei COLWELL (1983), speziell zur Luftbildinterpretation auch bei PHILIPSON (1997).

6.1 Kartographie

Die Interpretation und photogrammetrische Auswertung von Luftbildern ist seit Jahrzehnten das wichtigste und wirtschaftlichste Verfahren der topographischen Geländeaufnahme. Trotz der großen Leistungsfähigkeit der hierzu entwickelten Methoden kann der weltweit bestehende Bedarf an topographischen und thematischen Karten mit den herkömmlichen Mitteln nicht befriedigt werden. Deshalb gehen die Bestrebungen mehr denn je dahin, auch Satelliten-Bilddaten für kartographische Zwecke zu nutzen. Diese Entwicklung wird sich verstärken, da immer mehr auch Satellitenbilddaten mit hoher Auflösung und photogrammetrischer Stereofähigkeit verfügbar sind (vgl. 2.3.2, JACOBSEN 2005).

Allgemein sind bei der kartographischen Anwendung von Luft- und Satellitenbildern drei verschiedene Zielsetzungen zu unterscheiden, nämlich die Herstellung und Fortführung von *Topographischen Karten*, die Herstellung von *Bildkarten* und die Herstellung von *Thematischen Karten*. Dabei können aus Luft- oder Satellitenbildern gewonnene Topographische Karten und Bildkarten auch als Basiskarten dienen bzw. die Grundlage für weitere Interpretationen sein und damit ihrerseits zu Thematischen Karten führen.

In *Topographischen Karten* werden die für eine Landschaft charakteristischen Elemente wie Geländeformen, Gewässer, Bodennutzung, Siedlungen, Verkehrswege usw. dargestellt. Man bedient sich dazu eines wohldurchdachten Systems graphischer Zeichen, das sich in einer langen Entwicklungsgeschichte herausgebildet hat. Diese Zeichen sind in einer »Legende« definiert (in Deutschland auch »Musterblätter« genannt). Diese (einem erfahrenen Kartenbenutzer vertraute) Legende eines Kartenwerkes beschreibt, welche topographischen Sachverhalte im jeweiligen Maßstab erfasst und wie sie dargestellt werden. Allen Zeichen kommt dabei eine *inhaltliche* Bedeutung zu, ihre Lage in der Karte vermittelt aber zugleich *geometrische* Informationen und macht räumliche Bezüge erkennbar.

Wenn man nun Topographische Karten durch die Auswertung von Luft- oder Satellitenbildern herstellen will, so muss die inhaltliche Information durch Interpretieren der Bilder und die geometrische Information (Lage von Objekten, Geländehöhen) durch photogrammetrische Auswertung gewonnen werden. Dementsprechend sind auch die Anforderungen, die an die Bilder gestellt werden. Die Interpretation der topographischen Sachverhalte setzt voraus, dass die relevanten Objekte vollständig und zuverlässig genug erkannt werden können (vgl. 3.3), und die photogrammetrische Messung muss in ihrer Genauigkeit dem jeweiligen Kartenmaßstab angepasst sein.

Zur topographischen Kartierung nach *Luftbildern* und auch zur Aktualisierung vorliegender Karten liegen umfangreiche Erfahrungen vor, die in den Lehrbüchern der Photogrammetrie ausführlich dargestellt sind (z.B. KRAUS 2004, KONECNY & LEHMANN 1984, RÜGER u.a. 1987, SCHWIDEFSKY & ACKERMANN 1976). Nach der schon erwähnten Faustregel (vgl. 2.2.7) ist das Verhältnis zwischen Kartenmaßstab und geeignetem Bildmaßstab nicht konstant. So eignen sich für die Kartenmaßstäbe 1:5.000, 1:25.000 und 1:50.000 Luftbilder in den ungefähren Maßstäben 1:15.000, 1:40.000 und 1:55.000. Dann werden die Erfordernisse sowohl hinsichtlich der Interpretierbarkeit als auch hinsichtlich der Messgenauigkeit erfüllt. Als Besonderheit ist zu vermerken, dass Luftbilder für die topographische Kartierung – im Gegensatz zu vielen anderen Aufgaben – meist im Frühjahr vor der Belaubung der Bäume aufgenommen werden, um die Geländeoberfläche möglichst gut einsehen zu können.

Kritischer sind Interpretierbarkeit und Messgenauigkeit beim Einsatz von *Satellitenbildern* zu sehen. Die frühen photographischen Aufnahmen und die Bilddaten der LANDSAT-Sensoren konnten die Anforderungen für kartographische Zwecke noch nicht erfüllen. Deshalb stand bei der Planung der fortgeschrittenen photographischen Aufnahmesysteme (*Metric Camera*, *Large Format Camera*, *KFA-1000*) die kartographische Anwendung im Vordergrund. In ähnlicher Weise spielte bereits bei der Konzeption des SPOT-Systems die stereophotogrammetrische Auswertung eine wichtige Rolle. Der kritische Faktor ist dabei die Höhenmessgenauigkeit, die für die Erfassung der Geländeformen wichtig ist. Die Erfahrungen zeigten, dass sowohl die photographischen Bilder als auch die (panchromatischen) Stereodaten von SPOT zur topographischen Kartierung in kleinen und mittleren Maßstäben (bis maximal 1:50.000) geeignet waren. Inzwischen ist mit den hochauflösenden Satelliten-Bilddaten (vgl. 2.3.2) auch die Kartierung in größeren Maßstäben möglich geworden, zumal viele Sensoren für die Stereoaufnahme konzipiert sind (JACOBSEN 2005).

6.1 Kartographie

Abb. 145: Luftbildkarte »Berlin 1:5.000« (verkleinerter Ausschnitt)
Die Karte wurde vom DLR Berlin erstellt durch photogrammetrische Auswertung und kartographische Bearbeitung digitaler Bilddaten, die mit der HRSC-A gewonnen worden waren.

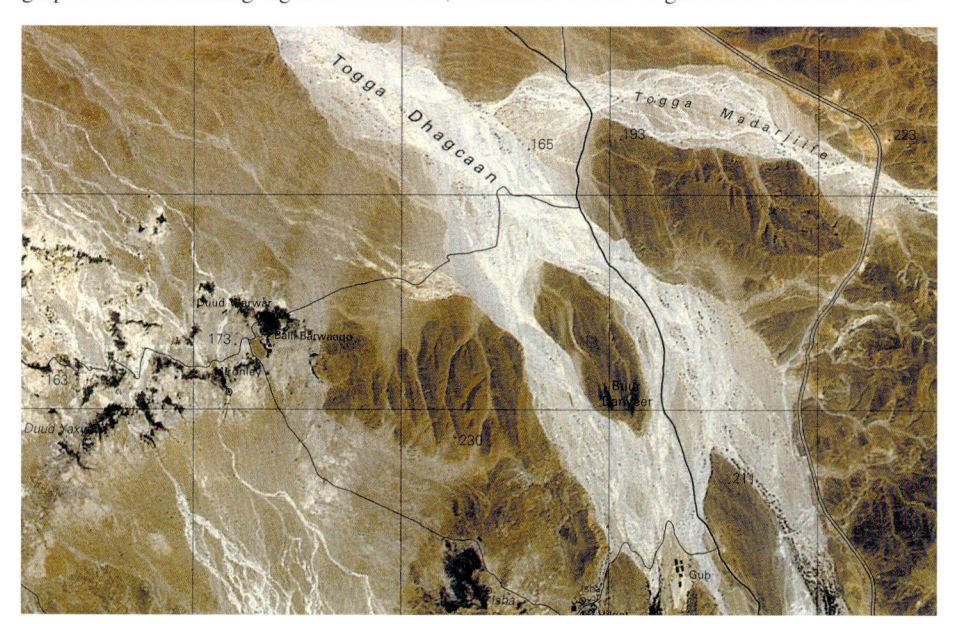

Abb. 146: Satellitenbildkarte »Laag (Somalia) 1:50.000« (verkleinerter Ausschnitt)
Die Karte wurde durch Kombination von panchromatischen SPOT-Daten und TM-Daten am Fachgebiet Photogrammetrie u. Kartographie der Technischen Universität Berlin hergestellt.

Ganz anders liegen die Verhältnisse bei der Herstellung von *Bildkarten*. Darunter versteht man auf die Geometrie einer Karte transformierte (entzerrte) Bildwiedergaben, die mit den Mitteln der kartographischen Gestaltung ergänzt und in die äußere Form von Karten gebracht sind. Sie weisen also Signaturen, Schriften, Koordinaten, Kartenrahmen usw. auf und stellen somit eine Kombination von Bildwiedergaben mit Elementen topographischer Karten dar (zum Vergleich von Bild und Karte siehe 3.4). Je nach dem verwendeten Bildmaterial ist es üblich, von Luftbildkarten oder von Satellitenbildkarten zu sprechen.

Die *Luftbildkarte* – bei Anwendung der Differentialentzerrung vielfach auch als *Orthobildkarte* (Orthophotokarte) bezeichnet – ist relativ einfach und schnell herzustellen. Sie wird bevorzugt in größeren Kartenmaßstäben zwischen 1:1.000 und 1:10.000 benutzt, besonders im Maßstab der Deutschen Grundkarte 1:5.000. Dabei übertrifft ihr Detailreichtum denjenigen vergleichbarer Topographischer Karten und der Bildinhalt bleibt dennoch leicht interpretierbar. Für viele Gebiete werden Luftbildkarten im Maßstab und Blattschnitt der amtlichen Kartenwerke angeboten. Sie werden dann in der Regel durch den Buchstaben L gekennzeichnet. Vom *Landesvermessungsamt Nordrhein-Westfalen* wird beispielsweise die *Luftbildkarte 1:5000* unter der Bezeichnung »LK5« vertrieben. Die *Landesvermessung und Geobasisinformation Brandenburg* bietet die *Topographische Karte 1:10.000* (TK10) auch als Luftbildkarte mit der Kennung »L« an. Ähnliche Regelungen gibt es in den anderen Bundesländern. Lange Zeit war es üblich, solche Karten in Schwarzweiß herzustellen. Der für den Druck von farbigen Luftbildkarten erforderliche zusätzliche Aufwand erschien für übliche Auflagen kaum gerechtfertigt. Inzwischen ist es dank der technologischen Entwicklungen möglich, auch farbige Luftbildkarten in geringen Stückzahlen und zu vertretbaren Kosten auf Rasterplottern auszugeben (Abb. 78). Der Übergang zur digitalen Luftbild-Aufnahmetechnik ermöglicht einen durchgehend digitalen Datenfluss (Abbildung 145, HOFFMANN & LEHMANN 2000).

Für die Herstellung von Bildkarten eröffnete die Satellitenfernerkundung neue Dimensionen. Im Gegensatz zu den Luftbildkarten steht bei *Satellitenbildkarten* der Überblick über große Flächen im Vordergrund. Deshalb wurden gleich nach dem Start von LANDSAT-1 im Sommer 1972 die ersten Versuche unternommen, die neuartigen Bilddaten in Satellitenbildkarten umzusetzen. Inzwischen wird für die Aufbereitung der Bilddaten, die Entzerrung und meist auch Mosaikbildung ausschließlich die Digitale Bildverarbeitung eingesetzt (COLVOCORESSES 1986, ALBERTZ 1988). Für diesen Zweck wurden spezielle Software-Programme entwickelt (z.B. ALBERTZ u.a. 1987, KÄHLER 1989). Entsprechende Module werden heute vielfach als Bestandteil kommerzieller Software-Pakete angeboten. Abbildung 146 zeigt als Beispiel einen Ausschnitt aus einer Satellitenbildkarte.

Die Erstellung von Satellitenbildkarten war anfangs durch die Auflösung der Bilddaten begrenzt. Für LANDSAT-MSS-Daten war 1:250.000, für TM-Daten 1:100.000 ein angemessener Maßstab. Mit den SPOT-Daten und den Daten des IRS-1 konnten bereits Karten in den Maßstäben 1:50.000 und 1:25.000 in angemessener Qualität hergestellt werden. Aufgrund der inzwischen erreichten Qualität der Satellitenbilddaten mit ihrer hohen Auflösung können Bildkarten praktisch in allen erwünschten Maß-

6.1 Kartographie

stäben erstellt werden. Da man meist farbige Karten anstrebt, werden zur Herstellung von Bildkarten in aller Regel panchromatische hochauflösende Bilddaten mit Hilfe multispektraler Daten geringerer Auflösung durch *Pansharpening* zu Farbbildern kombiniert (vgl. 4.3.6).

Einen Sonderfall stellen die *Radarbildkarten* dar. Das Ausgangsmaterial dazu waren lange Zeit ausschließlich mit Flugzeugradarsystemen gewonnene Daten. Mit den Satelliten ERS-1 und 2, RADARSAT, ENVISAT, TerraSAR-X u.a. haben aber auch die Daten von Satellitenradarsystemen diesbezüglich Bedeutung erlangt.

Großflächige Radarbildkartenwerke wurden vor allem in den feuchten Tropengebieten der lateinamerikanischen Länder und in Südostasien erstellt. Vielfach dienten die Radaraufnahmen zugleich der erstmaligen Herstellung einer kleinmaßstäbigen topographischen Karte und der Ableitung verschiedener thematischer Karten. Am bekanntesten ist das brasilianische RADAM-Projekt, das 1972 für einen Landesteil begonnen und später auf fast das ganze Land ausgedehnt wurde. Dabei wurden mit dem SAR-System der Firma GOODYEAR aus 11.000 m Höhe 37 km breite Streifen aufgenommen und mit analogen Verfahren bearbeitet. Aus den Daten konnten Hunderte von Radarbildkarten abgeleitet werden. Außerdem entstanden durch Interpretation dieser Bildkarten unter Mitbenutzung von Luftbildern, terrestrischen Erhebungen und anderen Quellen thematische Karten über Geologie, Geomorphologie, Bodenarten, Waldbestand und potentielle Bodennutzung (FAGUNDES 1974, 1976).

Abb. 147: Ausschnitt aus der Radarbildkarte »Puerto Ayacucho« (Venezuela) 1:50.000
Die Karte wurde aus Flugzeug-SAR-Daten im X-Band ($\lambda \approx 3{,}2$ cm) abgeleitet. Mittels Radarinterferometrie wurde ein Digitales Höhenmodell gewonnen, das zur Orthoprojektion der Bilddaten und zur Gewinnung von Höhenlinien diente. Die Farben geben die durch Klassifizierung gewonnene Geländebedeckung wieder. (Photo: Aero-Sensing Radar-Systeme GmbH)

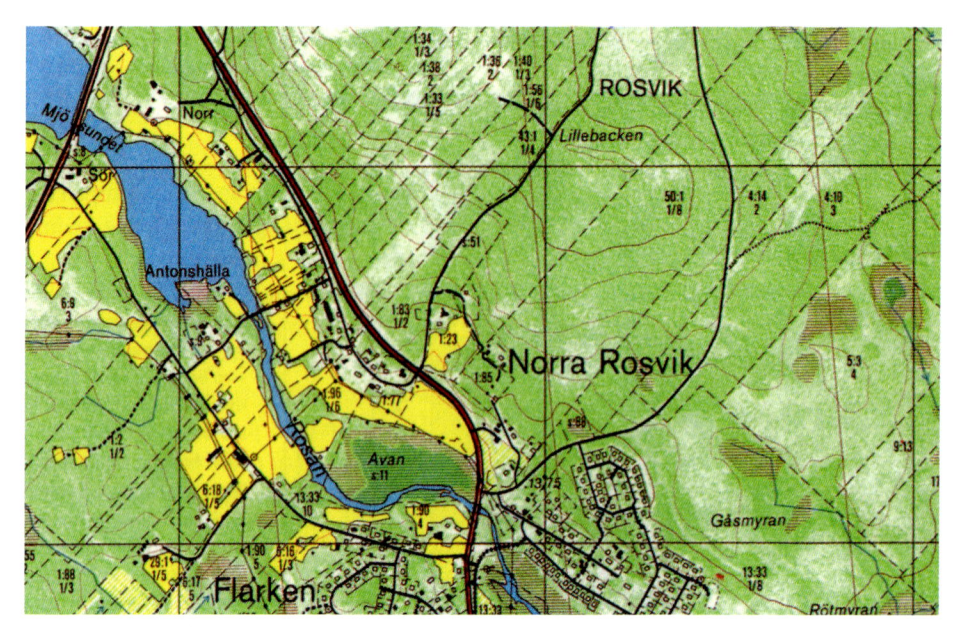

Abb. 148: Neue Ökonomische Karte von Schweden 1:20.000
Der Ausschnitt zeigt die Kartenstruktur: grünlicher Bilduntergrund, graphische Ergänzungen, Farbdecker für Äcker und Gewässer. (Hrsg. Statens Landmäteriverket, Gävle/Schweden)

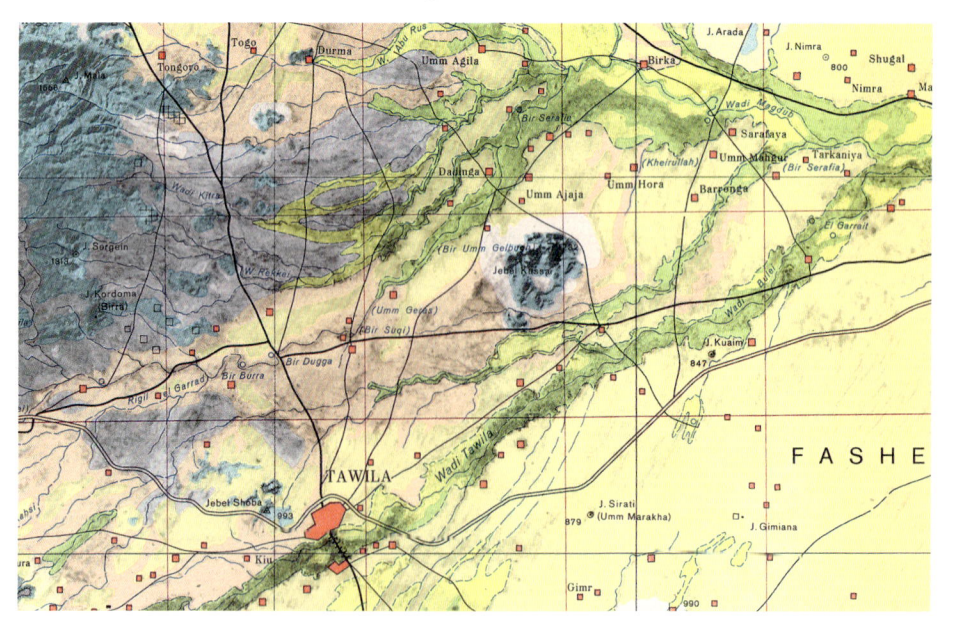

Abb. 149: Aus Satellitenbilddaten abgeleitete Thematische Karte
Verkleinerter Ausschnitt aus der Karte El Fasher (1.250.000), die Topographie und Landschaftsgliederung im Sudan zeigt. (Hrsg. Techn. Fachhochschule Berlin/Freie Universität Berlin)

Mit den inzwischen entwickelten Verfahren können auch Radarbildkarten in großen Maßstäben gewonnen werden. Dabei ist es durch das interferometrische Flugzeugradar (vgl. 2.4.3) möglich, auch ein Digitales Geländemodell zu gewinnen und damit die Bilddaten in Orthobilder umzurechnen sowie Höhenlinien abzuleiten. Die Verfahrensweise verspricht vor allem in bisher großmaßstäbig noch nicht kartierten Ländern praktischen Nutzen. Abbildung 147 zeigt ein Beispiel.

Die *Gestaltung von Bildkarten* ist keine leichte Aufgabe. Dabei besteht immer das Problem, die Bildvorlage durch graphische Elemente zu ergänzen, ohne die wichtigen Bildeinzelheiten zu beeinträchtigen. Es sind also heterogene Darstellungsmittel zu einer geschlossenen Gesamtwirkung zu vereinigen, wobei ihre Lesbarkeit bzw. Interpretierbarkeit erhalten bleiben soll (ALBERTZ u.a. 1992).

In ähnlicher Weise gilt dies für *Thematische Karten*. In diesen werden raumbezogene Themen verschiedenster Art dargestellt. Dabei können Luft- und Satellitenbilder in zweierlei Hinsicht einbezogen sein. Einerseits können die darzustellenden thematischen Informationen durch Auswertung von Luft- oder Satellitenbildern gewonnen werden. Andererseits kann die Basiskarte – das ist der topographische Untergrund, auf dem die thematische Karte in aller Regel entsteht – eine Bildkarte oder eine aus Luft- bzw. Satellitenbildern abgeleitete Topographische Karte sein.

Beispiele für Thematische Karten auf der Basis von Luft- und Satellitenbildern zeigen die Abbildungen 148 und 149.

Dabei ist die *»Ökonomische Karte«* von Schweden ein besonders bekanntes Beispiel für eine auf Luftbildbasis erstellte Thematische Karte. Sie wurde von 1937 bis 1986 herausgegeben, ohne dass grundlegende Veränderungen erforderlich gewesen wären (JONASSON & OTTOSON 1974). Das Kartenwerk deckt den größten Teil des Landes ab, ausgenommen Berglandschaften im Nordwesten. Hergestellt wurde die vierfarbige Karte allgemein im Maßstab 1:10.000, in weniger dicht besiedelten Gebieten in 1:20.000. Als Untergrund dienten entzerrte Luftbilder bzw. Orthobilder. Die Karte enthält Verwaltungs- und Eigentumsgrenzen, Grenzen und Typen der Landnutzung, hydrographische Angaben und vieles mehr. Sie war ursprünglich für land- und forstwirtschaftliche Zwecke konzipiert worden, wurde aber später mehr und mehr als allgemeine Planungsgrundlage eingesetzt. Seit 1983 erscheint die ganz ähnliche *»Neue Ökonomische Karte«* im Maßstab 1:20.000. Sie ist graphisch moderner gestaltet, enthält Höhenlinien und zusätzlich die Gewässer in blauer Farbe (Abb. 148).

Weitere Beispiele für andere Thematische Karten und Hinweise zur thematischen Kartierung auf der Basis von Satellitenbildern werden im Zusammenhang mit den folgenden Anwendungsgebieten erwähnt.

6.2 Geographie, Katastrophenvorsorge

Es liegt in der Natur der Sache, dass die geographischen Wissenschaften, die sich mit der Fülle der Erscheinungen an der Erdoberfläche, ihren Beziehungen und Veränderungen befassen, aus der Interpretation von Luft- und Satellitenbildern vielfältigen Nutzen ziehen können. Die Spannweite ist dabei enorm breit und schließt viele Sachverhalte mit ein, die ihrerseits Arbeitsgegenstand anderer Disziplinen sind. Diese Überschneidung geographischer Forschung mit anderen Forschungszweigen drückt sich auch darin aus, dass viele der in den folgenden Kapiteln skizzierten Anwendungen auch unter geographischen Aspekten gesehen werden können. Wenn hier der Geographie dennoch ein eigener Abschnitt gewidmet wird, so sollen damit die methodischen Besonderheiten der geographischen Luftbildforschung betont werden.

Die sogenannte »*Geographische Methode*« der Luftbildinterpretation geht auf grundlegende Arbeiten von CARL TROLL zurück und wurde während des Zweiten Weltkrieges in Deutschland entwickelt (TROLL 1939, 1966, SCHNEIDER 1989). Sie macht von der durch Luftbilder vermittelten großräumigen *Übersicht* Gebrauch, um eine *Analyse* der verschiedenartigen Landschaftselemente durchzuführen und danach zu einer *Synthese* zu kommen mit dem Ziel, nach Ursache und Wirkung zusammengehörige Landschaftselemente zu erkennen und funktionale Zusammenhänge im Landschaftshaushalt zu erfassen. Dazu hat TROLL selbst festgestellt, dass dieser im Grunde interdisziplinäre Ansatz der Luftbildforschung »zu einem sehr hohen Grade Landschaftsökologie« ist (TROLL 1939), ein Aspekt, dem heute unter dem Begriff *Geoökologie* noch größere Bedeutung zukommt als damals.

Inzwischen haben sich freilich die technischen und methodischen Gegebenheiten weiterentwickelt (z.B. ENDLICHER & GOSSMANN 1986). So hat durch die Satellitenbildtechnik die *Übersicht* eine neue Dimension bekommen. Dies gilt aber nicht nur in räumlicher Hinsicht, denn durch den Einsatz von Sensoren außerhalb der photographisch erfassbaren Spektralbereiche werden auch neuartige Informationen gewonnen und dadurch ein vollständigeres Bild der Landschaft vermittelt. Hinsichtlich der *Analyse* sind Methoden zur naturräumlichen Gliederung (SCHNEIDER 1970) und diffizile Verfahren der Geländeanalyse entwickelt worden. Die Möglichkeiten zur *Synthese* schließlich werden durch die Entwicklung von Geoinformationssystemen auf eine neuartige Basis gestellt und erfahren dadurch eine früher kaum denkbare Erweiterung (vgl. 5.5.3).

Dazu gehört auch, dass in Luft- und Satellitenbildern die zeitliche Dimension erfasst und die Dynamik einer Landschaftsentwicklung beobachtet werden kann. Fernerkundungsdaten sind nämlich objektive Dokumentationen des Landschaftszustandes zum Aufnahmezeitpunkt und damit – je nach Auswertungsziel – bedeutende naturwissenschaftliche oder historische Dokumente. Abbildung 150 soll dies exemplarisch zeigen. Damit wird der Übergang von der bloßen Beschreibung eines Zustandes (engl. *Inventoring*) zur fortlaufenden Überwachung einer Entwicklung (engl. *Monitoring*) möglich, ein Aspekt, dem in vieler Hinsicht – zum Beispiel in der ökologischen Forschung – wachsende Bedeutung zukommt.

In diesem Zusammenhang ist auch auf die großräumige Erfassung der Bodenbedeckung und ihrer Veränderungen zu verweisen, die primär statistischen Zwecken dient. Im europäischen Rahmen ist das Programm CORINE (*Coordination of Information on the Environment*) zu erwähnen. Dabei wird eine europaweite Bestandsaufnahme der Bodennutzung auf der Basis von Satellitenbildern erstellt. Für die Bodenbedeckung bzw. Bodennutzung um 1990 wurden verschiedenartige Fernerkundungsdaten zusammen mit Topographischen Karten ausgewertet. In Flächeneinheiten ab einer Größe

6.2 Geographie, Katastrophenvorsorge 181

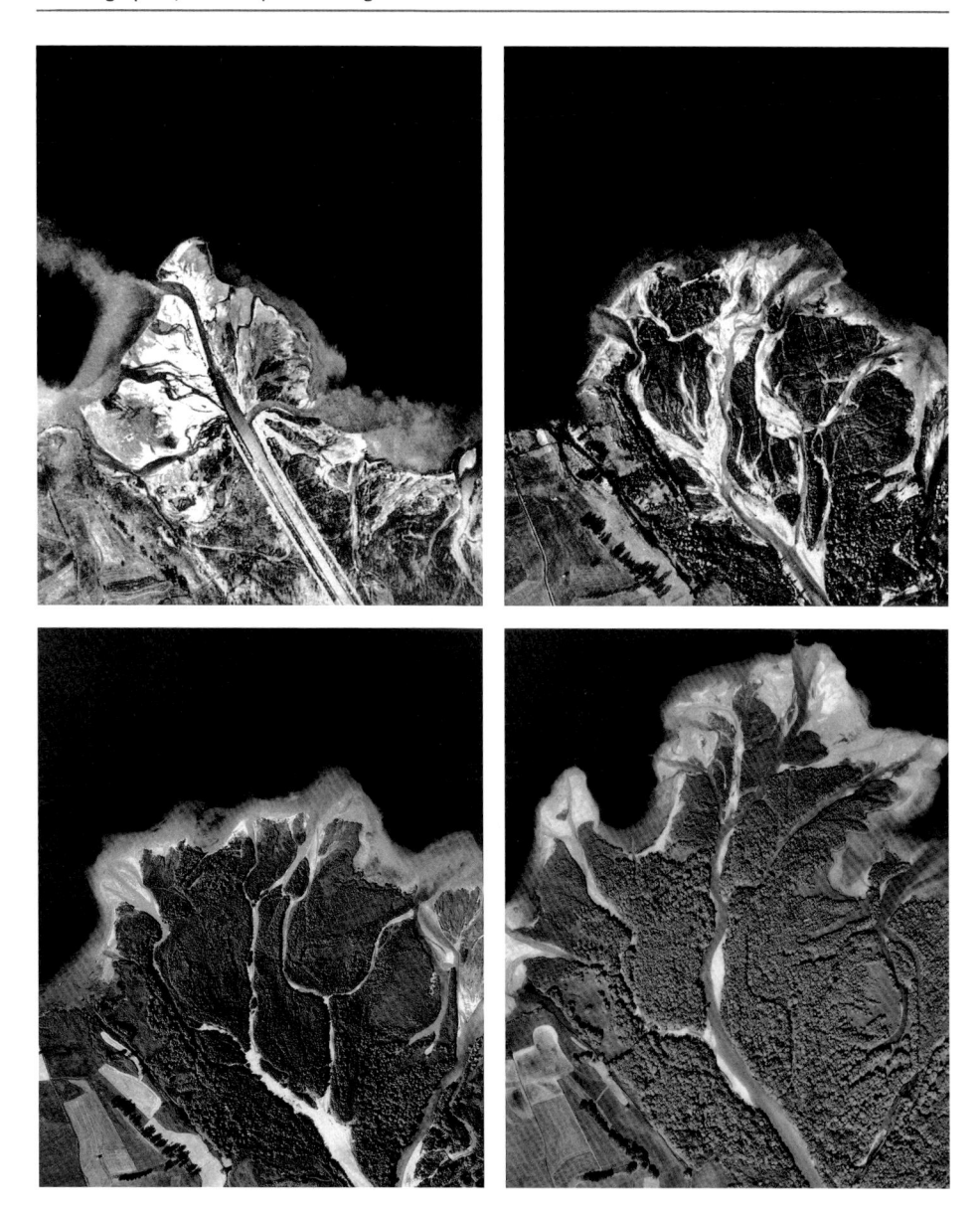

Abb. 150: Die Mündung der Tiroler Ache in den Chiemsee
Ein Beispiel für Veränderungen in einer Landschaft: Die Entwicklung des Mündungsdeltas war durch die Regulierung der Ache 1869 bis 1876 mit einem künstlichen Durchstich eingeleitet worden. Inzwischen ist die ursprüngliche Uferlinie von 1869 teils weit über einen Kilometer vorwärts gewandert. Die Bilder im ungefähren Maßstab 1:19.000 zeigen den Stand der Deltabildung und der sich entwickelnden Pflanzengesellschaften in den Jahren 1923 (links oben), 1950 (rechts oben), 1962 (links unten) und 1997 (rechts unten). (Photos: Photogrammetrie GmbH und Bayerisches Landesvermessungsamt)

von 25 ha wurden insgesamt 44 Kategorien erfasst, von denen 37 in Deutschland vorkommen. Inzwischen wurden um das Jahr 2000 aufgenommene Satellitendaten ausgewertet und im Projekt *CORINE Land Cover 2000* auch die Veränderungen über zehn Jahre erfasst (UMWELTBUNDESAMT 2004).

In einigen Lehrbüchern ist die Fernerkundung mit besonderer Betonung geographischer Aspekte dargestellt (z.B. SCHNEIDER 1974, LÖFFLER u.a. 2005).

Es sei an dieser Stelle auch der vielfältige Nutzen erwähnt, den der Geographieunterricht in Schulen aus Luft- und Satellitenbildern ziehen kann. In zahlreichen Atlanten und anderem Unterrichtsmaterial findet man Beispiele dazu. Hinweise zu diesem Thema geben HASSENPFLUG u.a. (1996), ferner HASSENPFLUG (1997) sowie GERBER & REUSCHENBACH (2005).

Im weiteren Sinne den geographischen Wissenschaften zuzurechnen sind die gesellschaftlichen Aufgaben, die mit den Stichworten *Katastrophenvorsorge*, *Katastrophenmonitoring* und *Katastrophenmanagement* zu charakterisieren sind, zumal sie nicht in eine spezielle Anwendungsdisziplin fallen. Wegen der Zunahme von Naturkatastrophen und humanitären Notsituationen ist es mehr denn je erforderlich, Risiken und Gefahren zu erkennen und zu bewerten, Frühwarnsysteme einzurichten, im Falle von Umwelt- oder Technologiekatastrophen schnell handlungsfähig zu sein, Rettungsmaßnahmen zu koordinieren und weiteren Gefahren vorzubeugen. Damit ist ein komplexes Feld von wissenschaftlichen, organisatorischen Fähigkeiten und Kompetenzen angesprochen, die relevanten Verwaltungsstrukturen und politischen Entscheidungswege eingeschlossen.

Bei diesen Aufgaben spielt die Fernerkundung eine zunehmend wichtige Rolle. Dies gilt vor allem für die Satellitenfernerkundung, die umfassende flächendeckende Informationen liefern kann. Besonders wichtig kann dies für schwer zugängliche Regionen sein, ferner für den Fall, dass die Infrastruktur in einem Raum durch ein Krisenereignis zusammengebrochen oder nachhaltig gestört ist. Wegen der großen Vielfalt der Sensoren, Verfahren und Anwendungen können in diesem Rahmen allerdings nur einige exemplarische Hinweise gegeben werden.

Eine Hauptaufgabe ist die Nutzung der Fernerkundung zur Identifizierung und Überwachung katastrophenträchtiger Regionen und Erscheinungen mit dem Ziel der *Katastrophenvorsorge*. Als Beispiele sind Analysen der Erdbebengefährdung in verschiedenen Regionen zu nennen (z.B. THEILEN-WILLIGE 2001), die Ausweisung von überschwemmungsgefährdeten Gebieten oder die Kartierung von Tsunami-Risikogebieten (z.B. THEILEN-WILLIGE 2006). Weitere Stichwörter sind Lawinengefährdung, Hangrutschungen, Beobachtung von Eisbergen und Treibeis u.v.a.m. Auch das Monitoring von Vulkanen ist zu erwähnen, das die Überwachung thermischer Veränderungen und die Beobachtung von Eruptionssäulen einschließt und die konventionellen Überwachungsmethoden ergänzt. Dabei gehört die Erfassung von Krustendeformationen mit Hilfe der Radarinterferometrie zu den interessanten Neuerungen auf diesem Gebiet (z.B. Abb. 156). Insgesamt geben OESCH & WUNDERLE (2001) eine vielseitige Übersicht.

Der zweite Aufgabenbereich ist das *Katastrophenmonitoring* bzw. *Katastrophenmanagement* nach eingetretenen Schadensereignissen wie Erdbeben, Überschwemmungen, Schlammlawinen, Waldbränden usw. Bis in die jüngere Vergangenheit hinein hatte der Einsatz der Fernerkundung in Katastrophenfällen noch weitgehend experimentellen Charakter und diente oft mehr der Nachsorge. Inzwischen gibt es koordinierte internationale Bemühungen, die Möglichkeiten der Satellitenfernerkundung für das Katastrophenmanagement nutzbar zu machen.

In Deutschland ist das *Zentrum für satellitengestützte Kriseninformation* (ZKI) gebildet worden, ein Service des Deutschen Fernerkundungsdatenzentrums des DLR in Oberpfaffenhofen. Seine Aufgabe ist die schnelle Beschaffung, Aufbereitung und Analyse von Satellitendaten bei Natur- und Umweltkatastrophen, für humanitäre Hilfsaktivitäten und für die zivile Sicherheit. Die Auswertungen werden nach den spezifischen Bedürfnissen für nationale und internationale politische Bedarfsträger sowie Hilfsorganisationen durchgeführt und diesen zur Verfügung gestellt. Als Beispiel sei auf die aktuelle Hochwasserkartierung verweisen, die in Abbildung 186 veranschaulicht ist. Das ZKI operiert im nationalen und internationalen Kontext und ist eng vernetzt mit verschiedenen behördlichen Partnern auf Bundes- und Landesebene (Krisenreaktionszentren, Zivil- und Umweltschutz), Nicht-Regierungsorganisationen (humanitäre Hilfsorganisationen) sowie Satellitenbetreibern und Weltraumorganisationen.

Die Bedeutung und der Wert von Fernerkundungsdaten in diesem Aufgabenbereich hängt stark von der sachkundigen Interpretation in Verbindung mit herkömmlichen Karten und bodengestützten Daten ab. Die schnelle Extraktion der Informationen und deren Weitergabe kann für die humanitäre Hilfe von großer Bedeutung sein. Neben der aktuellen Krisenbeurteilung und Katastrophenhilfe gehört aber auch die Ableitung von Geoinformationen für den Wiederaufbau und die Krisenprävention zu den großen Aufgaben.

6.3 Geologie und Geomorphologie

Zwischen den Oberflächenformen des Geländes und anderen Erscheinungen in einer Landschaft und dem geologischen Unterbau bestehen enge Zusammenhänge. Deshalb können aus den in Luft- und Satellitenbildern sichtbaren Formen und anderen Merkmalen vielfältige Schlüsse auf die Gesteinstypen und den tektonischen Aufbau einer Landschaft gezogen werden. In besonderem Maße gilt dies für aride und semiaride Regionen, wo die Oberflächenformen und -materialien weitgehend offen zutage liegen. Aber auch in den dicht bewachsenen feuchten Tropengebieten und in den gemäßigten humiden Bereichen bieten Reliefformen, Vegetationsmuster, Landnutzungsstrukturen u.ä. Hinweise zur Unterscheidung von Gesteinseinheiten und zur Erfassung tektonischer Strukturen.

Luftbilder stellen deshalb in der Geologie seit langem eine wichtige Informationsquelle dar. Sie ergänzen die Geländearbeit des Geologen in hervorragender Weise und lassen Erscheinungsformen und räumliche Zusammenhänge erkennen, die oft nur aus der Vogelperspektive sichtbar werden können. Besonders wichtig ist dabei auch die stereoskopische Betrachtung der Oberflächenformen. Der praktischen Bedeutung dieser Arbeitsweise entsprechend, hat sich eine eigene Teildisziplin entwickelt, die

Photogeologie, die sich der Interpretation und Kartierung geologischer Sachverhalte aus Luftbildern widmet (z.B. KRONBERG 1984). Die Entwicklung weiterer Sensoren und vor allem der Einsatz von Satellitenbilddaten hat die methodischen Möglichkeiten noch wesentlich erweitert. Ausführliche Darstellungen zur Photogeologie und zur geologischen Fernerkundung findet man z.B. bei KRONBERG (1984) und (1985), SABINS (1996), GUPTA (2003), DRURY (2004) und SCANVIC (1997), ferner zur Landschaftsanalyse und geomorphologischen Kartierung mittels Luftbildern bei VERSTAPPEN (1977).

Zu den Interpretationskriterien, von denen die geologische Auswertung von Luft- und Satellitenbildern intensiv Gebrauch macht, gehören neben den Grau- bzw. Farbtönen vor allem morphologische Formen, Entwässerungsnetze, Texturen, Vegetation und Landnutzung. Bei der Interpretation von Satellitenbildern spielt dazu noch die Erfassung großräumiger Strukturen (z.B. ringförmiger Erscheinungen) und die statistische Analyse von Lineamenten (s.u.) eine Rolle.

Die *morphologischen Formen* einer Landschaft werden vor allem in der stereoskopischen Betrachtung sichtbar. Ihr momentanes Erscheinungsbild ist freilich das Ergebnis vielfältiger Prozesse, die außer von den geologischen Gegebenheiten auch stark vom Klima und von der Topographie abhängen. Die Interpretation der Formen muss diese Zusammenhänge berücksichtigen. In der Photogeologie werden die Bergformen, Talformen, Hangneigungen usw. analysiert und Rückschlüsse auf die Gesteinsarten, ihre Lagerung, ihre gegenseitige Abgrenzung und tektonische Strukturen gezogen. Besondere Bedeutung haben dabei einerseits die Merkmale der verschiedenen Erosionsarten, andererseits die an typischen Stellen der Topographie auftretenden Ablagerungen wie Schuttfächer, Schotterterrassen, Moränen, Dünen usw. Spezielle Fragestellungen der morphologischen Interpretation gelten der Feststellung und Verhütung von Erosionsschäden, Wildbachverbauung, Lawinenschutz u.ä.

Durch die morphogenetischen Kräfte haben sich in den meisten Landschaften *Entwässerungsnetze* herausgebildet, zu denen sowohl die eigentlichen Gewässer als auch die trockenliegenden Muldenlinien gehören. Die Gestalt dieser Netze (vgl. Abb. 107 und 108) hängt stark von den Eigenschaften und der Lagerung des Gesteins sowie von den tektonischen Strukturen des Untergrundes ab. So treten z.B. baumförmige (dendritische) Netze auf, wenn tektonische Einflüsse nicht oder nur in sehr geringem Maße wirksam sind. Dabei wird die Dichte des Netzes u.a. von der Durchlässigkeit des Gesteins beeinflusst; grobe Formen entstehen auf gut durchlässigem Untergrund, enge und feinverzweigte Formen lassen auf wenig durchlässige und leicht erodierbare Gesteine schließen (Abb. 151). Werden die Entwässerungsnetze dagegen wesentlich durch den tektonischen Bau beeinflusst, so entstehen ganz andere, z.B. winklige Formen (Abb. 152). Darüber hinaus kommen viele andere Netzstrukturen mit allen denkbaren Mischformen vor.

Zur geologischen bzw. morphologischen Interpretation tragen auch die unterschiedlichen *Texturen* (vgl. 5.1.1) bei, die in Bildern sichtbar sind. Obwohl ihre Erscheinungsweisen stark vom Bildmaßstab abhängen, vermitteln charakteristische Texturen vielfältige Informationen zur Geologie bzw. Geomorphologie eines Gebietes. Abbildung 153 gibt zwei Beispiele dazu.

6.3 Geologie und Geomorphologie

Abb. 151: Zusammenhang zwischen der Dichte des Entwässerungsnetzes und dem Untergrund
Die Draufsicht und ein schematisches Profil zeigen, dass das dendritische Netz auf Granit und Sandstein weniger dicht, auf Ton dagegen dichter ausgebildet ist. (Nach AVERY 1977)

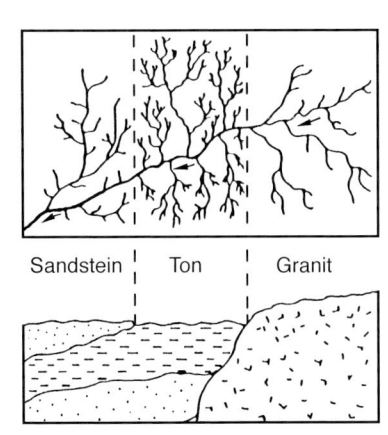

Die Art und Verteilung der *Vegetation* in einer Landschaft steht ebenso wie der Typ der *Landnutzung* in einem engen Zusammenhang mit dem geologischen Aufbau des Untergrundes. Deshalb können auch die Muster, die dabei auftreten, zur Interpretation beitragen. Ein anschauliches Beispiel dieser Art vermittelt Abbildung 109.

Zu den methodischen Besonderheiten der Photogeologie gehört die Kartierung und Auswertung von *Photolineationen* oder *Lineamenten* in Luft- und Satellitenbildern. Darunter versteht man linienhafte Strukturen, die in der Morphologie, im Entwässerungsnetz, in der Vegetationsverteilung oder auch nur in den Helligkeiten der Oberfläche wiederzufinden sind. Die erkennbaren Lineamente, von denen vermutet werden kann, dass sie unterirdische Strukturen widerspiegeln, werden kartiert und nach ihrer Richtungsverteilung statistisch ausgewertet (Abb. 154). Die Analyse kann Hinweise

Abb. 152: Tektonisch geprägtes Entwässerungsnetz
Fast horizontal liegende Schichtfolgen von Sandsteinen sind von mehreren Kluftsystemen unterschiedlicher Streichrichtung durchsetzt. Da die Erosion an diesen Klüften selektiv ansetzt, entsteht ein winkliges Entwässerungsnetz. (Nach KRONBERG 1985)

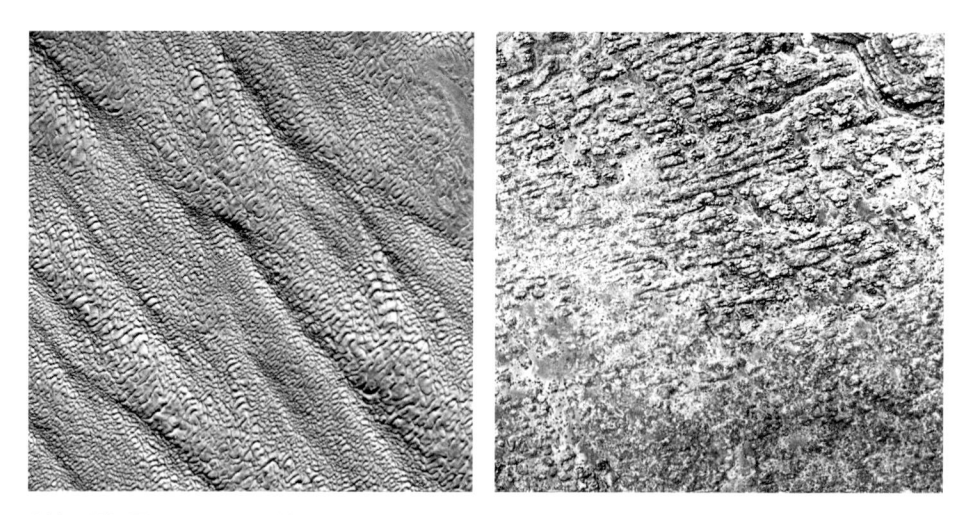

Abb. 153: Texturen verschiedener Geländeoberflächen
Links: Dünenfeld in der algerischen Sahara (Maßstab etwa 1:70.000). Rechts: Geklüftetes Sandsteinplateau in Utah/USA (Maßstab etwa 1:25.000). (Aus SCHNEIDER 1974)

auf Verwerfungs- und Bruchzonen geben und damit zur Erkenntnis geodynamischer Prozesse, zur Bewertung von Gefahrenzonen (z.B. THEILEN-WILLIGE 2001) oder zur Erkundung von Lagerstätten beitragen.

In vegetationslosen Gebieten vermag die gezielte Aufbereitung multispektraler Bilddaten (in der Regel mittels Ratiobildung) zu einer differenzierten Wiedergabe geringer Reflexionsunterschiede führen, so dass Gesteinsarten und ihre Bestandteile besser interpretiert werden können (vgl. Abb. 93 und 94).

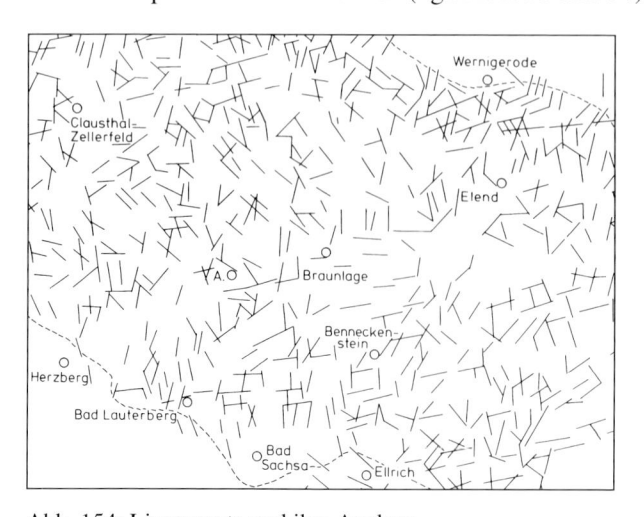

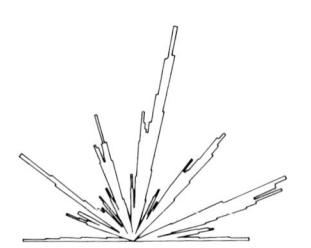

Abb. 154: Lineamente und ihre Analyse
Links: In einem LANDSAT-MSS-Bild kartierte Lineamente im Harz (Ausschnitt). Rechts: Richtungsverteilung der Lineamente im Bereich des Brocken. (Nach KRONBERG 1985)

6.3 Geologie und Geomorphologie

Mit Flugzeugscannern aufgenommene *Thermalbilder* wurden in der Geologie oft zur Lösung spezieller Probleme eingesetzt. Dazu gehört z.B. die Unterscheidung von lockeren und festen Gesteinen aufgrund ihres unterschiedlichen Thermalverhaltens, die Kartierung von Störungen, an denen durch Feuchtigkeitsunterschiede stärkere Verdunstung auftritt, die Erfassung geothermaler Anomalien und die Beobachtung aktiver Vulkane.

Großen Nutzen kann der Einsatz von *Radarbildern* in der Geologie bringen. Mit Flugzeugsystemen aufgenommene Radarbilder sind vor allem in den feuchten Tropen in großem Umfang eingesetzt worden, z.B. im Rahmen des RADAM-Projektes in Brasilien (vgl. 6.1). Aufgrund der Radarbilder und der anderen Daten konnten umfangreiche geologische Kartierungen durchgeführt werden. Bei solchen Interpretationen ist es ein besonderer Vorteil, dass die schräge Bestrahlung des Geländes durch das Radarsystem zu einer Überbetonung des Geländereliefs führt. Dadurch werden morphologische Formen, Lineamente, Falten u.ä. gut erkennbar. Vielfach treten auch in dicht bewaldeten Gebieten geologische Strukturen klar hervor, teils weil die Radarstrahlung den Baumbestand durchdringt, teils weil sich die betreffenden Strukturen auch in der Ausprägung des Kronendaches auswirken. Die Interpretation kann – wenn sich überlappende Radarbildstreifen vorliegen – auch stereoskopisch erfolgen.

Von großem Interesse für geologische Zwecke waren die während der ersten Missionen mit dem *Shuttle Imaging Radar* (SIR-A, vgl. 2.4) gewonnenen Daten. Vergleiche mit LANDSAT-MSS-Daten zeigten, dass sich von Sand überlagerte Festgesteine, die im optischen Bereich nicht oder nur andeutungsweise erkennbar sind, in den Radarbildern deutlich abzeichnen (Abb. 155). Die trockene Sandschicht wurde demnach von der Mikrowellenstrahlung durchdrungen. Inzwischen konnten mit den Bilddaten der Radarsatelliten (ERS, RADARSAT) ähnliche Beobachtungen gemacht werden. Gleich-

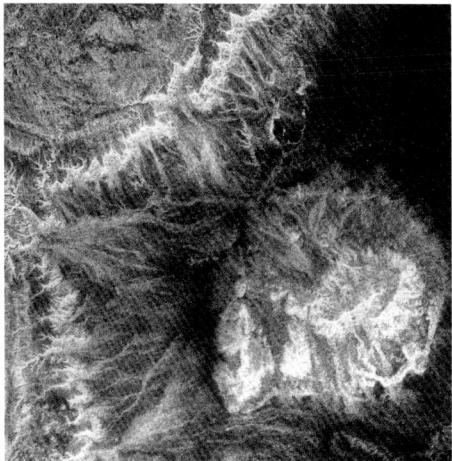

Abb. 155: Geologische Strukturen in MSS- und Radarbildern
Gebel el Barqa in Ägypten. Links: LANDSAT-MSS-Bild (Kanal 7). Rechts: Im L-Band aufgenommenes Bild von SIR-A. Bildmaßstab etwa 1:700.000. (Photos: NASA/JPL)

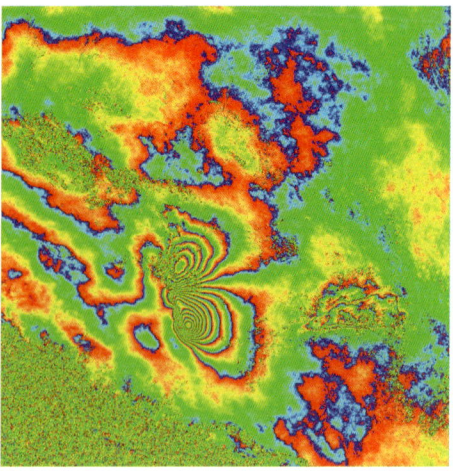

Abb. 156: Geländedeformationen durch Erdbeben
Am 26. Dezember 2003 erschütterte ein Erdbeben die Stadt Bam in der Provinz Kerman im Iran. Aus drei Sätzen ENVISAT Radardaten (ASAR _IMP_IS2) vom 11.6.2003, 3.12.2003 und 7.1.2004 wurde ein differentielles Interferogramm generiert, das die relativen Verschiebungen in Richtung zum Satelliten zeigt. Links ein Radar-Intensitätsbild der Stadt Bam und Umgebung. Rechts das differentielle Interferogramm. Jede Farbenperiode repräsentiert eine Änderung des Abstandes zum Satelliten von 2,8 cm. Die maximale relative Verschiebung liegt nahe der Stadt Bam und beträgt etwa 48 cm. Maßstab etwa 1:2 Mill. (Nach GeoForschungsZentrum Potsdam)

wohl sind die Zusammenhänge nicht einfach, da die Bilder u.a. mit den jeweiligen Wellenlängen bzw. Frequenzen, den Depressionswinkeln der Aufnahme und nicht zuletzt den Feuchtigkeitsverhältnissen stark variieren.

Durch die erfolgreiche Entwicklung der *Radarinterferometrie* sind in der jüngeren Zeit auch Beobachtungen möglich geworden, die man noch vor wenigen Jahren für unmöglich gehalten hätte. Abbildung 156 zeigt ein Beispiel zur Messung der durch ein Erdbeben verursachten Deformationen mittels differentieller Interferometrie.

Weitere Quellen zum Einsatz von Thermal- und Radarbildern in der Geologie geben KRONBERG (1985) und SABINS (1987) an.

Die Ergebnisse der geologischen Interpretation von Luft- und Satellitenbildern werden in vielen Fällen zu farbigen thematischen Karten ausgearbeitet, die oft die Bildstrukturen als topographische Basis benutzen (vgl. Abb. 157).

6.4 Bodenkunde und Altlastenerkundung

In Luft- und Satellitenbildern ist stets nur die Oberfläche jener obersten Verwitterungsschicht der Erdrinde sichtbar, die als *Boden* bezeichnet wird. In vielen Bereichen ist diese Oberfläche sogar permanent durch Vegetationsbestände verdeckt. Deshalb können Aussagen über den eigentlichen Bodenkörper (Typ, Profil, Mineralgehalt usw.) immer nur indirekt aufgrund von sichtbaren Indikatoren gemacht werden. Außer den

6.4 Bodenkunde und Altlastenerkundung

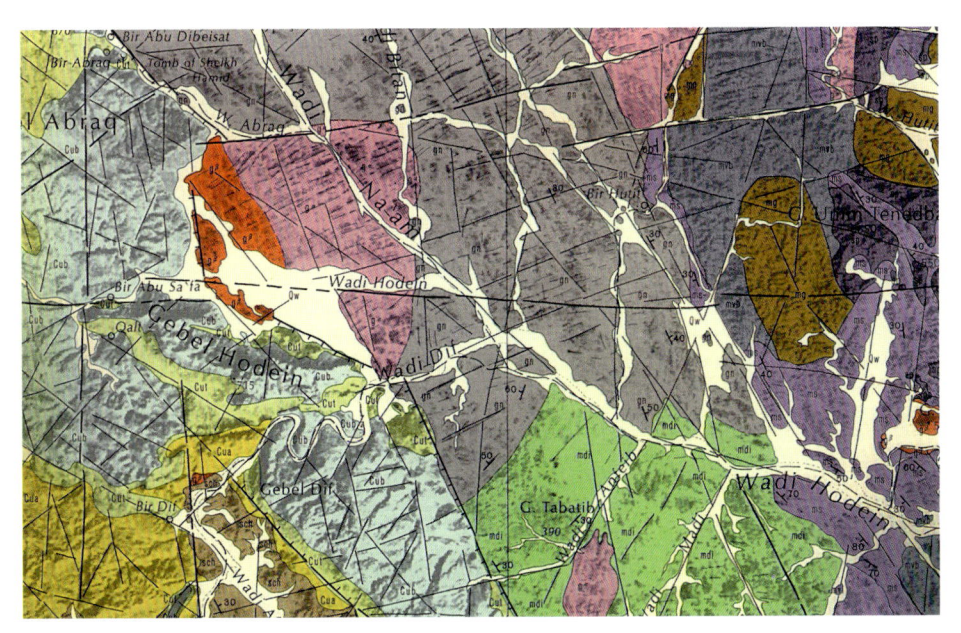

Abb. 157: Geologische Karte (verkleinerter Ausschnitt)
Die Geologische Karte von Ägypten 1:250.000, Blatt Bernice, wurde durch Geländeerkundung und Auswertung von LANDSAT-MSS-Daten erarbeitet. Die Bilddaten dienen zugleich als topographische Basis der Karte. (Hrsg. Freie Universität Berlin/Techn. Fachhochschule Berlin)

Grau- und Farbtönen, die sich in Bildern durch die Reflexionseigenschaften der Oberflächen und die Charakteristik der Sensoren ergeben, kommen als Indikatoren vor allem morphologische Merkmale und Bewuchsmerkmale in Frage. Daneben treten aber auch bodenkundlich wichtige Erscheinungen auf, die aufgrund typischer Bildstrukturen gut erkennbar sind, z.B. vernässte Hohlformen (vgl. Abb. 173) oder Bodenabspülungen. Genutzt werden vor allem Bildmaßstäbe um 1:10.000.

Abb. 158: Bodenverwehungen im Luftbild
Die Verwehung sandiger, trockener Böden und die dabei wirksamen Einflussfaktoren können anhand der im Luftbild sichtbaren Merkmale analysiert werden. Das Beispiel aus Schleswig-Holstein zeigt verschiedene Verwehungsformen. Maßstab etwa 1:11.000.
(Aus HASSENPFLUG & RICHTER 1972)

Für die *Bodenkartierung* wurden spezielle Methoden der Luftbildinterpretation entwickelt (z.B. BURINGH 1954, USDA 1966, VINK 1970). Sie gehen stets davon aus, dass die Luftbildauswertung mit Geländearbeiten kombiniert wird. Dabei dienen die Luftbilder vor allem dazu, anhand von Grautönen und Bildmustern bodenkundliche Einheiten auszuweisen, die durch Geländeuntersuchungen näher identifiziert werden. Eine umfassende Darstellung dieser Thematik bietet MULDERS (1987).

Für den *Bodenschutz* leisten Luft- und Satellitenbilder wertvolle Dienste. Die hierfür relevanten Merkmale lassen sich meist gut interpretieren und kartieren. Dabei kann durch den Vergleich mit älteren Bildern auch auf die Dynamik der Prozesse geschlossen werden. Die Möglichkeiten zur Erfassung der in Deutschland auftretenden Formen der Bodenabspülung und Bodenverwehung wurden von HASSENPFLUG & RICHTER (1972) untersucht (Abb. 158). Andere Formen der *Erosion*, wie sie beispielsweise im Alpenraum durch den Tourismus oder in vielen Entwicklungsländern durch ungeeignete Bewirtschaftung oder Übernutzung des Bodens entstehen, können durch die Auswertung von Luftbildern sowohl qualitativ als auch quantitativ sowie in ihrer Dynamik erfasst werden (Abb. 159). *Bodenversalzung* wird zunächst durch sehr starke Störungen des Pflanzenwuchses angezeigt, in fortgeschrittenem Stadium durch helle Flecken, die durch das an der Oberfläche angereicherte Salz hervorgerufen werden (z.B. DALSTED & WORCESTER 1979).

Zur *Altlastenerkundung*, die in der jüngeren Zeit zunehmend an praktischer Bedeutung gewonnen hat, kann die Fernerkundung in verschiedenster Weise beitragen. Die mögliche Vielfalt kann durch Stichwörter wie Deponien, Pipeline-Lecks, Bergschäden (Abb. 160), Bergbaufolgen, frühere Militärstandorte usw. nur angedeutet werden. In aller Regel werden Fernerkundungsdaten in Kombination mit anderen Quellen und örtlichen Erhebungen eingesetzt. Großen Nutzen bietet oft die multitemporale Auswertung von Daten verschiedener Zeiten; auch ältere topographische Karten enthalten

Abb. 159: Erosionsformen (»Reißen«) von Lockergesteinsfüllungen
Melcherreiße im Lainbachgebiet bei Benediktbeuern (Oberbayern). Links: Zustand Juli 1959. Rechts: Zustand August 1986. Bildmaßstab etwa 1:10.000. (Nach WIENEKE 1991)

6.4 Bodenkunde und Altlastenerkundung

Abb. 160: Bruch- und Senkungsvorgänge in Bergbaugebieten
Durch den Einsturz von Bergbauhohlräumen entstandene Tagesbrüche im ehemaligen Kalibergbaugebiet südlich von Magdeburg. Neben den mit Grundwasser gefüllten Brüchen sind links und unten schalenförmige Abrisse zu erkennen, die weitere Einsturzvorgänge erwarten lassen. Dadurch ist die Böschung der benachbarten Halde mit Rückständen aus der Sodaherstellung gefährdet. Bildmaßstab etwa 1:10.000. (Photo: Bundesanstalt für Geowissenschaften und Rohstoffe)

vielfach ergänzende Informationen. Eine systematische Behandlung des Themas mit zahlreichen Fallbeispielen findet man bei KÜHN & HÖRIG (1995).

In unmittelbarem Zusammenhang mit der Erkundung von Altlasten steht auch deren Beseitigung durch Rekultivierung oder Renaturierung, beispielsweise in Bergbaufolgelandschaften. Zur Analyse und regelmäßigen Beobachtung der sich vollziehenden Prozesse (*Monitoring*) können Daten verschiedener Sensoren beitragen, von multispektralen Satellitenbildern bis zu Hyperspektraldaten, die mit Abbildenden

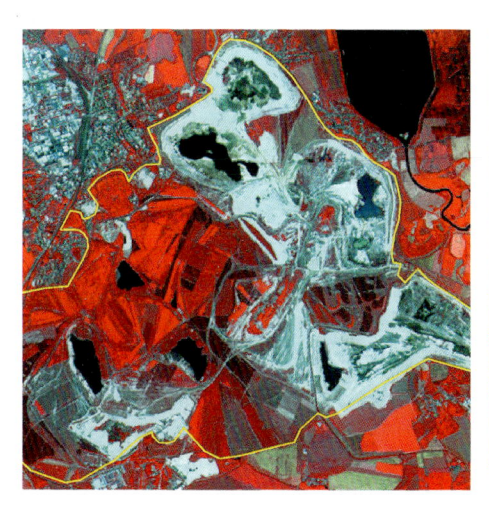

Abb. 161: Die Tagebauregion Goitsche bei Bitterfeld
Zum Monitoring der Bergbaufolgelandschaft werden klassische Feldmethoden mit Fernerkundungsverfahren kombiniert. Das Beispiel zeigt SPOT-Daten mit der Tagebaugrenze (links) und ihre Klassifizierung, in der verschiedene relevante Biotope sowie anstehende tertiäre Sedimente kartiert werden konnten (rechts). (Photos: Institut für Geographie, Universität Halle)

Spektrometern aus niedrigen Höhen vom Flugzeug aus gewonnen werden (z.B. BIRGER u.a. 1998, GLÄSSER u.a. 1999). Zur Nutzung dieser Möglichkeiten werden immer Zusatzinformationen verschiedener Art und örtliche Beobachtungen erforderlich sein. Ein praktisches Beispiel zeigt Abbildung 161.

Von völlig anderer Art und Gefährlichkeit sind Altlasten als Folge von bewaffneten Konflikten, also verbliebene *Kampfmittel*. Als Beispiel sei die gezielte Suche nach Bombenblindgängern erwähnt. Sie wird in Deutschland vorwiegend anhand von Luftbildern betrieben, die von den Alliierten Ende des Zweiten Weltkrieges aufgenommen worden sind (vgl. CARLS u.a. 2000). Im Gegensatz zu explodierten Bomben, die zu leicht erkennbaren Kratern führten, haben Blindgänger an der Oberfläche nur kleine Löcher hinterlassen. Solche Löcher können von geübten Interpreten erkannt und damit Blindgänger-Verdachtsflächen ausgewiesen werden. Auch das Aufsuchen von Landminen mit Methoden der Fernerkundung ist hier zu erwähnen. Flugzeug- und Satellitenfernerkundung kann unter gewissen Voraussetzungen zum Erkennen von Verdachtsflächen und Minenfeldern beitragen (MAATHUIS 2001).

6.5 Forst- und Landwirtschaft

In der *Forstwirtschaft* hat die Anwendung von Luftbildern eine lange Tradition. Über erste Versuche zum Einsatz von aus einem Ballon aufgenommenen Bildern wurde schon 1887 berichtet (HILDEBRANDT 1987). Um 1920 setzten intensive Bemühungen ein, Luftbilder als Hilfsmittel zur Forsteinrichtung, als Forstkartenersatz und zur Erhebung von Bestandesdaten zu verwenden. Die Kartierung großer Waldgebiete (z.B. in Kanada und in Russland) wäre ohne Luftbilder gar nicht möglich gewesen. Vergleichsweise früh erschien eine lehrbuchartige Darstellung der forstlichen Luftbildinterpretation (BAUMANN 1957). Auch die später entstandenen Fernerkundungstechniken wurden von der Forstwirtschaft früh aufgegriffen und ihrerseits weiterentwickelt (vgl. HILDEBRANDT 1996).

Die Zielsetzungen der forstlichen Fernerkundung sind sehr verschieden, wobei sich die wichtigsten Aufgaben durch die Stichwörter Erhebung von Bestandesdaten, Forsteinrichtung, Großrauminventuren, Erfassung von Waldschäden und Waldbrand-Monitoring charakterisieren lassen. Die Anforderungen an die einzusetzenden Bilddaten und auch die angewandten Auswertemethoden variieren dabei sehr stark.

Zur *Erhebung von Bestandesdaten* kann die Auswertung von Luftbildern in größeren Maßstäben (mindestens 1:15.000) viel beitragen (Abb. 162 und 163). Baumhöhen können unter bestimmten Voraussetzungen aus radialen Versetzungen bzw. Schattenlängen (vgl. 3.1.1) oder durch stereophotogrammetrische Messung (vgl. 5.2.2) ermittelt werden. Die Anzahl und Größe von Kronen lässt sich auszählen bzw. mit einfachen Mitteln messen (vgl. Abb. 119). Zur Ermittlung des Kronenschlussgrades werden Dichtediagramme herangezogen (Abb. 164). Das Alter eines Bestandes kann aufgrund der Baumhöhen und der Kronendimensionen geschätzt werden.

Die Bestimmung von Baumarten ist dagegen nur bedingt möglich. Sie setzt gründliche Kenntnis der örtlich vorkommenden Baumarten und ihrer natürlichen Standorte

6.5 Forst- und Landwirtschaft

Abb. 162: Fichtenwald im Harz
Fichtenbestände verschiedenen Alters und mit unterschiedlichen Bestockungsgraden im Farbbild. Bildmaßstab etwa 1:3.000. (Photo: DLR, Oberpfaffenhofen)

Abb. 163: Laubwald in Schleswig-Holstein
Farbinfrarotbild. 1 = Eiche/Buche (Jungwuchs); 2 = Eiche/Buche; 3 = vorw. Eiche; 4 = vorw. Buche; 5 = Fichtengruppe; 6 = Pappel/Erle. Maßstab etwa 1:6.000. (Photo: Hansa Luftbild)

voraus. Ferner müssen großmaßstäbige Bilder vorliegen, welche die artenspezifischen Merkmale der Krone, der Zweigstellung usw. erkennen lassen. Auch ist es zweckmäßig, einen Beispielschlüssel zu erarbeiten, der die im Luftbild sichtbare Kronenstruktur wiedergibt (Abb. 165). Allgemein sind der Ermittlung dieser und weiterer Parameter aus Luftbildern jedoch aus methodischen Gründen Grenzen gesetzt, die im Einzelnen berücksichtigt werden müssen (z.B. Einflüsse von Geländerelief, Beleuchtung, Aufnahmegeometrie).

Bei der *Forsteinrichtung*, wie die mittel- und langfristige forstliche Betriebsplanung traditionsgemäß genannt wird, spielen Luftbilder seit Beginn des Luftbildwesens eine wichtige Rolle. Dabei geht es um die etwa alle zehn Jahre durchzuführende Inventur des Forstbetriebes mit einer Überprüfung der Wirtschaftsführung und der Planung für den kommenden Zeitraum. Luftbilder werden bei der Forsteinrichtung als Arbeitshilfe für die Vorbereitung, als Hilfsmittel zur Bestandesbeschreibung und zur Feststellung eingetretener Veränderungen sowie als Grundlage für die Flächenermittlung und Kartenergänzung eingesetzt. Sie können die örtlichen Erkundungen beim Waldbegang wesentlich erleichtern und beschleunigen. Die geeigneten Bildmaßstäbe sind 1:12.000 oder größer, wobei als Arbeitsmaterial oft Vergrößerungen von 1:5.000 benutzt werden.

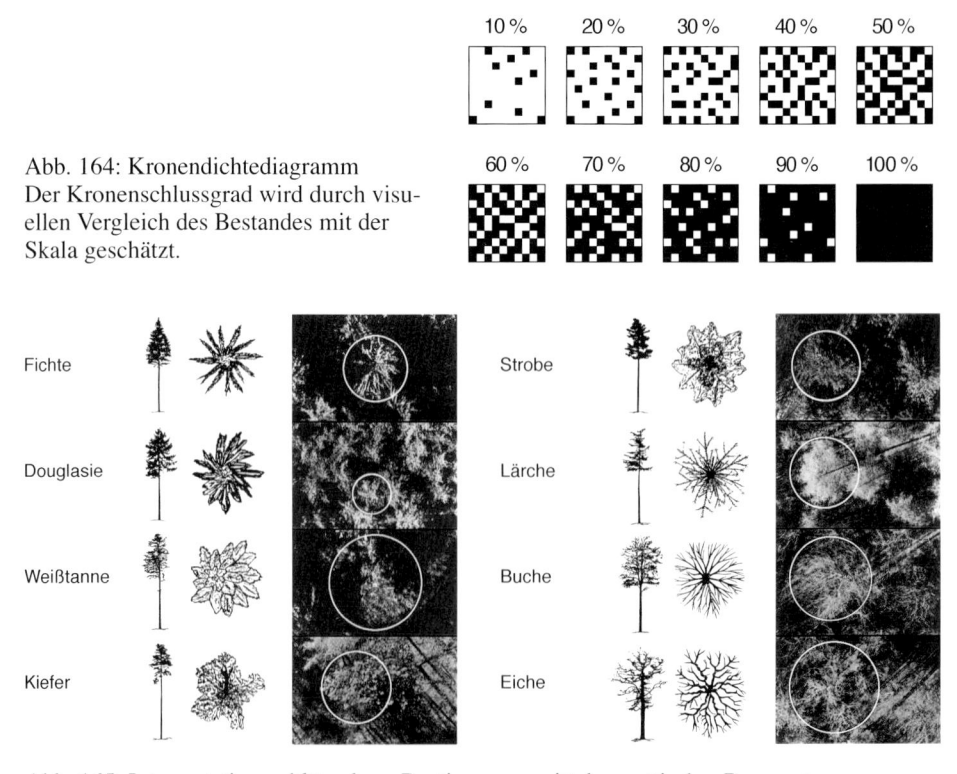

Abb. 164: Kronendichtediagramm
Der Kronenschlussgrad wird durch visuellen Vergleich des Bestandes mit der Skala geschätzt.

Abb. 165: Interpretationsschlüssel zur Bestimmung mitteleuropäischer Baumarten
Den schematischen Skizzen der Seitenansicht und der Kronenbilder von oben sind Beispiele aus großmaßstäbigen Luftbildern gegenübergestellt. (Nach RHODY 1983, verkleinert)

6.5 Forst- und Landwirtschaft

Mit dem sich vollziehenden Übergang der traditionellen Forsteinrichtung zu Forstbetrieblichen Informationssystemen (FIS) wird auch der Einsatz der Luftbildauswertung weiterentwickelt (DUVENHORST 1994).

Forstliche *Großrauminventuren* sollen den Zustand der Waldgebiete einer Region oder eines Landes erfassen. Dabei können verschiedene Zielsetzungen verfolgt werden, und auch die Randbedingungen (Gebietsgröße, topographische Gegebenheiten, einsetzbares Personal, verfügbare Zeit usw.) variieren stark. Dementsprechend werden verschiedenartige Verfahrensweisen eingesetzt. Einerseits gibt es Inventuren, die auf terrestrischen Stichprobenverfahren beruhen und bei denen Luftbilder nur als Orientierungshilfe bei der Geländearbeit dienen. Andererseits werden Inventuren ausschließlich durch Auswertung von Luft- und Satellitenbildern durchgeführt, nachdem Interpretationsschlüssel erarbeitet worden sind. Dabei werden sowohl Stichprobenverfahren als auch flächendeckende Aufnahmemethoden angewandt. Die verwendeten Luftbildmaßstäbe liegen häufig bei 1:15.000 bis 1:25.000. Die Auswertung von Satellitenbilddaten eignet sich vor allem für extensiv bewirtschaftete Großräume. Beispielsweise dienen LANDSAT-Bilddaten der jährlichen Beobachtung der Waldflächenveränderungen in Brasilien durch das Brasilianische Institut für Weltraumforschung INPE (*National Institute for Space Research*). Die Veränderungen der Waldflächen werden jährlich durch die Analyse von über 200 LANDSAT-Szenen erfasst (vgl. Abb.166). Aber auch zweistufige Verfahren, die flächendeckend Satellitenbilddaten und für ausgewählte Teilflächen zusätzlich Luftbilder verwenden, wurden entwickelt. Beispielhaft kann die 1989 eingeleitete Nationale Waldinventur in Finnland genannt werden (TOMPPO 1993).

Zur *Erfassung von Waldschäden* wurden Luftbilder vor allem in Mitteleuropa seit langem eingesetzt. Dabei lässt sich eine flächige Bestandesvernichtung, wie sie durch Waldbrand, Windwurf, Erdrutsch u.ä. entsteht, leicht und sicher erfassen (Abb. 167). Schwieriger ist es, Schädigungen durch Insekten, Pilze, Immissionen usw. zu erkennen und zu bewerten. Dazu bedarf es der differenzierten Interpretation der an den Kronen sichtbaren Symptome, insbesondere der Kronenstruktur und der Astsysteme (Abb. 168). Große Bedeutung hat hierbei auch die Farbinfrarot-Photographie erlangt, da sie die Reflexionseigenschaften im nahen Infrarot wiedergibt, welche für den Vitalitätszustand eines Baumes charakteristisch sind (vgl. 2.1.3). Die Vorteile, die Farbinfrarot-Luftbilder sowohl im Forstwesen als auch bei der Bewertung der Vitalität von Straßenbäumen bieten, wurden in vielen Studien überzeugend nachgewiesen (z.B. KENNEWEG 1970, 1979).

Besondere Aktualität erlangte die Schadenserfassung mit Hilfe von Luftbildern, als nach 1980 neuartige Waldschäden um sich griffen, die in der Öffentlichkeit als »Waldsterben« bekannt wurden. Seither hat man Farbinfrarot-Luftbilder in großem Maße eingesetzt, um die aufgetretenen Schäden und die Dynamik ihrer Veränderung zu erfassen (z.B. HARTMANN 1984, TZSCHUPKE 1989). Die Interpretation von Luftbildern und terrestrische Inventurmethoden ergänzen sich dabei, meist wird zu diesem Zweck nach Stichprobenverfahren gearbeitet. Die Aufgabenstellung ist jedoch alles andere als trivial. Deshalb war die Entwicklung auch Anlass zu intensiven Forschungsarbeiten mit dem Ziel, die methodischen Ansätze und die Zuverlässigkeit der Ergebnisse zu

1975: Das Bild zeigt die natürliche Vegetation mit nur geringen Eingriffen durch den Menschen.

1986: Wie ein Fischgrätenmuster fressen sich die Abholzungen in den Regenwald vor. Die Flächen dienen vor allem der Rinderzucht und dem Ackerbau.

2000: In den nur 14 Jahren von 1986 bis 2000 hat der Waldverlust dramatisch zugenommen.

Abb. 166: Waldverluste in Brasilien
Zur Verbesserung der Infrastruktur wurde um 1960 eine Fernstraße durch die Provinz Rondonia gebaut. Sie machte die Erschließung der Region für den Verkehr und die mechanische Landwirtschaft möglich. (Nach UNEP 2003)

6.5 Forst- und Landwirtschaft

Abb. 167: Windwurf in einem Waldgebiet nahe Ingolstadt
Aufgenommen am 5.8.1958, Bildmaßstab 1:6.000. (Photo: Photogrammetrie GmbH)

verbessern sowie die Kriterien für die Bewertung von Schädigungen zu präzisieren. Von Fachleuten wurde ein später von der Europäischen Gemeinschaft übernommener *Interpretationsschlüssel* für die Klassifizierung der Kronenzustände der europäischen Hauptbaumarten erarbeitet (VDI 1990, HILDEBRANDT & GROSS 1992). In diesem Zusammenhang waren auch Multispektral-Daten von Flugzeug-Scannern und Satellitendaten Gegenstand eingehender Untersuchungen (LANDAUER & VOSS 1989).

Eine spezielle Aufgabenstellung lässt sich mit dem Stichwort *Waldbrand-Monitoring* charakterisieren. Dazu eignen sich besonders im Thermalbereich gewonnene Flugzeugscannerbilder, da deren Aufnahme von der Tageszeit unabhängig und durch Nebel und Rauch kaum behindert ist. Außerdem bieten sie die Chance, sog. »*Hot Spots*« zu erfassen, also durch Blitzschlag, Lagerfeuer u.ä. verursachte Schwelbrände, die noch nicht offen brennen. In den USA wurden deshalb schon um 1970 Überwachungssysteme entwickelt, die während des Fluges direkt Thermalbildstreifen aufzeichnen, die zur Feuerbekämpfung sofort verfügbar sind (z.B. HILDEBRANDT 1976). Auch Satellitenbilddaten werden für die Erfassung von Waldbränden eingesetzt. Abbildung 169 zeigt als Beispiel die großen Waldbrände im Yellowstone National Park in den USA im September 1988.

Für die großräumige Erkundung von Waldbränden und anderen Wärmequellen kommen verschiedene Satellitensensoren in Frage. Die besten Ergebnisse bietet der vom DLR Berlin-Adlershof speziell hierfür entwickelte Sensor BIRD (*Bispectral Infrared Detection*). Das System arbeitet in zwei Spektralbereichen (3,4 bis 4,2 und 8,5 bis 9,3 μm) und erlaubt es, auch die Strahlungsleistung der beobachteten Feuer abzuleiten (BRIESS u.a. 1998). Zwischen 2001 und 2004 wurden erfolgreiche Tests von einem indischen Satelliten aus unternommen (Abb. 170), nach denen BIRD als Vorstufe eines globalen Feuersensorsystems angesehen werden kann (OERTEL u.a. 2002, 2005). Als weiterführende Literatur ist auch CHUVIECO (1999) zu erwähnen.

Stufe 0
(ohne erkennbare Schadmerkmale)

Krone dicht und kuppelartig gewölbt, Astsysteme fächerartig aufragend

Stufe 1
(schwach geschädigt)

Umriss etwas ausgefranst, Kronenperipherie aufgelockert, periphere Astsysteme meist spießartig

Stufe 2
(mittelstark geschädigt)

Umriss stark ausgefranst, Krone deutlich aufgelockert, periphere Astsysteme spieß- bis pinselartig

Stufe 3
(stark geschädigt)

Krone in bruchstückhafte Einzelteile zerfallen, Astsysteme skelettiert

Abb. 168: Vereinfachtes Beispiel für einen Schlüssel zur Interpretation von Baumschäden Zustandsstufen der Buche im Farbinfrarot-Luftbild und aus terrestrischer Sicht. Die sachgemäße Anwendung eines solchen Interpretationsschlüssels setzt entsprechende Erfahrungen des Bearbeiters und stereoskopische Betrachtung voraus. (Photos: M. RUNKEL)

6.5 Forst- und Landwirtschaft

Abb. 169: Waldbrände im Yellowstone
National Park in Wyoming (USA)
Die Situation wurde am 8.9.1988 mit dem
LANDSAT-Thematic-Mapper aufgenommen.
Das aus den Kanälen 7, 5 und 4 kombinierte
Bild zeigt nicht betroffene Vegetation grün,
abgebrannte Bereiche rotorange und aktive
Feuer am Rande der abgebrannten Flächen
gelb. In den kurzwelligen Spektralkanälen
verhindert der Rauch die Bodensicht. Das
Norris Geysirbecken liegt in der linken
oberen Ecke, der Geysir Old Faithful am
unteren Rand des Ausschnittes. Maßstab
etwa 1:25.000.

Abb. 170: Waldbrände in Portugal
Mit dem Feuerdetektionssystem BIRD am
4.8. 2003 erfasste Waldbrände in Portugal und
Westspanien (am Mittellauf des Flusses Tejo).
Die aus den Daten abgeleitete Strahlungsleistung wurde in einer Temperaturskala in Farben
codiert und einem im nahen Infrarot aufgenommenen Bild überlagert. Maßstab etwa 1:3 Mill.
(Nach OERTEL u.a. 2005)

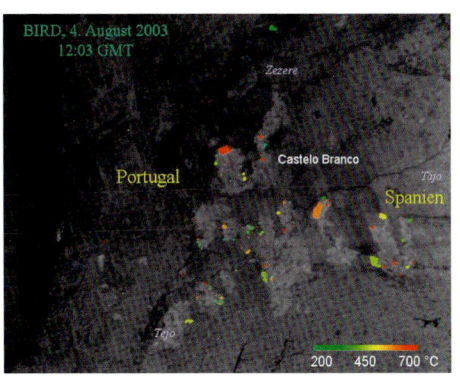

Eingehende Darstellungen des Einsatzes von Luft- und Satellitenbildern in der Forstwirtschaft mit vielen Literaturhinweisen bieten HUSS (1984) und vor allem HILDEBRANDT (1996). Ferner ist auf den umfangreichen »*Satellite Remote Sensing Forest Atlas of Europe*« hinzuweisen (BECKEL 1995), der zahlreiche Fallbeispiele aus ganz Europa und dem angrenzenden Mittelmeerraum aufzeigt.

Die Anwendungen in der *Landwirtschaft* betreffen zwar auch Vegetationsbestände, doch sind die Aufgaben und Methoden von denen der Forstwirtschaft gänzlich verschieden (z.B. KÜHBAUCH u.a. 1990). Die wichtigsten Bereiche lassen sich zusammenfassen unter Nutzungskartierung, Zustandserhebung und Ertragsschätzung. Darüber hinaus spielen die schon erwähnten Aspekte der Bodenkunde eine wichtige Rolle, nicht zuletzt im Hinblick auf die potentielle Landnutzung.

Bei der *Nutzungskartierung* soll der Anbauumfang einzelner Feldfrüchte erfasst werden. Diesbezüglich bestehen große regionale Unterschiede, da die natürlichen Gegebenheiten und die landwirtschaftlichen Produktionsmethoden weltweit sehr stark variieren. Unter mitteleuropäischen Verhältnissen können die Hauptanbauarten Getreide, Hackfrüchte und Grünland in Luftbildern mittlerer Maßstäbe (etwa 1:10.000) mit hoher Sicherheit identifiziert werden (MEIENBERG 1966). Auch eine weitergehende Differenzierung, z.B. in Weizen, Roggen und Gerste, ist möglich. Es versteht sich von selbst, dass dabei der Erfolg stark von der Wahl eines günstigen Aufnahmezeitpunktes abhängt (STEINER 1961). Bei der visuellen Interpretation dienen sowohl die objektspezifischen Texturen als auch die Farbinformationen von Farb- oder Farbinfrarotbildern als Unterscheidungskriterien.

In vielen Regionen kann man einzelne Nutzungsarten auch in Satellitenbildern leicht an ihren typischen Formen erkennen (rechteckige Äcker, runde Bewässerungsfelder u.ä.). Zur Identifizierung der Feldfrüchte, Plantagen usw. sind jedoch in aller Regel genaue regionale Kenntnisse erforderlich. Dies gilt in noch stärkerem Maße für gemischte Nutzungsformen, wie sie in vielen Entwicklungsländern vorkommen (z.B. Kaffeeanbau unter Schattenbäumen).

Anders liegen die Verhältnisse bei der Landnutzungskartierung durch die Klassifizierung von Multispektraldaten. Vor allem bei Satellitendaten gehen objektspezifische Texturmerkmale in der Pixelstruktur weitgehend unter. Außerdem treten an den Feldrändern unerwünschte Mischsignaturen auf. Andererseits bieten z.B. die Thematic-Mapper-Daten umfassendere Spektralinformationen. In der Praxis zeigt sich, dass sich vor allem der multitemporale Ansatz für die Kartierung der Landnutzung eignet, der aus den kurzzeitigen Veränderungen der Vegetationsbestände Nutzen zu ziehen vermag (z.B. BOOCHS u.a. 1989). Ein Beispiel für die Anwendung der Multispektral-Klassifizierung landwirtschaftlicher Nutzflächen, die von SPOT-Daten ausgeht, zeigt Abbildung 171.

In zunehmendem Maße erlangen Radarbilder Bedeutung für die Erfassung landwirtschaftlicher Nutzpflanzen (z.B. HAMACHER u.a. 2001).

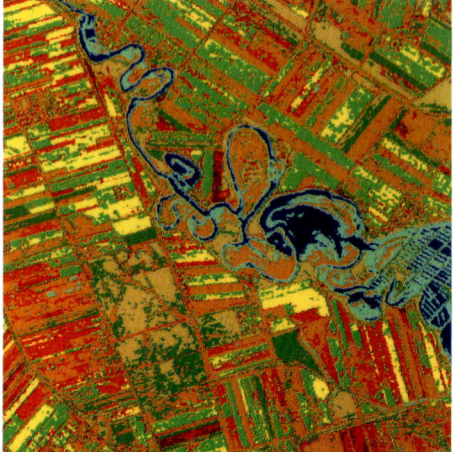

Abb. 171: Landnutzungskartierung durch Multispektral-Klassifizierung
Staatsfarm 147 in der Region Xinjiang (VR China). Multispektrale SPOT-Daten (links) und die Klassifizierung der Flächennutzung (rechts); die Farben bezeichnen u.a. Wasser, Reis, Mais, Luzerne, Weizen, Zuckerrübe und Baumwolle. Maßstab 1:100.000. (Bearbeitung: TU Berlin)

6.5 Forst- und Landwirtschaft

Abb. 172: Überwachung von Agrarsubventionen mit Hilfe von Luftbildern
Um die Berechtigung von Subventionsansprüchen für einzelne landwirtschaftlich genutzte Flächen beurteilen zu können, werden den geometrisch aufbereiteten Farbinfrarot-Luftbildern (Original-Bildmaßstab 1:40.000) die Grundstücksgrenzen überlagert.
(Photo: EFTAS Technologietransfer GmbH, Münster)

Eine besondere Art der Nutzungskartierung wird in der Europäischen Gemeinschaft betrieben, nachdem 1992 eine Agrarreform beschlossen worden war. Danach erhalten Landwirte auf Antrag flächenbezogene Subventionen für den Anbau von Getreide, Ölsaaten und Hülsenfrüchten sowie für Stilllegungsflächen. Für die Kontrolle von Anträgen auf solche Ausgleichszahlungen werden Luft- und Satellitenbilder herangezogen, die in der geeigneten Jahreszeit (Juni bis August) aufgenommen werden (Abb. 172). Dadurch kann die aufwendige Kontrolle vor Ort auf einen Bruchteil der in Frage kommenden Flächen reduziert werden.

Ziel der *Zustandserhebung* ist vor allem, Flächen zu erfassen und zu kartieren, die aus verschiedenen Gründen (Standortbedingungen, Krankheiten, Schädlingsbefall, Frost u.ä.) vom normalen Bestand abweichen. Dazu kann auch die Analyse der Intensität der Bodennutzung gehören (KÜHBAUCH 1999). In vielen Fällen leisten Farbinfrarot-Luftbilder gute Dienste, da in ihnen betroffene Flächen meist gut identifiziert und abgegrenzt werden können. Dies ist darauf zurückzuführen, dass Schädigungen und Stresswirkungen vielfach mit einer Verringerung des Reflexionsgrades im nahen Infrarot einhergehen. In anderen Fällen dienen weitere Merkmale, die teils auch in Schwarzweißbildern erkennbar sind, zur Identifizierung von Schäden (Abb. 173).

Der Einsatz von multispektralen Scannerdaten zur Erfassung von Pflanzenschäden war schon 1971 in den USA erprobt worden. Anlass war die rasante Ausbreitung einer Pilzkrankheit in den Maisfeldern. Im *Corn Blight Watch Experiment* wurden Farbinfrarot-Luftbilder, Flugzeugscannerdaten in zwölf Kanälen und intensive Geländeerhebungen ausgewertet. Es zeigte sich, dass die Schädigungen in ihrem frühen Stadium weniger gut, in ihrem späteren Verlauf aber gut erkannt wurden (COLWELL 1983).

Die *Erntevorhersage* für landwirtschaftliche Produkte gehört zu den Anwendungen der Fernerkundung, die in der Öffentlichkeit besonders populär gemacht wurden. Dabei ist es keineswegs einfach und auch nicht ein Verdienst der Fernerkundung alleine, wenn in gewissen Grenzen Voraussagen über landwirtschaftliche Erträge möglich sind. Jeder Ansatz dazu muss nämlich von zwei Größen ausgehen, der jeweiligen

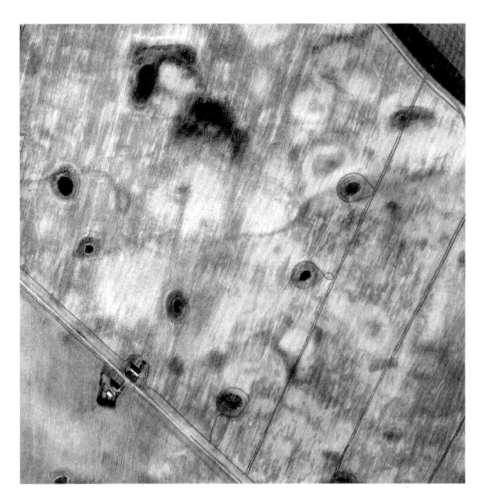

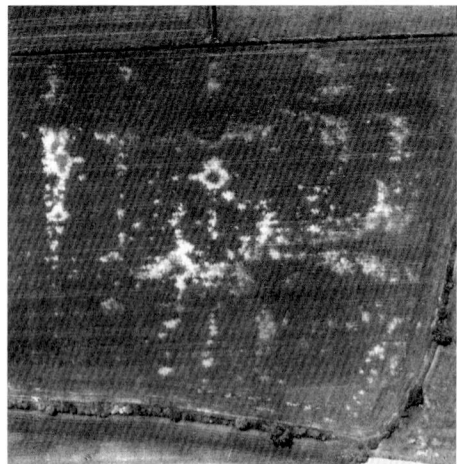

Abb. 173: Schädigungen in landwirtschaftlichen Flächen
Links: Vernässte Hohlformen in jungpleistozänem Tiefland (bei Rostock) mit teils offenen Wasserflächen (Maßstab 1:10.000, Photo: Universität Rostock). Rechts: Helle Flecken in einem Gerstenacker zeigen Wuchsstörungen durch Pilzbefall an. (Nach PHILIPSON 1997)

Anbaufläche und einem prognostizierten Ertrag pro Flächeneinheit. Der Beitrag der Fernerkundung wird sich weitgehend auf die Ermittlung der Anbaufläche beschränken. Der zu erwartende Ertrag ist dann über komplexe Modellrechnungen zu schätzen, in die Kenntnisse über Klimazonen und Naturräume, frühere Ertragszahlen, laufende Beobachtungen von Temperatur und Niederschlag u.ä. eingehen.

Das bekannteste Projekt zur Ertragsschätzung ist das *Large Area Crop Inventory Experiment* (LACIE) der NASA (z.B. COLWELL 1983). Es wurde 1974 mit dem Ziel begonnen, die Weizenernte in den Hauptanbaugebieten (USA, Kanada, Argentinien, UdSSR) vorauszusagen. Dabei dienten LANDSAT-MSS-Daten zur Ermittlung der Anbauflächen nach einem regional orientierten Stichprobenverfahren. Die Vorhersage der Erträge erfolgte dann über agrometeorologische Modellrechnungen. Das Ziel, die tatsächlichen Erträge auf mindestens 10% genau vorauszuschätzen, wurde trotz größerer Fehler im Einzelnen erreicht, wodurch in der Öffentlichkeit hohe Erwartungen erwuchsen (KÜHBAUCH u.a. 1990). Mit ähnlichen Methoden werden auch für die Nahrungsmittelproduktion in Afrika Voraussagen gemacht, um den häufigen Hungerkatastrophen vor allem in der Sahelzone durch ein Frühwarnsystem zu begegnen.

Neue Herausforderungen erwachsen im Rahmen des »*Precision Farming*«. Dieser Ausdruck hat sich für Landbewirtschaftungsmethoden eingebürgert, die aus ökologischen und ökonomischen Gründen der Heterogenität der Standort- und Bestandsparameter angepasst werden. Solche Konzepte setzen die Nutzung von Positionierungssystemen (GPS) und die zeitnahe Erfassung verschiedener Bestandesparameter voraus. Aktuelle Fernerkundungsdaten vermögen erforderliche flächige Informationen über einen Bestand zu liefern. Die Methodik ist besonders für größere landwirtschaftliche Betriebe mit hoher Heterogenität in den bewirtschafteten Flächen geeignet. Sie ver-

Abb. 174: Rentierherde
Die Zahl der Tiere einer Herde wird im Allgemeinen wesentlich unterschätzt. Die in Nord-Kanada aufgenommene Herde umfasst etwa 2.800 Tiere. (Nach POOLE 1989)

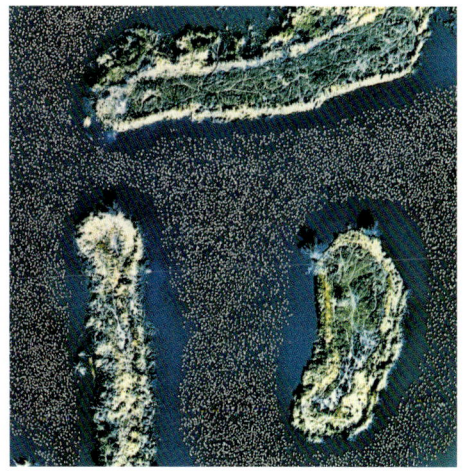

Abb. 175: Schneegänse
Alljährlich lassen sich Schwärme von Schneegänsen für kurze Zeit auf einem Sumpf in Neumexiko nieder. Zur Zählung dienen Luftbilder auf Farbinfrarotfilm. (Photo: KODAK)

langt aber auch eine hohe Flexibilität in der Datenaufnahme. Aus diesem Grund haben so genannte »*Low-cost-Fernerkundungssysteme*« für diese Aufgabenstellung große Bedeutung. Nähere Angaben findet man bei GRENZDÖRFFER & FOY (2000) sowie bei GRENZDÖRFFER (2004).

6.6 Tierkunde

Im Gegensatz zu der in den Medien hochgespielten Ernteschätzung mit Luft- und Satellitenbildern hat deren Einsatz zur Zählung frei lebender Tiere und zur Erfassung und Überwachung ihrer Lebensräume wenig öffentliche Beachtung gefunden. Dies ist deswegen überraschend, weil Luftbilder schon seit Jahrzehnten systematisch für diese Zwecke benutzt werden. Methodisch kommen dabei zwei sehr unterschiedliche Vorgehensweisen in Frage, je nachdem ob die betreffenden Tiere in Bildern direkt erkennbar sind oder ob nur indirekt durch Interpretation anderer Merkmale auf ihre Habitate geschlossen werden kann.

Es versteht sich von selbst, dass die *Zählung von Tieren*, die sich mit genügendem Kontrast von ihrer Umgebung abheben, in photographischen Bildern leicht möglich ist. Dadurch können Tierpopulationen zuverlässiger als mit jeder anderen Methode erfasst werden (Abb. 174), und zwar auch in nur schwer zugänglichen Gebieten wie z.B. Sumpflandschaften (Abb. 175). Gezählt werden auf diese Weise Rentiere, Gnus, Elefanten, Wasservögel, Seehunde und viele andere (z.B. GRZIMEK & GRZIMEK 1960, FRICKE 1965, SCHÜRHOLZ 1972, POOLE 1989). Da keine Messungen erforderlich sind, lassen sich außer Reihenmesskamera-Bildern mit Vorteil auch kleinformatige Luftbilder einsetzen. Sie werden meist als Schrägbilder von kleinen Beobachtungsflugzeugen aus aufgenommen, was dem Verfahren bei geringen Kosten große Flexibilität verleiht. Die Bildmaßstäbe müssen ziemlich groß sein und liegen meist zwischen 1:3.000 und 1:8.000. Verschiedentlich wurden auch Thermalbilder eingesetzt, um warmblütige Wildtiere aufgrund ihrer Wärmeausstrahlung zu erfassen. Dies bietet zwar den Vorteil, dass auch nachtaktive Tiere aufgenommen werden können, doch treten viele praktische Schwierigkeiten auf (z.B. Tiere unter Bäumen), so dass das Verfahren auf Sonderfälle beschränkt bleibt. Eine ausführliche Behandlung erfährt das Thema Tierzählung durch BEST (1982).

Die Erfassung der *Lebensräume von Tieren* ist eigentlich eine Teilaufgabe der naturräumlichen Gliederung und der geoökologischen Kartierung und geht von den selben methodischen Grundlagen aus. Dabei werden – im Gegensatz zur Tierzählung – meist flächendeckend vorliegende Luftbilder oder Satellitenbilddaten benutzt. Aufgrund von Topographie, Morphologie, Vegetation, Landnutzung und anderer Kriterien (z.B. Klima, Nahrungsangebot) werden die als Wildtierhabitate geeigneten ökologischen Einheiten abgegrenzt und ihre Veränderungen beobachtet. In ähnlicher Weise dienen Luft- und Satellitenbilder auch der regelmäßigen Beobachtung von Weidegebieten in der Viehwirtschaft.

6.7 Regionale Planung

Für regionale Planungsaufgaben wird stets eine Fülle von aktuellen Unterlagen benötigt, die im Allgemeinen flächendeckend verfügbar sein müssen. Da die Anforderungen mit herkömmlichen Erhebungsmethoden und konventionell erstellten Karten kaum erfüllt werden können, finden vor allem Luftbilder in diesem Bereich vielfältige Anwendung. Sie eignen sich außerdem hervorragend zur Vorbereitung und Durchführung von Geländebegehungen sowie als Dokumentationsmittel und als Mittel zur Kommunikation zwischen den Planungsbeteiligten. Satellitenbilder kommen vor allem für großräumige Aufgaben in Betracht. Die Vielfalt der Anwendungen mag durch die Begriffe Nutzungsplanung, Verkehrsplanung, Landschaftsschutz, Erholungsplanung sowie Dokumentation von Veränderungen angedeutet werden.

Die *Nutzungsplanung* muss stets von einer Kartierung des gegenwärtigen Zustandes ausgehen. Dabei können mit geeigneten Luftbildern die meisten Nutzungsarten zuverlässig erfasst werden (z.B. Gewerbegebiete, Sonderkulturen, Kleingärten, Sportanlagen, offene Abbauflächen, Deponien usw.). Die Bildmaßstäbe schwanken je nach Aufgabenstellung stark, und zwar von etwa 1:5.000 in überbauten Gebieten bis etwa 1:25.000 in Acker- und Wiesenbereichen. Die sich ergebende Kartierung der Flächennutzung wird für die weitere Verwendung im Allgemeinen digitalisiert. Für großräumige Erhebungen kommen jedoch auch Stichprobenverfahren in Betracht. So beruhte beispielsweise der Aufbau der Arealstatistik in der Schweiz auf Daten, die aus Luftbildern in einem Rasternetz von 100 m Maschenweite erhoben wurden (TRACHSLER 1980, KÖLBL 1981).

6.7 Regionale Planung

Der Zustand im Jahr 1954 vor der Erschließung des Geländes als Baugebiet. Die im Zweiten Weltkrieg zerstörte Brücke über den Dortmund-Ems-Kanal ist noch nicht wieder aufgebaut.

Das Gelände im Jahr 1975: Es ist eine völlig neue Siedlung entstanden, in deren Grundriss noch einige der ursprünglichen Wege erkennbar sind. Die Kanalbrücke ist wieder aufgebaut.

Der Zustand im Jahr 1999: Das Siedlungsgebiet wurde erweitert, im zuerst bebauten Bereich sind inzwischen Bäume gewachsen. Der Kanal wird gerade verbreitert.

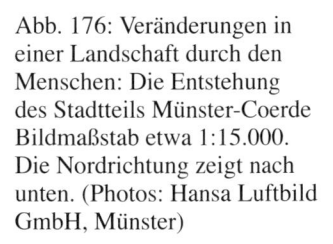

Abb. 176: Veränderungen in einer Landschaft durch den Menschen: Die Entstehung des Stadtteils Münster-Coerde Bildmaßstab etwa 1:15.000. Die Nordrichtung zeigt nach unten. (Photos: Hansa Luftbild GmbH, Münster)

Zur *Verkehrsplanung* kann nicht nur der Erschließungsgrad einer Landschaft durch Straßen und Bahnen untersucht, sondern auch der ruhende und der fließende Verkehr erfasst werden (TRACHSLER 1980). Dazu bedarf es allerdings sorgfältig geplanter spezieller Aufnahmen. Luftbilder leisten wertvolle Hilfe beim Entwurf von Linienführungen, bei der Beurteilung von Umgehungsstraßen usw. Viele landschaftspflegerisch oder bautechnisch sensible Bereiche (Biotope, Lärmschutzbedarf, Rutschungen u.ä.) können dabei ausgewiesen werden. Es wird empfohlen, für Vorplanungen vorzugsweise Farb- oder Farbinfrarotbilder in Bildmaßstäben um 1:13.000, für Detailplanungen in Maßstäben um 1:4.000 zu verwenden (ALBERTZ u.a. 1982).

Für den *Landschaftsschutz* können Luftbilder der Inventarisierung schutzwürdiger Naturobjekte und Landschaftselemente dienen. Dabei kann es sich um ökologisch wertvolle Gebiete (z.B. Feuchtbiotope), besondere geomorphologische Formen, Baumgruppen, Hecken u.ä. handeln oder auch um kulturhistorisch wichtige Objekte oder Siedlungsformen. Darüber hinaus bietet die Interpretation von Luftbildern reichhaltige Hinweise auf Naturgefahren und Landschaftsschäden. Als Beispiele seien Erosionserscheinungen, Überschwemmungen, Rutschungen, Vegetationsschäden, Altlasten u.ä. genannt. Vielfach können ältere Luftbilder herangezogen werden, um potentielle Altlasten zu lokalisieren. Es hat sich beispielsweise gezeigt, dass unkontrollierte Deponien am besten in Bildern aufzuspüren sind, die zum Zeitpunkt der Ablagerung aufgenommen wurden.

Mit dem Landschaftsschutz eng verbunden ist die *Erholungsplanung*. Dabei stellt sich zuerst die Frage, wo einzelne Erholungseinrichtungen (Badestrände, Campingplätze, Skipisten usw.) liegen und wie sie zugänglich sind, vor allem aber wie stark sie zu bestimmten Zeiten in Anspruch genommen werden. Für Erhebungen hierzu (Zählen von Badegästen, Belegung von Parkplätzen in Wandergebieten u.ä.) haben sich Bilder in größeren Maßstäben (etwa zwischen 1:2.000 und 1:10.000) bewährt (PLÜCKER & VUONG 1975, SCHNEIDER 1977, TRACHSLER 1980). Luftbilder eignen sich darüber hinaus in vielfältiger Weise zur Planung von Erholungseinrichtungen und zur Abschätzung der von ihnen ausgehenden Gefährdungen und ökologischen Belastungen, beispielsweise durch die Anlage von neuen Skipisten in Wintersportgebieten.

Jedes Luftbild ist ein historisches Dokument, denn es hält den momentanen Zustand einer Landschaft zum Zeitpunkt der Aufnahme fest. Diese Zustandsbeschreibung ist viel umfassender, als sie etwa eine topographische Karte zu bieten vermag. Deshalb eignet sich der Vergleich alter und neuer Luftbilder in hervorragender Weise zur *Dokumentation von Veränderungen*. Es versteht sich von selbst, dass damit sich vollziehende Entwicklungstendenzen erfasst werden können, wie beispielsweise die Zunahme oder der Rückgang bestimmter Nutzungsformen – z.B. auch der Bodenversiegelung – oder die örtliche Verlagerung von Nutzungen, welche in einer Flächenstatistik gar nicht in Erscheinung tritt. Abbildung 176 verdeutlicht diesen dokumentarischen Wert von Luftbildern.

Eine reichhaltige und vielseitige Sammlung von Erfahrungsberichten zur Anwendung von Fernerkundungsmethoden in der Regionalplanung findet man bei SCHNEIDER (1984).

6.8 Siedlungen und technische Planung

Auch in anderen Anwendungsbereichen wie Städtebau, Dorferneuerung, Planung von Industriestandorten, Deponien usw. oder auch für Zwecke der Telekommunikation steht zunächst die Erfassung und Analyse des gegebenen Zustandes im Vordergrund. Häufiger als sonst kommt es dabei aber auch darauf an, die dritte Dimension in die Betrachtungen einzubeziehen. Deshalb werden in diesem Zusammenhang vielfach auch stereophotogrammetrische Messungen durchgeführt und außerdem anschauliche Schrägbilder eingesetzt.

Mit den Methoden der *Stereophotogrammetrie* (vgl. 5.2.2) können Gebäude, Industrieanlagen, Straßenbäume u.ä. nicht nur im Grundriss kartiert, sondern auch in ihrer räumlichen Ausprägung erfasst werden. Die Abbildungen 177 und 178 sollen dies beispielhaft zeigen. In der neueren Zeit werden diese Verfahren durch *Laserscanning* ergänzt (MAAS 2005). Die mit den dreidimensionalen Daten verbundenen Vorteile kommen meist erst bei digitaler Verarbeitung und Visualisierung zum Tragen.

Als Ergänzung zu Senkrecht-Luftbildern können *Schrägbilder* eingesetzt werden. Sie sind auch für Laien sehr anschaulich und erleichtern außerdem die Bewertung von Stadt- und Landschaftsbildern, Industriestandorten u.ä. Ferner lassen sich damit Fassaden oder Ensembles erfassen, die in Senkrechtbildern nicht oder nicht so übersichtlich wiedergegeben werden (Abb. 179).

Vielfältige Anwendung finden Luftbilder in der Forschung auf dem Gebiet der *Siedlungs- und Stadtgeographie*. Gegenstand der Untersuchung sind oft die Bezüge zwischen Stadt und Umland sowie die historischen und funktionalen Entwicklungen. Darüber hinaus sind sozioökonomische Analysen möglich, in denen aufgrund von Bebauungsart und -dichte, Straßenführung, Grundstücksgestaltung, sichtbaren Außenanlagen u.ä. Rückschlüsse auf soziologische und wirtschaftliche Strukturen gezogen wird (z.B. VÖLGER 1969, BADEWITZ 1971).

Bei der *Siedlungsplanung*, die ihrerseits die Planung der Nutzung, Erschließung, Gestaltung, Verkehrsführung usw. umfasst, können Luftbilder als Informationsquelle und Arbeitsunterlage hervorragende Dienste leisten. Sie vermitteln nicht nur eine Fülle von planungsrelevanten Einzelheiten, sondern ermöglichen auch eine gesamtheitliche Beurteilung einer Siedlung und ihres Umlandes. Dadurch werden die klassischen Werkzeuge der Planer, nämlich kartographische Bestandsaufnahme, Ortsbegehung und Bürgerbefragung, erweitert. Die Luftbildinterpretation soll keines dieser Werkzeuge ersetzen, sie kann aber die Informationen ergänzen, vertiefen und präzisieren und zugleich den gesamten Planungsprozess erleichtern und beschleunigen (z.B. TRACHSLER 1980). Dabei liegt es nahe, die Anschaulichkeit der Bilder auch zur Darstellung der Planungsergebnisse zu nutzen. Die Abstimmung unter den Planungsbeteiligten wird dadurch erleichtert.

Bei der *Standortwahl und Planung von technischen Einrichtungen* im weitesten Sinne (Industrieanlagen, Einkaufszentren, Klärwerke, Deponien, Kiesgruben, Steinbrüche usw.) gilt es immer, ein komplexes Gefüge von wirtschaftlichen, ökologischen, verkehrsgeographischen und vielen anderen Faktoren zu berücksichtigen. Durch die Interpretation von Luftbildern kann die Bewertung der möglichen Standorte, die Ab-

Abb. 177: »Dachlandschaft«
Luftbilder sind bestens dazu geeignet, Dachformen und Dachaufbauten zu erfassen. Das Beispiel zeigt einen Teil der Altstadt von Rothenburg ob der Tauber (vgl. Abb. 179).

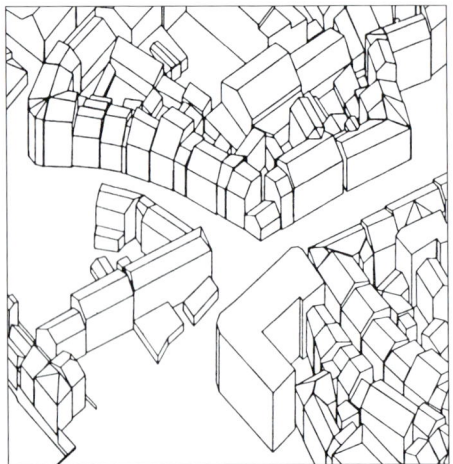

Abb. 178: Perspektive einer Stadt
Die Gebäude einer historischen Stadt wurden durch stereophotogrammetrische Messungen erfasst und anschließend axonometrisch dargestellt.

Abb. 179: Rothenburg ob der Tauber
Das Schräg-Luftbild bietet eine besonders anschauliche Übersicht über das Ensemble der mittelalterlichen Stadt. (Photo: CARL ZEISS, Oberkochen)

6.8 Siedlungen und technische Planung

Das Gebiet im Oktober 1976 vor dem Aufschluss des Tagebaus: Das Luftbild dokumentiert den ursprünglichen Zustand und dient als Planungsgrundlage. Links der Ort Hambach (die Nordrichtung zeigt nach rechts).

Dasselbe Gebiet im August 1983: Der Tagebau ist im Aufschluss, die Kohle noch nicht freigelegt. Rechts oben liegt die Außenkippe Sophienhöhe, auf der das Abraummaterial verkippt wird, das zur Freilegung der Kohle abtransportiert werden muss. An den Böschungen erkennt man die neue Aufforstung.

Der Stand im Oktober 1999: Der Betrieb ist gewandert; was 1983 Tagebau war, ist bereits wieder verkippt, teils schon aufgeforstet und mit neuen Wegen ausgestattet.

Abb. 180: Luftbilder zur Planung, Überwachung und Dokumentation von Veränderungen in der Landschaft: Der Tagebau Hambach im Rheinischen Braunkohlenrevier, Bildmaßstab etwa 1:50.000 (Photos: RHEINBRAUN AG)

schätzung der zu erwartenden Belastungen u.ä. wesentlich erleichtert und präzisiert werden. Daneben dienen Luftbilder vielfach auch der stereophotogrammetrischen Erfassung von relevanten geometrischen Informationen sowie der Dokumentation von Veränderungen (z.B. Abb. 180). Schließlich können sie auch bei der Überwachung von bestehenden technischen Einrichtungen (z.B. Deponien, Pipelines, Dammbauten), bei der Beseitigung von Folgen technischer Maßnahmen (z.B. Rückbau von Straßen, Rekultivierung von Tagebauflächen) und ähnlichen Aufgaben in vielfältiger Weise genutzt werden.

Flugzeugscanner werden bei der Planung von Siedlungen und technischen Einrichtungen vor allem zur Gewinnung von Thermalbildern eingesetzt. Diese können beispielsweise zur Standortauswahl oder zur Abschätzung von lokalen klimatologischen Veränderungen dienen (vgl. 6.11). Satelliten- und Radarbilder kommen in diesem Bereich weniger vor.

6.9 Archäologie

Zu den besonders faszinierenden Anwendungen der Luftbildinterpretation gehört die Entdeckung, Erforschung und Dokumentation historischer und prähistorischer Stätten. Dass sich historische Städte, Befestigungsanlagen oder alte Kultstätten der noch jungen Fliegerei in neuartiger Perspektive präsentierten, kann nicht überraschen. Deshalb wurden schon während des Ersten Weltkrieges durch die Piloten einer deutschen Fliegerstaffel für das »Deutsch-Türkische Denkmalschutzkommando« alte Stadtanlagen in Syrien, Palästina und Westarabien aufgenommen. Dass man dann aber in Luftbildern bisher unbekannte Grabanlagen, ehemalige Römerstraßen oder ganze Siedlungsgrundrisse würde entdecken können, das war nicht zu erwarten gewesen. Wie ist das möglich?

Zwei Aspekte wirken in der *Luftbildarchäologie* zusammen. Erstens bietet die Vogelperspektive einen Überblick, der Grundrissformen und Zusammenhänge sichtbar werden lässt, welche von der Erdoberfläche aus nicht oder nur schwer erkennbar sind. Der englische Pionier der Luftbildarchäologie, O.G.S. CRAWFORD, hat dies mit einem Teppichmuster verglichen: Aus der Perspektive einer Katze bleibt es ein un-

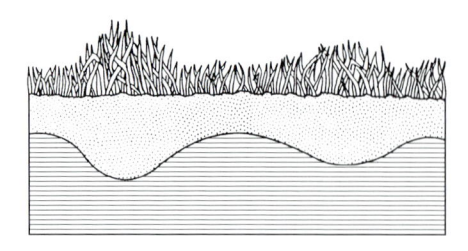

Abb.181: Positive und negative Bewuchsmerkmale in der Luftbildarchäologie
Links: Alte Gräben (verbesserte Standortbedingung für den Pflanzenwuchs). Rechts: Unterirdischer Mauerrest (verschlechterte Standortbedingung). (Nach AVERY & BERLIN 1992)

6.9 Archäologie

Abb. 182: Ehemaliges mittelalterliches Dorf
Durch die verbliebenen Unebenheiten werden die Straßen und Gebäude eines früheren Dorfes in Northamptonshire (England) bei niedrigem Sonnenstand ebenso sichtbar wie die alte Einteilung der angrenzenden Feldflur.
(Photo: Cambridge University Collection ©)

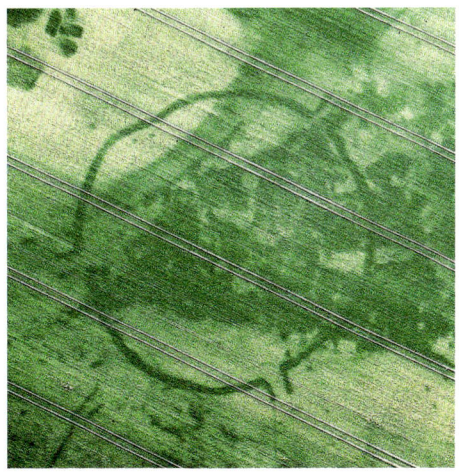

Abb. 183: Ehemaliger Kultplatz
Aus der Jungsteinzeit stammendes Grabenrondell auf der Lössebene bei Goseck im Landkreis Weißenfels. Die Anlage wurde im Juni 1991 durch Flugprospektion des Landesamtes für Archäologische Denkmalpflege Sachsen-Anhalt entdeckt. (Nach SCHWARZ 2003)

Abb. 184: Teil der ehemaligen Römerstadt Carnuntum an der Donau
Das Schrägbild zeigt Straßen und Grundrisse der Bauten des Lagerdorfes, welches Teil des römischen Legionslagers war. Diese Strukturen werden im Sommer häufig durch negative Bewuchsmerkmale in Getreidefeldern deutlich sichtbar. (Nach VORBECK & BECKEL 1973)

verständliches Liniengewirr, während sich dem Menschen aus seiner Augenhöhe die Zusammenhänge erschließen. Zweitens werden an der Oberfläche sonst nicht mehr sichtbare archäologische Objekte unter bestimmten Bedingungen wahrnehmbar. Schon CRAWFORD (1938) unterschied dabei drei verschiedene Arten von Merkmalen, die er *Shadow Sites*, *Crop Sites* und *Soil Marks* nannte:

- Kleine, unauffällige *Unebenheiten* im Gelände können bei sehr niedrigem Sonnenstand zu *Schattierungen* führen, die bei der synoptischen Betrachtung von oben den Verlauf von früheren Gräben, Wällen oder anderen charakteristischen Merkmalen verraten (*Shadow Sites*). Dadurch können z.B. ehemalige Siedlungen und alte Flureinteilungen (Abb. 182) oder auch Grenzanlagen wie der römische Limes sichtbar werden.
- Zu gewissen Zeiten fallen die Spuren archäologischer Objekte innerhalb von Äckern und Wiesen durch stärkeren oder schwächeren Pflanzenwuchs auf (*Crop Sites*). Solche *Bewuchsmerkmale* zeigen, dass sich der Wurzelraum der Pflanzen an diesen Stellen von der unbeeinflussten Umgebung unterscheidet (Abb. 181). Dabei kann es sich um positive Merkmale handeln (z.B. ehemalige Gräben, durch die die Standortbedingungen lokal verbessert werden) oder um negative Merkmale (z.B. Mauerreste, die den Wurzelraum der Pflanzen einengen). Die Wirkung hängt nicht nur vom Wechsel der Jahreszeiten, sondern auch von der Pflanzenart ab. Besonders günstig sind mit Getreide bestandene Ackerflächen; Abbildung 184 zeigt ein typisches Beispiel dieser Art. Manche Bewuchsmerkmale werden in jedem Jahr zu bestimmten Zeiten mehr oder weniger deutlich sichtbar. In anderen Fällen kommen die Unterschiede nur selten bei extremen Witterungsbedingungen (z.B. nach lange anhaltender Trockenheit) zur Geltung. Gerade deshalb bieten Bewuchsmerkmale die vielseitigste und ergiebigste Methode der Luftbildarchäologie.
- Seltener und nicht immer leicht zu interpretieren sind an vegetationsfreien Flächen zu beobachtende *Bodenverfärbungen* (*Soil Marks*), durch die Mauerreste, ehemalige Wege oder auch Gräben sichtbar werden können (Abb. 183).

Für die archäologische Forschung sind Luftbilder zu einem unentbehrlichen Arbeitsmittel geworden. Die Erfolge der Luftbildarchäologie hängen aber stark davon ab, dass die Aufnahmen zu den günstigsten Zeitpunkten gemacht werden, da die Merkmale oft nur kurzfristig sichtbar sind. Es kommt also auf große Flexibilität in der Aufnahmetechnik an. Dies ist ein Grund dafür, dass in diesem Bereich vielfach Handkameras Verwendung finden. Damit aufgenommene Schrägbilder können leicht mit einfachen Verfahren näherungsweise entzerrt werden. Die genaue Dokumentation archäologischer Befunde erfordert jedoch strenge photogrammetrische Lösungen (ZANTOPP 1995). Hinsichtlich der Filmsorten gelten Farbfilme als Standard. Die Nutzung zusätzlicher Spektralbereiche durch Farbinfrarotfilme oder gar durch Thermal- und Mikrowellenfernerkundung hat noch nicht die Bedeutung erlangt, die man erwarten könnte. Dagegen ist darauf hinzuweisen, dass sich Luftbildarchäologie und moderne geophysikalische Methoden (z.B. FASSBINDER u.a. 1999) wirkungsvoll ergänzen.

Ausführliche Darstellungen zu diesem Themenkreis findet man u.a. bei DEUEL (1977) und DASSIÉ (1978), zahlreiche Bilder z.B. bei FRÖHLICH (1997).

6.10 Gewässerkunde und Ozeanographie

Zur Erkundung und Beobachtung von offenen Gewässern wie auch zur Analyse von Grundwasserverhältnissen bietet die Fernerkundung viele Einsatzmöglichkeiten. Die meisten lassen sich den Stichwörtern Grundwasser, Bäche, Flüsse und Seen, Hochwasser, Gewässerbelastung sowie Gletscherkartierung zuordnen. Die ozeanographische Fernerkundung nimmt in verschiedener Hinsicht eine Sonderstellung ein.

Es versteht sich von selbst, dass auf *Grundwasser* nur indirekt aufgrund von Oberflächenmerkmalen geschlossen werden kann. In ähnlicher Weise wie in der Geologie und Bodenkunde werden in Luft- oder Satellitenbildern sichtbare Einzelheiten kartiert und daraus Rückschlüsse auf den Grundwasserkörper gezogen. Als Indikatoren dienen vor allem geomorphologische Erscheinungen sowie Vegetations- und Landnutzungstypen. Die Grundwasserverhältnisse hängen aufs Engste mit dem geologischen Untergrund, seiner Eignung als Wasserspeicher und mit der durch geologische Strukturen kontrollierten möglichen Wasserführung zusammen. Deshalb tragen auch viele für die geologische Auswertung der Bilder geltende Kriterien (vgl. 6.3) zur Interpretation bei.

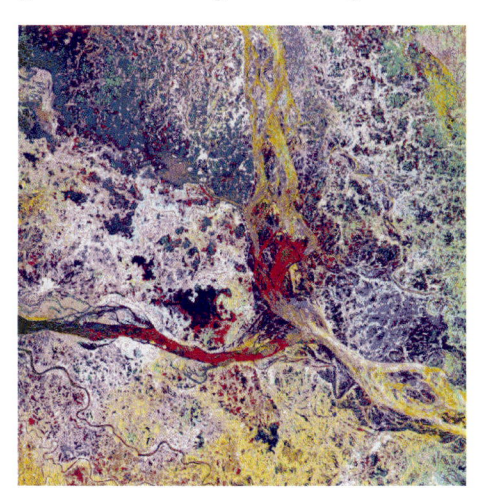

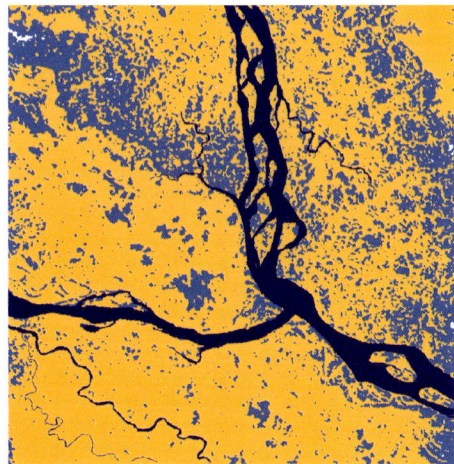

Abb. 185: Hochwasser in Bangladesh am Zusammenfluss von Ganges und Brahmaputra Links: Aus drei vor und während des Hochwassers aufgenommenen (schwarzweißen) ERS-Radarbildern wurde ein »multitemporales« Farbbild erzeugt. Rechts: Durch die Verarbeitung wurden drei Flächenklassen abgeleitet, normales Flussbett (dunkelblau), überflutetes Land (hellblau) und nicht überflutetes Gebiet (bräunlich). Maßstab etwa 1:1,7 Mill. (Photos: ESA)

Im Gegensatz dazu sind *Bäche, Flüsse und Seen* mit den Methoden der Fernerkundung direkt zu beobachten. Da die Reflexionsverhältnisse in Wasserkörpern kompliziert und sehr variabel sind, ist auch die Wiedergabe von Wasserflächen in Luft- und Satellitenbildern großen Schwankungen unterworfen (vgl. 2.1.3). Im nahen Infrarot wird auftreffende Strahlung vom Wasser sehr stark absorbiert. Aus diesem Grunde erscheinen offene Wasserflächen in Infrarot- bzw. Farbinfrarotluftbildern sowie in Infrarotkanälen von Satellitenbilddaten fast schwarz (vgl. Abb. 23) und heben sich

Abb. 186: Ausschnitt aus einer Hochwasserkarte des *Zentrums für satellitengestützte Kriseninformation* (ZKI) beim DLR Oberpfaffenhofen
Die Karte zeigt die Überflutung während des Elbe-Hochwassers im April 2006 bei der Mündung der Havel in die Elbe (nahe Werben). Die Überflutungsfläche wurde aus Radar-Satellitendaten (RADARSAT-1) vom 12. April 2006, 7:28 MESZ extrahiert und der Topographischen Karte 1:50.000 überlagert. Der wiedergegebene Ausschnitt ist auf die Hälfte verkleinert.

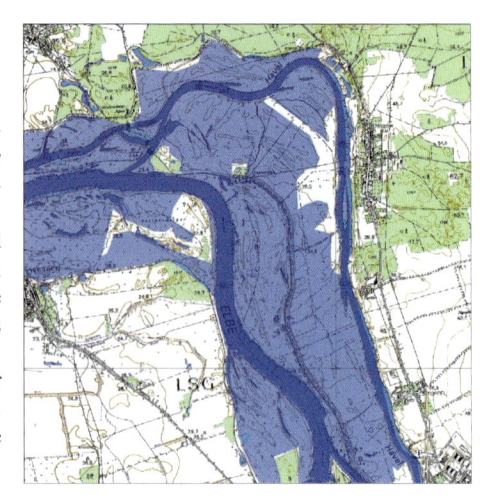

dadurch deutlich ab. Diese Tatsache macht man sich beispielsweise bei der Kartierung von Uferlinien an Flüssen und Seen zunutze. Für die Beobachtung von Überflutungen durch *Hochwasser* sind – wegen der Unabhängigkeit von Wetterlage und Tageslicht – Radarbilder sehr vorteilhaft (Abb. 185 und 186).

In engem Zusammenhang damit steht auch die Erfassung und Dokumentation von Hochwasserschäden, bei der in der Regel Luftbilder (z.B. SCHNEIDER 1984), bei großen Überflutungen auch Satellitenbilder eingesetzt werden (z.B. PHILIPSON & HAFKER 1981). Schließlich eignen sich Luftbilder – in Verbindung mit örtlichen Beobachtungen – auch hervorragend zur Kartierung der Ufervegetation von Seen und Flüssen (Abb. 187). Wenn dabei die Vegetation unter der Wasseroberfläche erfasst werden soll, sind normale Farbfilme am besten geeignet (LANG 1969).

Zur Beobachtung des Wasserkörpers selbst und seiner Eigenschaften können Fernerkundungsverfahren in vielfältiger Weise beitragen. Sie bieten vor allem den Vorteil der flächigen Aufnahme, während andere Verfahren nur lokale Messungen zulassen. Gegenstand der Beobachtung sind dabei mineralische Schwebstoffe, die meist durch Erosion in die Gewässer eingetragen werden, das Phytoplankton, dem alle im Wasser schwebenden Algen zugehören, und die Humin- oder Gelbstoffe, die dem organischen Abbau von Biomasse entstammen. Solche Bestandteile führen dazu, dass die Flächen von Flüssen und Seen auch im Infrarotbereich stärker reflektieren. Die Effekte hängen in spezifischer Weise von der Art und Konzentration der Stoffe ab. Deshalb kann daraus auf *Gewässerbelastungen* geschlossen werden. Die Kriterien zur Bewertung der Bildinformationen müssen sich jedoch auf örtliche Beobachtungen stützen. Fernerkundungsdaten dienen dann meist dazu, die Ausdehnung und Veränderung der Belastung und die Vermischung verschiedener Wasserkörper zu erfassen.

Für die Beobachtung von Stoffen im Wasser bietet die gezielte Anwendung von *Abbildenden Spektrometern* früher nicht gekannte Möglichkeiten. Mit ihnen können die besonderen spektralen Eigenschaften der von Wasserkörpern ausgehenden Strahlung viel detailreicher erfasst werden als mit den herkömmlichen breitbandigen

6.10 Gewässerkunde und Ozeanographie

Abb. 187: Wasserpflanzen im Luftbild Schilfröhricht, Steifseggenried und Kammlaichkraut im Ermatinger Becken des Bodensees; Maßstab 1:10.000. (Nach LANG 1969)

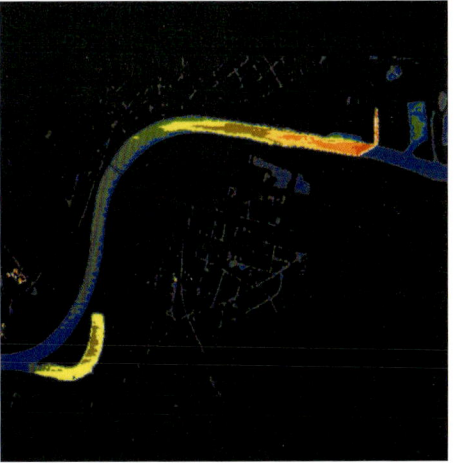

Abb. 188: Wassertemperaturen am Main Verlauf der Oberflächentemperatur nach Kühlwassereinleitung, Wärmestau in abgeschnittenem Main-Bogen. (Nach BURWITZ u.a. 1977)

Sensorsystemen. Dieses Gebiet ist derzeit Gegenstand intensiver Forschungsarbeiten. Weitere Hinweise findet man u.a. bei KONDRATYEV & FILATOV (1999) und THIEMANN (2000).

Eine spezielle Problematik ist die thermische Belastung von Seen und Flüssen. Dies ist von besonderer Wichtigkeit dort, wo durch Industriebetriebe oder Kraftwerke Abwässer eingeleitet werden. *Thermalbilder* erfassen den kontinuierlichen Verlauf der Vermischungs- und Abkühlungsvorgänge, soweit sie sich in der Oberflächentemperatur widerspiegeln (Abb. 188). In mehreren Studien wurden in diesem Zusammenhang wichtige Erkenntnisse über das Verhalten fließender Gewässer gewonnen (SCHNEIDER 1977). Es zeigte sich, dass die Vermischungs- und Abkühlungsvorgänge in hohem Maße von der Menge und der Geschwindigkeit des Flusswassers abhängen. In kleineren und langsam fließenden Gewässern ist kurz nach dem Warmwassereinlass die gesamte Wasseroberfläche erwärmt. In großen Flüssen, z.B. im Rhein, wird dagegen das eingeleitete Wasser oft über viele Kilometer als schmale Warmwasserfahne am Ufer entlanggedrückt. Deshalb ist das Wasser in der Flussmitte durch Wärmeeinleiter kaum beeinflusst, während es am Ufer stark belastet ist (Abb. 189). Durch solche Untersuchungen können die Kenntnisse über die Vermischungsvorgänge erweitert und die Wärmelastpläne für Gewässer verbessert werden.

Auch in seiner gefrorenen Form ist das Wasser ein Beobachtungsgegenstand der Fernerkundung. Die *Gletscherkartierung* in Hochgebirgsregionen war ursprünglich eine der frühen Anwendungen der terrestrischen Photogrammetrie. Heute spielen Luft- und Satellitenbilder und insbesondere auch Radarbilddaten eine wichtige Rolle für die Beobachtung von Eis und Schnee (z.B. BRUNNER 1980, ROTT 1980). Zur Beobachtung der Inlandeismassen der Antarktis und ihrer Veränderungen werden die

Abb. 189: Oberflächentemperaturen des Flusswassers im Oberrhein (Brühl – Worms) Die Erwärmungen durch Einleiter am rechten und linken Ufer klingen nur langsam ab; die Flussmitte ist davon aber kaum betroffen; Messungen am 29.8.1973.
(Nach SCHNEIDER 1977)

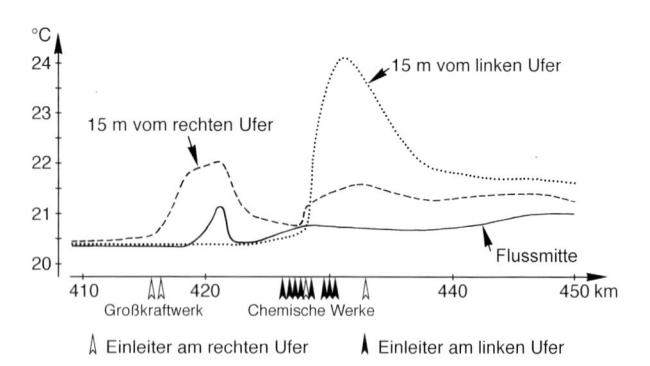

Radarbilddaten der Europäischen Fernerkundungssatelliten (ERS) intensiv genutzt (GOSSMANN 1998).

Zur Erforschung und Überwachung der *Küsten und Meere* können Fernerkundungsverfahren vor allem deshalb viel beitragen, weil sie – im Gegensatz zu anderen Messverfahren – eine flächenhafte Beobachtung ermöglichen. Dabei gelten aber für die *ozeanographische Fernerkundung* in vieler Hinsicht besondere Bedingungen, die hier nur angedeutet werden können.

Es ist leicht einzusehen, dass über den Ozeanen ganz andere Strahlungsverhältnisse vorliegen als über Land und dass andere physikalische Parameter Gegenstand des wissenschaftlichen Interesses sind. Genutzt werden alle der Fernerkundung zugänglichen Wellenlängenbereiche vom sichtbaren Licht bis zu den Mikrowellen. Dabei genügt in aller Regel eine geringe geometrische Auflösung der eingesetzten Sensoren, während die Genauigkeit der radiometrischen Messungen besonders hoch sein muss. Die Zusammenhänge zwischen den Objekteigenschaften (z.B. verschiedene Wasserklassen, Phytoplanktongehalt, Wellengang, Wassertemperatur) und den in verschiedenen Spektralbereichen messbaren Signalen sowie die Einflüsse der Atmosphäre auf die gemessenen Werte sind kompliziert (ZIMMERMANN 1991). Aus diesem Grund erfordert die Fernerkundung der Meere nicht nur spezielle Sensoren, sondern auch viel Grundlagenwissen und besondere Auswertetechniken.

Als Beispiel für eine spezielle Sensorentwicklung sei der *Modulare Optoelektronische Scanner* (MOS) des Deutschen Zentrums für Luft- und Raumfahrt (DLR) in Berlin genannt. Es handelt sich um ein Abbildendes Spektrometer (0,4 bis 1,0 μm) mit einem weiteren Spektralkanal bei 1,6 μm (EBERT u.a. 2002). Der Sensor war zwischen 1996 und 2004 auf einem indischen Satelliten im Einsatz. Abbildung 190 zeigt ein Bildbeispiel. Inzwischen steht für ozeanographische Zwecke das *Medium Resolution Imaging Spectrometer* (MERIS) auf dem Satelliten ENVISAT zur Verfügung.

Als weitere Aufgaben der ozeanographischen Fernerkundung kann beispielhaft die Beobachtung der Oberflächentemperaturen und der daran erkennbaren Strömungsmuster genannt werden sowie die u.a. für die Schifffahrt wichtige Erfassung von Meereis. Eine besondere Aufgabenstellung ist die Beobachtung von *Ölverschmutzungen*, wie sie insbesondere nach Tankerunfällen auftreten. Dazu haben sich seit Jahren satellitengetragene Radarsysteme bewährt. Möglich wird dies durch die glättende Wirkung, die

6.10 Gewässerkunde und Ozeanographie

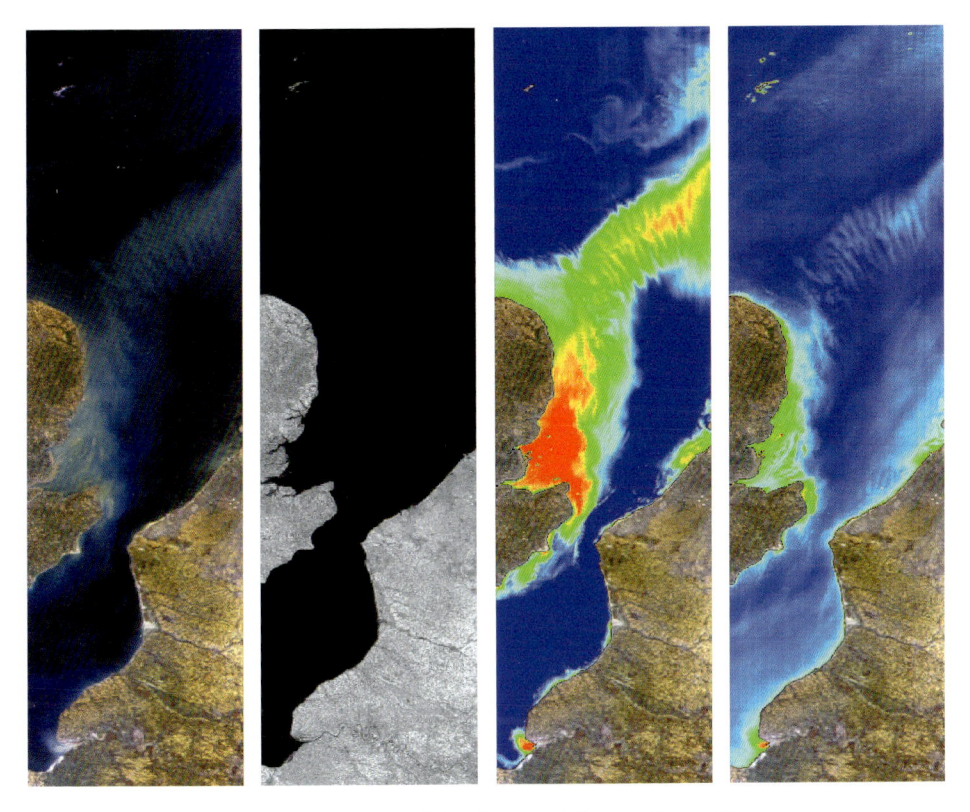

Abb. 190: MOS-Aufnahme der Themse-Mündung und der Straße von Dover
Die am 1.4.1997 aufgenommenen Daten zeigen von links nach rechts: Ein aus mehreren Kanälen abgeleitetes Farbbild; das im Kanal bei 1,6 µm gewonnene Bild; die Verteilung des Sediments bei 0,55 µm zwischen null (blau) und hoch (rot); die aerosol-optische Dicke der Atmosphäre bei 750 µm zwischen gering (blau) und hoch (rot). (Photos: DLR, Berlin-Adlershof)

Abb. 191: Ölpest im Radarbild
Im November 2002 ist der Tanker *Prestige* an der spanischen Atlantikküste vor Galizien gesunken. Dabei sind etwa 1,5 Millionen Barrel Öl ausgelaufen, was zu einer katastrophalen Ölpest führte. Mit dem Radarsystem (ASAR) auf dem Satelliten ENVISAT konnte der entstandene Ölteppich detailliert erfasst werden. Maßstab etwa 1:3 Mill. (Photo: ESA)

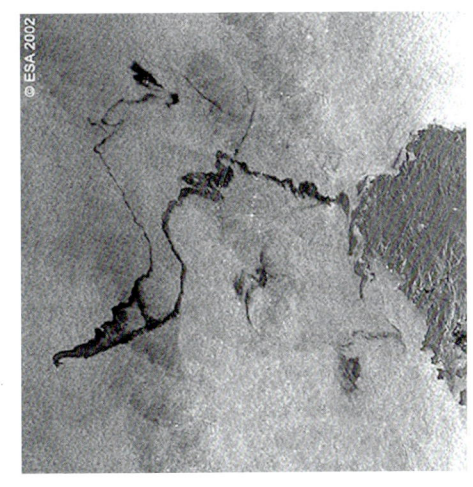

Ölteppiche auf die Meereswellen ausüben. Wegen des schwächeren Radarechos dieser Bereiche zeichnen sich Ölteppiche in Radarbildern als dunklere Zonen in einer sonst heller erscheinenden Umgebung ab (Abb. 191). Bei sehr niedrigen oder sehr hohen Windgeschwindigkeiten sind die Effekte aber oft nicht ausreichend für eine eindeutige Erkennbarkeit der Ölteppiche.

Eine weitergehende Behandlung der Thematik ozeanographischer Fernerkundung bieten z.B. ZIMMERMANN (1991), ROBINSON (2004).

6.11 Meteorologie und Klimaforschung

Die Möglichkeiten, welche Satelliten als Beobachtungsplattformen für die Meteorologie bieten, wurden sehr früh erkannt. Durch sie konnte die großräumige, nahezu simultane Erfassung der Wolkenbedeckung und anderer atmosphärischer Parameter Wirklichkeit werden. Deshalb wurde schon 1960 mit TIROS-1 der erste speziell für meteorologische Zwecke gebaute Satellit gestartet. Seither sind ganze Generationen von Wettersatelliten mit immer wieder verbesserten Sensoren in Betrieb genommen worden. Viele der gewonnenen Satellitenbilder gehören zum festen Bestandteil der täglichen Wetterberichte und stellen damit wohl die am weitesten verbreiteten Fernerkundungsdaten dar.

Unter den für meteorologische Zwecke konzipierten Satelliten sind zwei Gruppen zu unterscheiden. Die einen fliegen in Höhen zwischen etwa 700 und 1.400 km in Umlaufbahnen, die gegen die Äquatorebene stark geneigt sind; sie werden deshalb *polar umlaufende Satelliten* genannt. Zu ihnen gehören die Satellitenfamilien TIROS, NOAA (mit dem *Advanced Very High Resolution Radiometer* AVHRR, vgl. CRACKNELL 1991) und NIMBUS. Die wichtigsten abbildenden Sensoren arbeiten wie optisch-mechanische Scanner. Damit können Streifen von etwa 1.000 bis 3.000 km Breite mit einer geometrischen Auflösung in der Größenordnung von 1 km aufgenommen werden, und zwar – da die Bahnen meist sonnensynchron ausgelegt sind – in der Regel unter annähernd gleichbleibender Beleuchtung.

Diese Beobachtungen werden ergänzt durch die Gruppe der *geostationären Satelliten*, die in etwa 36.000 km Höhe über dem Äquator fliegen. Da sie die Erde einmal in 24 Stunden in Richtung der Erddrehung umlaufen, scheinen sie stillzustehen. Dies macht es möglich, den dem Satelliten zugewandten Teil der Erdkugel sehr häufig aufzunehmen. Das wichtigste Beispiel dieser Art ist METEOSAT.

Das METEOSAT-Programm ist Teil eines die Erde umspannenden Systems von Wettersatelliten, zu dem noch amerikanische, russische, japanische und neuerdings auch indische Satelliten gehören. Das Programm wurde 1977 mit dem Start des ersten Satelliten durch die ESA (*European Space Agency*) eingeleitet (LENHART 1978). 1998 wurde als letzter Satellit der ersten Generation METEOSAT-7 in Betrieb genommen. Die Trägerschaft des Programms liegt seit 1983 bei der europäischen Organisation für meteorologische Satelliten EUMETSAT, der 17 Staaten angehören und deren Kontrollzentrum sich in Darmstadt befindet. Die Satelliten METEOSAT-1 bis -7, bei 0° Länge über dem Äquator stationiert, nahmen alle 30 Minuten ein Gesamtbild der Erde in

6.11 Meteorologie und Klimaforschung

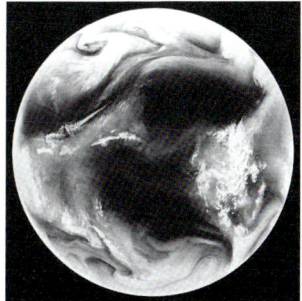

Abb. 192: Gleichzeitig gewonnene METEOSAT-Bilder in drei Spektralbereichen
Links: Die Erde im reflektierten Sonnenlicht (0,5 bis 0,9 µm). Mitte: Die Abbildung im Wasserdampf-Absorptionsband (5,7 bis 7,1 µm) gibt den Wasserdampfgehalt in der Atmosphäre im Höhenbereich von fünf bis zehn Kilometern wieder. Rechts: Das im Spektralbereich 8 bis 14 µm gewonnene Thermalbild dient zur Bestimmung der Temperatur von Wolken und Meeresoberflächen. Aufgenommen am 21.2.1978. (Photos: ESA/ESOC)

drei Spektralkanälen auf, nämlich im reflektierten Sonnenlicht (0,5 bis 0,9 µm), im Absorptionsband des Wasserdampfes (5,7 bis 7,1 µm) und im Thermalbereich (10,5 bis 12,5 µm).

Aus den METEOSAT-Daten können Bilder der Wolkensituation gewonnen werden, man kann die Verteilung des Wasserdampfes in der Atmosphäre erfassen und ein Thermalbild erzeugen, aus dem sich auch die Wolkenhöhen ableiten lassen. Abbildung 192 zeigt die Erde in den drei Spektralbereichen, Abbildung 193 ein abgeleitetes Gesamtbild. Für die Wettervorhersage sind die gewonnenen Daten von großem Nutzen, zumal

Abb. 193: Aus METEOSAT-Daten abgeleitetes Gesamtbild des vom Satelliten aus sichtbaren Teils der Erde
Die geometrische Auflösung beträgt im sichtbaren Spektralbereich 2,5 km, im Thermalbereich 5 km (durch die schräge Sicht auf Europa verringert sich die Auflösung hier etwa um den Faktor 1,5).
(Photo: ESA/ESOC)

sie sonst messtechnisch schlecht abgedeckte Gebiete (Ozeane, Wüsten) einschließen und durch die Häufigkeit der Beobachtungen auch die Dynamik des Wettergeschehens widerspiegeln (Abb. 194).

Das Nachfolgeprogramm wurde im Sommer 2002 mit dem Satelliten MSG-1 (*Meteosat Second Generation*) gestartet, inzwischen aber in METEOSAT-8 umbenannt. Diese neue Serie liefert schärfere Bilder in doppelter Häufigkeit, also alle 15 statt alle 30 Minuten. Von den früher drei Spektralkanälen ist man auf zwölf Kanäle übergegangen, so dass die atmosphärischen Bedingungen viel detaillierter erfasst werden können.

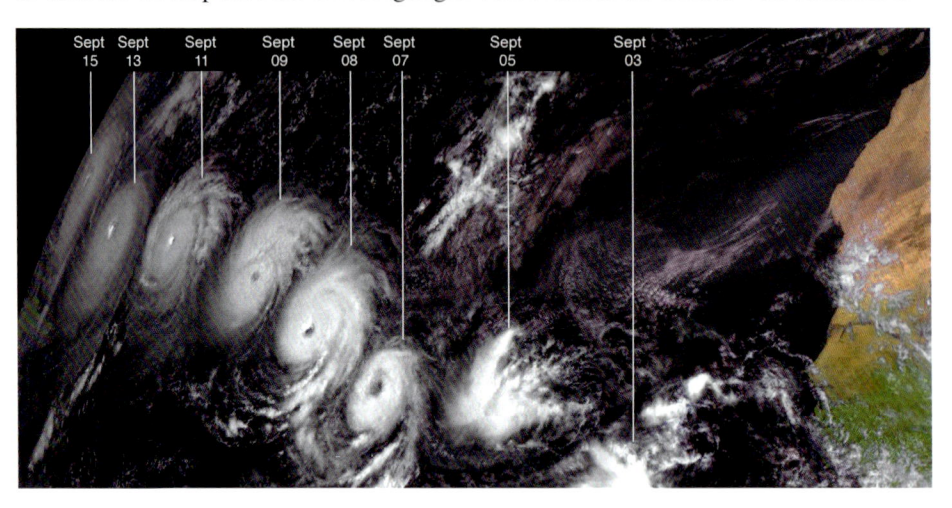

Abb. 194: Die Entwicklung eines Hurrikans in einer METEOSAT-Bildfolge
Am 7. September 2003 bildete sich südwestlich der Kapverdischen Inseln der Hurrikan Isabel. Bis zum 13. September hat er sich zu einem Hurrikan der Kategorie 5 (Windgeschwindigkeiten bis 260 km/h) entwickelt, danach schwächte er sich ab und traf am 18. September auf die amerikanische Ostküste bei North Carolina und Virginia. (Photo: Nach EUMETSAT)

Für meteorologische Zwecke gelten in vieler Hinsicht andere Gesichtspunkte als für die Beobachtung der Erdoberfläche. Als Besonderheit ist zu erwähnen, dass Thermalbilder in der Meteorologie »negativ« wiedergegeben werden (wärmere Oberflächen also dunkler erscheinen), sonst würden die stets kühleren Wolken dunkler als die Erdoberfläche abgebildet, was unserer subjektiven Erfahrung völlig widerspräche. Auf eine hohe geometrische Auflösung der Sensoren kommt es in der Meteorologie meist nicht an. Wichtig sind aber eine hohe radiometrische Auflösung sowie die Verwendung von speziellen Spektralkanälen (z.B. in den Absorptionsbanden des Wasserdampfes). Auch auf weitere Sensoren und Auswerteverfahren ist hier hinzuweisen, die u.a. der systematischen Erfassung von Atmosphärenbestandteilen dienen. Von besonderem Interesse ist beispielsweise die Beobachtung des stratosphärischen *Ozons* und seiner Veränderungen. Diesem Ziel dient das *Global Ozone Monitoring Experiment* (GOME) der ESA auf dem Satelliten ERS-2, dessen Daten vom Deutschen Fernerkundungsdatenzentrum (DFD) des DLR ausgewertet werden (BITTNER & DECH 1999). Abbildung 195 zeigt ein anschauliches Beispiel dieser Art.

6.11 Meteorologie und Klimaforschung

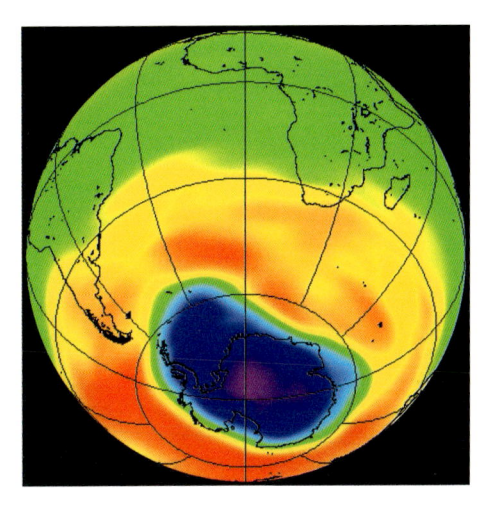

Abb. 195: Das Ozonloch über der Antarktis
Aus GOME-Messungen abgeleitete Stärke der Ozonsäule am 11.10.1996. Die Skala, die in Dobson Units definiert wird, reicht von niedrig (violett) über mittel (grün) bis zu hoch (rot). (Photo: Nach DLR-DFD, Oberpfaffenhofen)

Grundlagen und Methoden der meteorologischen Fernerkundung sind ausführlich dargestellt bei HENDERSON-SELLERS (1984).

Für die allgemeine *Klimaforschung* ist die langfristige großräumige Beobachtung der Vegetation und ihrer Veränderungen von besonderer Bedeutung. Dazu eignen sich vor allem multispektrale Satellitenbilddaten mit geringer geometrischer Auflösung. Ein Maß für die Vitalität der Vegetation ist der *Vegetationsindex*, den man durch arithmetische Operationen aus Daten geeigneter Spektralkanäle ableitet. Am häufigsten wird der *Normalized Difference Vegetation Index* (NDVI) verwendet. Er verknüpft Daten im nahen Infrarot (NIR), auf die sich die Vitalität der Vegetation besonders auswirkt, mit Daten im roten Spektralbereich (ROT), in dem dies nicht der Fall ist:

$$NDVI = \frac{NIR - ROT}{NIR + ROT}$$

Die Normierung führt dazu, dass nur Werte zwischen −1 und +1 vorkommen können. Außerdem werden durch diese Art der Ratiobildung Unterschiede in den Beleuchtungsverhältnissen und Einflüsse der Geländeneigung weitgehend kompensiert. In aller Regel wird das Ergebnis in eine Bildwiedergabe umgerechnet, welche die Vitalität der Vegetation in Farbstufen codiert. Im Rahmen von Klimaforschungsprogrammen, z.B. Internationales Geosphären-Biosphären-Programm (IGBP), wird der NDVI regelmäßig ermittelt (Abb. 196). Damit können die Auswirkungen von Anomalien im Witterungsverlauf analysiert und langfristig großräumige Veränderungen der Vegetationsbedeckung erfasst werden. Detaillierte Rückschlüsse auf vegetationsbeschreibende Parameter sind aber problematisch (vgl. HILDEBRANDT 1996).

Mit spezielleren Fragestellungen, zu denen die Auswertung von *Thermalbildern* wertvolle Beiträge liefern kann, befasst sich die regionale und lokale *Klimatologie*. Dabei geht es um sehr komplexe Sachverhalte, bei denen thermische Parameter wie das Temperaturverhalten von Oberflächenmaterialien, Verlauf und Intensität von Wärmeströmen, Bildung von Kaltluftseen u.ä. beobachtet werden sollen. Mit den klassischen

Abb. 196: NDVI in Europa für Mai 1995
Der normalisierte Vegetationsindex NDVI wurde aus Daten der Kanäle 1 und 2 des AVHRR der NOAA-Satelliten abgeleitet. Wegen der Störungen durch Wolken müssen Bilddaten eines zweckmäßig gewählten Zeitraumes in geeigneter Weise zu einem Gesamtbild zusammengeführt werden. Die Farbskala reicht von braun (ohne Vegetation) bis dunkelgrün (dichte Vegetation). (Photo: DLR-DFD, Oberpfaffenhofen)

Verfahren können die entsprechenden Parameter nur punktuell gemessen werden, so dass sich die flächenhafte Verteilung nur mit viel Aufwand und großer Unsicherheit erfassen lässt. Thermalbilder geben dagegen gerade die flächige Verteilung der Oberflächentemperatur wieder. Sie können deshalb über räumliche Zusammenhänge anderweitig nicht erfassbare Informationen vermitteln. Zur Aufnahme der Thermalbilder kommen entweder Flugzeugscanner in Frage oder es werden Satellitendaten, z.B. vom TM-Kanal 6 der LANDSAT-Satelliten, benutzt.

Abb. 197: Untersuchung der Wärmeverluste von Gebäuden
Links: Am 14.3.2000 in der Nacht über einem Stadtteil von London mit einem optisch-mechanischen Scanner im Spektralbereich 8 bis 14 μm gewonnenes Thermalbild zur Identifizierung von Wärmeverlusten an Gebäuden; die Temperaturstrahlung ist in relativen Einheiten als Grauwertbild wiedergegeben. Rechts: Panchromatisches Luftbild zum Vergleich. Bildmaßstab etwa 1:12.000. (Photos: National Remote Sensing Centre, Großbritannien)

6.11 Meteorologie und Klimaforschung

Die Anwendung von *Flugzeug-Thermalbildern* reicht von der Analyse des thermischen Verhaltens einzelner Gebäude (Abb. 197) und Siedlungstypen (NÜBLER 1979, WEISCHET 1984) über die Untersuchung städtischer Wärmeinseln (STOCK 1975, 1984) und die Wirkung von Flurbereinigungsmaßnahmen (ENDLICHER 1980) bis zum Studium regionaler Klimafaktoren. Durch solche Untersuchungen kann das komplexe Zusammenwirken einzelner Komponenten besser verständlich werden. Dies gilt z.B. für das Temperaturverhalten von Baukörpern in Abhängigkeit von Größe, Anordnung, Material usw. ebenso wie für das Strömungsverhalten von Luftmassen, das durch Hochbauten, Dämme, Lärmschutzwände u.ä. beeinflusst wird.

Bei allen derartigen Untersuchungen ist es jedoch wichtig, dass die Datenaufnahme zu einer geeigneten Wetterlage und einer für das Vorhaben günstigen Tageszeit erfolgt. Diese muss je nach Zielsetzung aufgrund der Gesetzmäßigkeiten gewählt

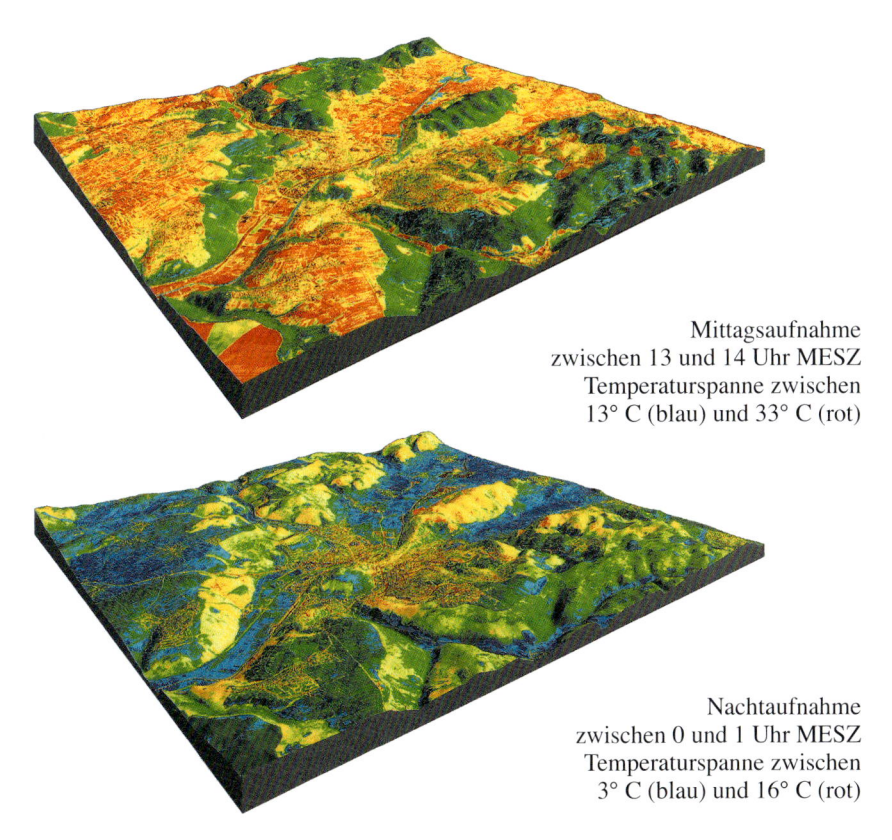

Mittagsaufnahme
zwischen 13 und 14 Uhr MESZ
Temperaturspanne zwischen
13° C (blau) und 33° C (rot)

Nachtaufnahme
zwischen 0 und 1 Uhr MESZ
Temperaturspanne zwischen
3° C (blau) und 16° C (rot)

Abb. 198: Perspektivische Darstellung von Strahlungstemperaturen
Mit einem Thermalscanner (8 bis 12 µm Wellenlänge) wurden die Strahlungstemperaturen im Bereich der Stadt Tübingen am 30.8.1991 während einer stabilen Hochdruckwetterlage aufgenommen. Zur Veranschaulichung der Zusammenhänge mit dem Geländerelief wurden die Temperaturverteilungen einem DGM überlagert und perspektivisch dargestellt. (Photos: Eurosense GmbH, nach *Zeitschrift für Photogrammetrie und Fernerkundung*, 1992, Heft 1)

werden, die in der *Strahlungsbilanzgleichung* zum Ausdruck kommen (vgl. 2.1.4). So ist beispielsweise für geländeklimatologische Studien die Aufnahme kurz vor Sonnenaufgang vorzuziehen, da sich dann die Wirkung von Kaltluftströmen am besten in der Oberflächentemperatur widerspiegelt. Wenn andererseits das thermische Verhalten verschiedener Baukörper untersucht werden soll, sind Aufnahmen um die Mittagszeit bzw. zu mehreren Zeitpunkten erforderlich. Die sachgemäße Auswertung von Thermalbildern setzt im Allgemeinen voraus, dass zum Zeitpunkt der Aufnahme auch intensive Geländebeobachtungen gemacht werden. Damit wird es möglich, die vom Scanner registrierten Messwerte auf Oberflächentemperaturen bzw. Temperaturdifferenzen zu reduzieren. Bei solchen Arbeiten darf nicht übersehen werden, dass die Flugzeugscannerdaten geometrisch unregelmäßig verzerrt sind. Da eine genaue geometrische Entzerrung mit vertretbarem Aufwand oft nicht möglich ist, muss man sich häufig mit Näherungslösungen zufrieden geben (vgl. 3.1.2).

Für die Interpretation sowie für die Veranschaulichung der Ergebnisse für Laien kann es hilfreich sein, Thermalbilder einem *Digitalen Geländemodell* zu überlagern und in *Perspektivansichten* darzustellen. Abbildung 198 zeigt ein Beispiel dieser Art.

Verschiedene Studien haben gezeigt, dass auch *Satelliten-Thermalbilder* für ökologische und klimatologische Fragestellungen genutzt werden können (z.B. WINIGER 1986, PARLOW 1997). Dies betrifft auch die Beschreibung und Erklärung von kleinräumigen (subregionalen) Klimadifferenzen. So konnten z.B. anhand von HCMM-Daten (600 m Auflösung, 10,5 bis 12,5 μm) Zusammenhänge zwischen Geländerelief, Wald- und Siedlungsverteilung erfasst werden (GOSSMANN 1984).

6.12 Planetenforschung

Ein besonders faszinierendes Anwendungsgebiet der Fernerkundung ist die Planetenforschung. Durch die Gewinnung, Verarbeitung und Interpretation von Bilddaten sind unsere Kenntnisse von den Oberflächen der Planeten und der anderen Körper des Sonnensystems in überwältigender Weise bereichert worden.

Erstes Ziel der 1959 beginnenden planetaren Fernerkundung war der Mond (Abb. 199), der vor und nach den Mondlandungen intensiv erkundet und kartographisch erfasst wurde. Bald wurden auch unsere Nachbarplaneten Venus und Mars Ziel von Erkundungsmissionen der USA und der UdSSR. In einer späteren, etwa 1973 beginnenden Phase wurde einerseits die Erkundung von Mars und Venus intensiviert (vgl. Abb. 200), andererseits neben der Erforschung des Merkur auch die Erkundung des äußeren Planetensystems eingeleitet.

Die Gewinnung von Bilddaten der Planetenoberflächen von Raumsonden aus kann auf verschiedene Weise erfolgen, nämlich während eines Vorbeifluges, nach dem Einschwenken der Sonde in eine Umlaufbahn um den Planeten, durch Bildaufzeichnung während eines Landeanfluges oder auch nach der Landung (wie z.B. bei den Missionen *Mars Pathfinder* 1997 und *Mars Exploration Rover* 2003). Alle diese Möglichkeiten werden praktisch genutzt. Dazu müssen die Sonden auf komplizierten Flugbahnen geführt werden. Besonders beeindruckend ist in dieser Hinsicht die Langzeitmission

6.12 Planetenforschung

Abb. 199: Humboldt-Becken auf dem Mond
Am rechten Bildrand das nach HUMBOLDT benannte Becken (*Mare Humboldtianum*) mit rund 250 km Durchmesser, links der Bildmitte der Krater Endymion. Das Gebiet liegt am Rand der von der Erde aus sichtbaren Seite des Mondes. Ausschnitt aus einem Mosaik von Bildern, die 1992 von der Raumsonde Galileo aufgenommen wurden. Bildmaßstab rund 1:10 Mill. (Photo: NASA/JPL/RPIF/DLR, Berlin)

Galileo, die 1989 gestartet wurde, dann bei Vorbeiflügen Bilddaten von Venus, Mond und Erde sowie von den Asteroiden Ida und Gaspra gewonnen hat, um schließlich Ende 1995 in eine Bahn um den Jupiter einzuschwenken (vgl. Abb. 201).

Für die Planeten-Fernerkundung dienen speziell entwickelte Sensoren, die in verschiedenen Wellenlängenbereichen arbeiten. Bei Merkur, Mond, Mars, den Asteroiden sowie den Planetenmonden kann die Oberfläche direkt beobachtet werden.

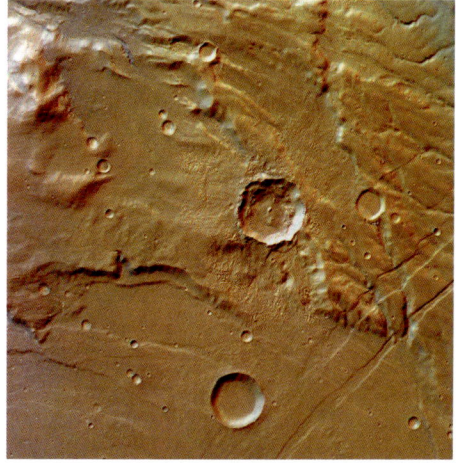

Abb. 200: Beispiele von Planetenoberflächen
Links: Vulkanische Struktur auf der Südhalbkugel der Venus, 1990 unter der den Planeten umgebenden Wolkendecke aufgenommen mit dem abbildenden Radarsystem der Magellan-Mission; Maßstab etwa 1:1,75 Mill. (Photo: NASA/JPL/RPIF/DLR, Berlin). Rechts: Teil der Oberfläche des Mars (*Solis Planum*), stark erodierter Einschlagskrater mit etwa 53 km Durchmesser sowie tektonische Grabensysteme; Ausschnitt aus einem mit der HRSC auf *Mars Express* aufgenommenen Bild; Maßstab etwa 1:5 Mill. (Photo: ESA/DLR/FU Berlin, G. Neukum)

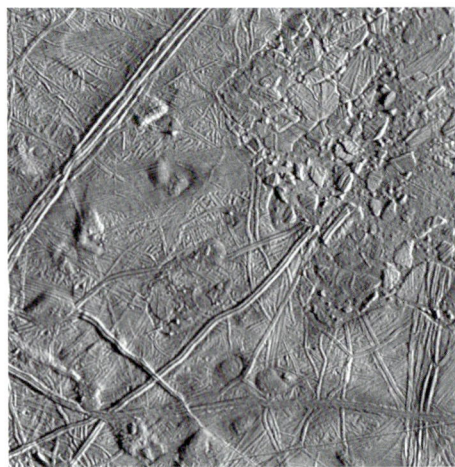

Abb. 201: Zwei Monde des Planeten Jupiter
Links: Der Mond *Io* weist zahlreiche aktive Vulkane auf; aus im Jahr 1999 mit dem Kamerasystem an Bord der Raumsonde *Galileo* in den Spektralbereichen Violett, Grün und Nahinfrarot aufgenommenen Einzelbildern wurde dieses in unnatürlichen Farben wiedergegebene Mosaik gebildet; Bildmaßstab etwa 1:30 Mill. Rechts: Der Mond *Europa* besteht an der Oberfläche wahrscheinlich weitgehend aus Wassereis, das komplexe lineare, blockweise und runde Strukturen aufweist; das Bild wurde von der Sonde Galileo 1997 aufgenommen; Bildmaßstab etwa 1:1,5 Mill. (Photos: NASA/JPL/RPIF/DLR, Berlin)

Die Aufnahme der Venusoberfläche setzt dagegen den Einsatz von abbildenden Radarsystemen voraus, da der Planet von einer dichten Wolkenschicht bedeckt ist. Die aufgenommenen Daten müssen häufig an Bord der Sonden zwischengespeichert werden, so dass man sie dann bei günstiger Bahnlage per Funk zu Empfangsstationen auf der Erde übertragen kann.

Die Herleitung von Karten aus Planetenbilddaten ist keine einfache Aufgabe (GREELEY & BATSON 1990). Die meisten Arbeiten auf diesem Gebiet wurden beim *United States Geological Survey* (USGS) durchgeführt, der in Flagstaff/Arizona ein Zentrum für Planetenkartographie unterhält. Dabei müssen spezielle photogrammetrische Verfahren zur Definition von geographischen Koordinaten auf den einzelnen Himmelskörpern angewandt werden. Über viele Jahre wurden besondere manuelle Schummerungstechniken eingesetzt, um die in uneinheitlichem Bildmaterial sichtbaren morphologischen Formen in möglichst gleichartige Kartendarstellungen umzusetzen. Durch die Entwicklung der Digitalen Bildverarbeitung konnten die Verarbeitungsmethoden wesentlich verfeinert und zunehmend automatisiert werden.

Eine Übersicht über die ersten Jahrzehnte der Planetenfernerkundung und erstellte Karten geben NEUKUM & NEUGEBAUER (1984). Reichhaltiges Bild-, Karten- und sonstiges Informationsmaterial ist über die *Regional Planetary Image Facility* (RPIF) zugänglich, die aufgrund eines Abkommens zwischen der NASA und dem *Deutschen Zentrum für Luft- und Raumfahrt* (DLR) in Berlin-Adlershof unterhalten wird (JAUMANN & PIETH 2006).

6.13 Ausblick

Abb. 202: Ausschnitt aus dem Blatt M 200 0.00N/343.00E OMKT der »*Topographic Image Map Mars 1:200 000*« (auf die Hälfte verkleinert)
Durch das DLR wurden ein Digitales Geländemodell und farbige Orthobilder gewonnen, die Karte wurde an der Techn. Universität Berlin erstellt. © ESA/DLR/FU Berlin (G. Neukum)

Im Mittelpunkt gegenwärtiger und weiterer Missionen steht die Oberfläche des Planeten Mars (z.B. HEUSELER u.a. 1998). Deutschland ist mit einem optoelektronischen Kamerasystem an der von der *European Space Agency* (ESA) getragenen Mission *Mars Express* beteiligt, die im Juni 2003 gestartet wurde. Seit Januar 2004 liefert die vom DLR in Berlin-Adlershof gebaute *High Resolution Stereo Camera* (HRSC) hoch aufgelöste Bilddaten der Marsoberfläche. Sie sind zur Gewinnung von Höheninformationen und zur kartographischen Erfassung der Marsoberfläche bestens geeignet (ALBERTZ u.a. 2005, SCHOLTEN u.a. 2005, LEHMANN u.a. 2005). Abbildung 202 zeigt als Beispiel einen Ausschnitt aus der *Topographic Image Map Mars 1:200,000*. Die Daten bieten aber auch vielseitige weitere Interpretationsmöglichkeiten.

6.13 Ausblick

Durch die Auswertung von Luft- und Satellitenbildern können wir reichhaltiges Wissen über den Zustand unserer Umwelt und die sich vollziehenden Veränderungen gewinnen. Von der Vielfalt der Anwendungsmöglichkeiten vermögen die vorausgegangenen Abschnitte nur einen skizzenhaften und keineswegs vollständigen Eindruck zu geben. Um ein realistisches Bild zu vermitteln, sollten aber drei kritische Punkte nicht vergessen werden.

Erstens darf man *praktische* Schwierigkeiten nicht übersehen. Es gibt zwar viele mit Luft- und Satellitenbildern sehr einfach zu lösende Aufgaben. Andererseits ist die Auswertung von Fernerkundungsdaten und ihre sachgemäße Interpretation aber in anderen Fällen ausgesprochen schwierig. Um beispielsweise Bodeneigenschaften, Pflanzenschäden, Gewässerbelastungen oder mikroklimatische Erscheinungen mit den Mitteln der Fernerkundung zu erfassen, bedarf es gründlicher Fachkenntnisse und der engen Zusammenarbeit von Fachleuten verschiedener Disziplinen. Nicht hoch genug einzuschätzen ist die praktische Geländeerfahrung von Geologen, Geographen, Forstleuten usw., durch welche die technisch-methodischen Möglichkeiten erst voll zur Geltung kommen können.

Zweitens müssen die *Grenzen der Methodik* bedacht werden. Man darf von der Interpretation von Luft- und Satellitenbildern nicht Ergebnisse erwarten, die sie grundsätzlich nicht bieten kann. Fernerkundung ist ein Mittel zum Feststellen von Sachverhalten und zur Beobachtung von Veränderungen. Sie liefert aber keine Maßstäbe zur Bewertung dieser Sachverhalte und Veränderungen. Wir können also beispielsweise feststellen, ob und in welchem Umfang ein Wald gerodet wird. Wir können aber mit den Mitteln der Fernerkundung nicht entscheiden, ob die Rodung ökologisch vertretbar ist oder nicht. Hierzu sind Kriterien erforderlich, die von anderen wissenschaftlichen Disziplinen erarbeitet werden müssen.

Drittens muss man sich darüber im Klaren sein, dass die Anwendung der Fernerkundung *Aufwand und Kosten* verursacht. Dies ist freilich ein vielschichtiges Problem, zu dem sich keine allgemein gültigen Aussagen machen lassen. Die Skala reicht von den wenigen Euros, die Kopien von Luftbildern im Handel kosten, bis zu den Millionenbeträgen, welche durch Entwicklung, Bau und Betrieb von Fernerkundungssatelliten verschlungen werden. Allgemein lässt sich sagen, dass photographische Luftbilder angesichts der Fülle von Informationen, die aus ihnen gewonnen werden kann, überaus preiswert und wirtschaftlich sind. Satellitenbilddaten sind teurer, und zu ihrer optimalen Nutzung kann auf die Mittel der Digitalen Bildverarbeitung nicht verzichtet werden. Dafür geben sie eine große Geländefläche unter praktisch einheitlichen Aufnahmebedingungen wieder, was für viele Aufgabenstellungen von Vorteil ist. Vergleichsweise teuer sind bisher Flugzeugscannerdaten und Radarbilddaten. Sie können aber auch Informationen liefern, die anderweitig gar nicht zu gewinnen sind. Im Übrigen sollte man bei jeder Kostenbetrachtung auch an den volkswirtschaftlichen bzw. ökologischen Schaden denken, der vielfach dadurch entsteht, dass bekannte und verfügbare Methoden *nicht* eingesetzt werden.

Unsere Zeit ist sich der drängenden Probleme bewusst geworden, die durch die Stichwörter Ressourcenschutz, Ernährung, Umweltbelastung, Klimaveränderung usw. angerissen sind. Darin liegt eine Herausforderung an unsere Gesellschaft als Ganzes. Wenn wir uns dieser Herausforderung stellen wollen, dann müssen wir ständig mehr über die Umwelt wissen und bessere Modelle der sich in ihr abspielenden Prozesse entwickeln. Die Auswertung von Luft- und Satellitenbildern vermag vieles zur Erfassung des Zustandes unserer Umwelt und zur Beobachtung ihrer Veränderungen zu leisten. Sie kann dadurch mit dazu beitragen, den weltweiten Problemen wirkungsvoll zu begegnen.

Literaturverzeichnis

Das Zeichen * verweist auf lehr- und handbuchartige Darstellungen, die ihrerseits umfangreiche Literaturhinweise zur Aufnahme und Auswertung von Luft- und Satellitenbildern enthalten.

ALBERTZ, J.: Sehen und Wahrnehmen bei der Luftbildinterpretation. Bildmessung u. Luftbildwesen 38 (1970), S. 25–34.

ALBERTZ, J.: Vom Satellitenbild zur Karte. Zeitschrift für Vermessungswesen 113 (1988), S. 411–422.

ALBERTZ, J.: Sehen, Wahrnehmen und die Wirklichkeit. S. 9–40. Die dritte Dimension – Elemente der räumlichen Wahrnehmung. S. 81–108. In: J. ALBERTZ (Hrsg.): Wahrnehmung und Wirklichkeit – Wie wir unsere Umwelt sehen, erkennen und gestalten. Schriftenreihe der Freien Akademie, Band 17, Berlin 1997.

ALBERTZ, J.; M. KÄHLER; B. KUGLER; & A. MEHLBREUER: A Digital Approach to Satellite Image Map Production. Berliner Geowissenschaftliche Abhandlungen, Reihe A, Band 75.3, Berlin 1987, S. 833–872.

ALBERTZ, J.; H. LEHMANN; R. TAUCH: Herstellung und Gestaltung hochauflösender Satelliten-Bildkarten. Kartographische Nachrichten 42 (1992), S. 205–213.

ALBERTZ, J.; A. MEHLBREUER; W. PÜHLER & G. GONSCHOREK: Luftbildinterpretation für umweltrelevante Straßenplanung. Forschung Straßenbau und Verkehrstechnik, Heft 377, BMFT, Bonn 1982, 93 S.

ALBERTZ, J. & G. NEUKUM: HRSC – Die »*High Resolution Stereo Camera*« auf Mars Express. Photogrammetrie – Fernerkundung – Geoinformation, Heft 5/2005, S. 361–364.

*ALBERTZ, J. & M. WIGGENHAGEN: Taschenbuch zur Photogrammetrie und Fernerkundung/ Guide for Photogrammetry and Remote Sensing. 5. Aufl., Herbert Wichmann Verlag, Heidelberg 2009, 334 S.

*AVERY, T. E. & G. L. BERLIN: Fundamentals of Remote Sensing and Airphoto Interpretation. 5th Edition, Macmillan Publishing Co., New York 1992, 472 S.

BADEWITZ, D.: Sozialräumliche Gliederung als Ergebnis stadtgeographischer Luftbildinterpretation. Bildmessung und Luftbildwesen 39 (1971), S. 253–261.

BÄHR, H.-P. & TH. VÖGTLE (Hrsg.): Digitale Bildverarbeitung – Anwendungen in Photogrammetrie, Fernerkundung und GIS. 4. Aufl., Herbert Wichmann Verl., Heidelberg 2005, 330 S.

BALDENHOFER, K. G.: Lexikon der Fernerkundung. CD-ROM 2005. <www.fe-lexikon.info/impressum.htm>

BALTSAVIAS, E.: On the Performance of Photogrammetric Scanners. In: Photogrammetric Week '99, Eds.: FRITSCH & SPILLER. Herbert Wichmann Verlag, Heidelberg 1999, S. 155–175.

BAMLER, R.: The SRTM Mission – A World-Wide 30 m Resolution DEM from SAR Interferometry in 11 Days. In: Photogrammetric Week '99, Eds.: FRITSCH & SPILLER. Herbert Wichmann Verlag, Heidelberg 1999, S. 145–154.

*BARRETT, E. C. & L. F. CURTIS: Introduction to Environmental Remote Sensing. 3rd Edition, Chapman and Hall, London/New York 1992, 426 S.

BARTELME, N.: Geoinformatik – Modelle, Strukturen, Funktionen. 4. Aufl., Springer Verlag, Berlin/Heidelberg/New York 2005, 454 S.

BAUER, M.: Vermessung und Ortung mit Satelliten. 5. Aufl., Herbert Wichmann Verlag, Heidelberg 2003, 392 S.

BAUMANN, H.: Forstliche Luftbild-Interpretation. Forstdirektion Südwürttemberg-Hohenzollern, Tübingen-Bebenhausen 1957, 109 S.

BAUMGARTNER, A.; C. STEGER; H. MAYER; W. ECKSTEIN & H. EBNER: Automatische Straßenextraktion auf Grundlage von verschiedenen Auflösungsstufen, Netzbildung und Kontext. Photogrammetrie – Fernerkundung – Geoinformation, Heft 1/1999, S. 5–17.

BECKEL, L. (Ed.): Satellite Remote Sensing Forest Atlas of Europe. Verlag Justus Perthes, Gotha 1995, 256 S.

BENZ, U. C.; P. HOFMANN; G. WILLHAUCK; I. LINGENFELDER & M. HEYNEN: Multi-Resolution, object-oriented fuzzy analysis of remote sensing data for GIS-ready information. ISPRS Journal of Photogrammetry and Remote Sensing, 58 (2004), S. 239–258.

BEST, R. G.: Handbook of Remote Sensing in Fish and Wildlife Management. Remote Sensing Institute, South Dakota State University, Brookings 1982, 192 S.

BILL, R.: Grundlagen der Geo-Informationssysteme. Band 1: Hardware, Software und Daten, 4. Aufl. 1999, 454 S.; Band 2: Analysen, Anwendungen und neue Entwicklungen, 2. Aufl. 1999, 475 S., Herbert Wichmann Verlag, Heidelberg.

BIRGER, J.; C. GLÄSSER; B. HERRMANN & S. TISCHEW: Multisensoral and multitemporal remote sensing of ecological damage caused by opencast lignite mining in Central Germany. Internat. Archives for Photogrammetry and Remote Sensing, Vol. 32 (1998), Part 7, S. 70–77.

BITTNER, M. & S. DECH: Satellitengestützte Fernerkundung der Ozonschicht und praktische Anwendungen. Publ. Dtsch. Ges. f. Photogr. u. Fernerk., Band 7, Berlin 1999, S. 11–19.

BLACHUT, T. J.: Die Frühzeit der Photogrammetrie bis zur Erfindung des Flugzeuges. Nachrichten aus dem Karten- und Vermessungswesen, Sonderheft: Geschichte der Photogrammetrie, Band 1, IfAG, Frankfurt 1988, S. 17–62.

BODECHTEL, J. & H. G. GIERLOFF-EMDEN: Weltraumbilder – Die dritte Entdeckung der Erde. List Verlag, München 1974, 208 S.

BOOCHS, F.; R. GODDING, CH. V. RÜSTEN, T. RUWWE & U. TEMPELMANN: Informationsgehalt von Fernerkundungsdaten im Bereich landwirtschaftlicher Anwendungen. Zeitschrift für Photogrammetrie und Fernerkundung 57 (1989), S. 112–125.

BREUER, T.; C. GLÄSSER & C. JÜRGENS (Hrsg.): Fernerkundung in urbanen Räumen. Regensburger Geographische Schriften, Band 28, 1997, 150 S.

BRIESS, K.; H. JAHN & H. P. RÖSER: BIRD – A DLR Small Satellite Mission for the Investigation of Hot Spots, Vegetation and Clouds. Publikationen der Deutschen Gesellschaft für Photogrammetrie und Fernerkundung, Band 6, Berlin 1998, S. 127–134.

BRUNNER, K.: Zur heutigen Bedeutung von Orthophotokarten. Bildmessung und Luftbildwesen 48 (1980), S. 151–157.

BUCHROITHNER, M.; K. HABERMANN & T. GRÜNDEMANN: Modeling of Three-Dimensional Geodata Sets for True-3D Lenticular Foil Displays. Photogrammetrie – Fernerkundung – Geoinformation, Heft 1/2005, S. 47–56.

BURINGH, P.: The Analysis and Interpretation of Aerial Photographs in Soil Survey and Land Classification. Netherlands Journal of Agricultural Science 2 (1954), S. 16–26.

BURWITZ, P. & W. TOBIAS: Das Luftbild als Hilfsmittel bei ökologischen Untersuchungen über thermische Belastungen des Untermains. Natur und Museum 107 (1977), S. 65–73.

CANTY, M. J.: Fernerkundung mit neuronalen Netzen. expertverlag, Renningen-Malmsheim 1999, 208 S.

CARLS, H.-G.; R. GLASER & H.-G. HECK: Luftbilder 1938–1958 zur Bundesrepublik Deutschland. Photogrammetrie – Fernerkundung – Geoinformation, Heft 1/2000, S. 33–48.

CHUVIECO, E.: Remote Sensing of Large Wildfires in the European Mediterranean Basin. Springer Verlag, Berlin/Heidelberg 1999, 212 S.

COLVOCORESSES, A. P.: Image Mapping with the Thematic Mapper. Photogrammetric Engi-

neering and Remote Sensing 52 (1986), S. 1499–1505.
COLWELL, R. N. et al.: Basic Matter and Energy Relationships Involved in Remote Reconnaissance. Photogrammetric Engineering 29 (1963), S. 761–799.
*COLWELL, R. N. (Ed.): Manual of Remote Sensing. 2nd Edition, American Society for Photogrammetry and Remote Sensing, Falls Church (Virginia) 1983, 2 Volumes, 2440 S.
CRACKNELL, A. P.: The Advanced Very High Resolution Radiometer (AVHRR). Taylor & Francis, London/Bristol 1991, 534 S.
*CRACKNELL, A. P. & L. HAYES: Introduction to Remote Sensing. 2nd Edition, CRC Press, London 2006, 318 S.
CRAMER, M.: Erfahrungen mit der direkten Georeferenzierung. Photogrammetrie – Fernerkundung – Geoinformation, Heft 4/2003, S. 267–278.
CRAWFORD, O. G. S.: Luftbildaufnahmen von archäologischen Bodendenkmälern in England. In: Luftbild und Luftbildmessung, Nr. 16, Hansa Luftbild, Berlin 1938, S. 9–18.
CURLANDER J. C. & R. N. MCDONOUGH: Synthetic Aperture Radar – Systems and Signal Processing. John Wiley & Sons, New York 1991.
*CURRAN, P. J.: Principles of Remote Sensing. Longman, London/New York 1985, 282 S.
DALSTED, K. J. & B. K. WORCESTER: Detection of Saline Seeps by Remote Sensing Techniques. Photogrammetric Engineering and Remote Sensing 45 (1979), S. 285–291.
DASSIÉ, J.: Manuel d'archéologie aérienne. Éditions Technip, Paris 1978, 350 S.
DEUEL, L.: Flug ins Gestern – Das Abenteuer der Luftarchäologie. 2. Aufl., Verlag C. H. Beck, München 1977, 303 S.
DIETZE, G.: Einführung in die Optik der Atmosphäre. Akademische Verlagsgesellschaft, Leipzig 1957, 263 S.
*DRURY, S. A.: Image Interpretation in Geology. 3rd Ed., Chapman & Hall, London 2004, 304 S.
DUVENHORST, J.: Photogrammetrie zur Effektivitätssteigerung von Forsteinrichtungsinventuren und -planung. Tagungsband Photogrammetrie und Forst, Freiburg 1994, S. 63–78.
EBERT, K.; H. KRAWCZYK & A. NEUMANN: Nutzung von Satellitenbilddaten zur Kartierung von Wasserinhaltsstoffen in Binnengewässern. Publikationen der Deutschen Gesellschaft für Photogrammetrie und Fernerkundung, Band 11, Potsdam 2002, S. 167–174.
ENDLICHER, W.: Lokale Klimaveränderung durch Flurbereinigung – Das Beispiel Kaiserstuhl. Erdkunde 34 (1980), S. 175–190.
ENDLICHER, W. & H. GOSSMANN (Hrsg.): Fernerkundung und Raumanalyse. Klimatologische und landschaftsökologische Auswertung von Fernerkundungsdaten. Herbert Wichmann Verlag, Karlsruhe 1986, 222 S.
FAGUNDES, P. M.: Das »Radam-Projekt« – Radargrammetrie im Amazonasbecken. Bildmessung und Luftbildwesen 42 (1974), S. 47–52.
FAGUNDES, P. M.: Natural Resources Inventory. Final Report. Working Group VII/4, Internat. Soc. for Photogramm., Internat. Arch. of Photogrammetry, Vol. 21, Part 5, Helsinki 1976.
FASSBINDER, J. & W. IRLINGER (Eds.): Archaeological Prospection. 3rd Internat. Conference 1999. ICOMOS-Hefte des Deutschen Nationalkomitees, Nr. 33, München 1999, 188 S.
FÖRSTNER, W.: 3D-City Models – Automatic and Semiautomatic Acquisition Methods. In: Photogrammetric Week '99. Eds. FRITSCH & SPILLER, Herbert Wichmann Verlag, Heidelberg 1999, S. 291–304.
FOITZIK, L. & H. HINZPETER: Sonnenstrahlung und Lufttrübung. Akademische Verlagsgesellschaft, Leipzig 1958, 309 S.
FREIER, F.: Lexikon der Fotografie. 2. Aufl., DuMont Buchverlag, Köln 1997, 376 S.
FRICKE, W.: Herdenzählung mit Hilfe von Luftbildern. Die Erde 96 (1965), S. 206–223.
FRÖHLICH, S. (Hrsg.): Luftbildarchäologie in Sachsen-Anhalt. Landesamt für Archäologische Denkmalpflege Sachsen-Anhalt, Halle (Saale) 1997, 112 S.

GATES, D. M.: Physical and Physiological Properties of Plants. In: Remote Sensing. National Academy of Sciences, Washington 1970, S. 224–252.

GEIGER, R.: Das Klima der bodennahen Luftschicht. 4. Aufl., Vieweg, Braunschweig 1961, 646 S.

GERBER, W. & M. REUSCHENBACH: Fernerkundung im Unterricht. Geographie heute – Fernerkundung, 26. Jahrg., Heft 235, November 2005, 48 S.

GERSTER, G.: Der Mensch auf seiner Erde. 6. Aufl., Atlantis, Zürich/Freiburg 1975, 311 S.

GIBSON, J. J.: Die Wahrnehmung der visuellen Welt. Beltz Verlag, Weinheim und Basel 1973, 356 S.

GLÄSSER, C.; J. BIRGER & B. HERRMANN: Integrated monitoring and management system of lignite open cast mines using multiple remote sensing data and GIS. In: Operational Remote Sensing for Sustainable Development, Eds. G. NIEWENHUIS et al., Balkema, Rotterdam 1999.

GLIATTI, E. L.: Modulation Transfer Analysis of Aerial Imagery. Photogrammetria 33 (1977), S. 171–191.

GOLDSTEIN, E. B.: Wahrnehmungspsychologie – Eine Einführung. Spektrum Akademischer Verlag, Heidelberg/Berlin/Oxford 1997, 650 S.

GOSSMANN, H.: Satelliten-Thermalbilder – Ein neues Hilfsmittel für die Umweltforschung? Fernerkundung und Raumordnung, Heft 16, Bonn-Bad Godesberg 1984, 117 S.

GREELEY, R. & R. M. BATSON (Eds.): Planetary Mapping. Cambridge University Press, Cambridge/New York 1990, 296 S.

GRENZDÖRFFER, G. & T. FOY: Digitales low-cost Fernerkundungssystem für Precision Farming. Publikationen der Deutschen Gesellschaft für Photogrammetrie und Fernerkundung, Band 8, Berlin 2000, S. 87–94.

GRENZDÖRFFER, G.: Das digitale flugzeuggetragene low cost Fernerkundungssystem PFIFF. Photogrammetrie – Fernerkundung – Geoinformation, Heft 3/2004, S. 189–200.

GRUBER, M,; F. LEBERL & R. PERKO: Paradigmenwechsel in der Photogrammetrie durch digitale Luftbildaufnahme? Photogrammetrie – Fernerkundung – Geoinformation, Heft 4/2003, S. 285–297.

GRZIMEK, M. & B. GRZIMEK: Census of plains animals in the Serengeti National Park, Tanganyika. Journal Wildlife Management 24 (1960), S. 27–37.

GÜLCH, E.; H. MÜLLER & T. LÄBE: Semi-automatische Verfahren in der photogrammetrischen Objekterfassung. Photogrammetrie – Fernerkundung – Geoinformation, Heft 3/2000, S. 199–209.

*GUPTA, R. P.: Remote Sensing Geology. 2nd Edition, Springer Verlag, Berlin/Heidelberg/New York 2003, 655 S.

HABERÄCKER, P.: Digitale Bildverarbeitung – Grundlagen und Anwendungen. 4. Aufl., Carl Hanser Verlag, München/Wien 1991, 416 S.

HABERÄCKER, P.: Praxis der Digitalen Bildverarbeitung und Mustererkennung. Carl Hanser Verlag, München 1995, 350 S.

HÄFNER, H.; F. HOLECZ; E. MEIER; D. NÜESCH & J. PIESBERGEN: Geometrische und radiometrische Vorverarbeitung von SAR-Aufnahmen für geographische Anwendungen. Zeitschrift für Photogrammetrie und Fernerkundung 62 (1994), S. 123–128.

HAKE, G.; D. GRÜNREICH & L. MENG: Kartographie. 8. Aufl., de Gruyter Lehrbuch, Berlin/New York 2002, 604 S.

HAMACHER, M.; I. RADEMACHER; S. HAWLITSCHKA & W. KÜHBAUCH: Erkennung landwirtschaftlicher Nutzpflanzenbestände mittels multitemporaler ERS-1/-2 Radaraufnahmen. Photogrammetrie – Fernerkundung – Geoinformation, Heft 2/2001, S. 119–127.

HANSSEN, R. F.: Radar Interferometry – Data Interpretation and Error Analysis. Springer Verlag, Heidelberg 2001, 328 S.

HARALICK, R. M.: Statistical Image Texture Analysis. In: Handbook of Pattern Recognition and Image Processing. Eds. T. Y. YANG & K.-S. FU, Academic Press, San Diego/New York 1986, S. 247–279.
HARTMANN, G.: Waldschadenserfassung durch Infrarot-Farbluftbild in Niedersachsen 1983. Forst- und Holzwirt 39 (1984), S. 131–143.
HASSENPFLUG, W. & G. RICHTER: Formen und Wirkungen der Bodenabspülung und -verwehung im Luftbild. Landeskundliche Luftbildauswertung im mitteleuropäischen Raum, Heft 10, Bonn-Bad Godesberg 1972, 85 S.
HASSENPFLUG, W. u.a.: Satellitenbilder im Erdkundeunterricht. Geographie heute, Heft 137, Friedrich Verlag, Velber 1996, 50 S.
HASSENPFLUG, W.: Was kann Fernerkundung für Schule und Bildung leisten? 14. Nutzerseminar des Deutschen Fernerkundungsdatenzentrums, DLR-Mitteilung 97-05, 1997, S. 49–59.
HENDERSON, F. M. & J. A. LEWIS: Principles and Applications of Radar Imaging. Manual of Remote Sensing, Vol. 2., 3rd Edition, John Wiley & Sons, New York 1998, 930 S.
HENDERSON-SELLERS, A. (Ed.): Satellite Sensing of a Cloudy Atmosphere – Observing the Third Planet. Taylor & Francis, London 1984, 340 S.
HEUEL, S.: Zur automatischen Erfassung von Gebäuden aus Luftbildern. Photogrammetrie – Fernerkundung – Geoinformation, Heft 3/2000, S. 177–188.
HEUSELER, H.; R. JAUMANN & G. NEUKUM: Die Mars Mission – Pathfinder, Sojourner und die Eroberung des Roten Planeten. BLV Verlagsgesellschaft, München 1998.
HILDEBRANDT, G.: Thermal-Infrarot-Aufnahmen zur Waldbrandbekämpfung. Forstarchiv 47 (1976), S. 45–52.
HILDEBRANDT, G.: 100 Jahre forstliche Luftbildaufnahme – Zwei Dokumente aus den Anfängen der forstlichen Luftbildinterpretation. Bildmessung u. Luftbildw. 55 (1987), S. 221–224.
HILDEBRANDT, G. & C. P. GROSS (Eds.): Remote sensing applications for health status assessment (EG Manual). Walphot, Namur 1991 (deutsche Fassung 1992).
*HILDEBRANDT, G.: Fernerkundung und Luftbildmessung für Forstwirtschaft, Vegetationskartierung und Landschaftsökologie. Herbert Wichmann Verlag, Heidelberg 1996, 676 S.
HINZ, S.: Automatische Extraktion urbaner Straßennetze aus Luftbildern. Deutsche Geodätische Kommission, Reihe C, Heft 580, München 2004, 130 S.
HIRSCHMUGL, M.; H. GALLAUN, R. PERKO & M. SCHARDT: „Pansharpening" – Methoden für digitale, sehr hoch auflösende Fernerkundungsdaten. In: Beiträge zum 17. AGIT-Symposium Salzburg 2005 (Hrsg. J. STROBL u.a.), Herbert Wichmann Verlag, S. 270–276.
HOFFMANN, A. & F. LEHMANN: Vom Mars zur Erde – Die erste digitale Orthobildkarte Berlin mit Daten der Kamera HRSC-A. Kartographische Nachrichten, Heft 2/2000, S. 61–72.
HOFMANN, O.; P. NAVÉ & H. EBNER: DPS – A Digital Photogrammetric System for Producing Digital Elevation Models and Orthophotos by Means of Linear Array Scanner Imagery. Internat. Archives for Photogrammetry & Remote Sensing, Vol. 24 (1982), Part 3, S. 216–227.
HOFMANN-WELLENHOF, B.; H. LICHTENEGGER & J. COLLINS: Global Positioning System – Theory and Practice. 5. Aufl., Springer Verlag, Wien 2001, 382 S.
HOLZER-POPP, T.; M. BITTNER; E. BORG; S. DECH; T. ERBERTSEDER; B. FICHTELMANN & M. SCHROEDTER: Das automatische Atmosphärenkorrekturverfahren 'DurchBlick'. In: Fernerkundung und GIS: Neue Sensoren – innovative Methoden (Hrsg. THOMAS BLASCHKE), Herbert Wichmann Verlag, Heidelberg 2002.
*HUSS, J. (Hrsg.): Luftbildmessung und Fernerkundung in der Forstwirtschaft. Herbert Wichmann Verlag, Karlsruhe 1984, 406 S.
HUTTON, J. J. & E. LITHOPOULOUS: Airborne Photogrammetry Using Direct Camera Orientation Measurements. Photogrammetrie – Fernerkundung – Geoinformation, Heft 6/1998, S. 363–370.
IMHOF, E.: Thematische Kartographie. de Gruyter, Berlin/New York 1972, 360 S.

JACOBSEN, A.; K. B. HEIDEBRECHT & A. A. NIELSEN: Monitoring grasslands using convex geometry and partial unmixing. In: 1st EARSeL Workshop on Imaging Spectroscopy. Eds.: SCHAEPMAN, M. et al., Zurich, 6-8 October 1998, S. 309–316.

JACOBSEN, K.: High Resolution Satellite Imaging Systems – An Overview. Photogrammetrie – Fernerkundung – Geoinformation, Heft 6/2005, S. 487–496.

JÄHNE, B.: Digitale Bildverarbeitung. 6. Aufl., Springer Verl., Berlin/Heidelberg 2005, 642 S.

JAHN, H. & R. REULKE: Systemtheoretische Grundlagen optoelektronischer Sensoren. Akademie Verlag, Berlin 1995, 298 S.

JAUMANN, R. & S. PIETH: Regional Planetary Image Facility. Bestandsverzeichnis August 2006. Institut für Planetenforschung, DLR Berlin-Adlershof 2006, 230 S. <www.dlr.de/rpif>

JONASSON, F. & L. OTTOSON: The Economic Map of Sweden – A Land Use Map with an Aerial Photo Background. Bildmessung u. Luftbildwesen 42 (1974), S. 81–86.

KÄHLER, M.: Radiometrische Bildverarbeitung bei der Herstellung von Satelliten-Bildkarten. Deutsche Geodätische Kommission, Reihe C, Heft 348, München 1989, 101 S.

KATTENBORN, G.: Atmosphärenkorrektur von multispektralen Satellitendaten für forstliche Anwendungen. Dissertation Universität Freiburg 1991.

KATZENBEISSER, R. & S. KURZ: Airborne Laser-Scanning, ein Vergleich mit terrestrischer Vermessung und Photogrammetrie. Photogrammetrie – Fernerkundung – Geoinformation, Heft 3/2004, S. 179–187.

KENNEWEG, H.: Auswertung von Farbluftbildern für die Abgrenzung von Schädigungen an Waldbeständen. Bildmessung und Luftbildwesen 38 (1970), S. 283–290.

KENNEWEG, H.: Luftbildauswertung von Stadtbaumbeständen – Möglichkeiten und Grenzen. Mitteilungen der Deutschen Dendrologischen Gesellschaft 71 (1979), S. 159–192.

KLETTE, R.; A. KOSCHAN; K. SCHLÜNS: Computer Vision. Räumliche Information aus digitalen Bildern. Vieweg Technik, Braunschweig 1996, 382 S.

KLETTE, R. & P. ZAMPERONI: Handbuch der Operatoren für die Bildbearbeitung. 2. Aufl. Vieweg, Braunschweig 1995, 303 S.

KNÖPFLE, W.: Rechnergestützte Detektion linearer Strukturen in digitalen Satellitenbildern. Zeitschrift für Photogrammetrie und Fernerkundung (BuL) 56 (1988), S. 40–47.

KÖLBL, O.: Die Rolle der Photogrammetrie in einem Landinformationssystem. Bildmessung und Luftbildwesen 49 (1981), S. 65–75.

KONDRATYEV, K. Y. & N. FILATOV: Limnology and Remote Sensing. Springer Verlag, Berlin/Heidelberg 1999, 416 S.

*KONECNY, G. & G. LEHMANN: Photogrammetrie. 4. Aufl., Verlag de Gruyter, Berlin/New York 1984, 392 S.

*KRAUS, K.: Photogrammetrie. Band 1: Geometrische Informationen aus Photographien und Laserscanneraufnahmen, 7. Aufl., Verlag Walter de Gruyter, Berlin 2004, 516 S.; Band 2: Verfeinerte Methoden und Anwendungen, 3. Aufl., Bonn 1996, 488 S.; Band 3: Topographische Informationssysteme, 1. Aufl., Köln 2000, 419 S.

*KRAUS, K. & W. SCHNEIDER: Fernerkundung. Band 1: Physikalische Grundlagen und Aufnahmetechniken, Dümmler, Bonn 1988; Band 2: Auswertung photographischer und digitaler Bilder, Dümmler, Bonn 1990, zus. 614 S.

KRIEBEL, TH.; W. SCHLÜTER & J. SIEVERS: Zur Definition und Messung der spektralen Reflexion natürlicher Oberflächen. Bildmessung u. Luftbildwesen 43 (1975), S. 42–50.

*KRONBERG, P.: Photogeologie – Eine Einführung in die Grundlagen und Methoden der geologischen Auswertung von Luftbildern. Ferdinand Enke Verlag, Stuttgart 1984, 268 S.

*KRONBERG, P.: Fernerkundung der Erde – Grundlagen und Methoden des Remote Sensing in der Geologie. Ferdinand Enke Verlag, Stuttgart 1985, 394 S.

KÜHBAUCH, W.; G. KUPFER; J. SCHELLBERG; U. MÜLLER, K. DOCKTER & U. TEMPELMANN: Fernerkundung in der Landwirtschaft. Luft- und Raumfahrt 11(1990), Heft 4, S. 36–45.

KÜHBAUCH, W.: Erfassung der Intensität landwirtschaftlicher Bodennutzung mit Hilfe der Fernerkundung. Bayer. Akademie d. Wissenschaften, Rundgespräche der Kommission für Ökologie, Heft 17 (Fernerkundung und Ökosystemanalyse), München 1999, S. 87–96.

KÜHN, F. & B. HÖRIG: Geofernerkundung – Grundlagen und Anwendungen. Handbuch zur Erkundung des Untergrundes von Deponien und Altlasten, Band 1. Springer Verlag, Berlin/Heidelberg 1995, 166 S.

LANDAUER, G. & H.-H. VOSS: Untersuchung und Kartierung von Waldschäden mit Methoden der Fernerkundung. Abschlußdokumentation, Teil A, DLR Oberpfaffenhofen 1989, 244 S.

LANG, F. & W. SCHICKLER: Semiautomatische 3D-Gebäudeerfassung aus digitalen Bildern. Zeitschrift für Photogrammetrie und Fernerkundung 61 (1993), S. 193–200.

LANG, G.: Die Ufervegetation des Bodensees im farbigen Luftbild. Landeskundliche Luftbildauswertung im mitteleuropäischen Raum, Heft 8, Bonn-Bad Godesberg 1969, 74 S.

LEHMANN, H.; S. GEHRKE; J. ALBERTZ; M. WÄHLISCH & G. NEUKUM: Großmaßstäbige topographische und thematische Mars-Karten. Photogrammetrie – Fernerkundung – Geoinformation, Heft 5/2005, S. 423–428.

LENHART, K. G.: Mögliche Anwendung von METEOSAT für die Fernerkundung. Bildmessung und Luftbildwesen 46 (1978), S. 113–122.

LI, Z.; Q. ZHU & C. GOLD: Digital Terrain Modeling – Principles and Methodology. CRC Press, Boca Raton/London etc. 2005, 344 S.

*LILLESAND, T. M. & R. W. KIEFFER: Remote Sensing and Image Interpretation. 5th Edition, John Wiley & Sons, Chichester 2004, 763 S.

*LÖFFLER, E.; U. HONECKER & E. STABEL: Geographie und Fernerkundung – Eine Einführung in die geographische Interpretation von Luftbildern und modernen Fernerkundungsdaten. 3. Aufl., Gebrüder Bornträger, Berlin/Stuttgart 2005, 287 S.

LONGLEY, P. A.; M. F. GOODCHILD; D. J. MAGUIRE & D. W. RHIND (Editors): Geographic Information Systems. 2nd Edition, 2 Volumes, John Wiley & Sons, Chichester 1999, 1296 S.

LORENZ, D.: Zur Problematik der Fernerkundung der Erdoberfläche mit Hilfe thermischer Infrarotstrahlung. Bildmessung und Luftbildwesen 39 (1971), S. 235–242.

LORENZ, D.: Die radiometrische Messung der Boden- und Wasseroberflächentemperatur und ihre Anwendung auf dem Gebiet der Meteorologie. Zeitschrift für Geophysik 39 (1973), S. 627–701.

MAAS, H.-G.: Akquisition von 3D-GIS-Daten durch Flugzeug-Laserscanning. Kartographische Nachrichten 55 (2005), Heft 1, S. 3–11.

MAATHUIS, B.: Remote sensing based detection of landmine suspect areas and minefields. Dissertation, Fachbereich Geowissenschaften, Universität Hamburg 2001.

MARCHESI, J. J.: Handbuch der Fotografie. Photographie Verlag. 1. Band: Schaffhausen 1993, 304 S.; 2. Band: Schaffhausen 1995, 288 S.; 3. Band: Gilching 1998, 303 S.

*MATHER, P. M.: Computer Processing of Remotely Sensed Images – An Introduction. 2nd Edition 1999. 3rd Edition, John Wiley & Sons, Chichester 2006, 442 S.

MEIENBERG, P.: Die Landnutzungskartierung nach Pan-, Infrarot- und Farbluftbildern. Münchener Studien zur Sozial- und Wirtschaftsgeographie, Band 1, München 1966, 133 S. mit Bildmappe.

MEIER, E. & D. NÜESCH: Geometrische Entzerrung von Bildern orbitgestützter SAR-Systeme. Bildmessung und Luftbildwesen 54 (1986), S. 205–216.

MEIER, E.: Geometrische Korrektur von Bildern orbitgestützter SAR-Systeme. Remote Sensing Series, Vol. 15, University of Zürich, 1989, 137 S.

MEIER, E. & D. NÜESCH: Genauigkeitsanalyse von hochauflösenden Gelände- und Oberflächenmodellen. Photogrammetrie – Fernerkundung – Geoinformation, Heft 6/2001, S. 405–416.

METZGER, W.: Gesetze des Sehens. 3. Aufl., Verlag Waldemar Kramer, Frankfurt am Main

1975, 676 S.

MÖLLER, F.: Strahlung in der unteren Atmosphäre. Handbuch der Physik, Band 48 (Geophysik II). Springer, Berlin/Göttingen/Heidelberg 1957, S. 155–253.

MÖLLER, F.: Einführung in die Meteorologie. B.I.-Hochschultaschenbücher, Teil I: Band 276; Teil II: Band 188. Bibliographisches Institut, Mannheim/Wien/Zürich 1973, 222 u. 223 S.

MULDERS, M. A.: Remote Sensing in Soil Science. Elsevier, Amsterdam 1987, 379 S.

NEUBERT, M.: Bewertung, Verarbeitung und segmentbasierte Auswertung sehr hoch auflösender Satellitenbilddaten vor dem Hintergrund landschaftsplanerischer und landschaftsökologischer Anwendungen. Rhombos-Verlag, Berlin 2006, 180 S.

NEUKUM, G. & G. NEUGEBAUER: Fernerkundung der Planeten und kartographische Ergebnisse. Schriftenreihe Studiengang Vermessungswesen der Hochschule der Bundeswehr, Heft 14, München 1984, 100 S.

NÜBLER, W.: Konfiguration und Genese der Wärmeinsel der Stadt Freiburg. Dissertation Universität Freiburg 1977. Freiburger Geographische Hefte, Heft 16, 1979.

OERTEL, D.; K. BRIESS; E. LORENZ; W. SKRBEK & B. ZHUKOV: Fire Remote Sensing by the Small Satellite on Bi-spectral Infrared Detection. Photogrammetrie – Fernerkundung – Geoinformation, Heft 5/2002, S. 341–350.

OERTEL, D.; W. HALLE; E. LORENZ u.a.: BIRD – Wegbereiter für das zukünftige IR Element der ESA. Publikationen der Deutschen Gesellschaft für Photogrammetrie, Fernerkundung und Geoinformation, Band 14, Rostock 2005, S. 453–460.

OESCH, D. & S. WUNDERLE: Fernerkundung und Naturgefahren – Methoden für Risk/Disaster Management und Humanitäre Einsätze. 2001.
<http://saturn.unibe.ch/rsbern/publication/fulltext/deza bericht/bericht DEZA WWW/DEZA print.pdf>

OLIVER, C. & S. QUEGAN: Understanding Synthetic Aperture Radar Images. Scitech Publishing Inc., Raleigh (N.C.) 2004, 512 S.

ORTHABER, H. J.: Bilddatenorientierte atmosphärische Korrektur und Auswertung von Satellitenbildern zur Kartierung vegetationsdominierter Gebiete. Dissertation TU Dresden 1999.

PARLOW, E.: Application of Satellite Remote Sensing in Meteorology and Climate Research. Tagungsband 14. Nutzerseminar des Deutschen Fernerkundungsdatenzentrums des DLR. Köln 1997, S. 117–124.

PFEIFFER, B.: Untersuchung des richtungsabhängigen Strahlungsverhaltens in multispektralen Abtastdaten. Bildmessung und Luftbildwesen 50 (1982), S. 35–47.

PFEIFFER, B.: Richtungsabhängiges Strahlungsverhalten bei der Klassifizierung von multispektralen Flugzeugabtastdaten. Dtsch. Geodät. Komm., Heft C/290, München 1983, 103 S.

PHILIPSON, W. R. & W. R. HAFKER: Manual versus Digital Landsat Analysis for Delineating River Flooding. Photogrammetric Engineering & Remote Sensing 47 (1981), S. 1351–1356.

*PHILIPSON, W. R. (Ed.): Manual of Photographic Interpretation. 2nd Edition. American Society for Photogrammetry and Remote Sensing, Bethesda (Maryland) 1997, 689 S.

PLÜCKER, K. & V. VUONG: Auswertung von Luftaufnahmen zur Analyse von Verteilung und Struktur des Erholungsverkehrsaufkommens. Schriftenreihe Siedlungsverband Ruhrkohlenbezirk, Heft 58, Essen 1975, S. 43–66.

POOLE, P. J.: The Prospects for Small Format Photography in Arctic Animal Surveys. Photogrammetric Record, Vol. 13, No. 74 (1989), S. 229–236.

QUIEL, F.: A Branched Classification System Offering Additional Possibilities in Multispectral Data Analysis. Bildmessung und Luftbildwesen 44 (1976), S. 182–188.

RADELOFF, V.; J. HILL & W. MEHL: Forest mapping from space. Enhanced satellite data processing by spectral mixture analysis and topographic corrections. EUR 17702 EN, Office for Official Publications of the European Communities, Luxembourg 1997.

*REEVES, R. G. (Ed.): Manual of Remote Sensing. American Society for Photogrammetry, 2

Volumes, Falls Church (Virginia) 1975, 2144 S.
REIGBER, A.: Airborne Polarimetric SAR Tomography. Dissertation, Fakultät Bau- und Umweltingenieurwissenschaften, Universität Stuttgart 2001.
REIGBER, A.: Polarimetrische SAR Tomographie – Ein neues Verfahren zur Erderkundung. Publikationen der Deutschen Gesellschaft für Photogrammetrie und Fernerkundung, Band 11, Neubrandenburg 2002, S. 87–98.
RHODY, B.: Erfassung mitteleuropäischer Hauptbaumarten im Rahmen von Waldinventuren mit Hilfe kleinformatiger Luftaufnahmen. Schweizerische Zeitschrift für Forstwesen 134 (1983), S. 17–36.
*RICHARDS, J. A. & XIUPING JIA: Remote Sensing Digital Image Analysis – An Introduction. 4. Aufl., Springer Verlag, Berlin/Heidelberg, 2006, 476 S.
RICHTER, M.: Einführung in die Farbmetrik. 2. Aufl., Verlag de Gruyter 1980, 278 S.
RICHTER, R.: A spatially adaptive fast atmospheric correction algorithm. International Journal of Remote Sensing 17 (1996), S. 1201–1214.
ROBINSON, I. S.: Measuring the Oceans from Space – The Principles and Methods of Satellite Oceanography. Springer Verlag, Berlin/Heidelberg 2004, 669 S.
ROCK, I.: Wahrnehmung – Vom visuellen Reiz zum Sehen und Erkennen. Verlag Spektrum der Wissenschaft, Heidelberg 1985, 213 S.
ROTH, A. & J. HOFFMANN: Die dreidimensionale Kartierung der Erde. Kartographische Nachrichten 54 (2004), Heft 3, S. 123–129.
ROTT, H: Synthetic Aperture Radar Capabilities for Glacier Monitoring Demonstrated with Seasat SAR Data. Zeitschrift f. Gletscherkunde u. Glazialgeologie 16 (1980), S. 255–266.
*RÜGER, W.; J. PIETSCHNER & K. REGENSBURGER: Photogrammetrie – Verfahren und Geräte zur Kartenherstellung. 5. Aufl., VEB Verlag für Bauwesen, Berlin 1987, 368 S.
*SABINS, F. F.: Remote Sensing. Principles and Interpretation. 3rd Edition. W. H. Freeman, New York 1996, 450 S.
SANDAU, R. (Hrsg.): Digitale Luftbildkamera – Einführung und Grundlagen. Herbert Wichmann Verlag, Heidelberg 2005, 342 S.
SANDMEIER, S.: Radiometrische Korrektur des Topographieeffekts in optischen Satellitenbilddaten – Vergleich eines semi-empirischen Verfahrens mit einem physikalisch-basierten Modell. Photogrammetrie – Fernerkundung – Geoinformation, Heft 1/1997, S. 23–32.
SANDMEIER, S.; K. ITTEN; M. SCHAEPMAN & T. KELLENBERGER: Acquisition of bidirectional reflectance data using the Swiss field-goniometer system (FIGOS). Proc. 15th EARSeL Symposium, Basel 1996, S. 55–61.
SCANVIC, J.-Y.: Aerospatial remote sensing in geology. Balkema Publishers, Rotterdam 1997, 280 S.
SCHAEPMAN, M.: Calibration of a field spectrometer. Remote Sensing Series, Vol. 31, Department of Geography, University of Zurich 1998, 146 S.
SCHAEPMAN, M.; D. SCHLAEPFER & K. ITTEN (Hrsg.): 1st EARSeL Workshop on Imaging Spectroscopy. Remote Sensing Laboratories, University of Zurich, 6-8 October 1998, 487 S.
SCHANDA, E.: Physical Fundamentals of Remote Sensing. Springer, Berlin/Heidelberg 1986, 187 S.
SCHMIDT-FALKENBERG, H.: 25 Jahre Luftbild-Nachweis des Instituts für Angewandte Geodäsie. Nachrichten a. d. Karten- u. Vermessungswesen, Reihe I, Heft 74, Frankfurt 1978, S. 21–38.
SCHMIDT-KRAEPELIN, E.: Die Deutung des Luftbildes (Luftbild-Interpretation). In: R. FINSTERWALDER & W. HOFMANN: Photogrammetrie. 3. Aufl., Berlin 1968, S. 387–441.
SCHNEIDER, S.: Die Verwendung der Luftbilder bei Problemen der Raumgliederung. Bildmessung und Luftbildwesen 38 (1970), S. 295–301.
*SCHNEIDER, S.: Luftbild und Luftbildinterpretation. Verlag de Gruyter, Berlin/New York

1974, 530 S.

SCHNEIDER, S.: Gewässerüberwachung durch Fernerkundung. Der mittlere Oberrhein im Vergleich zur mittleren Saar. Landeskundliche Luftbildauswertung im mitteleuropäischen Raum, Heft 13, Bonn-Bad Godesberg 1977, 90 S.

SCHNEIDER, S. (Hrsg.): Angewandte Fernerkundung – Methoden und Beispiele. Akademie für Raumforschung und Landesplanung. Verlag Vincentz, Hannover 1984, 285 S.

SCHNEIDER, S.: Die »Geographische Methode« in der Luftbildinterpretation – nur eine historische Reminiszenz? Zeitschrift für Photogrammetrie und Fernerkundung 57 (1989), S. 139–148.

SCHOLTEN, F.; K. GWINNER & F. WEWEL: Angewandte digitale Photogrammetrie mit der HRSC. Photogrammetrie – Fernerkundung – Geoinformation, Heft 5/2002, S. 317–332.

SCHOLTEN, F. u.a.: Von Rohdaten aus dem Mars Express Orbit zu Digitalen Geländemodellen und Orthobildern – Operationelle Verarbeitung von HRSC Daten. Photogrammetrie – Fernerkundung – Geoinformation, Heft 5/2005, S. 365–372.

*SCHOWENGERDT, R. A.: Remote Sensing – Models and Methods for Image Processing. 3rd Edition, Academic Press, San Diego/London 2007, 515 S.

SCHREIER, S.; D. KOSMAN & A. ROTH: Design Aspects and Implementation of a System for Geocoding Satellite SAR-Images. ISPRS Journal of Photogrammetry and Remote Sensing 45 (1990), S. 1–16.

SCHÜRHOLZ, G.: Der Einsatz von Luftbild und Flugzeug in den Bereichen des Wildlife Managment und der Wildbewirtschaftung. Dissertation Universität Freiburg 1972, 169 S.

SCHWÄBISCH, M. & J. MOREIRA: Das hochauflösende interferometrische SAR-System AeS-1 – Konzeption, Datenaufbereitung und Anwendungsspektrum. Photogrammetrie – Fernerkundung – Geoinformation, Heft 4/2000, S. 237–246.

SCHWARZ, R.: Pilotstudien – 12 Jahre Luftbildarchäologie in Sachsen-Anhalt. Halle (Saale) 2003.

SCHWARZER, H.: Spektral hochauflösende und hyperspektrale Fernerkundungsverfahren. Photogrammetrie – Fernerkundung – Geoinformation, Heft 5/1997, S. 291–295.

SCHWIDEFSKY, K.: Kontrastübertragungs-Funktion zur Bewertung der Bildgüte in der Photogrammetrie. Bildmessung und Luftbildwesen 28 (1960), S. 86–101.

*SCHWIDEFSKY, K. & F. ACKERMANN: Photogrammetrie – Grundlagen, Verfahren, Anwendungen. 7. Aufl., Verlag Teubner, Stuttgart 1976, 384 S.

SEEBER, G.: Satellitengeodäsie. Verlag de Gruyter, Berlin/New York 1989, 489 S.

SHAN, J. & TOTH, C. K. (Eds.): Topographic Laser Ranging and Scanning – Principles and Processing. CRC Press, Boca Raton (Florida) 2009, 590 S.

SLATER, P. N.: Remote Sensing – Optics and Optical Systems. Addison-Wesley Publishing Company, Reading (Massachusetts) 1980, 575 S.

STEINER, D.: Die Jahreszeit als Faktor bei der Landnutzungsinterpretation. Landeskundliche Luftbildauswertung im mitteleuropäischen Raum, Heft 5, Bad Godesberg 1961, 81 S.

STOCK, P.: Interpretation von Thermalbildern der Stadtregion Dortmund. Bildmessung und Luftbildwesen 43 (1975), S. 144–151.

STOCK, P.: Klimafunktionskarte nach Thermalluftbildern am Beispiel der Stadt Hagen. In: Schneider, S. (1984) S. 236–243.

SUJEW, S.; F. SCHOLTEN; F. WEWEL & R. PISCHEL: GPS/INS-Systeme im Einsatz mit der HRSC – Vergleich der Systeme Applanix POS/AV-510 und IGI AEROcontrol-IId. Photogrammetrie – Fernerkundung – Geoinformation, Heft 5/2002, S. 333–340.

*SWAIN, P. H. & S. M. DAVIS: Remote Sensing – The Quantitative Approach. McGraw-Hill, New York 1978, 396 S.

THEILEN-WILLIGE, B.: Beitrag der Fernerkundung zur Erfassung der Erdbebengefährdung in der Nordwest-Türkei. Publikationen der Deutschen Gesellschaft für Photogrammetrie und

Fernerkundung, Band 9, Berlin 2001, S. 312–325.
THEILEN-WILLIGE, B.: Remote Sensing and GIS Contribution to Tsunami Risk Sites Detection in Southern Italy. Photogrammetrie – Fernerkundung – Geoinformation, Heft 2/2006, S. 103–114.
THIEMANN, S.: Erfassung von Wasserinhaltsstoffen und Ableitung der Trophiestufen nordbrandenburgischer Seen mit Hilfe von Fernerkundung. Scientific Technical Report STR00/04, GeoForschungsZentrum Potsdam 2000, 114 S.
TOMPPO, E.: Multi-source National Forest Inventory of Finland. Proceedings Ilvessalo Symposium on National Forest Inventories, Finnish Forest Research Inst., Res. Paper 444, 1993, S. 52–60.
TRACHSLER, H.: Grundlagen und Beispiele für die Anwendung von Luftaufnahmen in der Raumplanung. Institut für Orts-, Regional- und Landesplanung, ETH Zürich, Berichte Nr. 41, 1980, 65 S.
TROLL, C.: Luftbildplan und ökologische Bodenforschung. Zeitschrift der Gesellschaft für Erdkunde 74 (1939), S. 241–298.
TROLL, C.: Luftbildforschung und Landeskundliche Forschung. Erdkundliches Wissen, Heft 12, Franz Steiner, Wiesbaden 1966, 164 S. (enthält u.a. den Nachdruck älterer Veröffentlichungen).
TZSCHUPKE, W.: Erfassung neuartiger Waldschäden durch rechnergestützte Auswertung von Luftbildern und anderen Fernerkundungsaufzeichnungen. Zeitschrift für Photogrammetrie und Fernerkundung 57 (1989), S. 158–167.
ULABY, F. T: Microwave Remote Sensing – Active and Passive. Vol. I: Fundamentals and Radiometry. New Edition, Artech House Publishers, Boston/London 1986.
UMWELTBUNDESAMT: Workshop CORINE Land Cover 2000 in Germany and Europe and its use for Environmental Applications. Texte des Umweltbundesamtes, Nr. 4, 2004.
UNEP (United Nations Environment Program): Selected Satellite Images of Our Changing Environment. Nairobi (Kenya) 2003, 141 S.
USDA (United States Department of Agriculture, Soil Conservation Service): Aerial Photo Interpretation in Classifying and Mapping Soils. Agricultural Handbook 294, Washington D.C. 1966.
VDI (Verein Deutscher Ingenieure): Interpretationsschlüssel für die Auswertung von CIR-Luftbildern zur Kronenzustandserfassung von Nadel- und Laubgehölzen – Fichte, Buche und Eiche. VDI-Richtlinien 3793, Blatt 2, 1990, 23 S.
VERSTAPPEN, H. T.: Remote Sensing in Geomorphology. Elsevier, Amsterdam 1977, 214 S.
VINK, A. P. A.: Methodology of Air-Photo-Interpretation as illustrated from the Soil Sciences. Bildmessung und Luftbildwesen 38 (1970), S. 35–44.
VÖLGER, K.: Ermittlung sozio-ökonomischer Daten für die Stadt- und Regionalplanung durch Luftbildinterpretation. Bildmessung und Luftbildwesen 37 (1969), S. 141–161.
VORBECK, E. & L. BECKEL: Carnuntum – Rom an der Donau. 2. Aufl., Verlag Otto Müller, Salzburg 1973, 114 S.
WEICHELT, H.: Spektroradiometrie und Signaturforschung. Zeitschrift für Photogrammetrie und Fernerkundung 58 (1990), S. 117–120.
WEISCHET, W.: Der Vorteil einer Baukörperklimatologie unter Anwendung von Fernerkundungsverfahren für Zwecke der Stadtplanung. In: Schneider, S. (1984) S. 244-251..
WEISCHET, W.: Einführung in die allgemeine Klimatologie. – Physikalische und meteorologische Grundlagen. 6. Aufl., Gebrüder Borntraeger Verlag, Stuttgart 2002, 276 S.
WEISS, M.: Airborne Measurements of Earth Surface Temperature (Ocean and Land) in the 10–12 and 8–14 μ Regions. Applied Optics 10 (1971), S. 1280–1287.
WEVER C. & J. LINDENBERGER: Experiences of 10 Years Laser Scanning. In: Photogrammetric Week '99, Eds.: FRITSCH & SPILLER. Wichmann Verlag, Heidelberg 1999, S. 125–132.

WEWEL, F.; F. SCHOLTEN; G. NEUKUM & J. ALBERTZ: Digitale Luftbildaufnahme mit der HRSC – Ein Schritt in die Zukunft der Photogrammetrie. Photogrammetrie – Fernerkundung – Geoinformation, Heft 6/1998, S. 337–348.
WIENEKE, F.: Methodische Fortschritte in der geomorphologischen Luftbildinterpretation. Zeitschrift für Photogrammetrie und Fernerkundung 59 (1991), S. 41–45.
WINIGER, M.: Der Luftmassenaustausch zwischen rand-alpinen Becken am Beispiel von Aare-, Rhein- und Saônetal – Eine Auswertung von Wettersatellitendaten. In: ENDLICHER & GOSSMANN, S. 43–61.
WITT, W.: Thematische Kartographie – Methoden und Probleme, Tendenzen und Aufgaben. 2. Aufl., Verlag Jänecke, Hannover 1970, 1151 S.
WOODHOUSE, I.: Introduction to Microwave Remote Sensing. Verlag CRC Press, London 2006, 400 S.
ZANTOPP, R.: Methode und Möglichkeiten der Luftbildarchäologie im Rheinland. Forschungen zur Archäologie im Land Brandenburg 3 (1995), 155–164.
ZIMMERMANN, G.: Fernerkundung des Ozeans. Probleme der Fernerkundung des Ozeans mit optischen Mitteln. Akademie Verlag, Berlin 1991, 419 S.

Zeitschriften

Bildmessung und Luftbildwesen. Von 1926 bis 1987. Danach: Zeitschrift für Photogrammetrie und Fernerkundung.
International Archives of Photogrammetry, Remote Sensing and Spatial Information Science. Seit 1908. Herausgeber: International Society for Photogrammetry and Remote Sensing (ISPRS). Proceedings der von der ISPRS veranstalteten Kongresse und Symposien, wechselnde Verlagsorte.
International Journal of Remote Sensing. Seit 1980. Herausgeber: Remote Sensing and Photogrammetric Society. Hauptschriftleiter: G. FOODY und A. P. CRACKNELL. Verlag: Taylor & Francis, London (Großbritannien).
ISPRS Journal of Photogrammetry and Remote Sensing. Herausgeber: International Society for Photogrammetry and Remote Sensing. Hauptschriftleiter: GEORGE VOSSELMAN. Verlag: Elsevier Science Publishers, Amsterdam (Niederlande).
Photogrammetria. Seit 1938. Jetzt: ISPRS Journal of Photogrammetry and Remote Sensing.
Photogrammetric Engineering and Remote Sensing. Seit 1934. Herausgeber: American Society for Photogrammetry and Remote Sensing (ASPRS). Schriftleiter: RUSSEL G. CONGALTON. Selbstverlag der ASPRS, Bethesda/Maryland (USA).
Photogrammetrie – Fernerkundung – Geoinformation (PFG). Seit 1997. Organ der Deutschen Gesellschaft für Photogrammetrie, Fernerkundung und Geoinformation e.V. Hauptschriftleiter: HELMUT MAYER. Verlag: Schweizerbart'sche Verlagsbuchhandlung, Stuttgart.
Remote Sensing of Environment. Seit 1969. Hauptschriftleiter: MARVIN E. BAUER. Verlag: Elsevier Science Publishing Co., New York (USA).
Vermessung und Geoinformation (VGI). Organ der Österreichischen Gesellschaft für Vermessung und Geoinformation (ÖVG), Hauptschriftleiter: STEPHAN KLOTZ. Verlag: Selbstverlag der ÖVG, Wien (Österreich).
Geomatik Schweiz. Mitherausgeber: Schweizerische Gesellschaft für Photogrammetrie, Bildanalyse und Fernerkundung. Hauptschriftleiter: THOMAS GLATTHARD. Verlag: SIGImedia AG, Scherz (Schweiz).
Zeitschrift für Photogrammetrie und Fernerkundung (vormals Bildmessung und Luftbildwesen). Von 1988 bis 1998. Verlag: Herbert Wichmann Verlag, Karlsruhe/Heidelberg.

Fernerkundungssatelliten

Seit dem Start des ersten Erderkundungssatelliten im Jahre 1972 sind viele Satelliten mit den verschiedensten Sensoren zur Erdbeobachtung gestartet worden. Die folgenden Tabellen können nur eine kleine Auswahl davon mit einigen technischen Daten vorstellen.

LANDSAT-1 bis LANDSAT-7 (USA)　　　　　　　　　　http://landsat.gsfc.nasa.gov/

Das amerikanische Landsat-Programm wurde 1972 gestartet. Die Satelliten sind mit optisch-mechanischen Scannern ausgestattet. Die Spektralbereiche sind für die Beobachtung der Landoberflächen ausgelegt. Für die systematische Aufnahme wurden kreisförmige, polnahe und sonnensynchrone Umlaufbahnen gewählt, von denen praktisch die ganze Erdoberfläche (außer den Polgebieten) aufgenommen werden kann.

	LANDSAT-4, -5 (1 – 3) Multispectral Scanner (MSS)	LANDSAT-4, -5 Thematic Mapper (TM)	LANDSAT-7 Enhanced Thematic Mapper Plus (ETM+)
Betrieb	seit 1972	seit 1982	seit 1999
Flughöhe	705 km (915 km)	705 km	705 km
Wiederholrate	16 (18) Tage	16 Tage	16 Tage
Streifenbreite	185 km	185 km	185 km
Pixelgröße	79 x 79 m^2	30 x 30 m^2	30 x 30 m^2
Spektralkanäle	1 (4) 0,50 – 0,60 μm 2 (5) 0,60 – 0,70 μm 3 (6) 0,70 – 0,80 μm 4 (7) 0,80 – 1,10 μm	1 0,45 – 0,52 μm 2 0,52 – 0,60 μm 3 0,63 – 0,69 μm 4 0,76 – 0,90 μm 5 1,55 – 1,73 μm 7 2,08 – 2,35 μm	1 0,45 – 0,52 μm 2 0,52 – 0,60 μm 3 0,63 – 0,69 μm 4 0,76 – 0,90 μm 5 1,55 – 1,73 μm 7 2,08 – 2,35 μm
Thermalkanal		6 10,4 – 12,5 μm (120 x 120 m^2)	6 10,4 – 12,5 μm (60 x 60 m^2)
Panchromatischer Kanal (15 x 15 m^2)			8 0,52 – 0,90 μm

Betriebszeiten der Satelliten: LANDSAT-1: 1972 – 1978; LANDSAT-2: 1975 – 1982; LANDSAT-3: 1978 – 1983; LANDSAT-4: 1982 – 2001; LANDSAT-5: seit 1984; LANDSAT-7: seit 1999

Der Betrieb von LANDSAT-7 ist seit Mai 2003 durch den Ausfall eines Bauelementes gestört, seither können nur Daten mit zeilenweisen Störungen aufgenommen werden.

In den rund 34 Jahren bis zum Sommer 2006 wurden insgesamt rund 1,9 Millionen LANDSAT-Szenen aufgezeichnet, davon fast 650 000 mit dem MSS, etwa ebenso viele mit dem TM, der Rest mit ETM+.

In den USA gibt es intensive Bemühungen, die LANDSAT-Serie im Rahmen einer »*Landsat Data Continuity Mission*« (LDCM) weiter zu führen.

SPOT-Satelliten (Frankreich) www.spot.image.fr
(Satellite Pour l'Observation de la Terre)

	SPOT-1 bis -3	SPOT-4	SPOT-5
Betrieb	seit 1986	seit 1998	seit 2002
Flughöhe	832 km	832 km	832 km
Bahnneigung	98,7°	98,7°	98,7°
Wiederholrate	26 Tage*	26 Tage*	26 Tage*
Sensoren	HRV (XS-Mode)	HRV (XS-Mode)	HRS
Streifenbreite	60 km	60 km	120 km
Pixelgröße	20 x 20 m²	20 x 20 m²	10 x 10 m²
Spektralkanäle	1 0,50 – 0,59 µm	1 0,50 – 0,59 µm	1 0,50 – 0,59 µm
	2 0,61 – 0,68 µm	2 0,61 – 0,68 µm	2 0,61 – 0,68 µm
	3 0,79 – 0,89 µm	3 0,79 – 0,89 µm	3 0,79 – 0,89 µm
		4 1,58 – 1,75 µm	4 1,58 – 1,75 µm
Sensoren	HRV (P-Mode)	HRV (P-Mode)	HRG
Streifenbreite	60 km	60 km	60 km
Pixelgröße	10 x 10 m²	10 x 10 m²	2,5 x 2,5 m²
Spektralkanäle	0,51 – 0,73 µm	0,51 – 0,73 µm	0,49 – 0,61 µm

* Durch Neigung der Aufnahmerichtung zwischen + 27° und –27° kann ein bestimmtes Gebiet gezielt wesentlich häufiger aufgenommen werden.

SPOT-5 trägt auch das panchromatisch arbeitende System HRS; es kann zur nahezu simultanen Aufnahme von Stereobildern vorwärts und rückwärts ausgerichtet werden.

SPOT-4 und SPOT-5 sind außerdem mit einem *Vegetation Monitoring Instrument* (VMI) ausgestattet, das die großflächige multispektrale Aufnahme mit geringer Auflösung ermöglicht.

Das System PLEIADES soll ab 2010 das SPOT-Programm ablösen. Die Aufnahmemöglichkeiten werden noch flexibler sein; die Sensoren sollen Auflösungen bis 0,7 m zulassen.

Satelliten IRS-1C und IRS-1D (Indien) www.isro.org/
(Indian Remote Sensing Satellite)

	WiFS	LISS-III	PAN
Start	1996 / 1997	1996 / 1997	1996 / 1997
Flughöhe	817 km	817 km	817 km
Wiederholrate	5 Tage	24 Tage	24 Tage*
Auflösung	188 m	23 m	5,8 m
Streifenbreite	810 km	142 km	70 km
Spektralkanäle	0,62 – 0,68 µm	0,52 – 0,59 µm	0,50 – 0,75 µm
	0,77 – 0,86 µm	0,62 – 0,68 µm	
	1,55 – 1,75 µm	0,77 – 0,86 µm	
		1,55 – 1,70 µm	* 5 Tage bei geneigter
		(Auflösung 70 m)	Aufnahme (bis 26°)

WiFS = Wide Field Sensor; LISS = Linear Imaging Self Scanner

Fernerkundungssatelliten 243

CARTOSAT (Indien)   www.isro.org/
Diese Satelliten sind speziell für kartographische Zwecke konzipiert.
Umlaufbahn: 630 km Höhe, sonnensynchron, polar, mit 97,9° Bahnneigung.
Cartosat-1 wurde 2005 gestartet. Er trägt zwei panchromatische Kameras (0,50 – 0,85 µm), die zur Stereo-Aufnahme in einem Überflug geeignet sind. Die Neigungen betragen +26° und –5°. Aufgenommen wird ein 30 km breiten Streifen in einer Auflösung von 2,5 m.
Cartosat-2 wurde 2008 gestartet. Er trägt eine panchromatische Kamera (0,50 – 0,85 µm), die einen 10 km breiten Streifen mit einer Auflösung besser als 1 m aufnimmt. Die Aufnahmerichtung kann längs und quer zur Bahn bis 45° geneigt werden.

RESOURCESAT-1 oder **IRS P6** (Indien)   www.isro.org/
2003 gestartete Weiterentwicklung der indischen Satelliten mit folgenden *Sensoren*:
- AWiFS (*Advanced Wide Field Sensor*). *Auflösung*: 56 m im Nadir, *Streifenbreite*: 740 km, Spektralkanäle identisch mit LISS III.
- LISS-III (*Linear Imaging Self Scanner*). *Auflösung*: 23,5 m, *Streifenbreite*: 140 km, *Spektralbereiche*: 0,52 – 0,59 µm; 0,62 – 0,68 µm; 0,77 – 0,86 µm.
- LISS-IV (*High Resolution Multispectral Sensor*). *Auflösung*: 5,8 m im Nadir, *Streifenbreite*: 24 km, Spektralkanäle identisch mit LISS III (aber ohne 1,55 – 1,70 µm).

Umlaufbahn: 817 km Höhe, sonnensynchron, polar, mit 98.7° Bahnneigung

ASTER (Japan/USA)   http://asterweb.jpl.nasa.gov
Der japanische Sensor ASTER (*Advanced Spaceborne Thermal Emission and Reflection Radiometer*) wird seit 1999 auf dem amerikanischen Terra-Satelliten, einem Teil des Erdbeobachtungssystems (EOS) der NASA, betrieben. Das Instrument zeichnet Bilddaten in 14 Kanälen sowie Stereobilder auf. Die drei Subsysteme arbeiten in folgenden Bereichen:
- VNIR (*Visible an Near Infrared*): 3 Kanäle (0,52 – 0,60 µm, 0,63 – 0,69 µm, 0,76 – 0,86 µm); im dritten Kanal zusätzlich 24° geneigte Schrägaufnahme; *Auflösung*: 15 m; *Streifenbreite*: 60 km.
- SWIR (*Shortwave Infrared*): 6 Kanäle zwischen 1,6 und 2,4 µm; *Auflösung*: 30 m; *Streifenbreite*: 60 km.
- TIR (*Thermal Infrared*): »Whiskbroom« Sanner mit 5 Kanälen zwischen 8,1 und 11,6 µm; *Auflösung*: 90 m; *Streifenbreite*: 60 km.

Umlaufbahn: 705 km Höhe, sonnensynchron, polar.

RAPIDEYE (Deutschland)   www.rapideye.de
RapidEye ist eine deutsche Firma mit internationaler Beteiligung. Sie hat 2009 fünf Satelliten in Betrieb genommen, die gleichmäßig verteilt eine gemeinsame Erdumlaufbahnen haben. Jeden Tag kann jeder Punkt der Erde aufgenommen werden. Die Satelliten tragen jeweils einen Multi-Spectral-Imager (MSI) mit fünf Zeilenscannern und. Sie sind zur Aufnahme eines Gebietes unter verschiedenen Sichtwinkeln quer zur Flugrichtung schwenkbar.
Umlaufbahn: 630 km Höhe, sonnensynchron mit 97,8° Bahnneigung.
Streifenbreite: 77 km, *Zeilenlänge*: 12000 Pixel, *Auflösung*: 6,5 m.
Spektralkanäle: 0,44 – 0,51 µm
                     0,52 – 0,59 µm
                     0,63 – 0,69 µm
                     0,69 – 0,73 µm
                     0,76 – 0,85 µm

Hochauflösende Satellitensensoren

	IKONOS-2	QuickBird-2	OrbView-3
Unternehmen	Space Imaging (USA)	Digital Globe (USA)	Orbital Image Corp. (USA)
Start	1999	2001	2003
Flughöhe	680 km	600 km	470 km
Bahnneigung	98°	66°	97°
Streifenbreite	11 km	22 km	8 km
Wiederholrate	14 Tage	20 Tage	16 Tage
Minimaler Abstand	1 – 3 Tage	1,5 – 2,5 Tage	1 – 3 Tage
Auflösung (panchrom.)	0,82 m	0,82 m	1 m
Bandbreite	0,45 – 0,90 μm	0,45 – 0,90 μm	0,45 – 0,90 μm
Auflösung (multispek.)	3,2 m	3,28 m	4 m
Spektralkanäle	0,45 – 0,52 μm	0,45 – 0,52 μm	0,45 – 0,52 μm
	0,52 – 0,60 μm	0,52 – 0,60 μm	0,52 – 0,60 μm
	0,63 – 0,70 μm	0,63 – 0,69 μm	0,62 – 0,70 μm
	0,76 – 0,85 μm	0,76 – 0,90 μm	0,76 – 0,90 μm

www.geoeye.com   www.digitalglobe.com   www.orbimage.com

GEOEYE-1 (USA)   www.geoeye.com

GeoEye Corp., aus dem Kauf von Space Imaging durch Orbimage hervorgegangen, betreibt die Satelliten Ikonos und OrbView-3. Im Jahre 2008 ist der Satellit GeoEye-1 dazugekommen (ursprünglich OrbView 5 genannt).

Umlaufbahn: 684 km Höhe, sonnensynchron, polar mit 98,1° Bahnneigung.
Streifenbreite: 15,2 km (im Nadir)
Spektralkanäle: gleich wie bei OrbView 3.
Auflösung: panchromatisch 0,41 m (im Nadir), multispektral 1,64 m (im Nadir).
Neigung der Aufnahmerichtung: bis 60° vom Nadir.

ENVISAT (European Space Agency)   http://envisat.esa.int/

Die Hauptaufgabe des 2002 gestarteten *Environmental Satellite* ist die Erfassung von globalen Umweltveränderungen.

Umlaufbahn: 782 km Höhe, sonnensynchron, polar mit 98,5° Bahnneigung. Der Satellit überfliegt alle 35 Tage die selben Bereiche. Zur Beobachtung der Landoberflächen, der Ozeane und der Atmosphäre dienen zehn verschiedene Sensoren. Dazu gehören u.a.:

- MERIS (*Medium Resolution Imaging Spectrometer*): Das abbildende Spektrometer dient zur Beobachtung von Land, Wasser und Atmosphäre, insbesondere auch Ozeanfarbe auf hoher See und in Küstenregionen. Die Bodenauflösung beträgt etwa 300 m. Die von der Erde reflektierte Sonnenstrahlung wird in 15 Spektralbändern aus dem sichtbaren Spektralbereich und dem nahen Infrarot gemessen. Der Sensor ermöglicht eine weltweite Beobachtung alle 3 Tage.
- ASAR (*Advanced Synthetic Aperture Radar*): Abbildendes Radarsystem zur Beobachtung der Land-, Meeres- und Eisoberflächen, Bodenfeuchte usw. (technische Daten in der folgenden Tabelle).

Abbildende Radarsysteme

	ERS	RADARSAT	ENVISAT
Unternehmen	ESA (European Space Agency)	CSA/CCRS (Canadian Space Agency)	ESA (European Space Agency)
Start	1995 (ERS-2)	1995	2002
Flughöhe	780 km	798 km	800 km
Bahnneigung	98,5°	98,6°	98,5°
Sensorsystem	AMI (Active Microwave Instrument)	SAR	ASAR (Advanced SAR)
Modus	Imaging Mode	Standard Mode	Image Mode
Streifenbreite	100 km	100 km	56 – 120 km
Wiederholrate	35 Tage	24 Tage	35 Tage
Auflösung	25 m	28 m	30 m
Band	C (5,3 GHz/5,7 cm)	C (5,3 GHz/5,6 cm)	C (5,33 GHz/5,6 cm)
Depressionswinkel	≈ 23°	20 – 49°	15 – 45°
Polarisation	VV	HH	VV oder HH

ERS-1/-2 (European Space Agency 1991/1995)   http://earth.esa.int/ers
European Remote Sensing Satellite. Systeme zur multidisziplinären Mikrowellen-Fernerkundung. ERS-1 in Betrieb 1991 bis 2000, ERS-2 seit 1995. *Umlaufbahn*: 780 km, sonnensynchron, polar. *Sensoren*: mehrere Instrumente für verschiedene Arten von Beobachtungen, besonders wichtig *Synthetic Aperture Radar* = Abbildungsmodus des *Active Microwave Instrument AMI*), im C-Band (5,3 GHz = 5,7 cm), Bodenauflösung 25 m, Streifenbreite 100 km.

TerraSAR-X (Deutschland)   www.dlr.de/TerraSAR-X/
Dieser deutsche Satellit wurde am 15. Juni 2007 gestartet. Er operiert ein X-Band SAR für Aufgaben in den Bereichen Geodäsie (Erfassung von Höhenänderungen der Erdoberfläche), Geologie, Kartographie, digitale Geländemodelle, Erfassung der Oberflächenbedeckung und Klassifikation, Umweltmonitoring usw.
Umlaufbahn: 514 km Höhe, sonnensynchrone polare Bahn (Neigung gegen den Äquator 97,4°). Die Wiederholrate ist 11 Tage, durch die Seitwärtsbeobachtung kann ein Punkt der Erde in 2 bis 3 Tagen beobachtet werden.
Sensor: Abbildendes X-Band-Radar (Frequenz 9,65 GHz, Wellenlänge 31 mm), das in verschiedenen Modi und Polarisationen betrieben werden kann:
- *Spotlight-Modus*: ein 10 km breites und 5 km langes Gebiet kann mit 1 bis 2 m Auflösung erfasst werden.
- *Stripmap-Modus*: ein 30 km breites und 50 km langes Gebiet kann mit einer Auflösung zwischen 3 und 6 m aufgenommen werden.
- *ScanSAR-Modus*: ein 100 km breites und 150 km langes Gebiet kann mit 16 bis 18 m Auflösung erfasst werden.

Das System wird technisch betrieben vom DLR (Oberpfaffenhofen), mit dem Datenvertrieb ist Infoterra GmbH (Friedrichshafen) beauftragt.

Künftig soll der Satellit TanDEM-X, ein Zwillingssatellit zu TerraSAR-X, die Mission ergänzen. Mit den beiden Satelliten wird möglich sein, durch SAR-Interferometrie ein digitales Geländemodelle der gesamten Landoberfläche der Erde zu erstellen.

Bezugsquellen

Die folgenden Anschriften und Internet-Adressen einiger Bezugsquellen und Auskunftsstellen sollen den Zugang zu Luft- und Satellitenbildern erleichtern. Die Liste kann jedoch nur eine Auswahl wiedergeben.

Bezugsquellen für Luftbilder

Baden-Württemberg: Landesvermessungsamt Baden-Württemberg
Büchsenstraße 54, D-70174 Stuttgart; www.lv-bw.de

Bayern: Landesamt für Vermessung und Geoinformation Bayern
Landesluftbildarchiv, Alexandrastraße 4, D-80538 München; www.lvg.bayern.de

Berlin: Senatsverwaltung für Stadtentwicklung Berlin – Landesluftbildarchiv
Fehrbelliner Platz 1, D-10707 Berlin; www.stadtentwicklung.berlin.de

Brandenburg: Landesvermessung und Geobasisinformation – Landesluftbildsammelstelle
Heinrich-Mann-Allee 103, D-14473 Potsdam; www.geobasis-bb.de

Bremen: Geoinformation Bremen
Lloydstraße 4, D-28217 Bremen; www.geo.bremen.de

Hamburg: Landesbetrieb Geoinformation und Vermessung Hamburg
Sachsenkamp 4, D-20097 Hamburg; www.geoinfo.hamburg.de

Hessen: Hessisches Landesamt für Bodenmanagement und Geoinformation
Landesluftbildarchiv, Schaperstraße 16, D-65195 Wiesbaden; www.hvbg.hessen.de

Mecklenburg-Vorpommern: Amt für Geoinformation, Vermessungs- und Katasterwesen
Lübecker Straße 289, D-19059 Schwerin; www.lverma-mv.de

Niedersachsen: Landesvermessung und Geobasisinformation Niedersachsen
Podbielskistraße 331, D-30659 Hannover; www.lgn.niedersachsen.de

Nordrhein-Westfalen: Landesvermessungsamt Nordrhein-Westfalen
Luftbilderzeugnisse, Muffendorfer Straße 19–21, D-53177 Bonn; www.lverma.nrw.de

Rheinland-Pfalz: Landesamt für Vermessung und Geobasisinformation
Ferdinand-Sauerbruch-Straße 15, D-56073 Koblenz; www.lvermgeo.rlp.de

Saarland: Landesamt für Kataster-, Vermessungs- und Kartenwesen des Saarlandes
Von der Heydt 22, D-66113 Saarbrücken; www.lkvk.Saarland.de

Sachsen: Landesvermessungsamt Sachsen
Olbrichtplatz 3, D-01099 Dresden; www.landesvermessung.sachsen.de

Sachsen-Anhalt: Landesamt für Vermessung und Geoinformation Sachsen-Anhalt
Otto-von-Guericke-Straße 15, D-39104 Magdeburg; www.lvermgeo.sachsen-anhalt.de

Schleswig-Holstein: Landesvermessungsamt Schleswig-Holstein
Luftbildvertrieb, Mercatorstraße 1, D-24106 Kiel; www.lverma.schleswig-holstein.de

Thüringen: Landesamt für Vermessung und Geoinformation
Hohenwindenstraße 14, D-99086 Erfurt; www.thueringen.de/vermessung

Deutschland (historische Luftbilder):
- Bundesarchiv
  Potsdamer Str. 1, D-56075 Koblenz; www.bundesarchiv.de
- Landesarchiv Nordrhein-Westfalen, Hauptstaatsarchiv
  Mauerstraße 55, D-40476 Düsseldorf; www.archive.nrw.de
- Luftbilddatenbank Ingenieurbüro Dr. Carls
  St. Mauritius Straße 30, D-97230 Estenfeld; www.luftbilddatenbank.de

Frankreich: Photothèque Nationale
  Institut Géographique National; www.ign.fr

Großbritannien: Ordnance Survey
  Air Photo Cover Group; www.ordnancesurvey.co.uk
- National Association of Aerial Photographic Libraries
  Remote Sensing and Photogrammetry Society; www.rspsoc.org

Kanada: National Air Photo Library
  Centre for Topographic Information; http://airphotos.nrcan.gc.ca

Österreich: Bundesamt für Eich- und Vermessungswesen
  Schiffamtsgasse 1–3, A-1025 Wien: www.bev.gv.at

Schweiz: Bundesamt für Landestopographie
  Seftigenstraße 264, CH-3084 Wabern; www.swisstopo.ch

USA: Aerial Photography Field Office, ASCS
  U.S. Department of Agriculture; www.apfo.usda.gov
- National Aerial Photography Program (NAPP)
  TerraServer; www.terraserver.microsoft.com

Bezugsquellen für Satellitenbilddaten

Deutschland: Deutsches Fernerkundungsdatenzentrum (DFD): www.dfd.dlr.de
- Euromap Satellitendaten-Vertriebsgesellschaft mbH: www.euromap.de
- GAF AG München: www.gaf.de
- Rapid Eye AG: www.rapidey.de

Frankreich: SPOT Image, Toulouse: www.spotimage.fr

Indien: National Remote Sensing Agency, Data Centre: www.nsa.gov.in

Italien: Eurimage S.p.A.: www.eurimage.com

Kanada: Canada Centre for Remote Sensing (CCRS): www.ccrs.nrcan.gc.ca

Österreich: Geospace Austria: www.geospace.co.at

USA: Digital Globe Corporation: www.digitalglobe.com
- GeoEye: www.geoeye.com
- GlobeXplorer: www.globexplorer.com
- MapMart: www.mapmart.com
- TerraFly: www.terrafly.com
- Terraserver: www.terraserver.com
- U.S. Geological Survey (EROS Data Center): http://eros.usgs.gov

Sachregister

Abbildende Laserscanner 55
Abbildende Spektrometer 51, 214
Absolute Orientierung 149
Absorption 14
Absorptionsgrad 12
Additive Farbmischung 109, 112
Aerosol 14
Aerotriangulation 145
Akkommodationszwang 135
Aktive Fernerkundungsverfahren 56
Aktive Systeme 9, 56
Altlastenerkundung 190
Amodale Ergänzungen 123
Anaglyphenverfahren 135
Analog-Digital-Wandlung 93
Analoge Bildverarbeitung 92, 96
Analytisches Auswertesystem 150
Apertur 57
Äquidensiten 111
Archäologie 210
Atmosphäre 13, 25, 102
Atmosphärische Fenster 15
Aufklärungskameras 37
Auflösung
– geometrische 94
– photographische 82, 85
– radiometrische 94
– spektrale 81
Auflösungsvermögen 82
Aufnahme 9
Aufnahmegeräte 32
Aufnahmetechnik 37
Äußere Orientierung 36, 41, 145
Auswahlschlüssel 142
Auswerteergebnisse 168
Auswertung 3, 92, 121

– photogrammetrische 121, 145, 149
AVHRR 218

Basis
– Luftbildaufnahme 37
– Stereoskopie 132
Baumförmige Klassifizierung 161
Belichtung 27
Betrachtungssystem 149, 150
Bewölkung 16
Bewuchsmerkmale 212
Bikubische Interpolation 102
Bildanalyse 143, 144
Bildauswertung, digitale 154
Bilddaten, analoge und digitale 92
Bildelemente 84, 93
Bildfeld 34
Bildflug 41, 66
Bildhauptpunkt 34
Bildinterpretation 69, 121
– Hilfsmittel 137
– Methoden 139
– visuelle 8, 81, 121
Bildkarten 176, 179
Bildkorrelation 151
Bildmaßstab 40, 71, 82
Bildverarbeitung 92
– analoge 96
– digitale 8, 97, 139, 148
– multisensorale 116, 118
– multitemporale 116, 120
Bildverbesserungen 98, 102, 104
Bildverstehen 154
Bildwanderung 33, 35
Bildwinkel 34
Bildzuordnung 151
Bilineare Interpolation 102
BIRD 197
Bodenkartierung 190

Bodenkunde 188
Bodenschutz 190
Bodenverfärbungen 212
Bodenversalzung 190
Bodenwärmestrom 25
Box Classifier 160

CCD 46
Change Detection 120, 165
Charge Coupled Devices 46
Cluster-Analyse 157, 158
Computer Vision 154
Copyright 68
CORINE 180
Corn Blight Watch Experiment 201
Crop Sites 212

Darstellung der Ergebnisse 140, 168
Datenwürfel 52
Dekorrelation 116
Depressionswinkel 59
Detektor 42
Dichte 27
Dielektrizitätskonstante 61
Differentialentzerrung 73, 145, 148, 152
Differentielle Interferometrie 168
Diffuse Reflexion 18
Digital-Analog-Wandlung 94
Digitale Bildauswertung 121, 154
Digitale Bilddaten 74, 93
Digitale Bildverarbeitung 8, 92, 97, 139, 148
Digitale Filterung 105
Digitale Luftbildkameras 47
Digitale Systeme 9, 42
Digitales Geländemodell 54, 152, 170, 224
Digitales Oberflächenmodell 54

Direkte Transformation 100
Dokumentation von Veränderungen 206
Dreizeilenkonzept 48

Eindringtiefe 61
Elektromagnetische Strahlung 10
Elektromagnetisches Spektrum 11
Eliminationsschlüssel 142
Emissionsgrad 12, 24
Empfindlichkeit 28
Entwässerungsnetze 128, 184
Entwicklung 27
Entzerrung 73, 76, 96, 100, 145, 146
Entzerrungsgerät 147
ENVISAT 52, 58, 216
Erdkrümmung 73
Erkennbarkeit von Objekten 82
Erkennen 122, 124, 131
Erntevorhersage 201
Erosion 190
ERS 58, 177
Ertragsschätzung 201
European Remote Sensing Satellite 58, 177
Extinktion 14

Falschfarbenfilm 30
Faltung 105
Farbcodierung 111
Farbe 109
Farbfilme 30
Farbinfrarotfilme 30
Farbmischung
– additive 109
– subtraktive 110
Farbphotographie 30
Farbsättigung 110
Farbsysteme 110
Farbton 110, 125
Farbtransformation 110, 119
Feldvergleich 140
Fernerkundung 1, 6, 172
Fernerkundungssensoren 9
Fernerkundungssysteme 2
Fernmessung 1

Feuchtigkeit 20
Figur-Grund-Verhältnis 123
Filme 32
Filmkassette 35
Filter
– digitale 106
– photographische 31
Filterung 105
Flachbettscanner 94
Flächenbestimmung 138
Flächenhafte Gliederung 122, 141, 144
Flugzeugscanner 43, 154
Flugzeugscannerbilder 74, 154
Foreshortening 79
Form von Objekten 125
Forsteinrichtung 194
Forstwirtschaft 192
Forward Motion Compensation 35
Fourier-Transformation 108
Freigabe 66
Frequenz 59
Fringes 167

Gegenlichtbereich 20
Gegenstrahlung 25
Geländebeobachtungen
– Feldvergleich 140
– Passpunkte 99
– Strahlungsmessungen 21
– Temperaturmessungen 25
– Trainingsgebiete 157
Geländeerkundung 140
Geländehöhen 78
Geländemodell 54, 152, 170
Geländerelief 164
Geocodierung 77, 99
Geographie 179
Geographische Methode 180
Geoinformationssysteme 8, 171
Geologie 183
Geometrie 69
Geometrische Transformationen 97, 99, 116
Geomorphologie 183
Geoökologie 180
Georeferenzierung 77, 99
Geostationäre Satelliten 218

Gerichteter Reflexionsgrad 22
Geschichte 3
Gewässerbelastungen 214
Gewässerkunde 213
Gletscherkartierung 215
Gliederung des Bildinhalts 122, 141, 144
Globalstrahlung 15
GOME 220
Goniometer 22
GPS (Global Positioning System) 41, 100, 146
Gradation 28
Gradienten 124
Graphische Darstellungen 169
Grauwerthistogramm 104
Größe von Objekten 126
Grundwasser 213

Handkamera 32
Hauptkomponenten-Transformation 114, 163
Helligkeit 125
Helligkeitsabfall 33
Helligkeitsgradienten 127
Hierarchische Klassifizierung 161
High Resolution Stereo Camera 48, 227
Himmelslicht 15
Himmelsstrahlung 15
Histogramm 104
Hochpassfilter 106
Hochwasser 214
Homologe Punkte 133
HRSC 48, 227

IHS-Transformation 110, 119
Image Cube 52
Image Enhancement 104
Image Restoration 102
Indian Remote Sensing Satellite System 50
Indirekte Transformation 100
Inertial Navigation System 41, 76
Infrarotfilme 29
Infrarotstrahlung 11

Sachregister

Innere Orientierung 34, 145, 149
INPE 195
InSAR 63, 166
Instantaneous Field of View (IFOV) 44
Instrument Haute Résolution Visible 49
Intensität 110
Interaktive Verfahren 158
Interferogramm 167
Interferometrisches SAR 63, 166
Interpolation 102
Interpolationsverfahren 99
Interpretation 3, 69, 121
– Hilfsmittel 137
– Methoden 139, 144
– visuelle 8, 81, 121
Interpretationsfaktoren 124
Interpretationsschlüssel 142, 144, 197
Interpretieren 122, 131
Invarianten 156
Inventoring 180
Inversionen 127
IRS 50

Jahreszeit 40

Kalibrierung, radiometrische 80
Kamera
– digitale 46, 50
– Hand- 32
– photographische 32
– Reihenmess- 33, 38
Kameraaufhängung 36
Kamerakonstante 34
Kampfmittel 192
Kanäle 9
Karten 87, 169
– Planeten- 226
– thematische 179
– topographische 90, 174
Kartenähnliche Darstellungen 169
Kartiersystem 149, 150
Kartographie 173
Katastrophenvorsorge 179, 182

Kell-Faktor 85
Kernstrahlen 133
KFA-1000 37, 174
Kirchhoffsches Gesetz 12
Klassifizierung
– multisensorale 165
– Multispektral- 81, 155
– multitemporale 165
– überwachte 157, 158
– unüberwachte 157, 158
Klimaforschung 218, 221
Kluftrosen 169
Kombination
– mehrerer Bilder 116
– mehrerer Kanäle 112
Kontrast 86
Kontrastausgleich 97, 106
Kontrastverbesserung 104
Korrekturen
– Atmosphäreneinflüsse 102
– geometrische (Entzerrung) 99
– radiometrische 102
Küsten 216

Lage von Objekten 128
Lambertsche Fläche 18
Landnutzung 185, 199
Landsat-Daten 67, 174
Landsat-Multispektralscanner 44
Landsat-Satelliten 6, 44
Landschaftsschutz 206
Landwirtschaft 199
Längsüberdeckung 37
Laplace-Operator 106
Large Area Crop Inventory Experiment 202
Large Format Camera 37, 174
Laserdrucker 95
Laserscanner 53
– abbildender 55
Laserscanning 152, 207
Layover 79
Lineamente 185
Linienhafte Gliederung 141, 144
Linienhafte Objekte 86
Linsenstereoskop 135, 137
Luftbilder 2, 66, 174

Luftbildarchäologie 210
Luftbildarchive 66
Luftbildfilme 30
Luftbildinterpretation 6
Luftbildkarte 176
Luftbildplan 148
Luftlicht 16
Luft- und Satellitenbilder
– Beschaffung 65
– Eigenschaften 88
– Freigabe 66

Mars Express 48, 227
Mars Pathfinder 224
Maschinelles Sehen 154
Matching 151
Matrixkamera 50
Maximum-Likelihood-Verfahren 159
Merkmalsraum 156
Messen, stereoskopisch 137
Messkamera 3, 33, 37
Messkeile 138
Messkreise 138
Messmarke 149
Messsystem 149, 150
Meteorologie 218
Meteosat 218
Metric Camera 37, 174
Mikrowellen 11, 26, 55
Mikrowellenradiometer 26, 56
Mikrowellensysteme 9, 55
Minimum-Distance-Verfahren 159
Mischsignaturen 163
Mitlichtbereich 20
Modularer Optoelektronischer Scanner 52, 216
Modulations-Übertragungs-Funktion 83
Monitoring 180, 191
– Waldbrand- 197
Morphologische Formen 184
MOS 52, 216
Mosaikbildung 116
Multisensorale Bildverarbeitung 116, 118, 165
Multispektralaufnahme 44
Multispektralkamera 37

Multispektral-Klassifizierung 81, 155, 164
Multispektralscanner 43
– Landsat 44
Multispektralsystem 9
Multitemporale Bildverarbeitung 116, 120, 165
Multitemporale Klassifizierung 165
Muster von Objekten 128
Mustererkennung 98, 155, 164

Nächste Nachbarschaft
– Klassifizierung 159
– Resampling 102
Nadirbild 73
Navigationsfernrohr 36
NDVI 221
Negativ 27
Neuronale Netze 162
Nutzungskartierung 199

Oberflächenform 60, 76
Oberflächenrauigkeit 59
Objekte
– Form 125
– Größe 126
– linienhafte 86
– relative Lage 128
Objekteigenschaften 85
Objekthöhen 72
Objektiv 33
Objektklassen 163
Objektmuster 128
Ökonomische Karte 169, 179
Ölverschmutzungen 216
Optisch-mechanische Scanner 42, 74
Optoelektronische Flächenkameras 50
Optoelektronische Zeilenkameras 46, 74
Orientierung
– absolute 149
– äußere 36, 41, 145
– innere 34, 145, 149
– Kernstrahlen 133
– relative 149
Orthobild (Orthophoto) 152

Orthobildkarte 176
Orthoskopisches Sehen 136
Ortsfrequenz 82, 109
Ozeanographie 213, 216
Ozon 220

Panchromatische Filme 29
Panoramaverzerrung 74
Pansharpening 50, 51, 111, 119, 177
Parallaxe 132
Parallelepiped Classifier 160
Parallelprojektion 70, 77
Parametrische Verfahren 99
Passive Mikrowellenaufnahme 55
Passive Systeme 9
Passpunkte 41, 99, 145, 148
Pattern Recognition 98, 155
Perspektiven 170, 224
Photogeologie 184
Photogrammetrie 3, 69, 70
Photogrammetrische Auswertung 121, 145
Photographische Auflösung 82, 85
Photographische Bilder 70, 92, 147
Photographische Systeme 9, 26, 69
Photographischer Prozess 26, 27
Photolineationen 169, 185
Physikalische Grundlagen 10
Pixel 84, 93
Plancksches Strahlungsgesetz 12
Planetenforschung 224
Planimeter 138
Planung
– regionale 204
– technische 207
Polarimetrie 168
Polarisation 59, 62
Precision Farming 202
Projektionssystem 149
Pseudoskopisches Sehen 136

Quaderverfahren 160
Querüberdeckung 37

Radam-Projekt 58, 177, 187
Radarbilder 77, 87, 187
– Geometrie 77
– Polarisation 59, 62
Radarbildkarten 177
Radarinterferometrie 63, 152, 166, 188
Radarpolarimetrie 168
Radarschatten 60, 78
Radarsysteme 26, 56, 70
Radiale Versetzung 72
Radiometer 23
Radiometrie 80
Radiometrische
– Transformationen 97, 117
– Verbesserungen 102
Rahmenmarken 35
Rapid Eye 50
Rasterplotter 96
Ratiobildung 113
Räumliche Gliederung 124
Rauschen 80
Reale Apertur 57
Reflexion 17, 18
Reflexionsgrad 12, 18, 22
Refraktion 14
Regional Planetary Image Facility 226
Regionale Klimatologie 221
Regionale Planung 204
Reihenmesskamera 33, 38
Relative Orientierung 149
Resampling 100
Richtungsabhängigkeit 81, 163
Richtungshistogramme 169
Rollkompensation 74
Rückstrahleffekte 60

SAR 57
Satelliten
– geostationäre 218
– Umlaufbahnen 44
Satellitenbilddaten 67, 100
Satellitenbilder 2, 88, 174
– Geometrie 73, 100
Satellitenbildkarten 176
Sättigung 110, 125
Scanner 42, 94
– Flachbett- 94
– Flugzeug- 43

Sachregister

- Multispektral- 43
- optisch-mechanisch 42, 74
- Trommel- 94
Scannerbilder 74, 154
Schatten 128
Schattierungen 127, 212
Schichtträger 27
Schlagschatten 128
Schleier 27
Schrägbilder 71, 207
Schrägentfernung 70, 77
Schwarzer Körper 12
Schwärzung 27
Schwärzungskurve 27
Seitensichtradar 57
Senkrechtbilder 71
Sensibilisierung 28
Sensoren 2, 9
Shadow Sites 212
Shuttle Imaging Radar 58, 187
Shuttle Radar Topography Mission 65
Sichtbares Licht 11
Sidelooking Airborne Radar 57
Siedlungen 207
Siedlungsplanung 207
Signal-Rausch-Verhältnis 80
Signale 145
Signaturen
- Misch- 163
- spektrale 81, 162
SIR 58, 187
SLAR 57
Sonne 13
Sonnenstrahlung 13, 14
Speckle 62, 106
Spektrale Auflösung 81
Spektrale Empfindlichkeit 28
Spektrale Signaturen 81, 162
Spektraler Reflexionsgrad 18
Spektraler Transmissionsgrad 14
Spektralkanal 86, 112
Spektralradiometer 23
Spektrometer, abbildende 51, 214
Spiegelnde Reflexion 18
Spiegelstereoskop 135, 137

SPOT-Satelliten 6, 49
SRTM 65
Stadtgeographie 207
Standortwahl 207
Stereoauswertung 145, 148
Stereobildstreifen (Radar) 59, 79
Stereokartiergeräte 149
Stereokartierung 149
Stereomodell 149
Stereophotogrammetrie 149, 207
Stereoskope 135
Stereoskopische Parallaxe 132
Stereoskopischer Effekt 131
Stereoskopisches
- Messen 137
- Sehen 132
Strahlungsbilanzgleichung 25, 223
Strahlungsgesetz 12
Strahlungsmessungen 21
Strahlungstemperatur 24
Streifenstrukturen 103
Streuung 14, 15
Subtraktive Farbmischung 110
Synthetische Apertur 57

Texturen 127, 184
Texturparameter 165
Thematic Mapper 45
Thematische Karten 179
Thermalbilder 43, 104, 187, 215, 220, 221, 223
Thermalstrahlung 9, 11, 24, 43
Tiefpassfilter 104
Tierkunde 203
Tintenstrahldrucker 95
Topographische Karten 90, 174
Trainingsgebiete 157
Transformationen
- direkte 100
- Farb- 110, 119
- Fourier- 108
- geometrische 97, 99
- Hauptkomponenten- 114, 163

- IHS- 110, 119
- indirekte 100
- radiometrische 97
Transformationsgleichungen 99
Transmissionsgrad 12, 14
Trommelscanner 94

Überdeckung 37
Überdeckungsregler 36
Überwachte Klassifizierung 157, 158
Umlaufbahnen 44
Un-Mixing 163
Unüberwachte Klassifizierung 157, 158
USGS 226

Vegetation 185
Vegetationsindex 221
Vegetationsmuster 130
Veränderungen 120, 165, 206
Verhältnisbildung 113
Verkehrsplanung 206
Verzeichnung 34
Visuelle (Bild-)Interpretation 8, 81, 121
Volumenstreuung 61
Vorerkundung 140
Vorinterpretation 140

Wahrnehmung 122
Waldbrand-Monitoring 197
Waldschäden 195
Wandernde Marke 137, 148, 155
Wärmehaushaltsgleichung 25
Wasserflächen 21
Wellenlängen 11, 59
Workstations, photogrammetrische 151

Zeilenkameras 46, 154
Zentralperspektive 71
Zentralprojektion 69, 72
Zentrum für satellitengestützte Kriseninformation (ZKI) 183
Zusatzdaten 165

Folgende Personen und Institutionen haben freundlicherweise Bilder zur Verfügung gestellt oder die Entstehung des Buches in anderer Weise unterstützt:

GEORG ALTROGGE, Münster; KURT G. BALDENHOFER, Friedrichshafen; Dr. LOTHAR BECKEL, Bad Ischl; JENS BIRGER, Halle; Prof. Dr. ULRICH BONAU, Rostock; DAVID BORNEMANN, Berlin; MICHAEL BREUER, München; Prof. Dr. MANFRED BUCHROITHNER, Dresden; THOMAS DAMOISEAUX, Oberpfaffenhofen; Prof. Dr. STEFAN DECH, Oberpfaffenhofen; RALPH DERKUM, Oberpfaffenhofen; MICHAEL FÖRSTER, Berlin; STEPHAN GEHRKE, Berlin; Prof. Dr. CORNELIA GLÄSSER, Halle; KLAUS GWINNER, Berlin; ANDREA HOFFMANN, Berlin; Prof. Dr. HERBERT JAHN, Berlin; Prof. Dr. BIRGIT KLEINSCHMIT, Berlin; ROBERT KÖHRING, Berlin; GERHARD KÖNIG, Berlin; Dr. KLAUS KOMP, Münster; DETLEV KOSMANN, Oberpfaffenhofen; Dr.-Ing. HERBERT KRAUSS, Köln; Dr. FRIEDRICH KÜHN, Berlin; HARTMUT LEHMANN, Berlin; Prof. Dr. FRANZ K. LIST, Berlin; Prof. Dr. HANS-GERD MAAS, Dresden; Prof. Dr. BERND MEISSNER, Berlin; NURI AL NAKIB, Oberpfaffenhofen; Prof. Dr. GERHARD NEUKUM, Berlin; Dr. ANDREAS NEUMANN, Berlin; Dr. KOSTAS PAPATHANASSIOU, Edinburgh (Schottland); Dr.-Ing. ANDREAS REIGBER, Berlin; Dr.-Ing. VOLKER RODEHORST, Berlin; Dr. MARTIN RUNKEL, Türkenfeld; Dr. MICHAEL SCHAEPMANN, Zürich; Prof. Dr. MATHIAS SCHARDT, Graz; Prof. Dr. SIGFRID SCHNEIDER, Bonn; FRANK SCHOLTEN, Berlin; Prof. Dr.-Ing. RALF SCHROTH, Münster; Dr.-Ing. MARCUS SCHWÄBISCH, Oberpfaffenhofen; Dr. RALF SCHWARZ, Halle; NILS SPARWASSER, Oberpfaffenhofen; Dr.-Ing. GÜNTER STRUNZ, Oberpfaffenhofen; RÜDIGER TAUCH, Berlin; FRANZ WEWEL, Berlin; Dr.-Ing. MANFRED WIGGENHAGEN, Hannover; RALF ZANTOPP, Bonn.

Aero-Sensing Radarsysteme GmbH, Oberpfaffenhofen; Bayerisches Landesvermessungsamt München; Deutsches Fernerkundungsdatenzentrum (DFD) Oberpfaffenhofen; EFTAS Fernerkundung Technologietransfer GmbH, Münster; ESA (European Space Agency), Paris (Frankreich); Eurosense GmbH, Köln; Fachbereich Vermessungs- und Kartenwesen, Technische Fachhochschule Berlin; Fachgebiet Landschaftsplanung, Technische Universität Berlin; FPK Ingenieurgesellschaft mbH, Berlin; GAF Gesellschaft für Angewandte Fernerkundung mbH, München; Geosystems GmbH, Germering; Hansa Luftbild GmbH, Münster; Hessisches Landesvermessungsamt; Institut für Geodäsie und Geoinformationstechnik, Technische Universität Berlin; Institut für Planetenforschung, DLR Berlin-Adlershof; Landesamt für Archäologie Sachsen-Anhalt, Halle; Landesluftbildarchiv Berlin; Landmäteriverket, Stockholm (Schweden); Landschaftsverband Westfalen-Lippe, Münster; National Remote Sensing Centre, Barwell (Großbritannien); Photogrammetrie GmbH, München; Regional Planetary Image Facility, DLR Berlin-Adlershof; Remote Sensing Laboratories, Universität Zürich (Schweiz); RWE Rheinbraun AG, Köln; Senatsverwaltung für Stadtentwicklung, Abt. III, Berlin; TOPOSYS GmbH, Biberach; University of Cambridge, Cambridge (Großbritannien); Z/I Imaging GmbH (früher Carl Zeiss), Oberkochen.